KNAPP · WETTERKUNDE FÜR PILOTEN

Dietrich Knapp

Wetterkunde für Piloten

Motorbuch Verlag Stuttgart

Schutzumschlag: Reinhard Bornemann

ISBN 3-613-01335-5

1. Auflage 1990

Ein Unternehmen der Paul Pietsch-Verlage GmbH & Co.

Druck: Präzis-Druck GmbH, 7500 Karlsruhe 51.
Bindung: Verlagsbuchbinderei Karl Dieringer, 7016 Gerlingen.
Printed in Germany.

Inhalt

Vorbemerkung

Alle reden vom Wetter, aber viele wissen dabei nicht genau, von was sie eigentlich reden. Dabei ist das Geschehen in unserer Atmosphäre so interessant und für unser Leben auf der Erde so wichtig, daß wir eigentlich alle etwas mehr davon wissen und verstehen sollten als dies allgemein üblich ist.

Betrachtet man die Bücher, die dem interessierten Leser zum Erwerb von Wissen auf diesem Gebiet zur Verfügung stehen, so kann man diese in zwei Gruppen einteilen:

- Bücher, die den Stoff verhältnismäßig einfach und übersichtlich darstellen, dabei aber darauf verzichten, die zum wirklichen Verständnis der Vorgänge notwendigen Grundlagen ausführlich und auch für den Leser ohne wissenschaftliche Vorbildung verständlich darzustellen.
- Bücher, die Spezialgebiete eingehend und mit großem Fachwissen behandeln, die aber dabei die Kenntnis der zum Verständnis benötigten Grundlagen voraussetzen.

Nun ist es sicher für viele Zwecke ausreichend, nur die Tatsachen zu erkennen, auch ohne zu wissen, *warum* diese Tatsachen gerade so und nicht anders sind. Aber vielleicht macht es vielen Lesern doch mehr Spaß, sich neues Wissen anzueignen, wenn sie auch die Hintergründe des Geschehens verstehen lernen. Außerdem kann man Verstandenes viel besser behalten und schließlich kann man sich dann, wenn man die Grundlagen verstanden hat, auch mit schwierigen Dingen beschäftigen und diese dann auch verstehen, ohne ein abgeschlossenes Studium vorweisen zu können.

Dieses Buch soll zeigen, daß im Falle unseres Sachgebietes ein solches Verstehen ohne viele Formeln, ohne viele unverständliche Fremdwörter, unabhängig von der Vorbildung, jedem von uns möglich ist. Es ist einmal für Flugschüler, Flugzeugführer und Fluglehrer gedacht, die das Wettergeschehen verstehen und beurteilen können müssen, um sicher und erfolgreich fliegen oder junge Piloten richtig ausbilden zu können. Es ist aber sicher auch für alle diejenigen interessant, die wissen wollen, was denn nun hinter dem täglichen Wetterbericht und der Wetterkarte steckt, welche Ursachen die zu beobachtenden Wettererscheinungen haben und wie man versuchen kann, künftiges Wetter vorherzusagen.

Auf die Beschreibung der Wetterabläufe, wie wir sie bei den verschiedenen Wetterlagen beobachten können, habe ich verzichtet. Solche Beschreibungen sind in fast allen der zuerst genannten Bücher mehr oder weniger ausführlich enthalten. Das im folgenden vermittelte Wissen lehrt aber, sie dann auch richtig zu verstehen.
Soll etwas einfach und für alle verständlich dargestellt werden, ist es natürlich notwendig, zu vereinfachen. Die Feinheiten, die oft erst durch die mathematische Theorie richtig auszudrücken sind, müssen weggelassen werden. Aber sie sind für unser Verständnis der Vorgänge auch fast nie notwendig. Dagegen wird streng darauf geachtet, daß Vereinfachungen nicht zu falschen Aussagen oder Begründungen führen. Bei begrifflich schwierigen Vorgängen wird versucht, immer wieder Beispiele aus dem täglichen Leben aufzuzeigen, um so die Vorgänge leichter vorstellbar zu machen.
Ich hoffe, daß das Buch so dem Leser zeigt, wie interessant es ist, sich mit den Vorgängen in unserer Atmosphäre zu beschäftigen, daß es ihm ermöglicht, diese Vorgänge besser zu verstehen und daß es ihn vielleicht sogar dazu anregt, sich mit Hilfe des erworbenen Wissens noch eingehender mit ihnen zu befassen.

Dr. Dietrich Knapp

Feldkirchen-Westerham, Februar 1989

Meteorologie – Wetterkunde

»meteoros« bedeutet im Griechischen »in der Luft schwebend« und »-logie« kommt vom griechischen Wort »logos«, das »Lehre« bedeutet. »Meteorologie« ist also die »Lehre von den in der Luft schwebenden Dingen«, wobei allerdings das Wort »schwebend« nicht so wörtlich genommen werden darf. Gemeint sind nicht nur die schwebenden Dinge, wie z. B. die Wolken, sondern auch die Dinge, die sich in der Luft bewegen und schließlich zu Boden fallen. »Meteorologie« bedeutet also die »Lehre von den Wolken und Niederschlägen« in einer »Atmosphäre« (griechisch: atmos = Dampf, Dunst, Rauch, sphaira = Kugel, Kugelschale), der Gashülle eines Himmelskörpers.
Wenn man ganz allgemein von »Meteorologie« spricht, meint man normalerweise die Wissenschaft, die die Vorgänge in der Atmosphäre unseres Planeten Erde (griechisch: planetes = irrend, nämlich sich um eine Sonne bewegend) beschreibt. Sie gilt also nur für die spezielle (lateinisch: species = Art, Eigenart) Lufthülle der Erde mit ihrer ganz speziellen Zusammensetzung. Wenn auch die physikalischen Grundgesetze (griechisch: physike = Naturlehre) dieselben bleiben, ergeben sich doch bei Atmosphären anderer Zusammensetzung und anderen Aufbaues, wie wir sie z.B. von anderen Planeten unseres Sonnensystems kennen, andere meteorologische Vorgänge, andere Wettererscheinungen.
Bevor wir uns also darum bemühen, das Zustandekommen des von uns beobachteten Wetters zu verstehen, müssen wir erst einmal feststellen, wie unsere Atmosphäre, die Lufthülle unserer Erde, zusammengesetzt und aufgebaut ist. Danach müssen wir überlegen, welche physikalischen Größen den Zustand dieser Lufthülle bestimmen und wie der jeweilige Zustand der Atmosphäre gemessen werden kann.
»Wetter« bedeutet dann nichts anderes als die Erscheinungen, die bei einem bestimmten Zustand der Atmosphäre und bei Änderungen ihres Zustandes auftreten.

Die Zusammensetzung der Erdatmosphäre

Sehen wir von Wolken, Nebel und Niederschlägen ab, so ist unsere Atmosphäre für unser Auge weitgehend durchsichtig und läßt sich mit unseren Händen nicht greifen. Sie besteht also nicht aus festen oder flüssigen Stoffen, sondern aus unsichtbaren Gasen. Daß auch diese aus Materie (lateinisch: materia = Stoff), aus körperlichen Teilchen, aus Atomen (griechisch: atomos = unteilbar) und Molekülen (lateinisch: molecula = kleine Masse), das heißt also aus mehreren Atomen zusammengesetzten Teilchen bestehen und entsprechende Wirkungen ausüben können, ist erst sehr spät in das Bewußtsein der Allgemeinheit eingedrungen. Wir werden darauf bei der Behandlung des Luftdrucks noch zurückkommen.

Analysiert (griechisch: analysis = Zergliederung) man nun unsere Luft, so stellt man fest, daß sie zur Zeit folgende Gase in gleichbleibender Menge enthält:

Bestandteil:	Chemisches Symbol	Anteil in Volum-%
Stickstoff	N_2	78,084
Sauerstoff	O_2	20,946
Argon (Edelgas)	Ar	0,934
Kohlendioxyd	CO_2	0,033
Neon (Edelgas)	Ne	0,00001818
Helium (Edelgas)	He	0,00000524
Methan	CH_4	0,000002
Krypton (Edelgas)	Kr	0,00000114
Wasserstoff	H_2	0,0000005
Stickoxyd	NO	0,0000005
Xenon	X	0,000000087

Die aufgeführten Werte geben an, wieviel Prozent des Gesamt*volumens* (lateinisch: volumen = Krümmung. Heutige Bedeutung: Rauminhalt) von dem jeweiligen Gas eingenommen werden.

Für die einzelnen Grundstoffe unserer Materie, die Elemente (lateinisch: elementum = Grundstoff), wurden in der Chemie Symbole (griechisch: symbolon = Merkmal, Zeichen), Kurzbezeichnungen, eingeführt, die meist von der griechischen oder lateinischen Benennung der Stoffe abgeleitet sind. So

bedeutet z. B. das Zeichen für Stickstoff N = Nitrogenium (griechisch: nitron = Salpeter, genetes = Erzeuger), das Symbol für Sauerstoff = Oxygenium (griechisch: oxys = sauer, genetes = Erzeuger). Eine nach dem Symbol tiefer gesetzte Zahl bedeutet, daß der Stoff nicht in Form von einzelnen Atomen, sondern von Molekülen vorliegt, die jeweils aus mehreren Atomen bestehen. Argon, Neon, Helium, Krypton und Xenon sind sogenannte »Edelgase«, die keine Verbindung mit anderen Stoffen eingehen.
Betrachten wir die Aufstellung der Bestandteile unserer Atmosphäre näher, so erkennen wir, daß eigentlich nur zwei Stoffe, nämlich Stickstoff und Sauerstoff, in wesentlichen Mengen vorhanden sind. Fast alle übrigen Stoffe spielen auch bei unseren künftigen Betrachtungen keine Rolle. Lediglich die Existenz (lateinisch: existentia = Vorhandensein) eines Anteils von Kohlendioxyd in der Atmosphäre sollten wir in Erinnerung behalten, da dieser, wie wir später bei unseren großräumigen Betrachtungen sehen werden, im Wärmehaushalt der Atmosphäre von Bedeutung ist. Daß ein größerer Argonanteil von beinahe 1 % vorhanden ist, ist dagegen unwichtig. Er hat keinen Einfluß auf die Vorgänge in der Atmosphäre. Ebenso haben die übrigen, nur in sehr geringen Volumenanteilen vorhandenen Bestandteile keine Bedeutung für das Geschehen in der unteren Atmosphäre.
Diese enthält jedoch noch eine ganze Menge anderer gasförmiger Bestandteile, deren Anteil nicht konstant ist, sondern sich in mehr oder weniger starkem Maße verändern kann. Es handelt sich dabei um

Bestandteil	Symbol
Wasserdampf	H_2O
Ozon	O_3
Wasserstoff-Superoxyd	H_2O_2
Ammoniak	NH_3
Schwefelwasserstoff	H_2S
Schwefeldioxyd	SO
Schwefeltrioxyd	SO_3
Kohlenmonoxyd	CO
Radon	Rn oder RaEm

Meist handelt es sich dabei um sehr geringe Beimengungen, die für das Wettergeschehen ohne Bedeutung sind; sie sind nur der Vollständigkeit wegen mit aufgeführt. Sehr wichtig ist jedoch der veränderliche Gehalt an Wasserdampf, den ich im Kapitel »Der Wasserdampf in der Atmosphäre« ausführlich behandeln werde. Auf das Ozon, das in der unteren Atmosphäre keine Rolle spielt, werde ich bei der Behandlung des vertikalen Temperaturverlaufs in der Atmosphäre im Kapitel »Die Lufttemperatur« zurückkommen.
Auch wenn man sich nicht näher mit Chemie oder Physik beschäftigt hat, weiß man, daß verschiedene Stoffe verschieden schwer sind. Sie haben verschiedene »spezifische Gewichte«, also arteigene Gewichte, d. h., das

Gewicht pro Raumeinheit (z.B. pro Kubikzentimeter oder Kubikmeter) ist verschieden groß. So ist z.B. Holz spezifisch leichter als Wasser, es schwimmt im Wasser. Ebenso ist z.B. Benzin spezifisch leichter als Wasser. Schüttet man Wasser in einen Kraftstofftank, so setzt sich das schwere Wasser unten ab, das leichtere Benzin sammelt sich darüber an. Der Motor erhält keinen Kraftstoff mehr, sondern saugt Wasser an.

Wie in diesen Beispielen haben auch die verschiedenen Bestandteile der Atmosphäre verschiedene spezifische Gewichte. So ist der Sauerstoff spezifisch schwerer als der Stickstoff. Er müßte sich also eigentlich unten am Boden ansammeln. Der leichtere Stickstoff müßte hochsteigen und über der Sauerstoff-Schicht lagern, so, wie wir es nach dem Eingießen von Benzin in ein mit Wasser gefülltes Glas nach einiger Zeit beobachten können. Zum Glück ist dies in Wirklichkeit nicht der Fall, denn jeder kann sich vorstellen, was geschehen würde, wenn sich in einer solchen aus reinem Sauerstoff bestehenden Atmosphäre jemand eine Zigarette anzünden oder sonst Funken oder Feuer erzeugen würde.

Den Grund dafür, daß die Zusammensetzung der Erdatmosphäre bis zu einer Höhe von 80–100 km annähernd gleich bleibt, können wir leicht anhand eines kleinen Beispiels erkennen. Ich habe bereits erwähnt, was geschieht, wenn wir Benzin in ein mit Wasser gefülltes Glas eingießen. Nach einiger Zeit hat sich das Benzin über dem unten befindlichen Wasser angesammelt. Beide Stoffe haben sich getrennt. Der Inhalt des Glases ist »heterogen« (griechisch: heteros = anders beschaffen, genos = Art), also nicht überall von derselben Beschaffenheit. Rührt man nun in dem Glas um, so werden Benzin und Wasser gleichmäßig vermischt. Der Inhalt des Glases ist jetzt eine einheitliche, »homogene« (griechisch: homos = gleich, genos = Art), überall gleichartige Mischung aus beiden Stoffen. Läßt man die Mischung ohne Umrühren längere Zeit stehen, so entmischt sie sich wieder. Der Inhalt wird wieder heterogen.

In unserer Atmosphäre sind nun ebenfalls eine ganze Reihe von »Rührwerken« tätig, die wir in späteren Kapiteln kennenlernen werden. Durch ihr ständiges Umrühren werden die Bestandteile der Lufthülle bis zu einer Höhe von 80–100 km so durchmischt, daß die Zusammensetzung des Gasgemisches bis in diese Höhe praktisch gleich bleibt. Darüber tritt dann, wie wir im Kapitel »Die Lufttemperatur« sehen werden, Entmischung ein.

Der Anteil der leichteren Gase nimmt mit zunehmender Höhe immer mehr zu. Die obersten Schichten der Atmosphäre bestehen dann schließlich nur noch aus den leichtesten Gasen Helium und besonders Wasserstoff. Diese Gase sind so leicht, daß sie sich trotz des schon erwähnten »Umrührens« in der unteren Atmosphäre nicht halten können.

In der Atmosphäre existieren also zwei unterschiedliche Bereiche. Im unteren Bereich haben wir ein weitgehend einheitliches Gasgemisch, während im oberen Bereich Entmischung eintritt. Die Zusammensetzung der Lufthülle

bleibt also mit weiter zunehmender Höhe nicht mehr einheitlich, sondern ändert sich.
Dies führt zu einer ersten Einteilung der Atmosphäre im Hinblick auf ihre Zusammensetzung. Man bezeichnet die untere Schicht bis etwa 90 km Höhe als »Homosphäre« oder »Turbosphäre« (lateinisch: turbo = Wirbel) und den Bereich ab etwa 100 km Höhe als »Heterosphäre«. Die Übergangsschicht zwischen beiden Bereichen, also die Schicht zwischen 90 und 100 km Höhe, das Ende der Homosphäre, heißt »Homopause« (griechisch: pausole oder lateinisch: pausa = Ende).
Die für uns Sportflieger wichtigen Vorgänge spielen sich natürlich nur in der Homosphäre ab. Um jedoch einen Gesamtüberblick über den Aufbau der Atmosphäre und die in ihr ablaufenden Vorgänge zu erhalten, werde ich später auch auf die Verhältnisse in der Heterosphäre eingehen.

Die Grundelemente des Wetters

Jeder kennt die drei Geräte, die an den Eingängen vieler Apotheken und Optiker-Geschäfte (griechisch: optike techne = Lehre vom Sehen) angebracht sind. Es sind dies ein Barometer (griechisch: baros = schwer, metros = Maß), ein Thermometer (griechisch: thermos = warm) und ein Hygrometer (griechisch: hygros = feucht).

Diese drei Geräte dienen zur Messung der drei Grundbestimmungsgrößen des Wettergeschehens, nämlich

Luftdruck
Lufttemperatur
Luftfeuchte.

Sie und ihre Änderungen bestimmen das Wetter in seinen vielfältigen Erscheinungsformen.

Um das Wettergeschehen verstehen zu können, müssen wir also zunächst feststellen, was Luftdruck, Lufttemperatur und Luftfeuchte überhaupt sind, wie sie zustandekommen und schließlich, wie und durch welche Einflüsse sie sich verändern können.

Die Atmosphäre ist ein räumliches Gebilde. Sie ist ja nicht nur am Boden vorhanden, sondern erstreckt sich bis in große Höhen. Wir werden später hören, daß sie am Ende langsam und fast unmerklich in den freien Weltraum übergeht. Als eine »vernünftige« Grenze, an der man noch ohne allzu große Schwierigkeiten Unterschiede zum freien Weltraum feststellen kann, hat man sich auf 1600 km Höhe geeinigt.

Änderungen ihrer Grundbestimmungsgrößen können in dieser weit ausgedehnten Atmosphäre somit nicht nur in horizontaler (griechisch: horizein = begrenzen, nämlich den Gesichtskreis) Richtung, also von Ort zu Ort auf der Erdoberfläche, sondern auch vertikal (lateinisch: vertex = Haupt, Gipfel), also von unten nach oben auftreten.

Schon jetzt sei erwähnt, daß die horizontalen Änderungen der Werte erst später bei der Behandlung der auf der Erde großräumig ablaufenden »globalen« (lateinisch: globus = Kugel, Erdkugel) Vorgänge betrachtet werden können. Zunächst wollen wir uns mit den vertikalen Änderungen befassen, die uns aber, wie wir sehen werden, ein gutes Bild vom Aufbau unserer Atmosphäre geben.

Der Luftdruck

Erst durch die etwa 1660 durchgeführten Versuche des Magdeburger Physikers und Bürgermeisters Otto von Guericke (1602–1686) wurde eine größere Allgemeinheit mit der Tatsache vertraut gemacht, daß die unsichtbare, durchsichtige Atmosphäre ein Gewicht besitzt und somit auch einen Druck (= Gewicht pro Flächeneinheit) ausübt.
Otto von Guericke hatte eine Luftpumpe erfunden und konnte so den Luftdruck in einem geschlossenen Gefäß verringern. Er ließ zwei Halbkugeln anfertigen, zwischen die eine Dichtung gelegt wurde. Eine der Halbkugeln besaß ein Ventil, durch das die Luft aus der zusammengesetzten, aber nicht verschraubten Kugel herausgepumpt werden konnte. Vor einer großen Zahl von Magdeburger Bürgern wurde nun vor jede Kugelhälfte eine Reihe von Pferden gespannt. Diese konnten selbstverständlich die Halbkugeln leicht auseinanderziehen, solange keine Luft herausgepumpt war. Nach der mit Hilfe der Luftpumpe erzielten starken Verringerung des Luftdrucks in der Kugel konnten dagegen die Halbkugeln erst auseinandergezogen werden, als auf jeder Seite acht Pferde angespannt waren. Der äußere Luftdruck hatte die Halbschalen fest zusammengepreßt. Der aufmerksame Leser wird übrigens feststellen, daß das gleiche Ergebnis statt mit $2 \times 8 = 16$ Pferden auch mit nur 8 Pferden zu erreichen gewesen wäre. Dazu hätte lediglich eine Kugelhälfte an einer Mauer o. ä. befestigt werden müssen. Aber mit 16 Pferden war der Versuch natürlich wesentlich eindrucksvoller. Otto von Guericke hat übrigens auch bereits laufende Luftdruckmessungen angeregt und von Luftdruckwerten auf Wettererscheinungen wie Stürme etc. geschlossen.
Wie groß der Luftdruck wirklich ist, den die bis über 1600 km hinaufreichende Atmosphäre am Erdboden ausübt, hat als Erster der italienische Physiker Evangeliste Torricelli (1608–1647) festgestellt. Er hat das Quecksilber-Barometer erfunden. Quecksilber ist, wie wir wissen, ein schweres Metall, das bei normalen Temperaturen (von -39 °C bis +357 °C) flüssig ist. Eine bestimmte Menge, z. B. 1 cm^3 Quecksilber ist 150 Mal schwerer als 1 cm^3 des leichtesten Gases, des Wasserstoffs (gemessen unter Normalbedingungen) und immerhin noch 1,7 Mal schwerer als 1 cm^3 Eisen.
Der Torricelli'sche Versuch sieht in etwa folgendermaßen aus:
In ein U-förmiges Glasrohr wird Quecksilber eingefüllt. Unter dem Einfluß der Erdanziehung stellt es sich, wie in einem späteren Kapitel noch näher erläutert

werden wird, so ein, daß sich die Oberflächen in beiden Schenkeln des Glasrohres gleich hoch über der Erdoberfläche befinden.
Nun wird das Gefäß so schräg gelegt, daß ein Schenkel ganz gefüllt ist. Auch in dieser Lage befinden sich jetzt die Oberflächen des Quecksilbers in beiden Schenkeln gleich hoch über der Erdoberfläche. In dieser Stellung wird der ganz gefüllte Schenkel, in dem sich ja keine Luft mehr befindet, verschlossen. Wird das Gefäß wieder senkrecht gestellt, so stellen wir fest, daß jetzt die Quecksilber-Oberflächen auf beiden Seiten nicht mehr gleich hoch sind. Im rechten Schenkel ist keine Luft mehr enthalten. Hier herrscht also ein »Vakuum« (lateinisch: vacuum = Leere). Durch den offenen linken Schenkel drückt die Atmosphäre auf das Quecksilber und schiebt es so lange nach rechts, bis der Luftdruck durch die jetzt höher gewordene Quecksilbersäule im rechten Schenkel ausgeglichen ist.

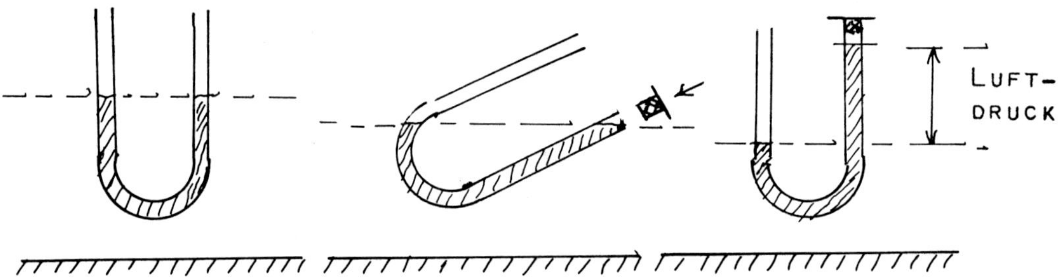

Der Unterschied in der Höhe der Quecksilberspiegel in den beiden Schenkeln ist also ein direktes Maß für den Luftdruck. Wir kennen dieses Maß noch, es heißt »mm Quecksilbersäule« oder mit dem chemischen Symbol für Quecksilber »mm HG« (griechisch-lateinisch: hydragyrum = Quecksilber oder wörtlich »Wasser-Silber« aus griechisch: hydro = Wasser, argyrion = Silber). In Erinnerung an Torricelli wurde dieses Maß auch als »Torr« bezeichnet. Es war 1 Torr = 1 mm Hg.
Unter mittleren Bedingungen ergibt sich in der Höhe des Meeresspiegels ein Höhenunterschied der beiden Quecksilbersäulen von 760 mm. Das Gewicht der bis über 1600 km Höhe hinaufreichenden Atmosphäre ist also so groß wie das einer Quecksilberschicht von 76 cm Höhe. Wer schon einmal einen Behälter mit Quecksilber in den Händen gehalten hat, weiß, daß es sich also um ein ganz beträchtliches Gewicht, um einen ganz beträchtlichen Druck handelt.
Im technischen Maß-System entspricht die auf die kleine Fläche von 1 cm^2 (cm^2 = cm x cm = Quadratzentimeter) ausgeübte Gewichtskraft etwa 1 kg. Druck ist ja Kraft pro Flächeneinheit. Der Luftdruck beträgt also im Mittel in

Höhe des Meeresspiegels etwa 1 kg/cm² = 1 at (= Atmosphäre).
An dieser Stelle gleich etwas zu den von uns verwendeten Maßeinheiten. Diejenigen, die näher mit technischen oder wissenschaftlichen Dingen zu tun haben, wissen, daß in den vergangen Jahren und Jahrzehnten des öfteren neue Maßeinheiten und Maß-Systeme eingeführt wurden. Sie wissen natürlich auch, daß man heute z.B. Gewichte und Kräfte nicht mehr in »Kilogramm«, auch nicht mehr in »Kilopond«, sondern in »Newton«, Wärmemengen nicht mehr in »Kalorien«, sondern in »Joule« mißt. Da sich aber die aus wissenschaftlich sehr logischen Gründen eingeführten neuen Maße in der Allgemeinheit noch nicht durchgesetzt haben und wir ja unser Thema leicht verständlich für Alle behandeln wollen, werden wir die alten, jedem bekannten Maßeinheiten benutzen, auch wenn dies manchmal unlogisch erscheinen sollte. Ich hoffe dabei auf das Verständnis derjenigen, die es besser wissen.
Auf die kleine Fläche von 1 cm² wirkt also eine Kraft von 1 kg; eine ganz schöne Belastung. Warum bemerken wir dies nicht, warum wird unser Körper durch diese Last nicht zusammengedrückt? Wir haben uns im Laufe der Entwicklung an diesen Druck angepaßt und außerdem herrscht im Innern unseres Körpers derselbe oder ein ähnlicher Druck, sodaß keine allzu großen Druckunterschiede zwischen innen und außen auftreten. Wir sind so »Tiefseefische« unserer Atmosphäre, die daher auch nicht in der Lage sind, unter wesentlich geringerem Luftdruck zu existieren. Holt man Tiefseefische an die Meeresoberfläche, so zerplatzen sie wegen ihres dem großen Wasserdruck in der Tiefe angepaßten großen Innendrucks. Um ähnliches zu vermeiden und auch noch aus anderen Gründen muß der Mensch in größeren Höhen oder im freien Raum einen Druckanzug tragen.
Nachdem wir jetzt eine Vorstellung von der Größe des Luftdrucks gewonnen haben, können wir uns gut vorstellen, daß Luftdruck, Luftdruckunterschiede und Luftdruckänderungen einen großen Einfluß auf das Geschehen in unserer Atmosphäre ausüben. Wir werden in den folgenden Kapiteln noch häufig von diesen Wirkungen hören.
Zunächst aber noch etwas zu den in der Luftfahrt für den Luftdruck verwendeten Maßeinheiten, auf deren Ableitung wir aber nicht näher eingehen wollen.
International soll heute das Maß »Hekto-Pascal« (griechisch: hekaton = 100, Pascal in Erinnerung an den französischen Philosophen, Physiker und Mathematiker Blaise Pascal, 1623–1682), abgekürzt »HPa«, benutzt werden. Es entspricht im Zahlenwert dem früheren »Millibar«, abgekürzt »mb«.
Unter Normalbedingungen, auf die später noch näher eingegangen wird, beträgt der Luftdruck in Meereshöhe, in 0 m NN (= Normal-Null) oder 0 ft MSL (= englisch: mean sea level = mittleres Meeres-Niveau. Französisch: niveau = gleiche Höhe, Meeresspiegel) 760 mm Hg. Diese 760 mm Hg entsprechen 1013,25 HPa.
Daraus ergibt sich, wie leicht nachzurechnen ist, daß 750 mm Hg etwa

1000 HPa entsprechen. Hieraus ergibt sich eine einfache Faustformel für die Umrechnung:

$$\text{mm Hg} \times 4/3 \text{ ergibt HPa}$$
$$\text{HPa} \times 3/4 \text{ ergibt mm Hg}$$

In englisch sprechenden Ländern wird auch noch das Maß »inches of mercury« verwendet. Bekanntlich ist 1 inch = 2,54 cm. »mercury« ist die englische Bezeichnung für Quecksilber. Es ergibt sich so

760 mm Hg = 29,92 inches of mercury = 1013,25 HPa.

Wie schon erwähnt, werden wir uns mit den horizontalen Druckänderungen auf der Erde erst später beschäftigen. Wie aber ändert sich der Luftdruck in vertikaler Richtung, mit der Höhe?
Zunächst ein Beispiel von der Erdoberfläche: Die Änderung des Wasserdrucks mit der Wassertiefe. Geht man 10 m in die Tiefe, so beträgt der Wasserdruck dort 1 Atmosphäre, also 1 kg/cm^2. Taucht man in 20 m Tiefe, so hat sich dort der Wasserdruck auf 2 at erhöht, also verdoppelt. In 30 m Tiefe beträgt er dann 3 at usw. Eine Wasserschicht von 10 m Dicke erhöht also den Druck immer um denselben Betrag, um 1 at, genau so, wie sich das Gewicht einer Ziegelmauer immer um denselben Betrag erhöht, wenn man eine Ziegelreihe auf die andere legt. Der Grund hierfür ist, daß das Wasser (außer unter normalerweise nicht vorkommenden extrem hohen Drucken) genau so wie ein Ziegelstein nicht zusammendrückbar ist, es ist »inkompressibel« (lateinisch: compressus = zusammengedrückt).
Den Zusammenhang zwischen Wasserdruck und Wassertiefe können wir auch in einer übersichtlichen Zeichnung, einem Diagramm (griechisch: diagramma = Zeichnung, Figur) oder einer graphischen (griechisch: graphe = Zeichnung) Darstellung wiedergeben. Hierzu benutzen wir ein rechtwinkliges »Koordinatensystem« (lateinisch: coordinare = zuordnen). Da nicht jeder weiß, was dies ist, eine kurze Erklärung: In einem solchen Koordinatensystem, das aus zwei aufeinander senkrecht stehenden Achsen mit Maßeinteilung besteht, kann man darstellen, in welcher Weise zwei Größen voneinander abhängig sind. Ändert sich z. B. eine der Größen immer um einen ganz bestimmten Betrag, wenn die andere ebenfalls immer um einen bestimmten Betrag verändert wird, so nennt man die Abhängigkeit der beiden Größen voneinander »linear« (lateinisch: linea = Linie).
Im Koordinatensystem ergibt eine solche Abhängigkeit eine gerade Linie.
Beispiel: Die von einem mit konstanter Geschwindigkeit fahrenden Pkw mit der Zeit zurückgelegte Wegstrecke.
Bei einer Geschwindigkeit von 50 km/h werden in 1^h 50 km, in 2^h 100 km, in 3^h 150 km usw. zurückgelegt. Die graphische Darstellung sieht also wie folgt aus:

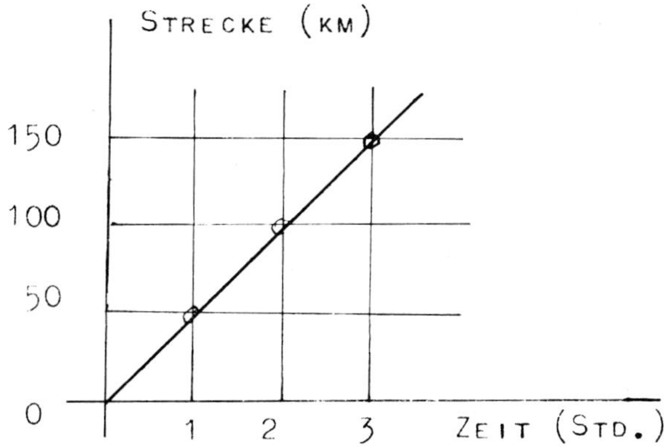

Aus der Darstellung können dann natürlich auch alle Zwischenwerte entnommen werden.

Oft hängen aber zwei Größen auf ganz andere Weise zusammen. Die Darstellung ergibt dann keine Gerade, sondern eine entsprechend verlaufende Kurve.
In ein solches rechtwinkliges Koordinatensystem tragen wir nun nach unten die Wassertiefen, nach rechts die Wasserdrücke ein.

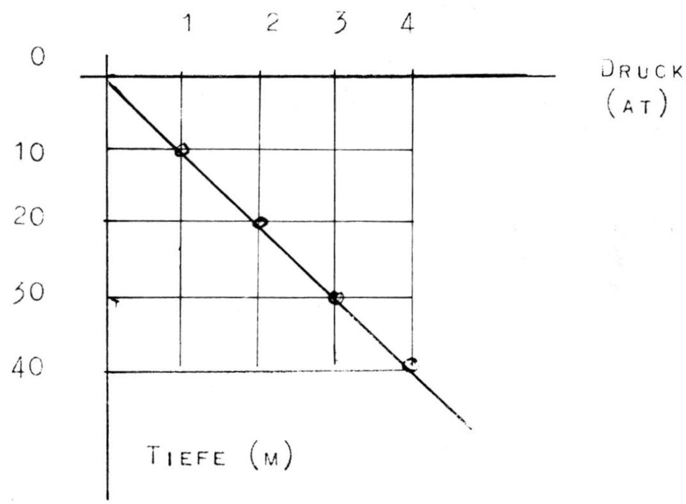

Der Wasserdruck 0 at in 0 m Tiefe wird am Schnittpunkt der beiden Achsen eingetragen. Dort ist ja für beide Skalen, für Druck und Tiefe, der Nullpunkt. Um die Stelle zu bestimmen, an der der Druck in 10 m Tiefe einzutragen ist, gehen wir auf der Tiefenachse bis zum Wert 10 m hinunter und ziehen durch diesen Punkt eine Parallele (griechisch: parallelos = nebeneinander laufend) zur horizontalen Druckachse. Danach gehen wir auf der Druckachse nach rechts bis zum Wert 1 at und legen durch diesen Punkt eine Parallele zur vertikalen Tiefenachse. Der Schnittpunkt der beiden Parallelen bezeichnet dann den Wasserdruck in 10 m Tiefe. Nachdem wir auf dieselbe Weise auch die Werte für größere Tiefen eingetragen haben, sehen wir, daß alle eingetragenen Punkte durch eine gerade Linie verbunden werden können; der Zusammenhang zwischen Wasserdruck und Wassertiefe ist »linear«.

In der Aerodynamik (griechisch: aer = Luft, dynamis = Kraft, die Bewegung hervorruft), der Lehre von der bewegten Luft bzw. der Bewegung durch die Luft, lernen wir, daß dort im Unterschallbereich die Luft ebenfalls als inkompressibel angenommen werden kann. Bei der schnellen Bewegung eines Körpers durch die Luft wird diese im Unterschallbereich tatsächlich nicht wesentlich zusammengedrückt. Sie verhält sich ähnlich wie Wasser.

Anders ist es aber bei der ruhenden Luft der Atmosphäre, mit der wir es hier in der Meteorologie zu tun haben. Hier ist die Luft sehr wohl zusammendrückbar, wie wir ja auch aus dem täglichen Leben wissen. Wir können zwar in einen 20 Liter fassenden Eimer keine 21 Liter einfüllen, einen Autoreifen aber können wir bis zu 1,5 at, bis zu 2 at, bis zu 3 at und so lange weiter aufpumpen, bis er platzt. Technisches Gas wird in den bekannten Gasflaschen bis zu 200 at zusammengedrückt.

Wegen dieser Zusammendrückbarkeit ruhender Gase nimmt nun auch der Luftdruck mit der Höhe nicht linear ab. Die oberen Luftschichten drücken mit ihrem Gewicht auf die unteren, pressen sie zusammen. Die Luftdichte, die Masse Luft pro Kubikmeter, ist daher in Bodennähe wesentlich größer als in der Höhe. Während Wasserschichten gleicher Dicke immer dasselbe Gewicht hatten, haben Luftschichten gleicher Dicke ein unterschiedliches Gewicht, das mit zunehmender Höhe immer geringer wird.

So ändert sich die Luftdichte unter den Bedingungen der sogenannten ICAO-Normalatmosphäre, auf die später noch näher eingegangen wird, mit der Höhe wie folgt:

Höhe (m NN)	Luftdichte (kg/m^3)
0	1,225
1 000	1,112
3 000	0,909
6 000	0,660
11 000	0,364
20 000	0,088
32 000	0,013

Aus diesen Werten folgt die Faustregel, daß die Luftdichte pro 1000 m Höhenzunahme jeweils um etwa 10 % abnimmt.

Aus den Gasgesetzen der Physik ergibt sich für den Zusammenhang zwischen Luftdruck und Höhe auf relativ einfache Weise die sogenannte »Barometrische Höhenformel«, die in jedem Lehrbuch der Physik nachgelesen

werden kann. Wir wollen hier nur eine Faustregel anführen, die man aus der exakten Formel ableiten kann. Sie lautet:
Unabhängig von der Ausgangshöhe halbiert sich der Ausgangsluftdruck, wenn man um ca. 5500 m in die Höhe steigt.

Zeichnen wir diesen Zusammenhang wieder in ein Koordinatensystem ein, so ergibt sich das wiedergegebene Bild. Wir sehen, daß zwar ein relativ einfacher, gesetzmäßiger Zusammenhang zwischen den beiden Werten besteht – die Kurve verläuft ja schön glatt und gleichmäßig –, daß dieser Zusammenhang aber nicht mehr linear ist. In Bodennähe nimmt der Luftdruck bei einer bestimmten Höhenänderung sehr rasch ab. Dagegen ist die Abnahme in größerer Höhe bei der gleichen Höhenänderung nur noch gering.

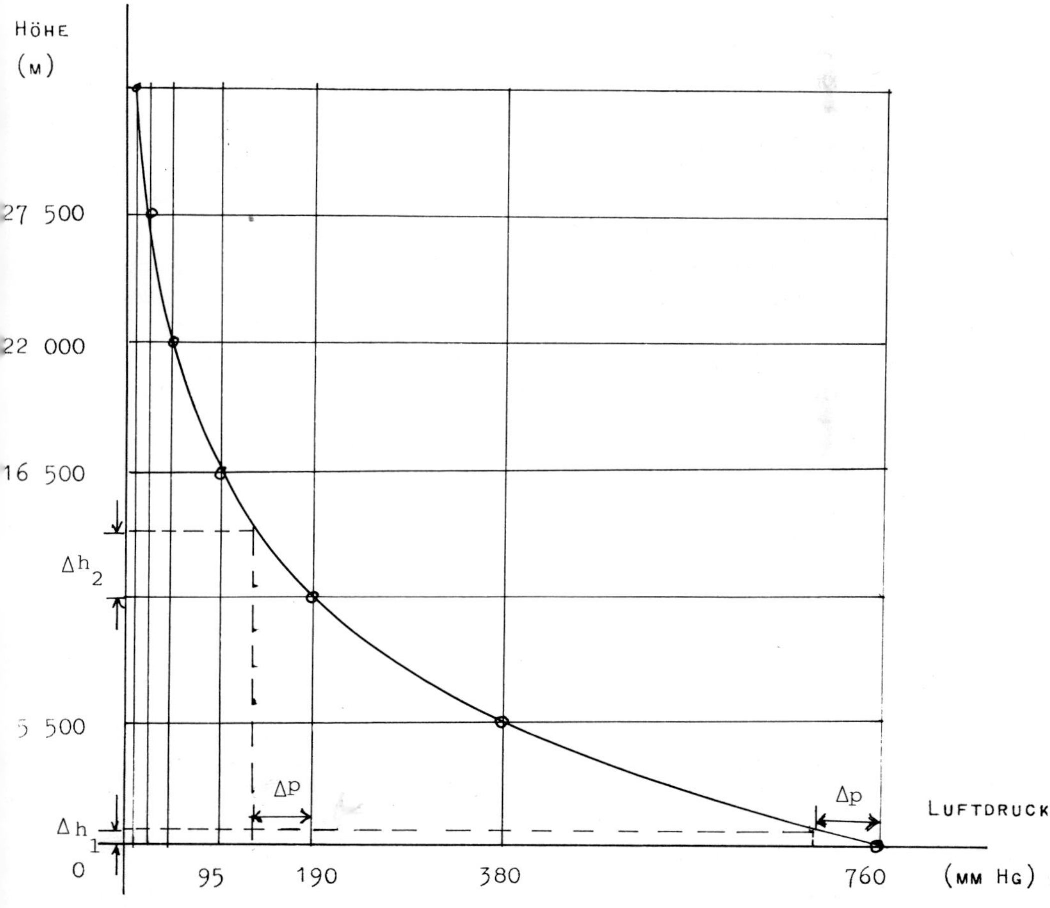

Dies ist eine wichtige Feststellung. Wir erinnern uns, daß die Zusammensetzung der Atmosphäre bis zu ca. 100 km Höhe annähernd gleich bleibt. Wenn also schon in 5500 m Höhe nur noch der halbe Luftdruck und, wie wir aus unserer Tabelle sehen können, auch nur noch die halbe Luftdichte herrschen, haben wir in dieser Höhe schon die Hälfte der Gesamtatmosphäre unter uns gelassen und haben daher auch nur noch die Hälfte der Sauerstoffmenge zur Verfügung, die am Boden vorhanden ist. Während Bergsteiger sich durch langsames Aufsteigen an solche geringen Sauerstoffmengen gewöhnen können, erreicht ein Flugzeug derartige Höhen sehr schnell. Wir sollten daher dringend darauf achten, daß wir in Höhen über 4000 m NN nur dann fliegen, wenn wir eine Sauerstoffanlage an Bord haben und diese auch benützen.
Die Kenntnis des Zusammenhangs zwischen Luftdruck und Höhe erleichtert uns auch das Verständnis der Wirkungsweise eines barometrischen Höhenmessers. Dieser mißt ja nicht die Höhe, sondern den Luftdruck. Die Höhe wird dann auf einer nach der barometrischen Höhenformel bzw. nach der daraus abgeleiteten ICAO-Normalatmosphäre geeichten Skala angezeigt. Daraus, daß diese Formel unabhängig von der Ausgangshöhe gilt (siehe unsere entsprechende Faustformel), sehen wir, warum man den 0-Punkt des Höhenmessers verstellen kann, ohne dadurch Fehlanzeigen zu verursachen.
Wie wir im nächsten Kapitel »Die Lufttemperatur« sehen werden, ist die Luftdichte und damit das Gewicht einer Luftsäule auch von der Temperatur der Luft abhängig. Der Luftdruck ändert sich also nicht nur bei Höhen-, sondern auch bei Temperaturänderungen. Ein nach den Bedingungen der Normatmosphäre geeichter Höhenmesser zeigt also nicht mehr richtig an, wenn der Temperaturverlauf mit der Höhe nicht dem der Normatmosphäre entspricht. Ist die Luft wärmer, so ist sie weniger dicht, ist leichter und der Luftdruck ist geringer. Ist sie kälter, ist es umgekehrt. Die Anzeigen von Höhenmessern (und anderen Geräten, die den Luftdruck zur Messung bestimmter Größen verwenden) müssen also bei von der Norm abweichenden Temperaturen korrigiert werden. Hierzu gibt es natürlich Rechenhilfen, jedoch können wir uns für die Höhenmesserkorrektur auch eine Faustregel merken:

Bei einer Temperaturänderung ΔT von 2,8 °C beträgt der Höhenfehler Δh 1 % oder abgerundet

$$\Delta T = 10\ °C \rightarrow \Delta h = 4\ \%$$

Bei wärmerer Luft besitzt der Fehler das Vorzeichen +; der Höhenmesser zeigt zu hoch an, bei kälterer Luft ist das Vorzeichen –; es wird eine zu geringe Höhe angezeigt. Hierauf beruht ein bekannter Merksatz:

Im (kalten!) Winter sind die Berge höher!

Die Abhängigkeit des Luftdrucks von der Temperatur der Luftmassen wird im

Kapitel »Die Druckverhältnisse in kalter und warmer Luft...« noch ausführlich dargestellt werden.
Aus unserer graphischen Darstellung können wir aber auch Hinweise auf die Anzeigegenauigkeit eines Höhenmessers entnehmen. Die mechanische Übertragung zwischen Membrandose (lateinisch: membrana = Häutchen) und Zeiger erfolgt ja durch eine Reihe von Hebeln, Gelenken und Zahnrädern. Es ergibt sich also unabhängig davon, ob große oder kleine Drucke gemessen werden, ein gewisses, geräteeigenes mechanisches Spiel und damit eine gewisse Unsicherheit Δp in der Druckmessung. Ob der größere oder der kleinere Grenzwert dieser Meß-Unsicherheit Δp richtig ist, ist natürlich unbekannt. Δp ist aber auf alle Fälle überall gleich, es ist vom Luftdruck und damit auch von der Höhe unabhängig. Tragen wir nun Δp bei verschiedenen Druckwerten in unser Diagramm ein, so erkennen wir leicht, daß die sich über die Eichung des Gerätes nach der barometrischen Höhenformel aufgrund Δp ergebende Unsicherheit Δh in der Höhenmessung mit zunehmender Höhe immer größer wird. Am Boden ist Δh dagegen sehr gering. Ein Segelflieger, der einen Höhenflug zur Erlangung eines Leistungsabzeichens ausführen will, tut also gut daran, seinen Höhenmesser speziell auch für die Höhen überprüfen zu lassen, in die sein Flug führen soll. Solche Überprüfungen werden von den bekannten Eichstellen durchgeführt. Ich selbst habe bei der Überprüfung von in geringen Höhen einwandfrei arbeitenden Geräten bei Anzeige 10 km schon Fehler von beinahe 1000 m festgestellt.
Schließlich ergibt sich aus dem Zusammenhang zwischen Luftdruck und Höhe noch die sogenannte »Barometrische Höhenstufe«. Diese barometrischen Höhenstufen geben für verschiedene Höhen an, welche Höhenänderungen einer Druckänderung von jeweils 1 HPa entsprechen. Für unsere Zwecke genügen dabei etwas auf- oder abgerundete Werte.

Höhe (m NN)	Barometrische Höhenstufe	
	m/HPa	ft/HPa
0	8	27
1 000	9	30
2 000	10	33
3 000	11	36
5 500	16	54
11 000	32	108
16 500	64	216

Mit Hilfe der barometrischen Höhenstufe kann man z. B. aus der Anzeige-Änderung eines Höhenmessers auf eine Luftdruckänderung schließen. Wurde der Höhenmesser am Abend am Boden auf die Höhe des Landeplatzes, z. B. 680 m, eingestellt und zeigt er am nächsten Morgen 700 m an, so läßt sich aus diesen Werten berechnen, wie sich der Luftdruck in der Nacht verändert hat.
Der Höhenmesser zeigt am Morgen 20 m mehr an. Größere Höhe bedeutet nach der Eichung des Höhenmessers geringeren Druck. Da das Flugzeug seine Position am Boden nicht verändert hat, muß der Druck am Boden also gefallen sein.
In Prüfungsfragen wird für den Erdboden meist die barometrische Höhenstufe 8 m/HPa angenommen. Auch wir wollen sie daher für unsere Berechnung anwenden, obwohl ja 680 m näher bei 1000 m als bei 0 m NN liegt und wir so eigentlich den Wert 9 m/HPa verwenden sollten. Die Anzeige-Änderung war 700−680 = 20 m. Die barometrische Höhenstufe ist 8 m/HPa. Also ist der Druck um 20:8 = 2,5 HPa gefallen.
Noch nicht erklärt wurde bisher die aus der Aerodynamik bekannte Tatsache, daß der Druck der ruhenden Luft, der »statische« (griechisch: statos = stehend) Druck nicht nur nach unten, also auf den Erdboden, sondern gleichmäßig in alle Richtungen wirkt. Es wird ja auch immer derselbe Luftdruck, bzw. dieselbe Höhe angezeigt, unabhängig davon, ob wir ein Barometer bzw. einen Höhenmesser horizontal, vertikal oder schräg halten. Warum das so ist, können wir erst verstehen, wenn wir im nächsten Kapitel das Wesen der Lufttemperatur kennengelernt haben.

Die Lufttemperatur

Zunächst müssen wir feststellen, was der Begriff »Temperatur« überhaupt bedeutet. »Temperatur« kommt vom lateinischen »temperatura«, was mit »richtige Mischung« zu übersetzen ist. Weshalb diese Bezeichnung für den uns geläufigen Temperaturbegriff gewählt wurde, läßt sich vielleicht damit erklären, daß die alten Römer damit einen bestimmten Temperaturwert, die richtige Mischung aus kaltem und warmem Wasser für ein wohltuendes Bad, bezeichnet haben.
Würde man eine Volksbefragung darüber abhalten, was sich die Menschen im allgemeinen unter Temperatur vorstellen, würde man wahrscheinlich eine Menge sehr unbefriedigender Antworten erhalten. Die meisten Befragten könnten wohl nur antworten, daß man sie eben mit Thermometern messen und mit unseren wärmeempfindlichen Nerven spüren kann. Um die in der Atmosphäre ablaufenden Vorgänge verstehen zu können, müssen wir aber wissen, was Temperatur wirklich ist.
Die Bestandteile unserer Atmosphäre sind, wie wir im Kapitel »Zusammensetzung der Atmosphäre« gehört haben, Atome und Moleküle verschiedener Stoffe wie Stickstoff, Sauerstoff, Wasserdampf, Kohlendioxyd, Edelgase usw. Auch im gasförmigen, unsichtbaren Zustand bestehen diese Stoffe also, genauso wie im flüssigen oder festen Zustand, aus Materie. Sie besitzen eine Masse und sind so trotz ihrer Unsichtbarkeit körperlich vorhanden.
Obwohl ihre Bestandteile dieselben und damit genau so klein sind wie die eines Gases, können wir feste und flüssige Stoffe sehen. Da bei ihnen die Teilchen mehr oder weniger fest aneinander gebunden sind und so nur sehr geringe Abstände voneinander haben, ergibt eine Ansammlung einer großen Zahl kleiner, aber eng zusammenhängender Teilchen schließlich ein Gebilde, das so groß ist, daß es von unserem Auge wahrgenommen werden kann.
Im gasförmigen Zustand sind aber die Teilchen nun nicht mehr an feste Plätze gebunden, wie dies bei festen Körpern der Fall ist. Sie sind auch nicht nur, so wie im flüssigen Zustand, frei verschiebbar. Sie sind vielmehr völlig voneinander losgelöst und können so als einzelne, sehr kleine und voneinander getrennte Teilchen von unserem Auge nicht mehr wahrgenommen werden. Da die Teilchen aber nach wie vor eine Masse besitzen, werden sie natürlich auch in diesem Zustand von der Erde angezogen. Eigentlich müßten so alle Atome und Moleküle der Atmosphäre wie Steine in Richtung Erdboden fallen

und sich dort schließlich als nur etwa 10 Meter dicke Schicht ansammeln. In Wirklichkeit ist dies aber nicht der Fall. Wir wissen nicht nur aus dem vorhergehenden Kapitel, sondern auch aus dem täglichen Leben, daß die Atmosphäre nicht nur 10 Meter dick ist, sondern bis in weit größere Höhen hinaufreicht. Wie ist dies zu erklären?

Wir stellen uns vor, wir könnten die Luftteilchen mit Hilfe einer »Spezialbrille« sehen. In diesem Fall würde sich uns ein sehr unruhiges Bild bieten: Die Teilchen stehen nicht unbeweglich im Raum wie z. B. ein Freiballon bei Windstille, sondern sie fliegen hin und her wie ein Mückenschwarm. Dabei stoßen sie zusammen, stoßen gegen den Erdboden und gegen Wände, ändern dabei ihre Richtung bis zum nächsten Zusammenstoß und fliegen dann wieder in einer neuen Richtung weiter.

Von selbst können sie diese Bewegungen aber nicht ausführen. Um die Teilchen zum Hin- und Her-Rasen zu bringen, muß ihnen vorher Energie zugeführt worden sein. Es gilt das heute nicht mehr überall bekannte Gesetz von der Erhaltung der Energie, das aussagt:

Von nichts kommt nichts, es geht aber auch nichts verloren!

Beispiele dafür: Ein Auto fährt, außer wenn es bergab geht, nicht ohne Kraftstoff; eine Glühbirne leuchtet nicht ohne Zufuhr elektrischer Energie und Geld muß (sollte!) erst verdient werden, bevor man es ausgeben kann.

Wird ein Gegenstand hochgehoben, so muß dazu Arbeit geleistet werden. Diese Energie wird aber wieder verfügbar, wenn man den Gegenstand herunterfallen läßt (Ramme!). Zum Aufziehen eines Uhrwerks muß Arbeit geleistet werden. Mit der so gespeicherten Energie kann eine Vorrichtung angetrieben werden.

Die Energie, die die Atome und Moleküle hin- und her-rasen läßt, liefert, wie wir sehen werden, die Sonne. Ihre Strahlung dient als »Antrieb«, als »Kraftstoff« für die Bewegung der Teilchen. Wie dabei die einzelnen Vorgänge ablaufen, werden wir später besprechen.

Die einzelnen Teilchen rasen aber nun nicht auf regelmäßigen Bahnen hin und her, sondern bewegen sich wegen der vielen Zusammenstöße und Richtungsänderungen chaotisch (griechisch: chaos = wüstes Durcheinander) durcheinander. Es ist einleuchtend, daß sie sich so auch nicht alle mit derselben Geschwindigkeit fortbewegen können. Es gibt also langsamere und schnellere Teilchen.

Der englische Physiker James Clerc Maxwell (1831–1879) hat für die Häufigkeit H, mit der eine bestimmte Teilchengeschwindigkeit v zu erwarten ist, ein Gesetz, das sogenannte »Maxwell'sche Verteilungsgesetz«, abgeleitet, dessen Aussage in der Abbildung auf der nächsten Seite dargestellt ist.

Wir erkennen, daß es eine Geschwindigkeit v_w gibt, die Teilchen mit größter Wahrscheinlichkeit, also auch mit größter Häufigkeit, besitzen werden. Es gibt aber, allerdings mit geringerer Wahrscheinlichkeit und damit geringerer Anzahl, auch Teilchen mit geringerer und mit größerer Geschwindigkeit. Wir

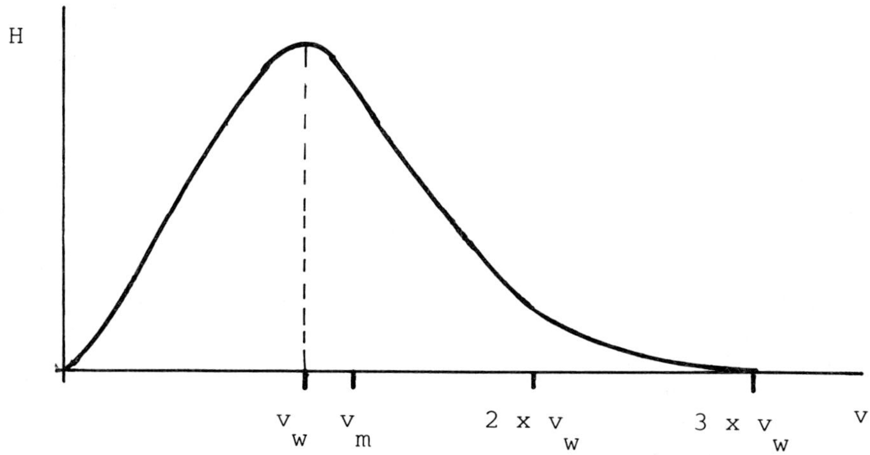

sehen, daß es einmal Teilchen gibt, die sich fast überhaupt nicht bewegen, zum anderen aber auch solche mit einer Geschwindigkeit, die beinahe das Dreifache von v_w beträgt. Diese Tatsache ist wichtig für das Verständnis der im nächsten Kapitel behandelten Verdunstungsvorgänge.

Aus dem Verlauf der Kurve ist aber auch zu erkennen, daß es mehr Teilchen gibt, die schneller als v_w sind, als solche, die eine geringere Geschwindigkeit besitzen. Bildet man also aus den Geschwindigkeiten aller Teilchen einen Mittelwert v_m, so muß dieser größer sein als v_w; der Anteil der schnelleren Teilchen ist ja größer. Nach der Theorie ergibt sich $v_m = 1{,}22 \cdot v_w$.

Da wir uns absprachegemäß aber nicht näher mit komplizierten Formeln und Theorien beschäftigen wollen und da der Unterschied zwischen den beiden Werten nicht allzu groß ist, wollen wir lediglich in Erinnerung behalten, daß es eine mittlere Geschwindigkeit beim Hin- und Her-Rasen der Teilchen gibt und daß größere und kleinere Geschwindigkeiten mit der durch die Maxwell'sche Kurve dargestellten Häufigkeit vorkommen.

Die *mittlere* Geschwindigkeit der Teilchen ist nun nichts anderes als ein direktes Maß, *das* Maß für die Temperatur des gesamten Gases. Je schneller die Teilchen trommeln, umso intensiver (lateinisch: intentus = heftig, stark) laufen alle die Vorgänge ab, die wir bei zunehmender Temperatur wahrnehmen.

Ist die mittlere Geschwindigkeit der Teilchen groß, rasen sie schnell, bedeutet dies hohe Temperatur.

Ist die mittlere Geschwindigkeit der Teilchen kleiner, rasen sie langsamer, bedeutet dies niedrigere Temperatur.

Ist die mittlere Geschwindigkeit der Teilchen = 0, rasen sie gar nicht mehr, bedeutet dies den absoluten Nullpunkt der Temperatur bei ca. – 273 °C.

Natürlich gilt dieser Temperaturbegriff nicht nur für Gase. Bei festen und flüssigen Stoffen können die Teilchen zwar nicht frei hin- und her-rasen, dafür

schwingen sie aber um ihre festen Standorte hin und her. Dabei gibt es bei einer bestimmten Temperatur wieder entsprechend einer Maxwell'schen Verteilung Teilchen, die langsamer und solche, die schneller schwingen. Bestimmend für die Temperatur ist wieder die *mittlere* Geschwindigkeit des Schwingens der Teilchen.
Schwingen die Teilchen mit hoher Geschwindigkeit um ihre Ruhelage, so führen sie in einer Zeiteinheit, z. B. in einer Sekunde, viele Schwingungen aus. Sie schwingen also in einer Sekunde »häufig« hin und her. Diese Häufigkeit des Hin- und Her-Schwingens während einer Sekunde bezeichnet man als »Frequenz« (lateinisch: frequentia = Häufigkeit). Die Teilchen schwingen also in diesem Fall mit hoher Frequenz.
Schwingen sie dagegen mit geringerer Geschwindigkeit hin und her, werden weniger Schwingungen pro Sekunde ausgeführt, erfolgen die Schwingungen in diesem Zeitraum weniger häufig. Die Teilchen schwingen also mit geringerer Frequenz.
Somit ergibt sich:
Schwingen die Teilchen mit hoher mittlerer Frequenz, bedeutet dies hohe Temperatur.
Schwingen die Teilchen mit geringerer mittlerer Frequenz, bedeutet dies niedrigere Temperatur.
Schwingen die Teilchen gar nicht mehr, bedeutet dies den absoluten Nullpunkt der Temperatur bei ca. $-273\,^\circ C$.

Dieses Hin- und Her-Schwingen der Moleküle, die sogenannte »Wärmebewegung« der Materie, hat als erster der englische Botaniker Robert Brown (1773–1858) an in einer Flüssigkeit schwimmenden sehr kleinen Teilchen entdeckt. Diese Teilchen wurden dabei von den schwingenden Flüssigkeitsmolekülen hin und her gestoßen. Ein stark vergrößertes Bild einer solchen »Brown'schen Molekularbewegung« zeigt die untenstehende Abbildung.

Ähnliche Bewegungen, nur mit wesentlich kürzeren Wegen zwischen den Zusammenstößen und Richtungsänderungen, führen auch die Teilchen im Gasgemisch unserer Atmosphäre aus.
Die Definition des Temperaturbegriffes, die wir damit erarbeitet haben, ist zwar nicht ganz vollständig, ist aber für unsere weiteren Überlegungen voll ausreichend. Mit ihr können wir alle Vorgänge verstehen, die in den nachfolgenden Kapiteln behandelt werden.
Nun aber zurück zu unserer Atmosphäre. die folgende Abbildung zeigt, wie sich, ebenfalls wieder nach dem Maxwell'schen Verteilungsgesetz, die Verteilung der Teilchengeschwindigkeiten mit zunehmender Temperatur ändert. Die Kurven gelten für das in der Lufthülle mit größtem Anteil vorkommende Gas, den Stickstoff N_2.
Wir erkennen, daß sich die mittlere Geschwindigkeit mit zunehmender Temperatur erhöht. Die ist selbstverständlich, denn wir haben ja eben die mittlere Teilchengeschwindigkeit als Maß für die Temperatur eingeführt.
Wir sehen aber auch, daß die Verteilungskurve bei höheren Temperaturen breiter wird. Es gibt weniger Teilchen, die die mittlere Geschwindigkeit besitzen, dafür gibt es jedoch mehr langsamere und besonders wieder mehr schnellere Teilchen.

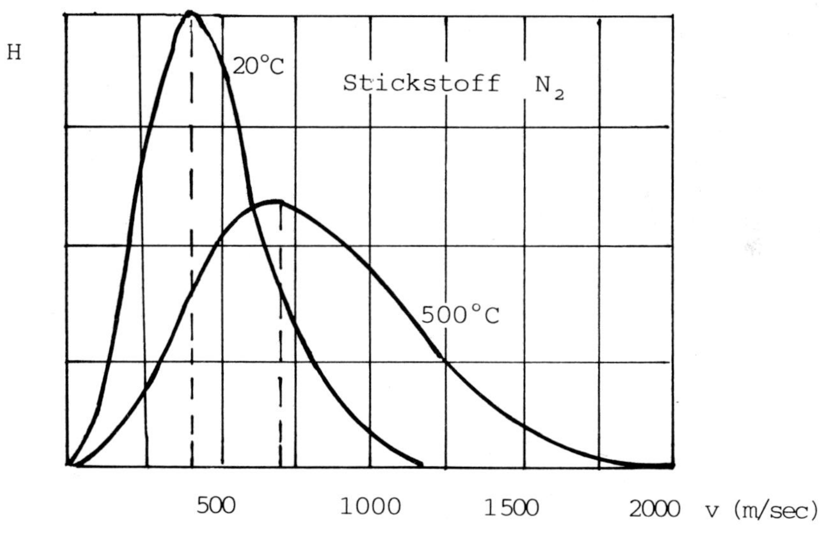

Die Abbildung zeigt uns auch, mit welch hohen Geschwindigkeiten die Teilchen schon bei einer Temperatur von 20°C umherrasen. Die mittlere Geschwindigkeit beträgt bei dieser Temperatur schon beinahe 400 m/sec bzw. 14000 km/h. Da sich in Bodennähe etwa 30 000 000 000 000 000 000 Moleküle in einem Kubikzentimeter Luft befinden, ist auch leicht zu verstehen, daß die Teilchen laufend zusammenstoßen. Die Strecke, die sie zwischen

zwei Zusammenstößen zurücklegen können, heißt »freie Weglänge« und beträgt in der bodennahen Luft im Mittel nur etwa 0,00001 cm.
Es ist auch leicht einzusehen, daß schnell rasende Teilchen mehr Platz zum Rasen benötigen als langsamere. Sie drücken sich bei den mit hohen Geschwindigkeiten erfolgenden Zusammenstößen auseinander. Dies ist der Grund dafür, daß sich bei hohen Temperaturen weniger Luftteilchen in einem Kubikmeter befinden als bei niedrigeren. Das heißt also, daß die Luftdichte bei Erhöhung der Temperatur geringer, bei Verringerung der Temperatur größer wird. Dies wissen wir bereits aus der fliegerischen Praxis, z. B. daher, daß wir bei höheren Temperaturen ein längere Startstrecke benötigen. Der Auftrieb ist ja u. a. von der Luftdichte abhängig und diese ist unter solchen Bedingungen geringer. Wir benötigen somit eine höhere Geschwindigkeit zum Abheben, die ihrerseits nicht so rasch wie üblich erreicht werden kann, weil auch die Motorleistung mit geringer werdender Luftdichte abnimmt.
Auf die Bestandteile der Atmosphäre, die Atome und Moleküle der in ihr enthaltenen Gase, wirkt also nach unseren bisherigen Überlegungen nicht nur die Anziehungskraft der Erde, die sie nach unten, zum Erdmittelpunkt hin ziehen und sie so in möglichst tiefer Lage verdichten will. Infolge des Hin- und Her-Rasens drücken sich die Teilchen mit zunehmender Geschwindigkeit, also zunehmender Temperatur, immer weiter auseinander und versuchen, sich gleichmäßig im Raum zu verteilen. Dieser Effekt (lateinisch: effectus = Wirkung) ist natürlich umso größer, je geringer die Masse der Teilchen ist.
Die von der Sonne eingestrahlte Energie und das dadurch hervorgerufene Hin- und Her-Rasen der Teilchen sind somit dafür verantwortlich, daß die Lufthülle der Erde »aufgeblasen« ist und so die uns bekannte Ausdehnung besitzt.
Da die Teilchen gleichmäßig in alle Richtungen rasen, üben sie auch nach allen Seiten denselben Druck aus. Der statische Druck ist tatsächlich richtungsunabhängig, er wirkt nach allen Seiten in gleicher Weise.
Der von der Atmosphäre, von einem Gasgemisch, ausgeübte Druck wird also nach dieser Überlegung nicht in erster Linie, wie der von einer Flüssigkeit oder einem festen Körper verursachte, durch ihr Gewicht, sondern durch die Wärmebewegung der Moleküle hervorgerufen.
Dabei trommelt immer nur ein Teil der Atome und Moleküle in die Richtung nach unten, auf den Erdboden. Daß auf diesem trotzdem das Gesamtgewicht der Atmosphäre lastet, läßt sich mit Hilfe der Gasgesetze der Physik leicht beweisen. Wir können uns diese Tatsache aber auch ohne Formeln durch eine einfache Überlegung erklären:
Durch die Anziehungskraft der Erde werden die Bestandteile der Atmosphäre trotz allem Hin- und Her-Rasen insgesamt, als Ganzes, in Richtung Erdmittelpunkt gezogen. Die Erdoberfläche verhindert aber schließlich eine weitere Annäherung der Lufthülle an den Erdmittelpunkt. Sie hält die Atmosphäre zurück und muß somit tatsächlich deren volles Gewicht tragen.

Wie kann man nun die Temperatur der Luft messen? Man muß dazu ein Meßsystem auswählen, das nur das Rasen der Moleküle, nicht aber andere Einflüsse, wie z. B. die direkte Einstrahlung der Sonne auf das Meßgerät usw., registriert.
Sind genügend Teilchen vorhanden, ist die Luft also genügend dicht, was in den unteren Atmosphärenschichten der Fall ist, können wir ein einfaches Meßgerät, das Quecksilberthermometer, verwenden. Quecksilber ist, wie wir schon gehört haben, über den normalerweise zu messenden Temperaturbereich hinweg immer flüssig, es erstarrt also nicht und verdampft auch nicht. Die hin- und her-rasenden Teilchen treffen auf das Quecksilber bzw. auf die dünne Kapillare (lateinisch: capillus = Haupthaar), in der es sich befindet und geben dabei einen Teil ihrer Bewegungsenergie ab. Nach dem Gesetz von der Erhaltung der Energie muß diese Energie irgendwo bleiben. Das tut sie auch. Sie regt die Atome der Kapillare und des Quecksilbers zum schnelleren und kräftigeren Schwingen um ihre Ruhelagen an. Schwingen die Atome kräftiger, brauchen sie dazu mehr Platz, das Quecksilber dehnt sich entsprechend der zugeführten Energie aus. Diese Ausdehnung läßt sich dann leicht an einer in Temperaturgraden geeichten Skala ablesen. Nimmt die Lufttemperatur ab, rasen die Moleküle weniger schnell, es wird weniger Energie auf das Quecksilber übertragen, dessen Atome schwingen weniger kräftig und brauchen weniger Platz, das Quecksilber zieht sich wieder zusammen.
Die Messung der Lufttemperatur kann aber nur korrekt sein, wenn dem Quecksilber keine andere Energie als das Rasen der Luftmoleküle zugeführt wird. Messen wir in der Sonne, so erwärmt die Sonnenstrahlung das Quecksilber direkt. Die Anzeige hat dann nichts mehr mit der Lufttemperatur zu tun. Messen wir an einer Hauswand, die sich evtl. durch Sonnenstrahlung erwärmt oder nachts stark abgekühlt hat, so wird die an die Wand angrenzende Luft ebenfalls beeinflußt und wir messen wieder nicht die tatsächliche unbeeinflußte Lufttemperatur.
Es muß daher selbstverständlich im Schatten gemessen werden. Angaben wie »20 °C im Schatten« sind unsinnig, weil die Luft in der Sonne dieselbe Temperatur besitzt, nur unsere Meßgeräte dort falsch anzeigen. Daß die Luft in den unteren Atmosphärenschichten *nicht direkt* durch die Sonnenstrahlung erwärmt wird, werden wir bei den nachfolgenden Betrachtungen feststellen. Das Meßgerät muß außerdem noch »ventiliert« (lateinisch: ventilare = in der Luft schwingen) werden, wenn wir die richtige Temperatur messen wollen. Die Luft soll an ihm vorbeistreichen, damit nicht irgendwo lagernde, u. U. durch örtliche Einflüsse gegenüber der freien Luft erwärmte oder abgekühlte Luft gemessen wird. Am besten geeignet ist dazu ein sogenanntes Schleuderthermometer, das im Kreis herumgeschwungen und so ventiliert wird.
Im allgemeinen wird die Temperatur in »Grad Celsius« (nach dem schwedischen Astronomen Anders Celsius, 1701–1744), abgekürzt »°C«, gemessen. Dabei wird der unter Normalbedingungen vorhandene Temperaturbereich

zwischen Gefrierpunkt und Siedepunkt des Wassers in 100 gleiche Teile, die Celsius-Grade, eingeteilt.
In der Physik wird die sogenannte »Absolute« (lateinisch: absolutus = uneingeschränkt) oder »Thermodynamische« (griechisch: thermos = warm, dynamis = Kraft – die ja Bewegung hervorruft) Temperatur verwendet. Man mißt sie in »Grad Kelvin« (nach dem britischen Physiker Sir William Thomson, später Lord Kelvin of Largs, 1824–1907), abgekürzt »°K« oder »K«. Der Abstand von Grad zu Grad ist derselbe wie bei der Celsius-Skala. Dagegen ist der Nullpunkt zum »Absoluten Nullpunkt« der Temperatur verschoben, der nach Celsius gemessen, bei -273,15 °C liegt. Es ist also

$$T\,(°K) = T\,(°C) + 273$$
$$T\,(°C) = T\,(°K) - 273.$$

Beim absoluten Nullpunkt der Temperatur hat jede Bewegung der Atome und Moleküle aufgehört.
In verschiedenen Englisch sprechenden Ländern wird noch die nach dem Danziger Physiker Daniel Gabriel Fahrenheit (1688–1736) benannte Fahrenheit-Skala benutzt. Die Fahrenheit-Grade werden mit °F bezeichnet. Ihre Einteilung ergab sich aus bestimmten, von Fahrenheit durchgeführten Experimenten.
Es entsprechen 0 °C = 32 °F
100 °C = 212 °F.

Daraus ergibt sich für die Umrechnung der beiden Größen

Fahrenheit in Celsius: °C = 5/9 x (°F – 32)= 0,55 x (°F – 32)
Celsius in Fahrenheit: °F = (9/5 x°C) + 32= (1,80 x°C) + 32

Wie wird nun aber die Luft erwärmt und wie ändert sich die Lufttemperatur in vertikaler Richtung, mit der Höhe? Daß wir uns über horizontale Temperaturänderungen erst später unterhalten können, habe ich schon im Kapitel »Die Grundelemente des Wetters« erwähnt. Ebenso werden wir uns mit dem gesamten »Wärmehaushalt« der Atmosphäre und der Erde, das Hin und Her zwischen Ein- und Ausstrahlung und die Wirkung einzelner Bestandteile der Atmosphäre auf diese Vorgänge erst später bei der Behandlung der großräumigen Erscheinungen beschäftigen.
Schauen wir an einem wolkenlosen Tag in Richtung Sonne, so erscheint uns diese so hell, daß wir die Augen schließen oder eine starke Sonnenbrille aufsetzen müssen, um nicht geblendet zu werden. Wir stellen auch keinen erkennbaren Unterschied fest, wenn wir dies statt am Boden auf einem hohen Berg oder aus einem Flugzeug heraus tun. Dies bedeutet, daß die mit unserem Auge wahrzunehmende Sonnenstrahlung weitgehend ungehindert durch die Atmosphäre bis zum Erdboden gelangt. Nach dem Gesetz von der

Erhaltung der Energie bedeutet dies aber auch, daß die Strahlung auf ihrem Weg durch die Atmosphäre keine Energie an die Luftmoleküle abgegeben hat. Diese wurden also nicht zum schnelleren Rasen angeregt, ihre Temperatur hat sich nicht erhöht.
Die Strahlung trifft also weitgehend ungehindert auf die Erdoberfläche auf. Eine Maus, die einen Gang z. B. 1 cm unter der Oberfläche gegraben hat, sieht aber schon kein Tageslicht mehr. Unmittelbar unter der Erdoberfläche ist es schon so dunkel, daß ein dort lebender Maulwurf nichts mehr zu sehen braucht, sein Sehvermögen hat sich zurückgebildet.
Wo ist die Strahlung geblieben? Nach unserem inzwischen wohlbekannten Gesetz von der Erhaltung der Energie kann sie nicht verloren gegangen sein. Wenn sie in der Erdoberfläche stecken geblieben ist, muß sie dort etwas getan haben. Da die Atome und Moleküle fester Stoffe an feste Plätze gebunden sind, also nicht wie die gasförmigen Teilchen frei hin- und herrasen können, werden sie durch die Strahlung zum schnelleren Hin- und Her-Schwingen um ihre festen Standorte angeregt. Dieses schnellere Schwingen bedeutet natürlich wieder, daß sich ihre Temperatur erhöht hat.
Die Strahlung erwärmt also nicht die Luft, sondern den Erdboden. Dort bleibt sie stecken, wird »absorbiert« (lateinisch: absorbere = aufsaugen), allerdings nicht ganz, wie wir später sehen werden. Ein Teil wird auch vom Erdboden »reflektiert« (lateinisch: reflectere = zurückbiegen), also wieder in den Raum zurückgestrahlt. Ohne diese Reflexion könnte z. B. ein Astronaut auf dem Mond die Erde gar nicht sehen. Sie strahlt ja kein eigenes Licht aus wie eine Sonne. Aber darüber werden wir uns erst bei der Behandlung des Wärmehaushaltes der Erde näher unterhalten.
Wie wir wissen, besteht die Erdoberfläche nicht nur aus festem Material, sondern zum großen Teil aus den Wasserflächen der Meere. Was geschieht dort mit der einfallenden Sonnenstrahlung? In größeren Wassertiefen ist es völlig dunkel. Also muß auch im Wasser die einfallende Strahlung schließlich steckenbleiben. Sie regt die gegenüber einem festen Stoff nicht ganz so fest gebundenen Moleküle des Wassers also ebenfalls zum stärkeren Hin- und Her-Schwingen an, d. h., auch das Wasser wird erwärmt.
Fische und Taucher sehen aber noch in vielen Metern Tiefe die Tageshelligkeit. Die Strahlung wird also im Wasser nicht so schnell absorbiert, wie im festen Erdboden. Das Wasser wird daher auch wesentlich langsamer erwärmt als fester Boden. Es besitzt eine höhere »Spezifische Wärme« (lateinisch: species = Art), das heißt, es wird mehr Energie benötigt, um 1 Gramm um 1 °C zu erwärmen.
Dafür strahlt es aber auch seine Wärme, sobald die Sonnenstrahlung geringer wird (z. B. im Winter) oder ganz aufhört (in der Nacht), sehr viel langsamer ab als der Erdboden; es wirkt als Wärmespeicher.
Wir können uns diese Eigenschaft etwa so vorstellen, wie das Verhalten zweier Pendel, eines leichteren und eines schwereren. Wir benötigen nur

wenig Kraft, um ein leichtes Pendel in Bewegung zu setzen. Dafür hört seine Bewegung aber auch bald wieder auf. Um das schwerere Pendel in Bewegung zu setzen, benötigen wir mehr Kraft. Es schwingt dann dafür aber auch wesentlich länger, es kommt erst viel später wieder zur Ruhe.
Diese unterschiedlichen Erwärmungs- und Abkühlungs-Eigenschaften von Land und Wasser sind der Grund für die unterschiedlichen Klima-Verhältnisse (griechisch: klima = Neigung, nämlich des Einfallswinkels der Sonnenstrahlen) im Bereich großer Landmassen bzw. großer Wasserflächen.
Die Erscheinungsformen des Wetters sind, wie wir später bei der Behandlung des globalen Wetters sehen werden, sehr stark auch von der geographischen Breite und damit von der mittleren »Neigung«, dem mittleren Einfallswinkel der Sonnenstrahlung, abhängig. Daher erklärt sich, daß das griechische Wort für »Neigung« zur Kennzeichnung eines »Klimas« gewählt wurde.
Nun aber zurück zu der durch die Sonneneinstrahlung erwärmten Erdoberfläche. Im Kontakt mit ihr erwärmt sich die am Boden lagernde Luft wie ein auf einer Heizplatte stehender Topf. An der so erwärmten Bodenluftschicht erwärmt sich etwas weniger die nächste Schicht und so geht es nach oben weiter. Die Temperatur nimmt also mit der Höhe ab und zwar im Mittel um 0,65 °C/100 m oder 2 °C/1000 ft.
Nach den bisherigen Überlegungen müßte somit die Temperatur mit zunehmender Höhe immer weiter abnehmen, bis schließlich am Ende der Atmosphäre der Nullpunkt der Temperatur mit – 273 °C oder 0 K erreicht wäre.
In Wirklichkeit sieht jedoch der Temperaturverlauf ganz anders aus, wie wir aus der ganzseitigen Darstellung auf Seite 35 ersehen können. Auf die dort eingetragenen Bezeichnungen für die verschiedenen Bereiche der Atmosphäre werde ich später eingehen.
Bei der Betrachtung der Darstellung auf Seite 35 sehen wir, daß nach der erwarteten Temperaturabnahme in dem untersten Atmosphärenbereich ein Bereich folgt, in dem die Temperatur nicht mehr abnimmt, sondern sich mit zunehmender Höhe praktisch überhaupt nicht mehr ändert. Einen solchen Bereich gleichbleibender Temperatur nennt man »Isothermie« (griechisch: isos = gleich, thermos = warm). Die Ursache dafür, daß die Temperatur nicht mehr weiter abnimmt, kann nur darin liegen, daß sich über der isothermen Schicht wieder ein wärmerer Bereich befindet, der die weitere Abkühlung der Atmosphäre verhindert.
Irgendetwas muß also bei unseren bisherigen Überlegungen nicht gestimmt haben. Nach dem Gesetz von der Erhaltung der Energie kann ja eine Erwärmung der Luft nur erfolgen, wenn dafür Energie aufgewendet wird. Woher stammt aber diese Energie? Um dies verstehen zu können, müssen wir die von der Sonne ausgesandte Strahlung etwas näher und ausführlicher betrachten. Wenn wir dies mit Hilfe geeigneter Meß-Instrumente tun, so stellen wir fest, daß die Sonne nicht nur das für unser Auge sichtbare Licht, sondern auch noch andere Strahlung aussendet.

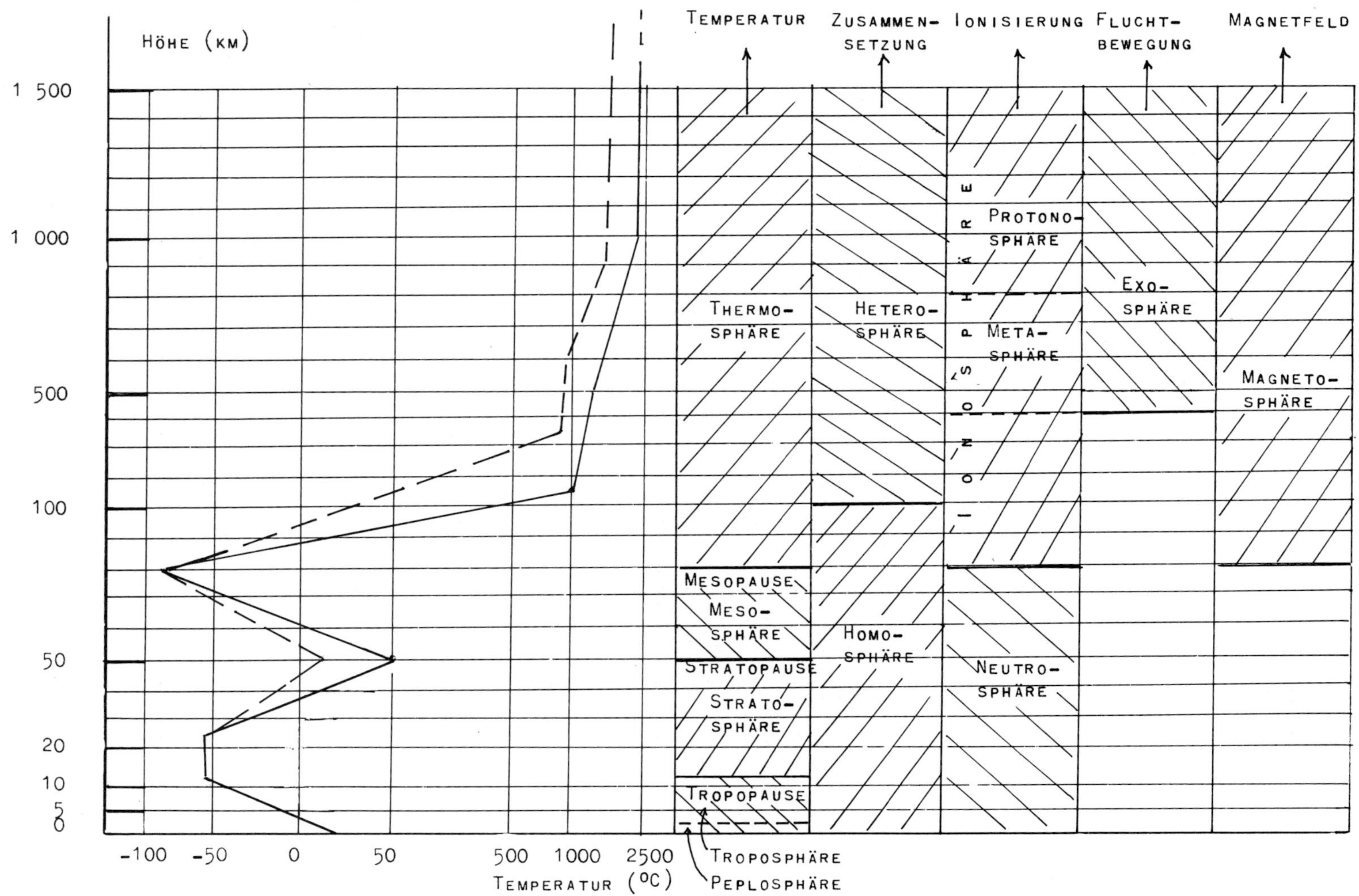

Höhe (km)
1 500
1 000
500
100
50
20
10
5
0
-100
-50
0
50
500
1000
2500
Temperatur (°C)
Temperatur
Zusammen-setzung
Ionisierung
Flucht-bewegung
Magnetfeld
Thermo-sphäre
Mesopause
Meso-sphäre
Stratopause
Strato-sphäre
Tropopause
Troposphäre
Peplosphäre
Hetero-sphäre
Homo-sphäre
Protono-sphäre
Meta-sphäre
Ionosphäre
Neutro-sphäre
Exo-sphäre
Magneto-sphäre

Unser sichtbares Licht ist physikalisch nichts anderes als »elektromagnetische« Strahlung (griechisch: elektron = Bernstein, der sich beim Reiben elektrisch auflädt, magnetis lithos = Stein aus der Landschaft Magnesia, der magnetisches Eisen enthält) eines bestimmten »Wellenlängen«-Bereichs. Was ist elektromagnetische Strahlung? Natürlich können wir jetzt keinen ausführlichen Lehrgang über die physikalische Theorie der elektromagnetischen Erscheinungen beginnen. Wir wollen nur die Dinge in einfachster Weise darstellen, die wir zum Verständnis der in der Atmosphäre ablaufenden Vorgänge benötigen.

Ein sehr vereinfachtes Bild eines Atoms gleicht dem eines Planetensystems. In der Mitte befindet sich als »Sonne« der Atomkern, der elektrisch positiv »geladen« ist. Um ihn kreisen wie Planeten die negativ geladenen Elektronen. Durch die Prozesse im Innern eines Fixsterns (lateinisch: fixus = angeheftet; sie scheinen ihre Stellung zueinander nicht zu verändern), die ja Kernprozesse sind und bei denen daher große Energiemengen freigesetzt werden, werden die Elektronen der Atome seiner Oberflächenschichten »angeregt«, auf andere Bahnen gehoben. Wir können uns das so vorstellen, als wenn die Erde mit riesigem Energieaufwand von ihrer jetzigen Bahn auf die Marsbahn versetzt würde. Die ursprüngliche Bahn ist aber die angestammte, die stabilere. Deshalb springt ein angeregtes Elektron nach kurzer Zeit wieder auf seine alte Bahn zurück, wobei natürlich die zum »Hochheben« aufgewendete Energie wieder frei wird.

Beim »Hochheben« und »Zurückspringen« auf die alten Bahnen bewegen sich die Elektronen. Bewegte Elektronen bedeuten aber das Fließen eines elektrischen Stromes und ein solcher erzeugt immer auch ein Magnetfeld. Vom Ursprungsort solcher elektromagnetischer Vorgänge pflanzen sich nun so, wie sich vom Eintauchort eines ins Wasser geworfenen Steines Wasserwellen ausbreiten, nach allen Richtungen mit Lichtgeschwindigkeit (ca. 300000 km/sec) elektromagnetische Wellen fort.

Je größer die für die Auslösung derartiger Vorgänge verfügbaren Energiemengen sind, umso mehr können auch auf weiter innen liegenden Bahnen, näher am Kern befindliche und somit fester gebundene Elektronen »hochgehoben« werden. Nach dem Gesetz von der Erhaltung der Energie strahlen sie dann beim Zurückfallen auch größere Energiemengen ab.

Da die Elektronen bei diesen Vorgängen immer Sprünge ganz bestimmter »Entfernung« von Bahn zu Bahn ausführen, wird auch die Strahlungsenergie nicht in beliebiger Menge, sondern immer in bestimmten, der »Entfernung« der Bahnen entsprechenden Portionen, den sogenannten »Quanten« (lateinisch: quantum = wie groß?) abgegeben. Die durch die Strahlung übertragene Energie kann also nicht beliebig unterteilt werden. Ihr kleinster »Bestandteil« ist ein Quant. Dies ist, in sehr vereinfachter Form, eine der Aussagen der von Albert Einstein (1879–1955) und Max Planck (1858–1914) entwickelten und inzwischen durch viele Experimente bestätigten Quantentheorie.

Je energiereicher die Vorgänge in einem Fixstern ablaufen, umso höher ist seine Oberflächentemperatur und umso energiereichere Strahlung wird von ihm abgegeben (siehe auch Kapitel »Der Wärmehaushalt der Erde«). All diese Strahlung ist von derselben Art; es ist eine elektromagnetische Wellenstrahlung, bei der sich periodisch (griechisch: periodos = Umlauf), also in immer gleichen Zeitabständen, die Stärke des elektromagnetischen Feldes von Null auf einen Maximalwert, eine maximale »Amplitude« A (lateinisch: amplitudo = Weite) und von diesem wieder zurück auf Null ändert.

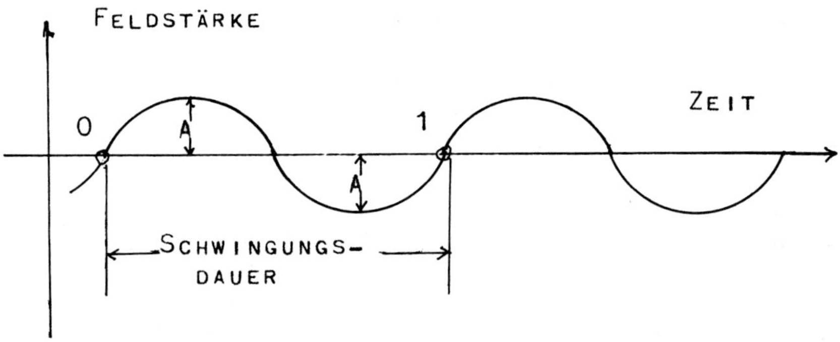

Die Zeit, die vom Zustand 0 bis zum Erreichen des Zustands 1 vergeht, heißt »Schwingungsdauer«. Die Anzahl Schwingungen, die pro Sekunde vergehen, wird mit »Frequenz« (lateinisch: frequentia = Häufigkeit) bezeichnet und in »Hertz« (in Erinnerung an den deutschen Physiker Heinrich Rudolf Hertz, (1857–1894), abgekürzt »Hz«, gemessen.

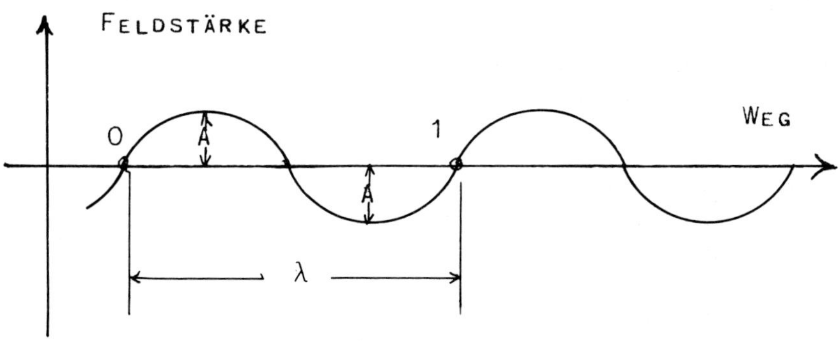

Trägt man nach rechts statt der Zeit den Weg auf, den die Welle zurücklegt, so heißt die Strecke zwischen dem Zustand 0 und dem Punkt 1, an dem der Ausgangszustand wieder erreicht ist, die »Wellenlänge«. Sie wird mit dem griechischen Buchstaben λ = lambda bezeichnet. Da sich die Welle mit

Lichtgeschwindigkeit ausbreitet, ergibt sich ein einfacher Zusammenhang zwischen Wellenlänge und Frequenz. Die Lichtgeschwindigkeit gibt an, welche Strecke die Welle in einer Sekunde zurücklegt, die Frequenz, wie oft sie in diesem Zeitraum hin und her schwingt. Man muß also nur die Lichtgeschwindigkeit c durch die Frequenz f teilen, um die Länge einer Schwingung, die Wellenlänge λ zu erhalten. Es gilt also

$$\lambda = \frac{c}{f} \text{ und somit auch } f = \frac{c}{\lambda}$$

Aus diesen Beziehungen ersehen wir, daß die Wellenlänge umso kürzer ist, je höher die Frequenz und umgekehrt.
Aus der bereits erwähnten Quantentheorie ergibt sich weiterhin, daß die Energie einer Strahlung umso größer ist, je höher ihre Frequenz bzw. je kürzer ihre Wellenlänge ist. Wir merken uns also:
Je kurzwelliger eine Strahlung ist, umso energiereicher ist sie.
Ordnen wir nun alle elektromagnetischen Strahlungsarten nach ihren Wellenlängen, so erkennen wir eine ganze Anzahl alter Bekannter.

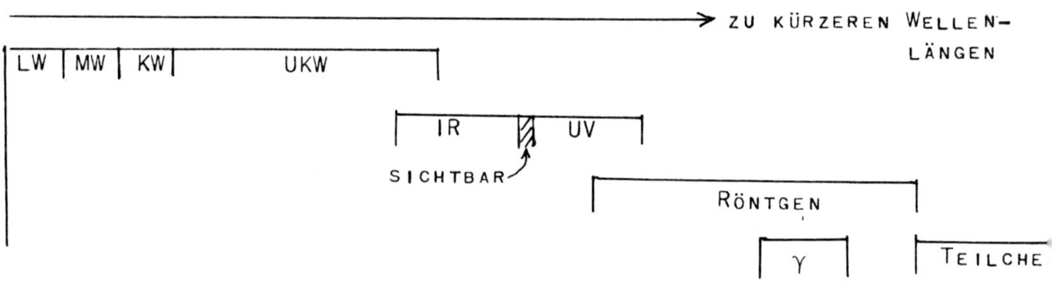

Sowohl die Röntgenstrahlung als auch das sichtbare Licht, sowohl die Wärmestrahlung als auch unsere in Rundfunk und Fernsehen verwendeten Wellen sind alle zusammen von derselben Art. Alle sind elektromagnetische Wellen, die sich nur durch ihre Wellenlänge bzw. Frequenz unterscheiden. Die Gesamtheit aller dieser Wellenlängen heißt elektromagnetisches »Spektrum« (lateinisch: spectrum = Bild, Erscheinung).
Zur kurzwelligen Seite des Spektrums hin erkennen wir noch die γ-Strahlung (griechischer Buchstabe γ = gamma). Sie wird nicht wie alle anderen längerwelligen Strahlungsarten durch Vorgänge in der Elektronenhülle, dem »Planetensystem« der Atome, verursacht, sondern trifft auf, wenn Reaktionen (lateinisch: reactio = Gegenwirkung) in den Atomkernen selbst stattfinden. Schließlich folgt am kürzesten Ende des Spektrums noch die Teilchen- oder »Korpuskular«-Strahlung (lateinisch: corpusculum = Körperchen). Aus der Quanten-Theorie ergibt sich nämlich, daß man atomare Teilchen, wie z. B. die bereits erwähnten Elektronen, aber auch Kernbestandteile usw., auch als

andere Erscheinungsform einer sehr kurzwelligen Strahlung auffassen kann. Unter bestimmten Bedingungen verhalten sie sich wie körperliche Teilchen, unter anderen Bedingungen zeigen sie dieselben Eigenschaften wie eine elektromagnetische Strahlung. Wir brauchen uns mit dieser Art der Strahlung aber nicht weiter zu befassen, da sie zumindest auf kurzfristige meteorologische Erscheinungen keinen Einfluß hat. Eine andere Art von Teilchenstrahlung trifft allerdings als »kosmische« (griechisch: kosmos = Ordnung, Weltall) Strahlung oder Höhenstrahlung auch auf die Erdatmosphäre und ruft dort eine ganze Menge atomarer Reaktionen hervor, die aber nur mit entsprechenden physikalischen Meßverfahren registriert werden können. Diese Strahlung stammt aber nur in sehr geringem Masse von unserer Sonne, sondern hauptsächlich von sogenannten »Super-Novae« (lateinisch: super = darüber, oberhalb, novae = die Neuen, da sie wegen der plötzlich auftretenden großen Helligkeit als »neue« Sterne erscheinen), die am Ende ihres »aktiven Lebens« einen großen Teil ihrer Masse mit hoher Geschwindigkeit explosionsartig in den Raum ausstoßen.
Es gibt jedoch auch eine große Zahl von Sternen und weit entfernten Objekten (wahrscheinlich Kernbereiche bestimmter Galaxien (siehe Kapitel »Die Erde im Weltall«), die im Radiobereich strahlen und schließlich senden sehr kleine Sterne, deren Materie jedoch unvorstellbar dicht »gepackt« ist, intensive Röntgenstrahlung aus.
Das von einem »normalen« Fixstern ausgesandte Spektrum und die Intensität, mit der Strahlung der verschiedenen Wellenlängen ausgesandt wird, sind von seiner Oberflächentemperatur abhängig. Je niedriger seine Oberflächentemperatur, desto mehr verschiebt sich das Maximum (lateinisch: maximum = das Größte) seiner Strahlung zu längeren Wellenlängen, je höher die Temperatur, desto mehr verschiebt es sich zu kürzeren Wellenlängen. Die nachstehende Zeichnung zeigt das Spektrum eines Körpers mit einer der der Sonne entsprechenden Oberflächentemperatur von 5500 °C. Dabei ist jedoch noch zu bemerken, daß durch andere in einer Sonne ablaufenden Vorgänge, die nichts mit ihrer Oberflächentemperatur zu tun haben, auch noch zusätzliche Strahlung bestimmter Wellenlängen und auch noch Teilchenstrahlung ausgesandt werden kann. Messungen zeigen aber auch, daß die Sonnenstrahlung im kurzwelligen Bereich nicht mehr in das Gebiet der Röntgenstrahlung (nach ihrem Entdecker, dem deutschen Physiker Conrad Wilhelm Röntgen, 1845–1923) hineinreicht, sondern, wie es die gestrichelte Kurve zeigt, bereits ab ca. 200 nm vernachlässigbar schwach wird (Abb. Seite 40).
Aus der Darstellung erkennen wir, daß unsere Sonne Strahlung recht unterschiedlicher Wellenlängen aussendet. So ist es einleuchtend, daß unsere bisherigen Überlegungen zur vertikalen Abnahme der Temperatur in der Atmosphäre den wirklichen Temperaturablauf nicht erklären konnten. Das sichtbare Licht, das wir bisher allein betrachtet haben, ist nur ein Teil der Gesamtstrahlung, der sich allerdings dadurch auszeichnet, daß wir ihn mit

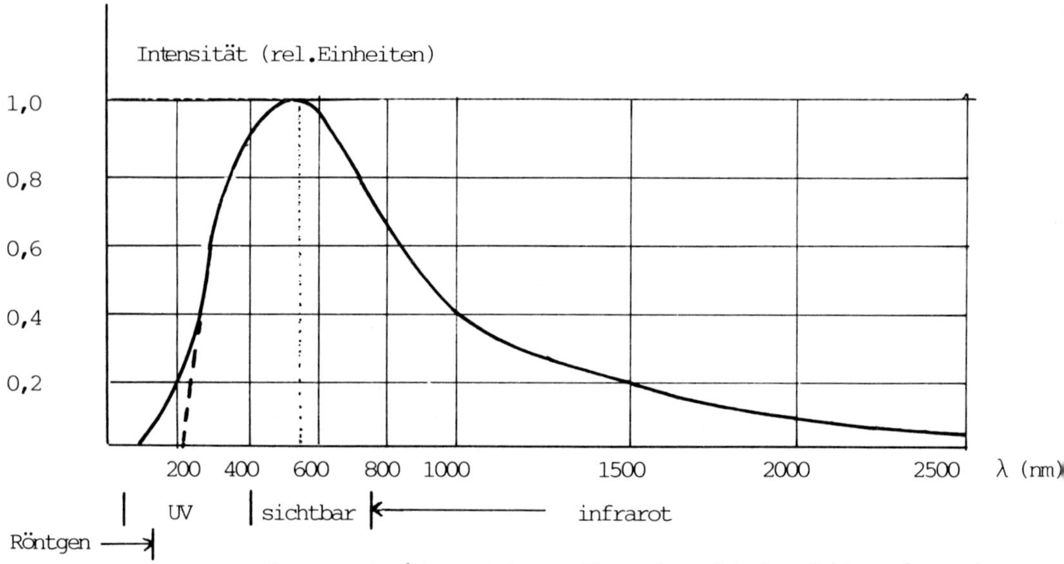

unseren Augen wahrnehmen können. Unser Auge ist also nichts anderes als ein Rundfunk- bzw. Fernseh-Empfänger, der nur einen bestimmten kleinen Bereich aller elektromagnetischen Frequenzen empfangen kann. Warum unser Auge gerade auf den Bereich zwischen den Wellenlängen 400 nm (nm = Nanometer = 1 Millionstel mm), die wir als Violett sehen und 750 nm, die wir als Rot sehen, abgestimmt ist, können wir ebenfalls aus unserer Darstellung ersehen. Bei einer Oberflächentemperatur von 5500 °C sendet unsere Sonne die genau in der Mitte des sichtbaren Spektrums liegende Wellenlänge 550 nm, die wir als Gelb sehen, mit maximaler Intensität (lateinisch: intentio = Anstrengung), mit größter Stärke, aus. Zu kürzeren und zu längeren Wellenlängen hin nimmt die Intensität dann wieder laufend ab. Dem Auge steht also zum Sehen der Bereich zur Verfügung, den die Sonne mit größter Intensität abstrahlt. Da es Fixsterne mit Oberflächentemperaturen zwischen etwa 2500 °C und 30000 °C gibt, ist folglich anzunehmen, daß die Augen von auf Planeten solcher Sonnen eventuell vorhandenen Lebewesen auf andere Spektralbereiche abgestimmt sind.

Aus der Darstellung des Sonnenspektrums erkennen wir, daß unsere Sonne außer im sichtbaren Bereich auch noch deutlich im Ultraviolett- und im Infrarot-Bereich strahlt. Wenn wir nun messen, welche Anteile dieser Gesamtstrahlung bis zum Erdboden gelangen, so stellen wir fest, daß entgegen unseren ersten Annahmen doch eine ganze Menge der Strahlung in der Atmosphäre steckenbleibt, absorbiert wird. Es gibt nur zwei »Fenster« in unserer Lufthülle, durch die Strahlung weitgehend ungehindert einfallen kann. Das erste ist das »astronomische Fenster« (griechisch: astro = Stern, nomos = Ordnung, Gesetz), das etwa mit dem Bereich des sichtbaren Lichtes zusammenfällt.

Dieses Fenster ist natürlich ein ebenso wichtiger Grund dafür, daß unsere Augen auf diesen Bereich abgestimmt wurden. Wenn die sichtbare Strahlung die Atmosphäre nicht durchdringen könnte, würden wir ja als »Tiefseefische« dieser Atmosphäre nichts sehen. »Astronomisches Fenster« heißt es, weil man erst durch sein Vorhandensein die Sterne sehen und so Astronomie betreiben kann. Das zweite Fenster liegt im Bereich der kürzeren Radiowellen und heißt »radioastronomisches Fenster« (lateinisch: radius = Strahl), da wir nur wegen seines Vorhandenseins die von bestimmten astronomischen Objekten im Radiobereich ausgesandte Strahlung am Erdboden empfangen können. Es ermöglicht die Radio-Astronomie. Im übrigen ermöglicht es uns auch, mit außerhalb der Erdatmosphäre befindlichen Raumschiffen Kontakt zu halten. Zum Glück wurde unser Auge nicht auf diesen Frequenzbereich abgestimmt. Wir müßten sonst ununterbrochen unsere Fernsehprogramme anschauen.

Die Strahlung aller übrigen Wellenlängenbereiche bleibt in der Atmosphäre stecken. Dabei ruft die langwellige Strahlung, die, wie wir gehört haben, weniger energiereich ist, keine besonderen Wirkungen hervor. Lediglich über den infraroten (lateinisch: infra = unterhalb, tiefer) Bereich, den Bereich der Wärmestrahlung, werden wir uns noch bei der Behandlung des Wärmehaushalts der Erde unterhalten. Bei der kurzwelligeren, energiereichen Strahlung ergeben sich dagegen deutliche Wirkungen. Dieser energiereiche Anteil der Sonnenstrahlung ist, wie wir aus unserer Darstellung des Sonnenspektrums ersehen haben, die Ultraviolett-Strahlung (lateinisch: ultra = jenseits, über). Der längerwellige Teil der UV-Strahlung ist dafür verantwortlich, daß die Temperatur bis zu einer Höhe von 50 km wieder auf maximal +50 °C ansteigt, die kürzerwellige UV-Strahlung bewirkt das starke Ansteigen der Temperatur in der oberen Atmosphäre.

Schon ab einer Höhe von ca. 15 km beginnt sich unter dem Einfluß der UV-Strahlung ein Molekül zu bilden, das in der unteren Atmosphäre nur in verschwindend geringem Maß vorhanden ist, das Ozon (griechisch: ozein = riechen). Wie wir schon wissen, ist der Sauerstoff in der unteren Atmosphäre in Form von Sauerstoffmolekülen vorhanden, die aus zwei Sauerstoffatomen bestehen. Um diese beiden Sauerstoffatome zu trennen, zu »dissoziieren« (lateinisch: dissocere = trennen), werden bestimmte Energiebeträge benötigt, die von den UV-Quanten geliefert werden. Es entstehen einzelne Sauerstoffatome, die dann mit noch nicht aufgespaltenen Sauerstoff-Molekülen zusammenstoßen und sich an diese anlagern. Es entsteht so ein neues Molekül, das aus drei Sauerstoffatomen aufgebaut ist, das Ozon mit dem Symbol 0_3. Ozon ist nicht das, was im Wald so gut riecht, sondern besitzt, wie schon das griechische Wort ozein = riechen sagt, einen etwas stechenden Geruch. Man kann diesen z. B. bei elektrischen Entladungen riechen, da auch bei solchen genügend Energie zur Bildung von Ozon frei wird.

Das Ozonmolekül ist aber unter dem Einfluß der Strahlung nur gezwungenermaßen entstanden. Es will wieder in den stabileren früheren 0_2-Zustand zurückkehren und tut dies auch sehr bald wieder. Es bildet sich also immer

wieder neues Ozon und ebenso zerfällt das entstandene Ozon immer wieder. Bei dem Zerfallsvorgang und bei der über verschiedene chemische Reaktionen erfolgenden Wiederbildung von O_2-Molekülen, ihrer »Assoziation« (lateinisch: associatio = Verbindung), wird nach dem Gesetz von der Erhaltung der Energie die Energiemenge wieder frei, die von der UV-Strahlung zur Ozon-Bildung aufgebracht wurde. Sie bringt jetzt die Moleküle zum schnelleren Hin- und Her-Rasen, d. h., sie erhöht deren Temperatur. Die Energie der kurzwelligen UV-Strahlen wird also durch die Ozon-Bildung und den anschließenden Zerfall der Ozonmoleküle in Wärmeenergie umgewandelt. Die Ozonschicht bewirkt so auch, daß die bei zu großer Intensität für das Leben auf der Erde schädliche UV-Strahlung den Erdboden nur in sehr abgeschwächter Form erreicht. Daß noch Reste dieser Strahlung bis zum Erdboden gelangen, erkennen wir daran, daß wir unsere Haut in der warmen Jahreszeit, wenn die Sonne höher steht und so, wie wir später bei der Betrachtung der großräumigen Vorgänge sehen werden, mehr Strahlung auf eine bestimmte Fläche des Erdbodens einfällt als in der kalten Jahreszeit, sowie auf höheren Bergen, noch von den in der Ozonschicht nicht »verbrauchten« Resten der UV-Strahlung bräunen lassen können.
Das Maximum der Ozon-Bildung, der größte Ozongehalt der Luft, liegt mit 0,25 Milligramm pro Kubikmeter in etwa 25 km Höhe. Aus unserer Darstellung des Temperaturverlaufs mit der Höhe entnehmen wir aber, daß das Temperaturmaximum erst in etwa 50 km Höhe erreicht wird. Der Grund hierfür ist einmal, daß bei der in größeren Höhen geringeren Luftdichte weniger Sauerstoff-Moleküle vorhanden sind, die in Ozon umgewandelt werden können. Zum anderen können aber dort die Teilchen auch größere Strecken zurücklegen, bis sie mit anderen zusammenstoßen; sie können also beim Hin- und Her-Rasen größere Geschwindigkeiten und damit höhere Temperaturen erreichen. Wir müssen uns also bei allen Temperaturangaben immer wieder an die am Anfang dieses Kapitels gegebene Temperaturdefinition (lateinisch: definitio = Begriffsbestimmung) erinnern. Nur, wenn die Moleküle unter den in den unteren Luftschichten herrschenden Luftdichten und Luftdrücken dieselben Geschwindigkeiten besäßen, würde ein für große Höhen angegebener Temperaturwert auch unseren üblichen Temperaturvorstellungen entsprechen.
Ganz besonders wichtig ist dieser Hinweis für die Betrachtung des weiteren Temperaturverlaufs mit der Höhe. Wir erkennen, daß die Temperatur ab etwa 80 km Höhe wieder anfängt, zuzunehmen und zwar auf bis zu 2000–2500 °C. Die Verhältnisse in diesen Höhen werden am besten durch einige Zahlen charakterisiert (griechisch: charakter = das Eingegrabene, Typische):
Während sich am Boden etwa 30 000 000 000 000 000 000 Moleküle in einem Kubikzentimeter Luft befinden, sind es in 100 km Höhe nur noch 10 000 000, in 1500 km Höhe nur noch eines. Die »Freie Weglänge«, die Strecke, die ein Molekül beim Hin- und Her-Rasen bis zum nächsten Zusammenstoß zurück-

legen kann, beträgt am Boden etwa 0,00001 cm, in 100 km Höhe immerhin schon 0,01 cm, also 1000mal mehr.
Nachdem wir uns ausführlich über die von unserer Sonne ausgehende Strahlung unterhalten haben, ist es einleuchtend, daß für die jetzt einsetzende Erwärmung wieder energiereiche Strahlungsanteile verantwortlich sind. Es ist dies der kürzerwellige Bereich der UV-Strahlung.
Während bei der Ozonbildung chemische Prozesse (lateinisch: processus = Fortgang, Ablauf) auftraten, löst die noch energiereichere Strahlung jetzt Prozesse aus, bei denen die Atome selbst verändert werden.
Wir haben bereits ein sehr einfaches Bild eines Atoms beschrieben. Negativ geladene Elektronen kreisen um einen positiv geladenen Kern, wie Planeten um eine Sonne. Ein »normales« Atom ist elektrisch neutral (lateinisch: neuter = keiner von beiden), es erscheint nach außen weder positiv noch negativ geladen. Der Grund dafür ist, daß der Atomkern genau so viele elektrisch positiv geladene Bestandteile, sogenannte »Protonen« (griechisch: proton = das erste. Der Kern des leichtesten, »ersten« Elements, des Wasserstoffs, besteht nämlich nur aus einem Proton), enthält, wie negative Elektronen vorhanden sind. Die energiereichen Strahlungsquanten haben nun genügend Kraft, die Bindung der Elektronen an den Kern zu überwinden und Elektronen aus dem Atomverband »herauszuschießen«, die dann als »freie Elektronen« durch die Gegend fliegen.
In unserem einfachen Beispiel bleibt also ein Atom mit dreifach positiv geladenem Kern, aber mit nur noch zwei negativ geladenen Elektronen übrig. Es hat also eine positive Ladung zu viel, es erscheint nach außen positiv geladen. Durch andere Vorgänge kann übrigens auch umgekehrt einem normalen Atom ein zusätzliches Elektron »aufgezwungen«, auf eine normalerweise nicht besetzte Umlaufbahn gebracht werden. Dann hat das Atom eine negative Ladung zu viel, es erscheint nach außen negativ geladen.

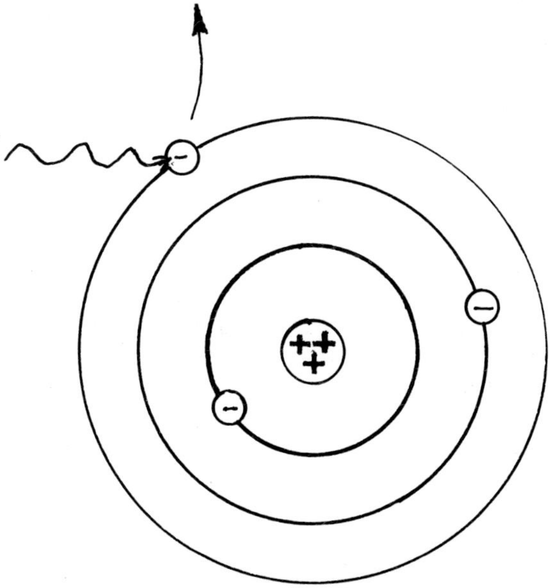

Ein derartiges Atom bezeichnet man mit dem griechischen Wort »Ion«, was »das Gehende, Wandernde« bedeutet. »Schüttet« man nämlich neutrale Atome in einen Wasserbehälter und legt an zwei Elektroden (griechisch: odos = Weg) eine elektrische Gleichspannung an, so geschieht gar nichts. Die Atome werden nicht beeinflußt. »Schüttet« man jetzt aber Ionen in den Behälter, so »gehen« bzw. »wandern« die positiven Ionen zur negativen Kathode (griechisch: kathodos = das Hinabgehen), die negativen Ionen zur positiven Anode (griechisch: anodos = das Hinaufgehen), sie sind also im elektrischen Feld »Gehende« oder »Wandernde«.

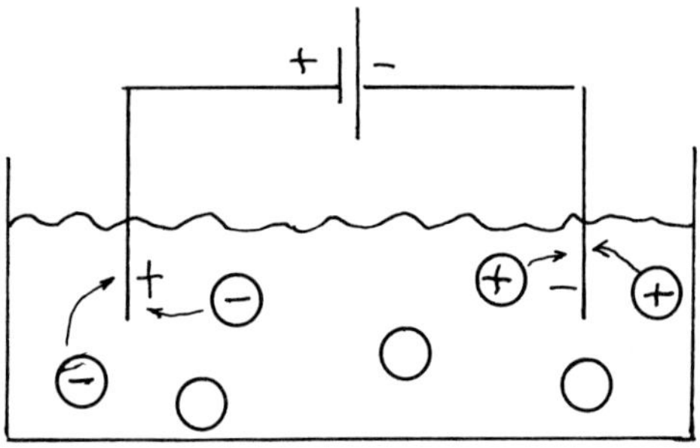

Wie die Ozon-Moleküle haben auch die Ionen das Bestreben, möglichst rasch wieder in den stabileren Zustand zurückzukehren, zu »rekombinieren« (lateinisch: re = zurück, combinare = vereinigen). So werden in diesen Höhenbereichen laufend neue Ionen erzeugt, während andere wieder durch Einfangen freier Elektronen rekombinieren.

Es ist leicht zu verstehen, daß bei diesen doch recht gewalttätigen Ionisierungsvorgängen Elektronen und Ionen stark beschleunigt werden, sowie wegen der sehr geringen Luftdichte hohe Geschwindigkeiten und damit sehr hohe Temperaturen erreichen können.

Wir hatten schon anfangs die Atmosphäre in eine Homosphäre mit gleichbleibender Zusammensetzung und eine Heterosphäre eingeteilt, in der sich die Zusammensetzung ändert. Auch zu dieser Zweiteilung unserer Atmosphäre trägt die Sonnenstrahlung bei. In Höhen über 100 km werden die in der unteren Atmosphäre aus zwei Atomen bestehenden Stick- und Sauerstoff-Moleküle zunächst einmal »dissoziiert« (lateinisch: dissocere = trennen), in Einzelatome aufgespalten. Infolge der in diesen Höhen noch sehr intensiven Strahlung bleiben dabei nicht mehr genügend 0_2-Moleküle übrig, um auch hier wie in der Ozonschicht eine Ozon-Bildung zu ermöglichen. Gleichzeitig erfolgt Entmischung. Der Anteil der Sauerstoff- und Stickstoff-Moleküle nimmt mit der Höhe rasch ab, der Anteil der Einzel-Atome wird dagegen rasch größer. In der Exosphäre finden sich dann schließlich nur noch die sehr leichten Gase Wasserstoff und Helium, die so leicht sind, daß sie sich trotz des »Umrührens« in der unteren Atmosphäre dort nicht halten können. Zunächst aber werden alle diese Gase, Moleküle und Atome, mit zunehmender Höhe durch die energiereiche UV- und Röntgen-Strahlung ionisiert. Dabei ergeben sich je nach noch vorhandener Luftdichte und Intensität der Strahlungsanteile Höhenbereiche, in denen jeweils eines der Gase besonders stark ionisiert wird. Man erkennt diese Bereiche dadurch, daß man die »Elektronen-Konzentration«, d.h. die Anzahl der abgetrennten, frei herumrasenden Elektronen pro Kubikzentimenter mißt. Die verschiedenen Höhen, in denen diese Bereiche liegen, werden mit großen lateinischen Buchstaben bezeichnet. Es ergeben sich dabei folgende Schichten mit recht unterschiedlichen maximalen Elektronen-Konzentrationen:

Höhenbereich (km)	Bezeichnung der Schicht	maximale Elektronenkonzentration (Elektronen/cm^3)
60– 85	D	10000
85–130	E	100000
140–200	F_1	300000
über 240	F_2	5000000

Aus den für die Elektronenkonzentration angegebenen Werten ist zu ersehen, wie die Ionisierungsvorgänge mit abnehmender Höhe geringer werden. Die für das irdische Leben schädliche harte Strahlung wird also immer weiter aufgebraucht, in das Rasen der Teilchen und damit in Wärmeenergie umgesetzt und so von der Erdoberfläche weitgehend ferngehalten.
Alle zuletzt besprochenen Vorgänge in der Atmosphäre werden durch den energiereichen Anteil der Sonnenstrahlung hervorgerufen. Da nachts keine Sonnenstrahlung vorhanden ist, müssen also deutliche Unterschiede in der Atmosphäre der jeweiligen Nachtseite der Erde gegenüber der jeweiligen Tagseite bestehen.
Die eine nur geringe Elektronenkonzentration aufweisende D-Schicht verschwindet so nachts vollständig. Aber auch in den anderen Schichten rekombiniert ein großer Teil der Ionen und Elektronen in der Nacht, sodaß die Elektronenkonzentration nachts zwar nicht ganz abgebaut, aber doch deutlich vermindert wird. Ebenso ist im übrigen natürlich auch die Ozonschicht tageszeitlichen Schwankungen unterworfen.
Der in unserer ganzseitigen Darstellung (Abb. Seite 35) durch ausgezogene Linien dargestellte Temperaturverlauf bezieht sich durchwegs auf Maximalwerte. Die gestrichelt eingezeichneten Linien geben dagegen die Mittelwerte zwischen Tag und Nacht wieder. Es ist leicht zu erkennen, daß diese deutlich niedriger sind als die Maximalwerte.
Die Auswirkungen aller dieser Vorgänge sind jedem Kurzwellen-Amateur gut bekannt. Kurzwellen sind nicht wie die Mittel- und Langwellen »Bodenwellen«, die sich dem Boden entlang fortpflanzen und so auch noch in großer Entfernung zu empfangen sind. Sie breiten sich hauptsächlich als »Raumwel-

len« aus und könnten so schon in relativ kurzer Entfernung vom Sender nicht mehr empfangen werden, wenn die Raumwellen nicht an den elektrisch geladenen Schichten der Atmosphäre wie Licht an einem Spiegel zum Erdboden, von diesem wieder zurück zur Ionosphäre und so laufend hin und her reflektiert würden, sodaß unter Umständen sogar ein Empfang auf der gegenüberliegenden Seite der Erde möglich ist. Es ist leicht zu verstehen, daß Änderungen in der Ionisierung der Schichten oder sogar das vollständige Verschwinden einer Schicht große Unterschiede in den Empfangsmöglichkeiten und Empfangsqualitäten zwischen Tag und Nacht hervorrufen.
Bei explosiven Ausbrüchen an der Sonnenoberfläche, den sogenannten »Flares« (englisch: flare = flackern, aufflammen), die im Zusammenhang mit den bekannten Sonnenflecken stehen, werden von der Sonne aber auch elektrisch geladene Teilchen, Ionen und atomare Bausteine, ausgestoßen, die dann im Mittel nach ca. 26 Stunden »Flugzeit« die Erde erreichen. Wegen ihrer elektrischen Ladung erreichen sie die Erdatmosphäre nicht auf demselben direkten, geradlinigen Weg wie die elektromagnetische Strahlung. Bekanntlich besitzt die Erde ein Magnetfeld, das in ähnlicher Weise zwischen den beiden magnetischen Polen der Erde verläuft wie das Magnetfeld eines Dauer- oder Elektro-Magneten. Die elektrisch geladenen Teilchen werden durch dieses Feld abgelenkt. Sie müssen den magnetischen Feldlinien folgen, weshalb die meisten von ihnen nur an den magnetischen Polen der Erde in die Atmosphäre eintreten können. Sie rufen dort starke Ionisierungserscheinungen hervor und regen die Atome zum »Eigenleuchten« an. Diesen Vorgang haben wir ja bereits bei der Behandlung der Entstehung elektromagnetischer Strahlung besprochen. Durch Hochheben und Zurückfallen von Elektronen in der Elektronenhülle eines Atoms wird eine solche Strahlung, hier im sichtbaren Bereich, erzeugt. Diese in Höhen zwischen 100 km und 400 km auftretenden Erscheinungen können wir in den Polargebieten als »Polarlichter«, als »Nordlichter« oder als »Südlichter« beobachten.
Ein schwächerer, stetig fließender Strom von geladenen Teilchen wird mit »Sonnenwind« bezeichnet. Er wird durch das Magnetfeld der Erde weitgehend um die Erde herumgeleitet, führt aber doch in der oberen Atmosphäre noch zu Störungen des Erdmagnetfeldes und beeinflußt auch etwas die oberen Schichten der Ionosphäre.
Während die elektrisch geladenen Ionen noch durch das Erdmagnetfeld festgehalten werden, können bei den geschilderten Vorgängen in den obersten Schichten der Atmosphäre einzelne Wasserstoff- und Helium-Atome infolge ihrer sehr hohen Geschwindigkeit der Erdanziehung entfliehen. Bekanntlich wird hierzu eine »Fluchtgeschwindigkeit« von 11,16 = ca. 11,2 km/sec benötigt, die von einzelnen Atomen auch erreicht wird. Der Verlust den die Atmosphäre dadurch erleidet, wird aber durch vom freien Raum zurückströmende Teilchen, deren Geschwindigkeit geringer ist und die dadurch wieder von der Erde festgehalten werden können, wieder ausgegli-

chen. Verluste und Neuzugänge sind im Gleichgewicht.
Die bisher gewonnenen Erkenntnisse geben uns die Möglichkeit, die Atmosphäre in verschiedene Stockwerke, »Sphären« einzuteilen, deren Bezeichnungen aussagen, was in dem jeweiligen Stockwerk vor sich geht. Die Namen der einzelnen Sphären sind in der ganzseitigen Darstellung (Seite 35) bereits eingetragen.
Zunächst wollen wir die Bezeichnungen der einzelnen Schichten betrachten, die sich aus dem Temperaturverlauf mit der Höhe ergeben.
In der ersten, untersten Schicht, in der die Temperatur nach oben im Mittel um 0,65 °C/100 m abnimmt, findet, wie wir später sehen werden, das uns bekannte Wettergeschehen mit Wolken, Niederschlägen usw. statt. Sie heißt »Troposphäre« (griechisch: trope = Wechsel, Veränderung) d.h. also die Sphäre, in der laufend deutlich wahrnehmbare Veränderungen stattfinden.
Der unterste Bereich dieser Troposphäre, bis zu einer Höhe von 1,5 bis 2 km, heißt »planetarische Grenzschicht« bzw. »Reibungsschicht« (warum, werden wir später bei der Behandlung des Windes erfahren) oder »Peplosphäre« (griechisch: peplos = Schleier, anliegende Hülle), da dort häufig Dunst und verminderte Sicht anzutreffen sind.
Die Übergangsschicht zum nächsten Bereich trägt die Bezeichnung »Tropopause«. Wir haben bereits gehört, daß das griechische Wort »pausole« oder das lateinische Wort »pausa« »Ende« bedeutet. Die Tropopause ist also das Ende der Troposphäre. Ihre Höhe hängt von der geographischen Breite und auch von der Jahreszeit ab. In den Gebieten und zu den Zeiten, in denen der Boden stärker aufgeheizt wird, wird die Atmosphäre stärker »aufgeblasen«, die Tropopause liegt höher. So beträgt ihre Höhe an den Polen nur 8 bis 9 km, in Äquatornähe dagegen 16 bis 18 km. Der in unserer Darstellung eingetragene Wert von 11 km Höhe entspricht den Festlegungen der ICAO-Normalatmosphäre, auf die noch zurückgekommen wird.
Die nächste Schicht heißt »Stratosphäre« (lateinisch: stratus = Schicht). Diese Bezeichnung bedeutet, daß in diesem Bereich keine oder nur geringe vertikale Bewegungen, sondern hauptsächlich in horizontalen Schichten ablaufende Vorgänge stattfinden. Sie enthält außer der Isothermie eine kräftige »Inversion« (lateinisch: inversio = Umkehr). Nach der Isothermie in der »unteren« Stratosphäre nimmt wegen der Ozonbildung die Temperatur in der »oberen« Stratosphäre wieder zu. Eine solche Umkehrung des Vorzeichens der Temperaturänderung, erst Zunahme, dann Abnahme, wird mit »Inversion« bezeichnet.
Der Übergang zur nächsten Schicht ist die »Stratopause«. In der anschließenden »Mesosphäre« (griechisch: mesos = in der Mitte) nimmt die Temperatur wieder auf Werte bis zu -80 °C bis -90 °C ab.
Nach der »Mesopause« beginnt die »Thermosphäre« (griechisch: thermos = warm) mit den durch die Ionisierungsvorgänge hervorgerufenen hohen Temperaturen. Sie überschneidet sich mit der schon bei ca. 400 km beginnenden

»Exosphäre« (griechisch: exo = außen), die fast ausschließlich aus dem leichtesten Gas Wasserstoff besteht. Wegen der geringen Dichte und den so gegebenen großen freien Weglängen und Geschwindigkeiten der Teilchen können aus dieser Schicht Wasserstoff-Atome in den freien Raum entweichen. Im Bereich zwischen 400 km und 800 km, der »Metasphäre« (griechisch: meta = inmitten, dazwischen), ist der Wasserstoff nur teilweise, in der ab 800 km beginnenden »Protosphäre« dagegen vollständig ionisiert. Wir haben bereits gehört, daß das griechische Wort »proton« »das Erste« bedeutet, nämlich den Atomkern des leichtesten Elements Wasserstoff. Wasserstoff besitzt nur ein Elektron. Wird er ionisiert, bleibt als Wasserstoff-Ion nur der Kern, das Proton, übrig.
Streng genommen gehört aber die Exosphäre schon nicht mehr zur Einteilung der Atmosphäre nach ihren Temperaturverhältnissen. Sie bedeutet eben die Sphäre, aus der Atome der Erdatmosphäre entfliehen können. Sie führt uns aber mit der Meta- und Proto-Sphäre zu einem anderen Einteilungskriterium (griechisch: kriterion = Kennzeichen) für unsere Atmosphäre, nämlich dem Auftreten von Ionen.
So nennt man den Bereich bis zum Beginn der Thermosphäre auch die »Neutro-Sphäre« (lateinisch: neutrum = keines von beiden, weder positiv noch negativ), da in ihr nur neutrale Atome und Moleküle, keine Ionen, vorhanden sind. Der Bereich von 80 km bis 400 km Höhe, oft auch noch darüber hinaus, wird mit »Ionosphäre«, die Sphäre der Ionenbildung, bezeichnet. Nach der heute üblichen Bezeichnungsweise beginnt, wie bereits erwähnt, ab 400 km Höhe die Metasphäre, ab 800 km Höhe die Protosphäre.
Zum Schluß noch eine letzte Sphäre. Wie wir schon gehört haben, werden Ionen und andere elektrische Ladungen tragende Teilchen innerhalb und außerhalb der Atmosphäre vom Magnetfeld der Erde beeinflußt, das wahrscheinlich durch Wirbelströme verursacht wird, die infolge der Rotation der Erde in ihrem schmelzflüssigen Nickel-Eisen-Kern entstehen. Erst durch Satelliten-Messungen wurde festgestellt, daß durch dieses Feld die aus elektrisch geladenen Teilchen bestehende Strahlung, wie der Sonnenwind oder die Kosmische Strahlung, weitgehend um die Erde herumgeleitet werden.
Es bilden sich so die in der folgenden, einem Buch des amerikanischen Wissenschaftsautors Isaac Asimov (geb. 1920) entnommenen Abbildung dargestellten Strahlungsgürtel. Diese wurden zunächst nach ihrem Entdekker, dem amerikanischen Physiker James A. van Allen (geb. 1914) benannt, werden aber heute als »Magnetosphäre« bezeichnet. Durch den Sonnenwind ist diese deformiert (lateinisch: deformare = verunstalten) und reicht so in Richtung Sonne »nur« ca. 60000 bis 70000 km, auf der sonnenabgewandten Seite aber bis 1,5 Millionen km in den Raum hinaus, gegenüber dem sie durch die »Magnetopause« ziemlich scharf abgegrenzt ist.
Die Wirkungen des irdischen Magnetfeldes machen sich aber auch in der

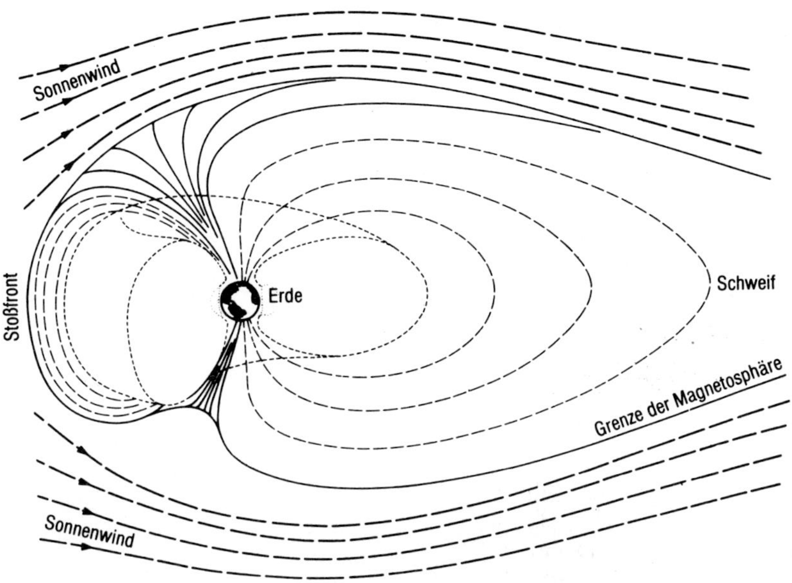

Die Magnetosphäre der Erde (auch Van-Allen-Strahlungsgürtel genannt), rekonstruiert nach Meßdaten von Satelliten und Raumsonden. Die »Feldlinien« (die nur im Querschnitt als Linien erscheinen, in Wirklichkeit aber Schalen sind) des Erdmagnetfelds werden auf der sonnenzugewandten Seite zusammengepreßt, während sie auf der gegenüberliegenden Seite vom Sonnenwind zu einem langen Schweif ausgezogen werden.

irdischen Atmosphäre bemerkbar, soweit dort elektrisch geladene Teilchen vorhanden sind, d.h. also bis zur unteren Grenze der Ionosphäre. Dort ist somit auch der Beginn der Magnetosphäre.

Bei der Untersuchung der Änderung der Lufttemperatur mit der Höhe sind wir darauf gestoßen, welch komplizierte und vielseitige Vorgänge in unserer Atmosphäre ablaufen und wie kompliziert ihr Aufbau ist.

Wenn wir uns als Sportflieger auch nur in der tiefsten Tiefsee dieser so weit hinausreichenden Atmosphäre bewegen, ist sie doch unsere Heimat und so ist es sicher für uns alle interessant, etwas mehr über sie und die in ihr ablaufenden Vorgänge zu wissen, als dies im allgemeinen üblich ist.

Die ICAO – Normal-Atmosphäre

Bei unseren bisherigen Betrachtungen haben wir gesehen, wie kompliziert der Aufbau der Atmosphäre ist. Der Eichung von in der Luftfahrt verwendeten, atmosphärische Werte messenden Instrumenten und den darauf beruhenden Verfahren zur Steuerung des Luftverkehrs müssen jedoch standardisierte (englisch: standard = Norm, Regel), genormte (lateinisch: norma = Regel, Vorschrift) Verhältnisse zugrunde gelegt werden.
Einmal müssen für einen großen, sehr unterschiedlichen Kundenkreis vorgesehene Instrumente mit vertretbarem Aufwand und hoher Betriebssicherheit hergestellt werden können und zum anderen müssen alle Geräte bei entsprechender Einstellung dasselbe anzeigen, damit gefährliche Situationen vermieden werden.
Zu diesem Zweck wurde von der ICAO (*I*nternational *C*ivil *A*viation *O*rganisation = Internationale Zivilluftfahrt-Organisation) die »ICAO-Normal-Atmosphäre« oder »ICAO standard atmosphere« eingeführt, durch die bisherige nationale und internationale Standard-Atmosphären abgelöst wurden. Die Normalatmosphäre gibt bis zu einer Höhe von 20 km genormte Werte für Luftdruck, Lufttemperatur und Luftdichte an. Die Werte entsprechen etwa Mittelwerten bei einer geographischen Breite von 45°. Bezüglich der Zusammensetzung der Atmosphäre wird angenommen, daß sie im gesamten Bereich gleichbleibt und daß in ihr kein Wasserdampf enthalten ist. Als Relative Feuchte (siehe später) wird also 0 % angenommen.

Die Grunddaten der Normalatmosphäre sind:

Luftdruck in 0 m NN	1013,25 HPa
Lufttemperatur in 0 m NN	15 °C
Relative Luftfeuchte	0 %
Luftdichte in 0 m NN	1,225 kg/m^3
Temperaturabnahme bis 11 km Höhe	0,65 °C/100 m = 2 °C/1000 ft
Tropopausenhöhe	11 km
Tropopausentemperatur	-56,5 °C
Isothermie	von 11 bis 25 km Höhe

Nachstehend noch einige Zahlen, die den Höhenverlauf der Werte zeigen:

Höhe (m)	Luftdruck (HPa)	Lufttemperatur (°C)	Luftdichte (kg/m³)
0	1013,25	+ 15	1,225
1000	898,74	+ 8,5	1,112
3000	701,08	− 4,5	0,909
5500	505,07	− 20,7	0,697
8000	356,00	− 37,0	0,525
11000	226,32	− 56,5	0,364
20000	54,70	− 56,5	0,088

Aus den so festgelegten Werten ergeben sich für die Höhen einiger Druckflächen (siehe später) in der Normalatmosphäre folgende Werte:

Druckfläche (HPa)	Höhe (m)	Höhe abgerundet (m)
1000	111	100
850	1457	1500
700	3012	3000
500	5574	5500
300	9164	9000
200	11784	12000
100	16180	16000

Die nachstehende Abbildung zeigt den gesamten Verlauf von Druck p, Temperatur t und Dichte ϱ mit der Höhe in der ICAO-Normal-Atmosphäre. Die Werte P/p_0 und ϱ/ϱ_0 geben an, wie sich das Verhältnis zwischen jeweiligem Druck und Ausgangsdruck in 0 m NN bzw. jeweiliger Dichte und Ausgangsdichte mit der Höhe ändert.

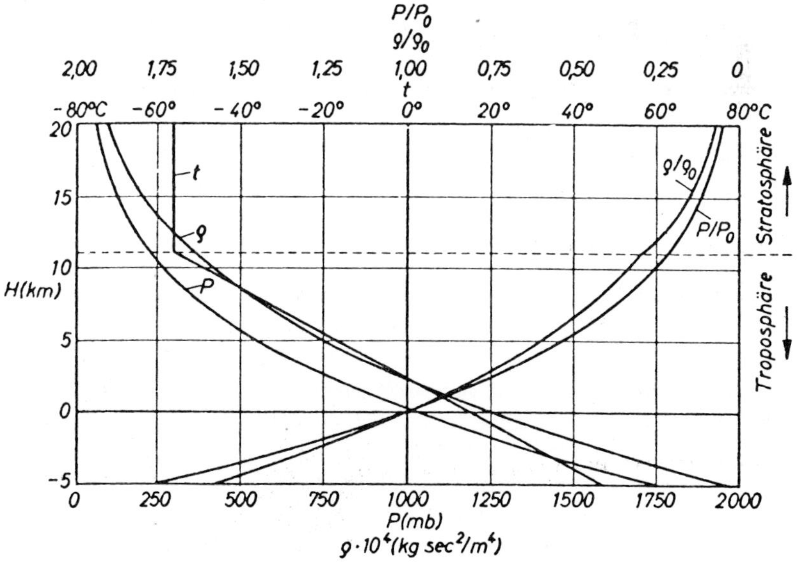

Der Wasserdampf in der Atmosphäre

Das Wasser ist der einzige Bestandteil der Atmosphäre, der bei den in ihr vorkommenden Temperaturen in allen drei üblichen Erscheinungsformen der Materie, den drei sogenannten »Aggregatzuständen« (lateinisch: aggregare = beigesellen, anschließen) gasförmig, flüssig und fest vorkommen. Deshalb ist auch der Wasser*dampf*, also die gasförmige Form, kein unveränderlicher Anteil der Luft, für den ein fester Prozentsatz angegeben werden kann. Sein Anteil schwankt zwischen 0 und 4 %.

Der Wasserdampf in der Atmosphäre stammt von der Erdoberfläche. Aus Meeren, Seen, Flüssen, feuchtem Untergrund, aus Schnee- und Eisflächen verdunstet Wasser infolge der von der Sonne eingestrahlten Energie (siehe später). Wegen dieser Herkunft nimmt der Wasserdampfgehalt der Atmosphäre mit der Höhe rasch ab. So haben wir z. B. in 3500 m Höhe erst etwa 40 % der Masse der Lufthülle, aber schon etwa 80 % des gesamten Wasserdampfgehalts unter uns gelassen. Oberhalb der Tropopause (siehe Kapitel »Die Lufttemperatur«), ab der Stratosphäre, enthält die Luft praktisch keinen Wasserdampf mehr.

Um eine Vorstellung vom Umfang der Verdunstungsvorgänge zu erhalten, einige Zahlen:

Aus einem Bestand älterer Bäume können in unseren Breiten an einem heißen Sommertag pro Hektar etwa 30000 Liter Wasser in die umgebende Luft verdunsten. Ein Liter Wasser ergibt dabei unter den Bedingungen der Standard-Atmosphäre ca. 1400 Liter Wasserdampf.

Pro Jahr verdunstet so in den Tropen eine Wassermenge, die einer Wasserhöhe von 120 cm entspricht. In unseren Breiten sind es immer noch ca. 50 cm. Wenn also in der Atmosphäre kein Niederschlag in Form von Regen oder Schnee auftreten würde, müßte der Meeresspiegel von Jahr zu Jahr absinken. Die Tatsache, daß er praktisch gleich bleibt und daß sich auch der mittlere Wasserdampfgehalt der Luft nicht verändert, zeigt, daß Verdunstung und Niederschlag sich die Waage halten, im Gleichgewicht sind.

Im Kapitel »Die Lufttemperatur« haben wir gesehen, daß die Teilchen eines Gases wie ein Mückenschwarm umherfliegen, also nicht an feste Orte gebunden sind. Rücken die Teilchen nun näher zusammen, wirken auf sie außer den

beim Umherrasen und Zusammenstoßen auftretenden Kräften auch noch andere Kräfte ein, sogenannte molekulare und atomare Anziehungskräfte, die letztendlich den Zusammenhalt aller Materie bewirken. Die Teilchen bleiben schließlich nicht mehr frei beweglich, sondern werden zunächst im flüssigen Zustand schon etwas, später im festen Zustand noch wesentlich stärker, aneinandergebunden. Es ergeben sich so die bekannten Eigenschaften der flüssigen und festen Stoffe.
Das Zusammenrücken der Atome bzw. Moleküle findet nach dem früher Gesagten natürlich dann statt, wenn das Hin- und Her-Rasen der Moleküle langsamer wird, sie sich also nicht mehr so kräftig wie vorher voneinander wegstoßen, d. h. also bei niedrigeren Temperaturen.
Beginnen wir beim festen Zustand, dem Eis. Die Moleküle sind fest aneinander gebunden. Erhöht man die Temperatur, können sie nicht frei herumrasen, sondern nur kräftiger um ihren festen Standort schwingen.
Schwingen sie langsam, bedeutet dies niedrige Temperatur,
schwingen sie schneller, bedeutet dies höhere Temperatur.
Soll nun aus Eis flüssiges Wasser werden, soll es also schmelzen, muß die feste Bindung der Moleküle im Eiszustand beseitigt und in die schwächere Bindung des flüssigen Zustands übergeführt werden. Nach dem uns bereits bekannten Gesetz von der Erhaltung der Energie muß dazu Energie aufgewendet werden, so, wie auch z. B. Energie benötigt wird, um ein Eisenstück von den Polen eines Magneten wegzuziehen.
Verwenden wir die Kalorie, die früher benutzte, leicht verständliche Einheit der Wärmemenge, so wissen wir, daß zur Erwärmung von 1 Gramm Wasser um 1 °C (genauer von 14,5 °C auf 15,5 °C) 1 cal benötigt wird. Um die »Eisbindung« in die »Wasserbindung«, um Eis von 0 °C in Wasser von 0 °C überzuführen, werden pro Gramm 80 cal benötigt. Diesen Betrag nennt man die »Schmelzwärme«.
Der Übergang zum Wasserdampf, das Verdampfen oder Verdunsten, ist wesentlich schwieriger als der von Eis zu Wasser. Die Moleküle müssen völlig aus ihrer Bindung gelöst und zum freien Herumrasen gebracht werden. Hierzu ist eine sehr große Energiemenge, die sogenannte »Verdampfungswärme«, erforderlich. Sie beträgt bei Wasser von 0 °C ca. 600 cal pro Gramm, bei Wasser von 15 °C ca. 590 cal pro Gramm.
Es wird also eine ganze Menge Energie benötigt, um den festen Stoff in die Zustände mit geringerer Bindung überzuführen.
Wichtig ist nun, daß nach dem zweiten Teil des Gesetzes von der Erhaltung der Energie, »nichts geht verloren«, die aufgewendete Energie wieder herauskommt, frei wird, wenn bei abnehmenden Temperaturen ein Übergang vom freieren zum Zustand mit festerer Bindung erfolgt. Wird also 1 Gramm Wasserdampf zu Wasser (diesen Vorgang nennt man Kondensieren (lateinisch: condensere oder condensare = dicht zusammendrängen)), werden ca. 600 cal frei, gefriert 1 Gramm Wasser, so werden 80 cal freigesetzt.

Es ist aber auch der direkte Übergang von Eis zu Wasserdampf und von Wasserdampf zu Eis (dann in Form von Eis*kristallen*. Griechisch: krystallos = Eis) möglich. Diesen Vorgang nennt man Sublimation (lateinisch: sublimatio = Verfeinerung). Bei einem solchen Übergang werden 80 + 600 = 680 cal benötigt bzw. freigesetzt.
Um diese Vorgänge und auch die Tatsache verstehen zu können, daß Wasser ja auch unter 100 °C, der Verdampfungstemperatur, *verdunsten* kann, erinnern wir uns an die Definition des Temperaturbegriffs. Temperatur ist der *Mittelwert* der Geschwindigkeit, mit der die Moleküle rasen oder schwingen. Es gibt also immer langsamere, aber auch schnellere als dies dem Mittelwert entspricht.
Manche Moleküle rasen bzw. schwingen also auch bei niedrigeren Temperaturen so schnell, daß sie die stärkeren Bindungen verlasen und in den freien, gasförmigen Zustand übergehen und dann frei umherrasen können.
Daß dabei Energie verbraucht wird, erkennt man daran, daß sich das zurückbleibende Wasser oder Eis abkühlt. Da die schnelleren Moleküle »verschwinden«, in den gasförmigen Zustand übergehen, sinkt die mittlere Geschwindigkeit der zurückbleibenden Wasser- bzw. Eismoleküle; das Wasser bzw. das Eis kühlen sich ab.
Die frei gewordenen, jetzt gasförmigen Moleküle stoßen immer wieder mit den entsprechend ihrer Temperatur hin und her rasenden Luft- und den bereits vorher ausgetretenen Wasserdampf-Molekülen zusammen. Schon bald rasen sie daher genauso wie diese wahllos nach allen Richtungen hin und her. Ein Teil bewegt sich dann natürlich auch in Richtung der noch flüssigen oder festen Wasseroberfläche, trommelt gegen diese und erzeugt so einen Gegendruck, den man mit »Dampfdruck« bezeichnet.
Es verdunsten immer mehr Moleküle. Manche werden nach Zusammenstößen wieder zu langsam für den gasförmigen Zustand, sie werden wieder flüssig oder sogar fest. So geht es hin und her, bis die Zahl der neu verdunstenden Moleküle gleich der der wieder in den vorhergehenden Zustand zurückkehrenden geworden ist.
Bei diesem Gleichgewichtszustand ist die maximale Zahl der Wasserdampfmoleküle erreicht, die bei der gerade herrschenden Temperatur von der Luft aufgenommen werden kann. Der von ihnen dabei ausgeübte Dampfdruck heißt »Sättigungsdruck«; die Luft ist mit Wasserdampf gesättigt. Ähnliches kann man beobachten, wenn man unter Umrühren Salz in ein Glas Wasser schüttet. Eine bestimmte Menge löst sich auf. Wird diese überschritten, setzt sich das Salz trotz des Umrührens unten ab; das Wasser ist mit Salz gesättigt.
Bei einer bestimmten Temperatur kann in der Luft also immer nur eine beschränkte, ganz bestimmte Menge an gasförmigem Wasserdampf vorhanden sein. Diese maximale Menge nennt man »Maximale Feuchte« und mißt sie in Gramm Wasserdampf pro Kubikmeter Luft oder abgekürzt Gramm/m^3.
Erhöht man die Temperatur, so schwingen die flüssigen Moleküle stärker,

mehr Moleküle erreichen die Grenzgeschwindigkeit. Der Gleichgewichtszustand, die Sättigung, erfolgt bei einer größeren Zahl freier Moleküle; die Maximale Feuchte erhöht sich. Sinkt die Temperatur, schwingen die flüssigen Moleküle weniger schnell, weniger Moleküle können sich frei beweglich halten; die Maximale Feuchte nimmt ab.
Auch derartige Vorgänge können im täglichen Leben beobachtet werden. Wird unter laufendem Rühren Zucker in eine Tasse mit heißem Tee geschüttet, so löst sich der Zucker auf. Wir hören mit der Zugabe des Zuckers auf, solange er sich noch auflöst, also bevor der Tee mit Zucker gesättigt ist. Läßt man nun den Tee abkühlen, stellt man nach einiger Zeit fest, daß sich eine große Menge festen Zuckers am Boden der Tasse abgesetzt hat. Bei niedrigeren Temperaturen konnte sich im Tee nur deutlich weniger Zucker in gelöster Form halten.

Mit einer Faustregel können wir die Größe der Maximalen Feuchte in einem Temperaturbereich von ca. 10 °C bis ca. 35 °C grob abschätzen. Diese leicht zu merkende Faustregel lautet:
Zwischen 10 °C und 35 °C können in einem Kubikmeter Luft maximal etwa so viel Gramm Wasserdampf enthalten sein, wie die Lufttemperatur in° C beträgt. Das bedeutet also

Lufttemperatur (°C)		10	15	20	25	30	35
max. Feuchte Faustregel	(Gramm/m³)	10	15	20	25	30	35
max. Feuchte tatsächlich		9,4	12,8	17,3	23	30,3	39

Aus der Gegenüberstellung mit den tatsächlichen Werten ist zu ersehen, daß die Faustregel die wirklichen Verhältnisse zumindest größenordnungsmäßig richtig wiedergibt.
Besonders wichtig ist die aus den Zahlen zu ersehende starke Abhängigkeit der Maximalen Feuchte von der Temperatur. Sie ist ein wesentlicher Faktor für das Wettergeschehen. Wir sehen, daß z.B. Luft von 10 °C nur noch etwa die Hälfte des Wasserdampfes aufnehmen kann wie Luft von 20 °C.
Meist befindet sich jedoch – zum Glück – nicht die maximale Menge an Wasserdampf in der Atmosphäre. Die wirklich vorhandene Menge, auch wieder gemessen in Gramm Wasserdampf/Kubikmeter Luft oder vereinfacht Gramm/m³, nennt man »Absolute Feuchte« (lateinisch: absolutus = für sich allein bestehend, ohne Beziehung).
Um darzustellen, inwieweit die Luft bereits gesättigt ist, wie voll also der »Topf« bereits ist, benutzt man die »Relative Feuchte« (lateinisch: relatio = Beziehung, Verhältnis), gemessen in %.

Es gilt $$\text{Relative Feuchte} = \frac{\text{Absolute Feuchte}}{\text{Maximale Feuchte}} \times 100\ (\%)$$

Dieser Wert wird, wenn auch meist sehr ungenau, von den Hygrometern (griechisch: hygros = feucht) angezeigt, die man oft an Apotheken und Optikergeschäften antrifft.

Eine wichtige Wettererscheinung sind Wolken. Sie bestehen *nicht* aus Wasser*dampf*, wie viele Leute glauben, sondern natürlich nach dem, was wir bisher gehört haben, aus Wassertröpfchen bzw. Eiskristallen. Die Tröpfchen oder Kristalle fallen nicht zu Boden, da – wie wir wissen – meist aufsteigende Luft die Ursache für die Kondensation ist und da bereits minimale Aufwinde der Größenordnung mm/sec bis maximal cm/sec ausreichen, die Tröpfchen in der Schwebe zu halten.

Damit Wassertröpfchen gebildet werden, muß die Luft mit Wasserdampf gesättigt sein. Die Absolute Feuchte muß also gleich der Maximalen Feuchte, die Relative Feuchte 100 % sein.

Wir gehen aus von einer nicht gesättigten Luft mit einer Relativen Feuchte von unter 100 %. Die Relative Feuchte muß also größer, nämlich 100 %, werden. Aus der Bruchrechnung wissen wir, daß ein Bruch größer wird, wenn entweder der Zähler größer oder aber der Nenner kleiner wird.

Das bedeutet nach unserer »Formel« für die Relative Feuchte, daß entweder die Absolute Feuchte steigen oder aber die Maximale Feuchte kleiner werden muß.

$$\uparrow \text{Relative Feuchte} = \frac{\text{Absolute Feuchte} \uparrow}{\text{Maximale Feuchte} \downarrow}$$

Es gibt nur wenige Vorgänge in der Atmosphäre, bei denen Kondensation durch Erhöhen der Absoluten Feuchte eintritt. Die meisten Kondensationsvorgänge haben ein Sinken der Temperatur als Ursache, von der ja, wie wir gesehen haben, die Maximale Feuchte sehr stark abhängt. Die Abkühlung kann dabei entweder durch Kontakt mit einem kalten Untergrund oder, was für uns am interessantesten ist, durch Aufsteigen von Luft erfolgen.

Beispiel: Am Boden haben wir Lufttemperatur 20 °C, Rel. Feuchte 60 %. Gesucht wird die Temperatur, auf die die Luft abgekühlt werden muß, damit Kondensation eintritt.

Zunächst stellen wir fest, wieviel Feuchte tatsächlich in der Luft vorhanden ist, wie hoch also die Absolute Feuchte ist. Nach den einfachen Gesetzen der Bruchrechnung wird aus unserer Formel für die Relative Feuchte

$$\text{Absolute Feuchte} = \text{Relative Feuchte} \times \text{Maximale Feuchte.}$$

Der Nenner des Bruches kommt als Multiplikator auf die andere Seite der Gleichung.

In unserem Beispiel ist nach unserer Faustregel die Maximale Feuchte bei 20 °C = 20 Gramm/m^3.

Also gilt

$$\text{Absolute Feuchte} = 60\ \%\ \text{von}\ 20 = 0{,}6 \times 20 = 12\ \text{Gramm/m}^3.$$

Wie weit muß nun Luft mit 12 Gramm/m^3 Absoluter Feuchte abgekühlt werden, damit Kondensation eintritt? Einfach so lange, bis Absolute Feuchte = Maximaler Feuchte ist. Nach unserer Faustregel ist dies bei 12 °C der Fall, denn nach dieser Regel ist ja bei 12 °C die Maximale Feuchte 12 Gramm/m^3. Diese Temperatur, auf die man ein Luftpaket abkühlen muß, um Kondensation zu erreichen, heißt »Taupunkt«. Er wird mit T_d (englisch: dewing point = Taupunkt) oder mit τ (kleines griechisches t) bezeichnet. Der Name kommt daher, daß sich bei dieser Lufttemperatur am Boden Tau bildet.
Der Betrag, um den das Luftpaket von der Ausgangstemperatur bis zum Taupunkt abgekühlt werden muß, heißt »Taupunktsdifferenz« oder »spread« (englisch: spread = Spreizung, Ausdehnung) und wird mit $T - T_d$ (Lufttemperatur – Taupunkt) oder $\Delta\tau$ (Δ Zeichen für Differenz) bezeichnet.
Ist die Lufttemperatur weit vom Taupunkt entfernt, muß um einen großen Betrag abgekühlt werden, um Kondensation zu erreichen. Der spread ist also groß. Muß nur wenig abgekühlt werden, ist der spread klein. Daraus ist sofort folgender Zusammenhang zu erkennen:

spread groß = kleine Relative Feuchte
spread klein = große Relative Feuchte.

Kondensation tritt aber nicht ohne weiteres ein, wenn nur die Bedingung Relative Feuchte = 100 % erfüllt ist.
Zwar können des öfteren einige der umherrasenden Wasserdampfmoleküle einander so nahe kommen, daß ihre gegenseitigen molekularen Anziehungskräfte wirksam werden und sie sich miteinanderverbinden, doch sind derart kleine »Tröpfchen« nicht lebensfähig. Sie können sich nicht zu größeren Tröpfchen, zu Wolkentröpfchen, entwickeln. Um wirklich eine Wolke entstehen zu lassen, sind Hilfstruppen in Form von sogenannten »Kondensationskernen« notwendig.
Bei diesen handelt es sich um Tröpfchen von Salzlösungen oder Säuren, die teilweise auch mit festen in der Luft schwebenden Teilchen verbunden sein können. Sie entstehen hauptsächlich durch Zerstäubung fester oder flüssiger Stoffe an der Erd- bzw. Wasseroberfläche infolge von Windbewegungen und durch Verbrennungsvorgänge am Boden. Durch die Turbulenzvorgänge in der Atmosphäre gelangen sie auch in höhere Luftschichten, wobei allerdings ihre Zahl mit zunehmender Höhe abnimmt.
Sie gehören zum sogenannten »Aerosol« (griechisch: aer = Luft, lateinisch: solidus = fest), also zu den in der Atmosphäre enthaltenen nicht gasförmigen Stoffen. Ihre Größe reicht von etwa 10facher bis zu etwa 10000facher Größe eines Moleküls, also von etwa 0,0000001 cm bis etwa 0,001 cm.
Da die größeren und damit schwereren Teilchen schneller zu Boden sinken als die leichteren, enthält die Atmosphäre mehr kleine als große Kerne. So befinden sich in ihr im Mittel in den unteren Luftschichten pro Kubikzentimeter ca. 10 große, aber mehr als 10000 kleine Kerne.

Die wirkliche Anzahl der Kerne ist dabei noch abhängig von den jeweils vorhandenen Vertikalbewegungen in der Atmosphäre und besonders auch von der gerade vorherrschenden Luftmasse (siehe Kapitel »Die Luftmassen«), deren Eigenschaften von ihrem Ursprungsort und ihrem Weg zu uns abhängen. Diese Abhängigkeit läßt sich anhand der Tatsache leicht verstehen, daß über Meeren weniger als 100 Kerne/cm^3, über dichtbesiedelten Gebieten aber bis zu einer Million Kerne/cm^3 in der Luft vorhanden sind.
Alle diese Teilchen haben eine gemeinsame Eigenschaft, sie sind »hygroskopisch«. (»hygros« bedeutet im Griechischen, wie wir schon wissen, »feucht«. »skopein« bedeutet eigentlich »schauen, beobachten«, aber auch »sich nach etwas umschauen«). Die Teilchen »schauen sich also nach den Wasserdampfmolekülen um«, sie ziehen sie an.
Ihre Wirkung beruht darauf, daß ihre Moleküle aus Ionen, also aus elektrisch geladenen Teilchen zusammengesetzt sind und so auftretende Wasserdampfmoleküle nicht nur durch molekulare, sondern zusätzlich durch elektrische Anziehungskräfte festgehalten werden. Anhaftende Wasserdampfmoleküle können sich also bei gleicher Temperatur nicht so leicht wieder von ihrer Oberfläche loslösen wie von einer reinen Wasseroberfläche. Es treten weniger Teilchen aus und so können auch weniger Teilchen »zurücktrommeln«. Das Sättigungsgleichgewicht ist also schon bei einer geringeren Zahl von freien Wasserdampfmolekülen erreicht als über Wassertröpfchen; das heißt, Sättigung besteht an der Kondensationskern-Oberfläche schon, wenn in der Umgebung die Relative Feuchte noch unter 100 % liegt. So beginnt die Kondensation an den Kernen, die Wasserdampfmoleküle werden dort festgehalten, weitere lagern sich an und schließlich entsteht ein Wolkentröpfchen.
Unsere bisherigen Überlegungen haben vorausgesetzt, daß bei allen Vorgängen ein konstanter Luftdruck herrscht.
Zum Verständnis späterer Kapitel ist es aber noch notwendig, zu überlegen, ob bzw. wie sich der Taupunkt eines Luftpaketes ändert, wenn es in die Höhe gehoben wird, also unter geringeren Luftdruck gerät.
Wir stellen uns ein Luftpaket vor, das eine bestimmte Absolute Feuchte besitzt. Dies bedeutet, daß in ihm ein bestimmtes Mischungsverhältnis

Gramm Wasserdampf : Gramm Luft

vorhanden ist.
Wird das Luftpaket nun hochgehoben, so dehnt es sich aus. Pro Kubikmeter sind jetzt zwar weniger Teilchen vorhanden, aber im gleichen Verhältnis sowohl weniger Luftmoleküle als auch weniger Wasserdampfmoleküle. Das Mischungsverhältnis hat sich also nicht geändert.
Durch den geringer gewordenen Luftdruck ändert sich nun aber die Taupunkttemperatur des Luftpaketes. Wir erinnern uns, daß zwischen dem Wasser und den darüber befindlichen Wasserdampfmolekülen bei Erreichen des Taupunkts Gleichgewicht besteht, die Luft ist mit Wasserdampf gesättigt.

Verringern wir nun bei *konstanter Temperatur* den Luftdruck, so befinden sich in einem Kubikmeter der Luft über dem Wasser weniger Wasserdampfmoleküle als zuvor.
Auf das Wasser wird somit weniger Gegendruck ausgeübt als vorher, sodaß aus ihm wieder weitere Moleküle austreten, verdunsten können. Es besteht also kein Gleichgewicht, keine Sättigung mehr.
Erst bei einer Senkung der Temperatur stellt sich das Sättigungsgleichgewicht wieder ein. Dann besitzen weniger Wassermoleküle die notwendige Grenzgeschwindigkeit, der geringere Gegendruck reicht für die Herstellung des Gleichgewichts wieder aus.
Dies bedeutet, daß sich der Taupunkt eines hochgehobenen Luftpaketes mit abnehmendem Luftdruck, also mit der Höhe, zu geringeren Werten hin verschiebt.
Aus der Theorie ergibt sich die Größe dieser Abnahme. Sie ist

-0,17 °C/100 m oder aufgerundet -0,2 °C/100 m.

Umgekehrt bedeutet dies, daß Wasser bei geringerem Luftdruck schneller verdunstet und daher auch früher siedet; eine Tatsache, die jedem bekannt ist, der schon einmal auf einem höheren Berg Wasser zum Kochen gebracht hat.
Was geschieht nun aber bei Temperaturen unter 0 °C, oberhalb der 0 °C-Grenze? Hier gibt es zwei Möglichkeiten: Entweder sublimiert der in der Luft enthaltene Wasserdampf direkt zu Eisteilchen oder aber es bildet sich zuerst unterkühltes Wasser, das dann erst später zu Eis gefriert.
Untersuchungen haben ergeben, daß der weitaus größte Teil der Eisbildung in Wolken auf dem Umweg über unterkühlte Wassertröpfchen erfolgt. Zunächst bilden sich also auch bei Temperaturen unter dem Gefrierpunkt an Kondensationskernen auf die bereits beschriebene Weise Wassertröpfchen, die jetzt allerdings »unterkühlt« sind. Um sich mehr oder weniger schnell in Eis umwandeln zu können, muß das Wasser erst »Eiskeime«, also erste kleine Zusammenschlüsse von Wassermolekülen zu festem Eis bilden. Diese Aufgabe kann es aber bei nicht allzu tiefen Temperaturen wieder nur mit Hilfe besonderer Hilfstruppen, der »Gefrierkerne« bewältigen. Diese müssen ähnlich aufgebaut sein wie die späteren Eiskristalle selbst, damit die Wassertröpfchen an ihnen einen »Halt« zum Aufbau ihrer eigenen Eiskristall-Struktur (lateinisch: structura = Aufbau, Anordnung, von struere = bauen) finden können.
Die Gefrierkerne helfen also den Wasserdampfmolekülen, ihre richtigen Plätze bei der Entwicklung eines Eiskristalles zu finden.

Je nach der gerade herrschenden Temperatur ordnen sich die Eiskristalle in verschiedener Weise an. Es bilden sich so in verschiedenen Temperaturbereichen bevorzugt folgende Formen:

Temperaturbereich (0 °C)	Form der Eisteilchen
- 0 bis - 3	dünne, 6-eckige Plättchen
- 3 bis - 8	Eisnadeln Eisprismen
- 8 bis -25	dickere Eisplättchen Teile von Eissternchen
-10 bis -20	verzweigte Eissternchen
-20 bis -30	Prismen mit Höhlungen Kristallbüschel

Dabei bedeutet: griechisch prisma = eigentlich »das Zersägte«. Hier: Form eines Ihnen sicher aus der Optik bekannten Körpers, der dort zur Lichtbrechung verwendet wird.

In größeren Wassermengen, ab einigen Kubikzentimetern, sind Gefrierkerne immer in ausreichender Zahl vorhanden. Wasser in diesen Mengen gefriert deshalb meist auch tatsächlich bei 0 °C. In den sehr kleinen Wolkentröpfchen sind jedoch immer nur sehr wenig Gefrierkerne enthalten, sodaß sie bis zu etwa -40 °C unterkühlt werden können. Erst dann ist ihre Molekularbewegung so gering geworden, ihr Hin- und Her-Schwingen so langsam, daß sie sich auch ohne Gefrierkerne zu Eiskeimen zusammenschließen, die dann weiterwachsen können.

Aufgrund dieser Zusammenhänge werden daher oberhalb der 0 °C-Grenze zunächst Wolken aus unterkühlten Wassertröpfchen, dann Mischwolken aus Wasser und Eis und erst später reine Eiswolken, die sogenannten »Cirren« (lateinisch: cirrus = Haarlocke, Franse) gebildet.

Bis zu etwa -10 °C gefrieren Wolkentröpfchen nur ganz vereinzelt an besonders gut wirkenden Gefrierkernen. Die Wolken bestehen so in diesem Temperaturbereich fast vollständig aus unterkühlten Wassertröpfchen.

Erst bei weiter abnehmender Temperatur beginnen mehr Tröpfchen an den wirkungsvollsten Gefrierkernen zu gefrieren. Die Wolke wird dann zur Mischwolke und hat sich bei etwa -30 °C schließlich zur reinen Eiswolke entwickelt.

Die Beurteilung der Verhältnisse oberhalb der 0 °C-Grenze wird dadurch erschwert, daß alle Feuchtigkeits-Meßgeräte nur die Relative Feuchte bezogen auf Wasser, nicht aber bezogen auf Eis messen können. Die Maximale Feuchte ist aber bei gleicher Temperatur über Eis geringer als über Wasser. Da die Moleküle im Eis fester gebunden sind als im Wasser, besitzen weniger die jetzt erforderliche höhere Geschwindigkeit um frei zu werden, sublimieren zu können, als dies vorher beim Wasser der Fall war. Dadurch ergibt sich auch ein geringerer maximaler Gegendruck, also ein geringerer Gleichgewichtsdampfdruck; die Maximale Feuchte ist geringer.

Die folgende Tabelle zeigt, ab welcher Anzeige des Feuchtigkeitsmessers bei verschiedenen Temperaturen über Eis bereits eine Relative Feuchte von 100 % erreicht ist, also Sublimation eintreten kann.

T (°C)	0	-5	-10	-15	-20	-25	-30	-40	-50	-60
Anzeige (%) der Geräte bei Erreichen des Sublimationspunktes	100	96	91	87	82	78	75	68	63	53

Aus der Tabelle ergibt sich für Temperaturen bis etwa -20 °C eine einfache Faustregel:
Über Eis tritt bereits eine Sättigung ein bei

Anzeige des Meßgerätes (%) = 100 – Betrag des Temperaturwertes (°C)

Bei – 15 °C ist die Sättigung also bereits bei einer Anzeige von 100 – 20 = 80 % erreicht. Die so ermittelten Werte stimmen somit gut mit den Tabellenwerten überein.
Erhält man also Meßwerte über die Taupunktsdifferenz (spread) aus Luftschichten mit Temperaturen unter 0 °C, so ist zu beachten, daß dort schon Sublimation, also Bildung von Eiswolken, bei spreads größer als 0 °C, also bei Relativen Feuchten unter 100 % eintreten kann.
»Künstliche« Gefrierkerne werden übrigens gelegentlich zu dem Versuch benutzt, die Bildung von Hagelkörnern in großen Cumuluswolken (siehe später) zu verhindern. Da die Luft in der Höhe nur eine sehr geringe Zahl von Gefrierkernen enthält, verteilt sich die insgesamt sehr große Wassermenge der Wolke nur auf diese wenigen Kerne, die so sehr rasch zu großen Hagelkörnern heranwachsen. Um dies zu verhindern, wird die Wolke mit Silberjodid-Kristallen »geimpft«, die entweder von einem Flugzeug aus, durch Einschießen mittels Raketen oder durch Verbrennen am Boden in die Wolke eingebracht werden. Silberjodid ist für diesen Zweck besonders gut geeignet, da aus 1 Gramm dieses Stoffes bis zu 10^{13}, also bis zu 10000000000000 Gefrierkerne gewonnen werden. Die so entstehenden zusätzlichen Eiskeime, die sich außerdem schon bei geringeren negativen Temperaturen bilden als an den üblichen in der Atmosphäre enthaltenen Kernen, wandeln einen Großteil der unterkühlten Wassertröpfchen rechtzeitig in kleine Eisteilchen um. Diese können dann bei Temperaturen über 0 °C zu gewöhnlichen kleinen Regentropfen schmelzen. Sie stehen also nicht mehr zur Bildung von großen Hagelkörnern zur Verfügung.
Wie schon erwähnt, werden Kondensations- und Gefrierkerne nur in geringeren Mengen in die höhere Atmosphäre hochgewirbelt. Die Luft kann daher dort des öfteren übersättigt sein, das heißt, trotz einer Relativen Feuchte von mehr als 100 % tritt keine Kondensation bzw. Eisteilchenbildung ein.
Werden nun in diesen Höhen von einem Flugzeug in den Abgasen seiner

Triebwerke Kondensationskerne (sowie auch noch bei der Verbrennung des Kraftstoffes entstehendes zusätzliches Wasser) ausgestoßen, kann die Kondensation und/oder Eisbildung plötzlich eintreten; es bilden sich die sogenannten Kondensstreifen. In den Flughöhen heutiger Flugzeuge herrschen fast immer Temperaturen weit unter 0 °C. Die Streifen bestehen deshalb meist aus Eiskristallen.

Ist die Luft in der Höhe der Streifen stark übersättigt, so kann die Bildung ausgebreiteter Wolkenbänder ausgelöst werden. Ist die Luft weniger stark übersättigt, so treiben die Wolkenteilchen langsam wieder auseinander und können schließlich nicht mehr wahrgenommen werden. Ist die Sättigung nur durch das in den Abgasen enthaltene Wasser ausgelöst worden, verdunsten oder sublimieren die gebildeten Wolkenteilchen schließlich wieder in die nicht gesättigte umgebende Luft. Auch auf diese Weise können die Streifen wieder verschwinden.

Die bisher beschriebenen Wolkenelemente, Wassertröpfchen und Eiskristalle sind klein und leicht. Sie bleiben bei den geringen Aufwinden in der Luft schweben, können also nicht zur Erde fallen. Selbst bei einem doch eintretenden Absinken aus der Wolke sind sie nicht lebensfähig. Sie verdunsten wegen ihrer geringen Größe sehr rasch, wenn sie in Bereiche unterhalb der Wolke geraten, in denen die Luft noch nicht gesättigt ist.

Niederschlag kann somit nur auftreten, wenn sich die Wolkenbestandteile zu größeren Gebilden zusammenschließen, wenn sie »koagulieren« (lateinisch: coagulare = gerinnen).

Bei Wasserwolken ist dies nur möglich, wenn sehr viele der sehr kleinen Wolkentröpfchen (ca. 0,000001 – 0,001 cm Durchmesser) sehr oft miteinander zusammenstoßen. Nur dann können genügend große Tropfen gebildet werden, die dann in der Lage sind, auszufallen und den Erdboden als (»Niesel«-) Regen zu erreichen. Erst viele Tausend bis zu einer Million Wolkentröpfchen ergeben einen Regentropfen.

Sobald Eiskristalle vorhanden sind, wird die Bildung von größeren Teilchen einfacher. Eissternchen können sich durch ihre Verästelung zu »Schneeflocken« verhaken. In Mischwolken können zusätzlich unterkühlte Wassertröpfchen an diesen Flocken anfrieren. Mit zunehmender Größe der so entstandenen Gebilde stoßen diese immer häufiger mit unterkühlten Wassertröpfchen zusammen und wachsen so zu weißen »Graupelkörnern« mit einem Durchmesser von über 0,1 cm und unter in bestimmten Wolken auftretenden Verhältnissen schließlich sogar zu »Hagelkörnern« mit einem Durchmesser bis über 10 cm heran. Unter solchen, in Wolken mit starkem Aufwind herrschenden Verhältnissen verweilen Graupelkörner längere Zeit in einer unterkühlten Wolke. Unter Umständen bewegen sie sich dabei auch mehrmals vertikal auf und ab. Dabei lagern sich immer wieder unterkühlte Wolkentröpfchen an und gefrieren. Infolge der dabei frei werdenden Gefrierwärme schmilzt die äußerste Eisschicht kurzfristig wieder; es bildet sich ein glasklarer Überzug. Je

länger sich ein Hagelkorn in der Wolke aufhält, umso größer wird es. Schneidet man es durch, so erkennt man seinen schichtartigen, einer Zwiebel ähnlichen Aufbau.
Auch andere Niederschlagsarten entstehen dadurch, daß die anfangs gebildeten Teilchen später durch äußere Einflüsse noch verändert werden.
So können in unterkühlten Wasserwolken die Nieselregen-Tröpfchen bei der geringsten Erschütterung gefrieren und dann als »Griesel«-Regen ausfallen.
Befindet sich unterhalb einer Wolke, aus der Schneeflocken ausfallen, eine nicht sehr ausgedehnte Warmluftschicht mit Temperaturen über 0 °C, so schmelzen die Schneeflocken beim Durchfallen dieser Schicht nur teilweise. In der darunter befindlichen kalten Luft gefriert ihr Äußeres wieder. Es ergeben sich so äußerlich glatte, klare »Eiskörner«, deren Durchmesser etwa dem eines Regentropfens entspricht.
Fallen Graupel- oder Hagelkörner längere Zeit durch Luft mit Temperaturen über 0 °C, so schmelzen sie und es bildet sich großtropfiger »Schauer«-Regen. Die Regentropfen haben dabei einen Durchmesser von maximal etwa 0,5 cm. Haben sich ursprünglich größere Tropfen gebildet, so zerreißen diese beim Fallen (ca. 8m/s) wegen ihres mit zunehmendem Durchmesser immer größer werdenden Luftwiderstandes.
Zum Schluß noch etwas zu einem Ausdruck, den Sie in der Literatur zu unserem Thema finden können, der »Virtuellen Temperatur« (lateinisch: virtus = Tauglichkeit, Virtuell kann man hier mit »tauglich, dasselbe zu tun«, übersetzen). Die theoretischen Formeln, die sogenannten Gasgesetze der Physik, nach denen viele Vorgänge in der Atmosphäre berechnet werden können, gelten nur für wasserdampffreie Luft. Eine solche ist jedoch in der unteren Atmosphäre nirgendwo vorhanden. Um trotzdem mit den genannten Formeln rechnen zu können, nimmt man einfach an, daß die Luft keinen Wasserdampf enthält, korrigiert dafür aber ihren Temperaturwert so, daß die Formeln richtige Ergebnisse liefern. Es ergibt sich dabei:
Die virtuelle Temperatur der wasserdampfhaltigen Luft ist gleich der Temperatur einer wasserdampffreien Luft, die unter demselben Druck dieselbe Dichte besitzt.
Wasserdampf enthaltende Luft ist bei gleichem Luftdruck weniger dicht als wasserdampffreie Luft gleicher Temperatur.
Wir haben bereits im Kapitel »Die Zusammensetzung der Erdatmosphäre« gehört, daß deren Bestandteile verschieden schwer sind. Nimmt man das Gewicht eines Atomes, des Wasserstoffes, des leichtesten Gases, mit dem Wert 1 an, so besitzt das Gewicht eines Stickstoffatomes, sein »Atomgewicht«, den Wert 14, das eines Sauerstoffatoms den Wert 16.
In der unteren Atmosphäre sind, wie wir ebenfalls schon gehört haben, diese beiden Gase in Form von aus zwei Atomen bestehenden Molekülen vorhanden. Das »Molekulargewicht« des Stickstoffes beträgt also $2 \times 14 = 28$, das des Sauerstoffes $2 \times 16 = 32$.

Verdunstet nun Wasser in die hauptsächlich aus den Molekülen dieser beiden Gase bestehende untere Atmosphäre hinein, so enthält ein Kubikmeter weniger Stickstoff- und Sauerstoffmoleküle als zuvor bei wasserdampffreier Luft. Ein Teil des früher von ihnen eingenommenen Raumes wird jetzt von Wasserdampf-Molekülen eingenommen.

Ein Wasser-Molekül besteht aber chemisch aus zwei Wasserstoffatomen und einem Sauerstoffatom, wie es auch durch sein chemisches Symbol H_2O angezeigt wird. Sein Molekulargewicht ist demnach 2 x 1 + 1 x 16 = 18 und somit deutlich geringer als das der von ihm »verdrängten« Stickstoff- und Sauerstoff-Moleküle. Während das spezifische Gewicht der wasserdampffreien Luft (siehe »ICAO-Normalatmosphäre«) unter Normalbedingungen 1,225 kg/m^3 beträgt, ist das des Wasserdampfes unter denselben Bedingungen etwa 0,8 kg/m^3. Dies ist übrigens der Grund dafür, daß auch bei fehlender Turbulenz, wenn also der entstandene Wasserdampf nicht durch Windbewegungen von seinem Entstehungsort wegtransportiert wird, laufend weiteres Wasser ungehindert in die Atmosphäre hinein verdunsten kann. Wäre Wasserdampf enthaltende Luft schwerer als wasserdampffreie, so würde sich unmittelbar über dem Erdboden sehr rasch eine Schicht gesättigter Luft bilden. Ein weiteres Verdunsten von Wasser wäre nicht möglich, da ja die Luft Wasserdampf nur bis zu der durch ihre jeweilige Temperatur gegebenen Sättigungsmenge aufnehmen kann.

Ein Teil der Erdoberfläche wäre somit unter Umständen über längere Zeiträume hinweg von einer dünnen Nebelschicht bedeckt. Zum Glück ist die Wasserdampf enthaltende Luft jedoch leichter als die wasserdampffreie, steigt langsam hoch und macht so am Boden Platz für nachströmende trockenere Luft, die dann wieder weiteren Wasserdampf aufnehmen kann.

Um nun die einer Wasserdampf enthaltenden Luft entsprechende geringere Dichte bei der wasserdampffreien Luft zu erreichen, muß diese natürlich eine höhere Temperatur erhalten. Die Virtuelle Temperatur ist also bei wasserdampfhaltiger Luft immer höher als die tatsächliche Temperatur.

Dies aber nur zur Vervollständigung unserer Kenntnisse über in der Literatur vorkommende Ausdrücke. Wir benötigen die Virtuelle Temperatur für unsere weiteren Überlegungen nicht.

Unsere Betrachtungen in diesem Kapitel haben gezeigt, welch komplizierte Rolle der Wasserdampf in unserer Atmosphäre spielt. Wir haben aber auch gesehen, wie wichtig er ist. Einmal ist er, nach Kondensation, für eine der deutlichsten Wettererscheinungen, die Wolken, verantwortlich. Zum anderen ist er aber auch ein wesentlicher Faktor (lateinisch: factor = der etwas Machende) im Wärmehaushalt der Atmosphäre. Wenn Wasser durch die Einwirkung der Sonnenstrahlung verdunstet, hat es im Gaszustand die für die Verdunstung aufgewendete Energie gespeichert. Sie ist im Wasserdampf »latent« (lateinisch: latens = verborgen) vorhanden. Kondensiert er wieder, so wird die gespeicherte Energiemenge wieder abgegeben. Die Atmosphäre verfügt also im Wasserdampf über eine »Speicherheizung«, die neben anderen ihrer Eigenschaften, die im Kapitel »Wärmehaushalt der Atmosphäre« behandelt werden, ganz wesentlich zur Erhaltung des für unser Leben notwendigen Klimas beiträgt.

Adiabatische Vorgänge in der Atmosphäre

Wie wir bei der Besprechung der Rolle des Wasserdampfes in der Atmosphäre gesehen haben, ist eine Kondensation des Wasserdampfes am schnellsten und einfachsten durch Abkühlung der Luft zu erreichen. Sinkt die Temperatur, sinkt auch die Maximale Feuchte und so wird bei gleichbleibendere Absoluter Feuchte schließlich am Taupunkt eine Relative Feuchte von 100 % erreicht.

In unserer Atmosphäre gibt es eine Reihe von Vorgängen, die eine solche Abkühlung herbeiführen können, so zum Beispiel die Mischung feuchtwarmer mit kalter Luft und Wärmeentzug warmer Luft über kaltem Untergrund. Auch dann, wenn die Wärmeabstrahlung der Luft größer ist als ihre Erwärmung durch Einstrahlung, zum Beispiel nachts an einer Dunstobergrenze, wird die Luft dort abgekühlt.

Die häufigste Ursache für eine Abkühlung ist jedoch das Aufsteigen von Luft. Wir wollen ein solches Aufsteigen näher betrachten und zwar zunächst ohne danach zu fragen, *warum* ein Luftpaket aufsteigt.

Um die Vorgänge erklären zu können, müssen wir ein Gedankenexperiment durchführen. Wir schneiden aus der Bodenluft einen Kubikmeter heraus und nehmen an, daß dessen Wände dicht sind. Es kann also keine Luft aus dem Kubikmeter hinaus, aber auch keine von außen hinein. Nun wird der Kubikmeter *ohne Energiezufuhr von außen* in die Höhe gehoben. Da dies normalerweise wegen des uns inzwischen gut bekannten Gesetzes von der Erhaltung der Energie nicht möglich ist, bemühen wir hierzu entweder ein Gespenst oder einen Zauberer. Diese können das Luftpaket hochheben, ohne dafür Energie aufzuwenden. Da heute auch manche Politiker nicht mehr glauben, daß »von nichts nichts kommt«, könnte man daran denken, den Versuch auch mit einem dieser Politiker durchzuführen. Da aber unser Versuch erfolgreich sein soll, verzichten wir auf diese Möglichkeit.

Unser Luftpaket wird nun z. B. bis zu einer Höhe von 100 m hochgehoben. Wir wissen, daß dort der Luftdruck geringer ist als am Boden. Nachdem die Wände des Kubikmeters dicht sind, innen also noch der Bodendruck herrscht, muß sich das Luftpaket in der Höhe ausdehnen. Hierzu muß aber nach dem Gesetz »von nichts kommt nichts« Arbeit geleistet werden. Da von

außen keine Hilfe geleistet, keine Energie zugeführt wurde oder wird – deshalb haben wir ja Gespenster und Zauberer bemüht – muß der Kubikmeter etwas heute sehr Unmodernes tun, er muß diese Arbeit *selbst* leisten.
Wie kann er dies tun? Nur mit Hilfe dessen, was er hat und er besitzt lediglich Luftmoleküle einer bestimmten Temperatur, die also mit einer bestimmten mittleren Geschwindigkeit umherrasen. Diese müssen Energie abgeben, damit die Ausdehnungsarbeit geleistet werden kann. Das heißt natürlich, daß sie danach langsamer rasen. Kleinere Geschwindigkeit bedeutet aber, wie wir gelernt haben, niedrigere Temperatur. Das Luftpaket hat sich abgekühlt.
Aus der Theorie ergibt sich, daß diese Abkühlung

0,973 °C/100 m oder, für uns abgerundet, 1 °C/100 m

beträgt. Man nennt sie die »Trockenadiabatische Abkühlung«. »Trocken« deshalb, weil es sich um Luft handelt, in der sich noch kein Wasserdampf kondensiert hat. Die Bezeichnung »adiabatisch« kommt aus dem Griechischen (adiabatos = nicht passierbar) und gibt das an, was unser Gedankenexperiment voraussetzte, nämlich, daß die Wände des hochgehobenen Paketes nicht durchlässig sind, von der Luft in beiden Richtungen nicht passiert werden können.
Der Vorgang funktioniert übrigens auch umgekehrt. Wird ein Kubikmeter in 100 m Höhe herausgeschnitten und dann ohne Energiezufuhr von außen zum Boden gebracht, so wird er durch den dort herrschenden höheren Druck zusammengedrückt. Die unter höherem Druck stehende Atmosphäre leistet dabei Arbeit, die nach dem Gesetz von der Erhaltung der Energie nicht verloren gehen kann. Sie wird, da sich ja die Wände des Luftpaketes beim Zusammendrücken näherkommen, den gegen diese Wände von innen trommelnden Molekülen zugeführt, diese rasen schneller, die Temperatur erhöht sich um 1 °C/100 m.
Solche adiabatischen Vorgänge können wir zum Glück auch im täglichen Leben beobachten, wodurch sie dann wohl etwas weniger geheimnisvoll erscheinen. Wir nehmen einen Autoreifen oder Schlauch und pumpen ihn prall auf. Öffnen wir jetzt das Ventil, können wir mit den Fingern fühlen, daß sich das Ventil deutlich abkühlt. Die im Reifen eingeschlossene, unter Überdruck stehende Luft, muß sich beim Öffnen des Ventils ausdehnen. Dazu muß Arbeit geleistet werden. Da niemand hilft, muß sie die Arbeit wieder selbst tun, sie kühlt sich ab.
Noch deutlicher sehen wir den Effekt an einer Gasflasche, die z.B. unter einem Druck von 200 atü Kohlendioxyd-Gas enthält. Beim Öffnen des Ventils schlägt sich festes Kohlendioxyd, der sogenannte Kohlensäure-Schnee, am Ventil nieder. Die Abkühlung ist hier so stark, daß sich das Gas nicht nur abkühlt oder verflüssigt, es geht sogar in den festen Zustand über.
Umgekehrt können wir die Erwärmung durch Zusammendrücken, durch adiabatische »Kompression« (lateinisch: comprimare = zusammendrücken) feststellen, wenn wir einen Finger auf die Öffnung einer Fahrradpumpe legen

und dann kräftig pumpen. Die Luft in der Pumpe und damit die Pumpe erwärmen sich. Bei einer hohen Kompression, z. B. beim Dieselmotor, reicht die Erwärmung sogar aus, den Kraftstoff zu entzünden.
Wir kommen zurück auf eine Berechnung, die wir bei der Behandlung des Wasserdampfes in der Atmosphäre angestellt haben. Wir hatten dort angenommen, daß am Boden eine Lufttemperatur von 20 °C und eine Relative Feuchte von 60 % herrschen. Wir hatten dann auf einfache Weise berechnet, daß in diesem Fall der Taupunkt T_d = 12 °C beträgt. Die Taupunktsdifferenz, die wir auch in dem erwähnten Kapitel kennengelernt haben, ist dann $T - T_d$ = 20 – 12 = 8 °C. Damit Kondensation eintritt, muß Absolute Feuchte = Maximale Feuchte sein, das heißt, die Taupunktsdifferenz muß = 0 werden. Wir müssen also das Luftpaket um 8 °C abkühlen. Da es sich beim Hochheben um 1 °C/100 m abkühlt, muß es somit um 8 x 100 m hochgehoben werden, damit Kondensation des Wasserdampfes eintritt. Das »Kondensationsniveau« (französisch: niveau = waagerechte Ebene) oder die »Wolkenbasis« (lateinisch: basis = Grundlinie) beträgt 800 m.
Wir haben hierbei nicht berücksichtigt, daß sich der Taupunkt der Bodenluft mit der Höhe verändert (siehe »Der Wasserdampf in der Atmosphäre«). Zur groben Abschätzung der zu erwartenden Basishöhe an Thermiktagen genügen jedoch schon diese einfachen Überlegungen. Die üblicherweise angewandte Faustregel ist noch etwas genauer.
Nach unserer einfachen Rechnung ergibt sich für das Kondensationsniveau hochgehobener Luft

Basis (m) = 100 x spread am Boden.

Die »genaue« Faustformel, in der auch die Taupunktsabnahme mit der Höhe berücksichtigt ist, lautet

Basis (m) = 122 x spread am Boden.

In 800 m Höhe bildet sich also in unserem Kubikmeter eine Wolke. Was geschieht nun, wenn ihn das Gespenst weiter in die Höhe hebt? Kühlt er sich schneller oder langsamer ab als vorher?
Wir erinnern uns, daß zum Verdampfen von 1 Gramm Wasser ca. 600cal benötigt werden. Ebenso erinnern wir uns an das Gesetz von der Erhaltung der Energie. Die 600 cal pro Gramm sind verborgen, latent, im Wasser*dampf*, in der Geschwindigkeit der rasenden Moleküle enthalten. Wird nun Dampf wieder zu Wasser, muß die früher zum Verdampfen bzw. Verdunsten hineingesteckte Energie wieder frei werden. Dies bedeutet, daß jetzt beim Entstehen der Wolke im Innern des Kubikmeters laufend Wärme frei wird. Er wird sich daher beim weiteren Hochheben nicht mehr um 1 °C/100 m, sondern um einen geringeren Betrag abkühlen. Wieviel Energie dabei frei wird, ist natürlich abhängig von der Menge des gebildeten Wassers, vom Gewicht der sich bildenden Wolkentröpfchen.
In unserer Faustregel über die Maximale Feuchte (siehe »Der Wasserdampf in der Atmosphäre«) haben wir für den Temperaturbereich von ca. 10 °C–ca.

35 °C angenommen, daß Maximale Feuchte (gr/m³) = Lufttemperatur (°C) ist. Würde diese Regel exakt und über alle möglichen Temperaturen hinweg gelten, so müßte bei einer Temperatursenkung um 1 °C die Maximale Feuchte immer um 1 gr/m³ abnehmen. Beispiel: Max. Feuchte bei 20 °C 20 gr/m³, bei 19 °C 19 gr/m³. Also Abnahme um 1 gr/m³ bei 1 °C Temperaturabsenkung. Es müßte also bei einer solchen Temperatursenkung immer 1 Gramm Wasserdampf zuviel im Kubikmeter sein, es müßte somit immer 1 Gramm Wasser bei 1 °C Temperatursenkung frei werden.

Schaut man jedoch die wirklichen Zahlen genauer und über einen größeren Temperaturbereich hinweg an, so stimmt die nur für grobe Abschätzungen gedachte Faustregel nicht mehr. Da die im Kapitel »Der Wasserdampf in der Atmosphäre« geschilderten Vorgänge mit zunehmender Temperatur immer intensiver verlaufen, wird die Zunahme der Maximalen Feuchte mit zunehmender Temperatur immer größer. Ihre Zunahme pro °C bleibt nicht konstant, wie in der Faustregel angenommen. Dies bedeutet, daß bei einer konstanten Temperatursenkung von z. B. 1 °C bei höheren Temperaturen eine wesentlich größere Wassermenge frei wird als bei niedrigen Temperaturen.

Taupunkt (°C)	+40	+30	+20	+10	0	-10	-20
Max. Feuchte (gr/m³)	51	30,5	17,3	9,4	4,7	2,3	1,07
gebildete Wassermenge (gr/m³) bei Temperaturändg. 1 °C	2,60	1,60	0,99	0,60	0,37	0,17	0,10

Aus diesem Grund ist natürlich auch die frei werdende Wärmemenge je nach Temperatur der Luft sehr unterschiedlich.

Bei geringen Temperaturen wird sehr wenig Wasser gebildet, also auch wenig Wärme frei. Dort wird der Trockenadiabatische Gradient (lateinisch: gradiens = schreitend, gehend. »Gradient« bedeutet die fortschreitende Änderung eines Wertes infolge konstanter Änderung eines anderen Wertes, also z. B. hier Änderung der Temperatur pro Höheneinheit, also °C/100 m) kaum verändert. Der »Feuchtadiabatische« Gradient, nach dem sich Luft, in der nach Erreichen des Taupunkts Kondensation stattfindet, abkühlt, ist dem »Trockenadiabatischen« Gradienten weitgehend angenähert. Bei höheren Temperaturen wird dagegen viel Wasser gebildet, es wird viel Wärme frei; die beiden Gradienten unterscheiden sich beträchtlich.

Taupunkt (°C)	+30	+20	+10	0	-10	-20	-30
Feuchtadiab. Gradient (°C/100 m)	0,37	0,44	0,54	0,62	0,75	0,86	0,91

Der Feuchtadiabatische Gradient ist also auch in den unteren Luftschichten für verschiedene geographische Breiten wegen der dort verschiedenen durchschnittlichen Bodentemperaturen sehr unterschiedlich. Er beträgt am Äquator im Mittel ca. 0,4 °C/100 m, in den mittleren Breiten ca. 0,6 °C/100 m und an den Polen ca. 0,8 °C/100 m.

Da die Temperatur der Atmosphäre in der Troposphäre mit der Höhe laufend abnimmt, nimmt der Feuchtadiabatische Gradient auch mit der Höhe laufend ab und nähert sich bis zur Tropopause weitgehend an den Trockenadiabatischen an.

Um die Beispiele des nächsten Kapitels einfacher berechnen zu können, nehmen wir für unsere weiteren Überlegungen einen konstanten Feuchtadiabatischen Gradienten von 0,5 °C/100 m an. Wir behalten aber die wirklichen Verhältnisse im Gedächtnis, weil wir sie zum Verständnis späterer Kapitel benötigen.

Bei einer ganzen Reihe von Wettererscheinungen spielt nicht nur die Abkühlung der Luft durch Aufsteigen, sondern auch ihre Erwärmung durch Absinken eine große Rolle. So werden wir bei der Behandlung der Hoch- und Tiefdruckgebiete feststellen, daß in einem Hochdruckgebiet Luft absteigt und sich dabei erwärmt.

Wichtig sind auch die Vorgänge an Hindernissen. Auf der Luvseite, der dem Wind zugewandten Seite, wird die Luft angehoben, sie kühlt sich ab. Die Taupunktsdifferenz wird also verkleinert, Wettererscheinungen, wie z. B. Wolken- und Nebelbildung, werden verstärkt. Auf der Leeseite, der dem Wind abgewandten Seite, steigt die Luft dagegen ab und wird dadurch adiabatisch erwärmt.

Durch derartige Absinkvorgänge wird also die Taunpunktsdifferenz vergrößert. Die Wolkenbildung wird geringer oder unterbleibt sogar ganz. Vorhandene Wolken können bei ausreichendem Absinken und damit ausreichender Erwärmung der Luft aufgelöst werden.

In Fachbüchern finden wir gelegentlich den Ausdruck »Potentielle Temperatur« (lateinisch: potentia = Kraft, potentiell = fähig, etwas zu tun). Dies ist die Temperatur, die ein irgendwo in der Atmosphäre herausgegriffenes Luftpaket annehmen würde, wenn es adiabatisch, also ohne Energiezufuhr von außen, auf die dem Luftdruck 1000 HPa entsprechende Höhe gebracht wurde. Bei dieser adiabatischen »Versetzung« auf das 1000 HPa-Niveau würde es also seine potentielle Temperatur als tatsächliche Temperatur annehmen.

Die Bestimmung der potentiellen Temperatur ermöglicht eine Normierung, durch die die Wärme- bzw. Energie-Inhalte verschiedener Luftpakete verglichen werden können. Es kann so festgestellt werden, welche Energie-»Potenz« ein Luftpaket hat.

So besitzt ein Luftpaket von 20 °C am Boden einen anderen und zwar geringeren Energie-Inhalt als ein Paket derselben Temperatur in z. B. 500 m Höhe.

Dieses hat ja, wie wir gelernt haben, bereits einen Teil seiner Wärme-Energie beim adiabatischen Aufsteigen zur Ausdehnung verwendet.

Würde es nun auf das 1000 HPa-Niveau zurückgebracht, so würde es wieder zusammengedrückt, der zur Ausdehnung verwendete Energie-Anteil würde wieder in Wärme-Energie umgewandelt.
Läge das 1000 HPa-Niveau zufällig auf der Höhe 0 m, so würde das zuerst in 500 m Höhe befindliche Paket seine Temperatur – wie wir wissen – um 5 x 1 °C = 5 °C erhöhen. Es hätte also im Bezugsniveau 1000 HPa eine Temperatur von 25 °C. Diese 25 °C wären also die potentielle Temperatur des Luftpaketes, dessen tatsächliche Temperatur in 500 m Höhe 20 °C beträgt.
Erst auf dem gleichen Niveau sind also die Energie-Inhalte verschiedener Luftpakete vergleichbar. Gleiche Temperaturen allein sagen nichts über den Energie-Inhalt aus.
Auf ähnliche Weise kann auch eine »Feuchtpotentielle Temperatur« für Wolkenluft definiert (lateinisch: definire = umgrenzen) werden.
Wir benötigen den Begriff der potentiellen Temperatur jedoch bei unseren künftigen Überlegungen nicht. Er wird lediglich im Kapitel »Der Temp« nochmals erwähnt und wurde im übrigen nur kurz behandelt, damit Ihnen beim Lesen von Fachbüchern seine Bedeutung in etwa bekannt ist.

Die Stabilitätszustände der Atmosphäre

Aus der Mechanik oder Aerodynamik kennen wir den Begriff der Stabilität (lateinisch: stabilitas = Standfestigkeit, Stetigkeit). Ein Gegenstand wird aus seiner Ruhelage entfernt und dann losgelassen. Die Frage ist nun, ob er in seine alte Lage (evtl. erst nach einigem Hin- und Herpendeln) zurückkehrt, ob er in der neuen Lage verharrt oder ob die Störung immer weiter vergrößert wird.

Die mechanischen Bilder kennen wir:

Kugel wird hochgehoben und dann losgelassen. Je nach Größe der Reibung zwischen Kugel und Unterlage schwingt sie einige Male hin und her und kehrt schließlich in die alte Lage zurück. Der Zustand ist »stabil« (lateinisch: stabilis = feststehend).

Kugel wird auf einer horizontalen, ebenen Unterlage verschoben und dann losgelassen. Sie bleibt in jeder neuen Position liegen. Kein Zustand unterscheidet sich vom anderen, es herrscht »indifferentes« Gleichgewicht (lateinisch: indifferens = sich nicht unterscheidend).

Der geringste Anstoß genügt, um die Kugel aus dem Gleichgewicht zu bringen. Sie fällt dann ohne Halt weiter, die Störung wird immer größer, die Kugel kehrt nie wieder in die Ausgangslage zurück. Der Zustand ist »labil« (lateinisch: labilis = schwankend, gleitend) oder »instabil«.

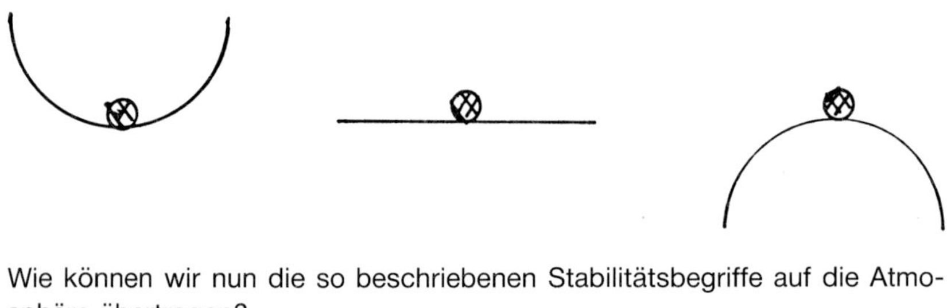

Wie können wir nun die so beschriebenen Stabilitätsbegriffe auf die Atmosphäre übertragen?

Im Kapitel »Adiabatische Vorgänge« haben wir von Gespenstern oder Zauberern Luftpakete hochheben lasen, genau so, wie wir eben in unseren mechanischen Beispielen eine Kugel aus ihrer Ruhelage entfernt haben. Wir merken

uns also: Die Kugel in unserem mechanischen Beispiel entspricht dem hochgehobenen Luftpaket.
Da unsere Helfer nicht immer Zeit für uns haben, werden sie sicher die Luftpakete nach dem Hochheben irgendwann einmal loslassen und es erhebt sich dann die Frage: Fällt der Kubikmeter wieder in die Ausgangsposition zurück, bleibt er einfach stehen oder aber steigt er von selbst immer weiter?
Natürlich hängt die Antwort von der Temperatur der ruhenden, umgebenden Luft in der Höhe ab, in der das Gespenst das Luftpaket losgelassen hat.
Ist die umgebende Luft wärmer, so ist das hochgehobene Luftpaket relativ kälter, es ist also (siehe Kapitel »Die Lufttemperatur«) auch schwerer als die umgebene Luft, es sinkt wieder zum Boden hinab.
Ist die umgebende Luft genau so warm wie das Luftpaket, bleibt dieses nach dem Loslassen stehen, es ist ja gleich schwer wie die Umgebung, es schwimmt.
Ist die umgebende Luft kälter als das Luftpaket, so ist dieses wärmer, also leichter als die Umgebung und steigt nach dem Loslassen weiter.
Betrachten wir zunächst nur trockenadiabatisch aufsteigende Luftpakete. Sie kühlen sich, wie wir im Kapitel »Adiabatische Vorgänge« gesehen haben, um 1 °C/100 m ab. Dies ist der »Trockenadiabatische Temperaturgradient«.
Das hochgehobene Luftpaket wurde am Boden herausgeschnitten. Dort hatte es also dieselbe Temperatur wie die ruhende, umgebende Luft. Wie muß sich also die Temperatur dieser ruhenden Luft mit der Höhe verändert haben, wie groß muß ihr Temperaturgradient sein, wenn in ihr die Temperatur wärmer sein soll als die des Luftpakets in der Höhe, in der es losgelassen wurde? Die Temperatur muß in ihr natürlich um weniger als 1 °C/100 m abgenommen haben!

Beispiel: Die Bodenluft besitzt eine Temperatur von 20 °C. Das herausgeschnittene Luftpaket wird 1000 m hochgehoben. Es kühlt sich also um 10 × 1 °C/100 m = 10 °C ab und besitzt dann eine Temperatur von 20 – 10 = 10 °C.

Die ruhende, umgebende Luft soll nun wärmer sein, also z. B. eine Temperatur von 12 °C besitzen. In der ruhenden, umgebenden Luft hat also über die 1000 m Höhenänderung die Temperatur von 20 °C auf 12 °C, also um 8 °C abgenommen, ihr Temperaturgradient ist somit 8 °C/1000 m, das heißt 0,8 °C/100 m.

0,8 °C/100 m ist *kleiner* als 1 °C/100 m. Wir können das Beispiel mit allen anderen Werten unter 1 °C/100 m rechnen, immer wird die Temperatur der ruhenden Luft in der Höhe wärmer sein als die der hochgehobenen.
Das heißt also
Temperaturgradient < 1 °C/100 m bedeutet stabile und zwar, da wir bisher nur trocken aufsteigende Luft betrachtet haben, »trockenstabile« Schichtung der ruhenden umgebenden Luft.
Das Zeichen < bedeutet »kleiner als«, das Zeichen > »größer als«.

Ist der Temperaturgradient der ruhenden, umgebenden Luft = 1 °C/100 m, so ist er gleich dem der trockenadiabatisch aufsteigenden Luft. Luftpaket und umgebende Luft sind überall gleich warm und gleich schwer; die Schichtung der ruhenden Luft ist »trockenindifferent«.
Rechnen wir schließlich Beispiele mit allen möglichen Temperaturgradienten, die größer sind als 1 °C/100 m, so sehen wir, daß das Luftpaket immer wärmer und damit leichter ist als die umgebende Luft. Es steigt von selbst weiter.
Ein Temperaturgradient $>$ 1 °C/100 m bedeutet also »trockenlabile« oder »trockeninstabile« Schichtung der ruhenden, umgebenden Luft.
Nachdem wir dies so ausführlich besprochen haben, ist klar, daß sich bei der Betrachtung der Schichtung ruhender, umgebender Luft gegenüber feuchtadiabatisch hochgehobenen Luftpaketen nur der Bezugswert ändert. Beim trockenen Luftpaket haben wir mit dessen adiabatischem Gradienten von 1 °C/100 m verglichen, beim feuchten ist unser Bezugswert dessen Gradient von 0,5 °C/100 m.
Ist die umgebende Luft in der Höhe wärmer, hat in ihr also die Temperatur um weniger als 0,5 °C/100 m abgenommen, sinkt das feuchte Luftpaket wieder herunter; wir haben »feuchtstabile« Schichtung der umgebenden Luft. Genau so können die Beispiel für »feuchtindifferente« und »feuchtlabile« Schichtung gerechnet werden.
Es gilt also

Temperatur-Gradient	$<$ 0,5 °C/100 m	= feuchtstabile	Schichtung der umgebenden Luft
	= 0,5 °C/100 m	= feuchtindifferente	
	$>$ 0,5 °C/100 m	= feuchtlabile	

In der folgenden Tabelle sind unsere bisherigen Erkenntnisse zusammengefaßt:

Schichtung der ruhenden, umgebenden Luft	Dazu notwendiger Schichtungsgradient bei *trocken*adiabatisch aufsteigender Luft	bei *feucht*adiabatisch aufsteigender Luft
stabil	$>$ 1 °C/100 m	$>$ 0,5 °C/100 m
indifferent	= 1 °C/100 m	= 0,5 °C/100 m
labil	$>$ 1 °C/100 m	$>$ 0,5 °C/100 m

Aus dieser Tabelle ist zu ersehen, daß eine ruhende, umgebende Luftmasse mit einem Gradienten von z. B. 0,7 °C/100 m sowohl stabil als auch labil sein kann. 0,7 °C/100 m ist kleiner als 1 °C/100 m, also trockenstabil, aber auf der anderen Seite mehr als 0,5 °C/100 m, also feuchtlabil!
Bei der Betrachtung von Stabilitätsverhältnissen muß man also immer wissen,

ob man sich unter oder über der Kondensationsbasis befindet. Darunter vergleichen wir mit dem trockenadiabatischen Gradienten, darüber mit dem feuchtadiabatischen.

Schließlich seien noch einige in der Meteorologie übliche Beziehungen angeführt:

Einen Gradienten > 1 °C/100 m, also einen trockenlabilen, nennt man auch »überadiabatisch«. Gradienten zwischen 0,5 und 1 °C/100 m, also feuchtlabile, aber noch trockenstabile Gradienten heißen »bedingt labil«.

Um nun das Ganze noch etwas verständlicher zu machen, wollen wir uns noch mit einigen einfachen Zahlenbeispielen beschäftigen.

Wir nehmen drei Luftmassen, I, II und III an, die zufällig die Gradienten 0,6 °C/100 m, 1 °C/100 m und 1,4 °C/100 m haben sollen. Alle sollen am Boden eine Temperatur von 20 °C besitzen. Wir berechnen nun, wie sich in diesen Luftmassen die Temperatur mit der Höhe ändert und tragen die so gewonnenen Werte in unsere Tabelle ein. In die Spalte »Trockene Luft (a)« tragen wir ein, wie sich die Temperatur eines trockenen Luftpaketes beim Hochheben ändert, das am Boden ebenfalls eine Temperatur von 20 °C besitzt.

	Temperaturen (°C)						
	aufsteigende Luft				Beispiele für ruhende, umgebende Luft		
Höhe (m)	trocken 1 °C/100 m		feucht 0,5 °C/100 m		I 0,6 °C/100 m	II 1 °C/100 m	III 1,4 °C/100 m
	(a)	(b)	(a)	(b)	trock. feucht 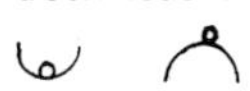	trock. fcht. 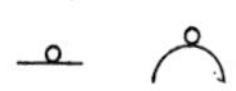	trock. fcht. 
	20	25			20	20	20
500	15	20			17	15	13
1000	10	15	15		14	10	6
1500	5	10	12,5	10	11	5	-1
2000	0	5	10	7,5	8	0	-8
2500	-5	0	7,5	5	5	-5	-15
3000	-10	-5	5	2,5	2	-10	-22
3500	-15	-10	2,5	0	-1	-15	-29
4000	-20	-15	0	-2,5	-4	-20	-36

Nehmen wir nun an, unser altbekanntes Gespenst hebt das Luftpaket auf eine Höhe von 500 m (siehe Spalte »trocken (a)«) und vergleichen den dort eingetragenen Temperaturwert mit den in der gleichen Höhe für die Luftmas-

sen I, II und III geltenden Temperaturen, so können wir sofort sehen, ob das Luftpaket kälter, gleich warm oder wärmer ist als die umgebende Luft, d. h. ob die Luftmassen I, II und III trockenstabil, trockenindifferent oder trockenlabil geschichtet sind. Dasselbe gilt natürlich auch für alle anderen Höhen.
In 500 m Höhe besitzt die trocken aufsteigende Luft eine Temperatur von 15 °C (siehe Spalte »trocken (a)«). In Luftmasse I herrscht in dieser Höhe 17 °C. Die hochgehobene Luft ist also kälter und sinkt wieder herunter. Die Luftmasse I ist trockenstabil geschichtet.
In Luftmasse II ist die Temperatur in 500 m Höhe gleich wie die des hochgehobenen Luftpakets. Das Luftpaket bleibt also in der Höhe stehen. Die Luftmasse II ist trockenindifferent geschichtet.
In Luftmasse III ist die Temperatur in 500 m geringer als die des hochgehobenen Luftpakets. Dieses steigt also von selbst weiter. Luftmasse III ist trockenlabil geschichtet.
Dieselben Aussagen gelten, wie jeder leicht selbst nachprüfen kann, auch für alle anderen Höhen.

Nun ist es jedoch Zeit, unsere Gespenster und Zauberer zu entlassen und uns mehr mit den tatsächlichen Vorgängen in der Atmosphäre zu beschäftigen. Da die Vorgänge, die in Wirklichkeit zu einer örtlichen Erwärmung von Luft auf der Erdoberfläche führen, bisher noch nicht besprochen wurden, nehmen wir, um die Vorgänge verfolgen zu können, zunächst einmal an, daß auf der Erdoberfläche an verschiedenen Stellen Heizplatten aufgestellt wurden. Wir nehmen weiter an, daß freundliche Menschen die Energie liefern, um diese Platten z. B. auf 25 °C aufzuheizen. Was geschieht jetzt?
Die über den Heizplatten lagernde Luft erwärmt sich im Kontakt mit ihnen (das schnelle Schwingen der Atome bzw. Moleküle der Platten bringt die darüber liegenden Luftmoleküle zum schnelleren Rasen) ebenfalls auf 25 °C, während die umgebende Luft ihre Temperatur von 20 °C behält. Wir haben jetzt am Boden also nicht mehr eine einheitliche Temperatur, sondern es gibt Stellen, an denen die Luft wärmer ist, auf 25 °C erwärmt wurde. Wärmere Luft ist aber, wie wir gesehen haben, leichter als die kältere. Somit fängt jetzt diese wärmere Luft von selbst an, hochzusteigen. Wir brauchen unsere Gespenster und Zauberer nicht mehr.
Natürlich steigt auch diese Luft zunächst trockenadiabatisch auf. Wie sich dabei ihre Temperatur ändert, wird in der Spalte »trocken (b)« unserer Tabelle eingetragen.
Vergleichen wir jetzt wieder mit unseren Luftmassen I, II und III, so sehen wir, daß die trockene Luft (b) jetzt auch in der trockenstabilen Luftmasse I und der trockenindifferenten Luftmasse II von selbst hochsteigt.
Berechnen wir die Temperaturdifferenzen zwischen aufsteigender und ruhender Luft, so sehen wir aber, daß diese in der Luftmasse I nach oben rasch abnehmen.

In	0 m	ist die Temperaturdifferenz	25 – 20 = 5 °C
in	500 m		20 – 17 = 3 °C
in	1000 m		15 – 14 = 1 °C

Kurz danach sind beide Temperaturen gleich, das Luftpaket steigt nicht mehr weiter, es bleibt stehen.
Die Temperaturdifferenz ist natürlich ein Maß für die Geschwindigkeit des Hochsteigens unseres Luftpaketes. Je wärmer die Luft, umso geringer ist ihre Dichte, umso leichter ist sie, umso größer ist somit ihr Auftrieb.
Daraus ergibt sich eine wichtige Erkenntnis: In stabiler Luft nimmt die Aufwindgeschwindigkeit mit der Höhe ab und wird schließlich zu Null. Es hat also in einem solchen Fall (wenn keine Wolken da sind! Siehe später!) keinen Sinn, mit einem Segelflugzeug ewig zu kreisen und zu glauben, auf diese Weise doch noch mehr Höhe gewinnen zu können.
Wo es hinaufgeht, geht es in der Nähe auch wieder hinunter. Sonst würde unsere Atmosphäre ja schnell nach oben verschwinden und wir wären schon längst erstickt. Beides zusammen, Auf- und Abwinde, nennt man Turbulenz (lateinisch: turbulentus = wirbelnd, stürmend), die, wie jeder Flugzeugführer weiß, nicht immer angenehm ist. Fliegt man also mit einer Erbtante im Motorflugzeug in der Luftmasse I, so fliegt man besser in größerer Höhe, da hier, genauso wie der Aufwind, auch die Turbulenz geringer ist.
Die Temperaturdifferenzen beim Aufsteigen der trockenen Luft (b) in der Luftmasse II sind

in	0 m	25 – 30 = 5 °C
in	500 m	20 – 15 = 5 °C
in	1000 m	15 – 20 = 5 °C

usw.

Wir sehen also, daß wir hier in allen Höhen gleiche Temperaturunterschiede, damit gleiche Dichteunterschiede, damit gleiche Aufwärtsgeschwindigkeiten sowie gleiche Turbulenzen haben.
Beim Aufsteigen der trockenen Luft (b) in der Luftmasse III sehen die Verhältnisse ganz anders aus. Die Temperaturdifferenzen sind hier

in	0 m	25 – 20 = 5 °C
in	500 m	20 – 13 = 7 °C
in	1000 m	15 – 6 = 9 °C

usw.

Hier sehen wir, daß die Temperaturunterschiede nach oben immer größer werden. Bei Luftmasse I hatten wir die größte Temperaturdifferenz mit 5 °C in 0 m Höhe. Diese 5 °C sind jetzt in Luftmasse III der kleinste Wert. Nach oben werden immer größere Temperaturdifferenzen und damit immer größere

Aufwärtsgeschwindigkeiten erreicht. Hier ist es natürlich richtig, mit dem Segelflugzeug weiterzukreisen, um diese Aufwinde voll auszunützen. Mit den Aufwinden werden auch die benachbarten Abwinde und damit die Turbulenz stärker. Fliegt man also wieder im Motorflugzeug mit der Erbtante, so ist es hier besser, tiefer zu fliegen. Natürlich unter Berücksichtigung der Flugsicherungsvorschriften und der Erfordernisse der Flugsicherheit.
Nun aber zur feucht aufsteigenden Luft. Wir nehmen an, daß die trockene Luft (b) einen Taupunkt von 15 °C besitzt. Das heißt also, daß in ihr, sobald sie auf diese Temperatur abgekühlt wird, Kondensation stattfindet, sich eine Wolke bildet. In unserer Tabelle wird so aus der trocken aufsteigenden Luft (b) in 1000 m Höhe die feuchte Luft (a).
Vergleichen wir jetzt deren Temperatur mit der der natürlich unverändert bleibenden Luftmasse I, so sehen wir, daß sie mit 15 °C eine immer noch höhere Temperatur besitzt als die Luftmasse I mit 14 °C. Die feuchte Luft steigt also weiter.
Wir berechnen wieder die Temperaturdifferenzen

in 1000 m	15 – 14 = 1 °C
in 1500 m	12,5 – 11 = 1,5
in 2000 m	10 – 8 = 2 °C
in 2500 m	7,5 – 5 = 2,5 °C
in 3000 m	5 – 2 = 3 °C
usw.	

Wir sehen, daß die Temperaturdifferenzen und damit die Aufwärtsgeschwindigkeiten mit der Höhe laufend zunehmen. Die vorher trocken*stabile* Luftmasse ist jetzt feucht*labil*. Ihr Temperaturgradient von 0,6 °C/100 m ist ja auch größer als der feuchtadiabatische von 0,5 °C/100 m.
Bei diesen Verhältnissen können wir also beobachten, daß die Aufwinde mit der Höhe zuerst abnehmen, nach der Kondensation aber wieder zunehmen. Hier lohnt es sich natürlich, mit dem Segelflugzeug in den kleiner werdenden Aufwinden weiterzukreisen, um dann Anschluß an die wieder stärker werdenden Aufwinde zu gewinnen, die bereits unterhalb der Wolke spürbar werden. Wenn nach der Kondensation die Luft schneller aufsteigt, saugt sie ja vom unteren Wolkenrand Luft nach, die Wolke »zieht«.
Betrachten wir die Temperaturdifferenzen gegenüber den Luftmassen II und III, so erkennen wir, daß sie in beiden Luftmassen mit der Höhe zunehmen. Beide sind also auch feuchtlabil geschichtet. Sie besitzen ja auch beide Temperaturgradienten > 0,5 °C/100 m.
Zum Schluß noch eine Wetterlage, die wir ebenfalls anhand unserer Tabelle verstehen können. Wir nehmen an, daß unsere trocken aufsteigende Luft (b) einen Taupunkt von 10 °C besitzt. Dieser Taupunkt würde erreicht werden (siehe Spalte »trocken (b)«), wenn das Luftpaket auf eine Höhe von 1500 m aufsteigen würde. Diese Höhe kann es aber in Luftmasse I nicht erreichen. In

1000 m Höhe ist es zwar noch 1 °C wärmer als Luftmasse I, in 1500 m Höhe wäre es aber bereits 1 °C kälter als Luftmasse I. Es muß also zwischen 1000 m und 1500 m steckenbleiben.
Bei einer solchen Wetterlage haben wir im ebenen Gelände also keine Wolken. Haben wir nun aber nördliche Winde, so wird in Süddeutschland Luft gegen die Alpen geführt. Die dort angekommene Luft wird dann am Gebirge *mechanisch* nach oben transportiert, steigt also jetzt nicht infolge höherer Temperatur, sondern infolge der Windströmung nach oben und erreicht so wegen der Höhe der Berge ohne Schwierigkeiten ihren Taupunkt in 1500 m Höhe. Es bildet sich eine Wolke und aus der trockenen Luft von 10 °C wird feuchte Luft von 10 °C (siehe Spalte »feucht (b)«). Diese ist mit 10 °C immer noch kälter als die Luftmasse I in dieser Höhe mit 11 °C. Da das Gebirge jedoch höher als 1500 m ist, wird die feuchte Luft durch die Strömung weiter nach oben gedrückt. Da sie jetzt feucht geworden ist, steigt sie feuchtadiabatisch mit nur noch 0,5 °C/100 m Abkühlung weiter. in 2000 m besitzt sie so eine Temperatur von 7,5 °C, ist also immer noch kälter als Luftmasse I mit 8 °C. Das Gebirge ist aber auch höher als 2000 m, die feuchte Luft wird weiter angehoben. In 2500 m beträgt ihre Temperatur 5 °C, d. h. sie ist jetzt gleich warm wie die Luftmasse I in dieser Höhe. Das Gebirge ist aber auch höher als 2500 m, das Spiel geht weiter. In 3000 m besitzt die feuchte Luft eine Temperatur von 2,5 °C, die Luftmasse I 2 °C. Ab jetzt steigt die feuchte Luft von selbst weiter. Betrachten wir die Temperaturdifferenzen, so sehen wir, daß diese nach oben immer weiter zunehmen.

In 3000 m	2,5 – 2 = 0,5 °C
in 3500 m	0 – -1 = 1 °C
in 4000 m	-2,5 – -4 = 1,5 °C

Es können so am Gebirge hochreichende Wolken, sogenannte orographische (griechisch: oros = Berg, graphe = Zeichnung) Wolken entstehen, während im Flachland wegen der geringen Luftfeuchte keine Wolken zu sehen sind.
Nach diesen Überlegungen nochmals zurück zum Temperaturverlauf in der ruhenden Atmosphäre, den wir ja bereits kennengelernt haben.
Wir sahen dort, daß in der unteren Stratosphäre Isothermie herrscht, daß sich dort die Temperatur mit zunehmender Höhe nicht oder nur wenig ändert. Der Temperaturgradient beträgt also etwa 0 °C/100 m. Dies ist sicher deutlich weniger als 1 °C/100 m oder auch als 0,5 °C/100 m und bedeutet somit, daß in der unteren Stratosphäre eine stark stabile Schichtung herrscht.
Durch Erwärmung hochsteigende Luft kann, wie wir wissen, nur so lange weitersteigen, solange sie eine höhere Temperatur besitzt als die umgebende Luft. Bei stabiler Schichtung und besonders dann, wenn sich die Temperatur der Umgebung gar nicht mehr ändert, wird diese Übertemperatur rasch abgebaut, da sich ja die aufsteigende Luft immer weiter adiabatisch abkühlt. Wenn sie nicht schon vorher durch einen Bereich mit stabiler Schichtung oder

eine Inversion in der Troposphäre aufgehalten worden ist, kann also eine solche Luft, oder nach der Kondensation eine solche Wolke, keinesfalls weiter als bis zur Tropopause steigen. In der Stratosphäre wird sie sehr rasch steckenbleiben.

Wie wir im Kapitel »Großräumige Zirkulation« sehen werden, gelangt auch durch großräumige Vorgänge Feuchtigkeit enthaltende Bodenluft nur bis zu Tropopausenhöhe. Aus Wasser oder Eis bestehende Wolken können also nur in der Troposphäre entstehen. Über die Tropopause hinaus wird wegen der in der unteren Stratosphäre herrschenden Isothermie und der darauf folgenden kräftigen Inversion keine Bodenluft in nennenswertem Umfang transportiert. Dies ist die Begründung für unsere im Kapitel »Der Wasserdampf in der Atmosphäre« gemachte Aussage, daß die Atmosphäre ab der Stratosphäre praktisch keinen Wasserdampf und auch kein Wasser in anderen Aggregatzuständen mehr enthält.

Nachzutragen ist noch, daß Luft nicht nur infolge von Temperatur-Unterschieden, sondern auch infolge von Feuchte-Unterschieden aufsteigen kann. Wie bereits behandelt, ist ja feuchte Luft weniger dicht und damit leichter als trockene. Ein Luftpaket mit höherer Relativer Feuchte kann also innerhalb einer trockeneren umgebenden Luft auch ohne Temperaturunterschied aufsteigen. Berechnet man die auftretenden Dichte-Unterschiede, so ergibt sich, daß einem Unterschied in der Relativen Feuchte von 10 % derselbe Dichte-Unterschied entspricht, den eine Temperaturdifferenz von 0,2 °C hervorruft.

Der Temp

Das Hilfsmittel, das wir verwenden, um die wirklichen Stabilitätsverhältnisse in der Atmosphäre – und, wie wir sehen werden, noch vieles andere – festzustellen, ist der »Temp«, eine Darstellung des *gemessenen* vertikalen (von lateinisch: vertex = Haupt, Spitze, Gipfel, also: nach oben verlaufend, in der Senkrechten) Temperaturverlaufes in der ruhenden Atmosphäre. Durch ihn werden also unsere im Kapitel »Stabilität« eingeführten Luftmassenbeispiele I, II und III ersetzt.

Um die Stabilitätsverhältnisse beurteilen zu können, muß dieser Temperaturverlauf in der ruhenden, umgebenden Luft, wie wir bereits gelernt haben, je nachdem, ob unterhalb des Kondensationsniveaus wolkenlose Luft oder oberhalb des Kondensationsniveaus Wolkenluft aufsteigt, mit der Temperaturabnahme trocken- bzw. feuchtadiabatisch aufsteigender Luft verglichen werden.

Dies kann mit Hilfe einer Reihe von verschiedenen Diagrammpapieren (griechisch: diagramma = das von Linien Umrissene, Figur) geschehen, die je nach ihrem Hauptanwendungsgebiet etwas verschieden aufgebaut sind. Wir wollen hier das auf den Flugwetterwarten hauptsächlich verwendete Adiabatenpapier nach Stüwe (dem Erfinder) besprechen, das übrigens auch bei der Übermittlung von Temps über Wetterkartenschreiber zugrundegelegt ist.

Zunächst haben wir nichts anderes zu tun als unsere Tabelle (siehe »Stabilität«), mit deren Hilfe wir die Auswirkungen der verschiedenen Stabilitätszustände der Atmosphäre betrachtet haben, in eine graphische Darstellung umzuwandeln.

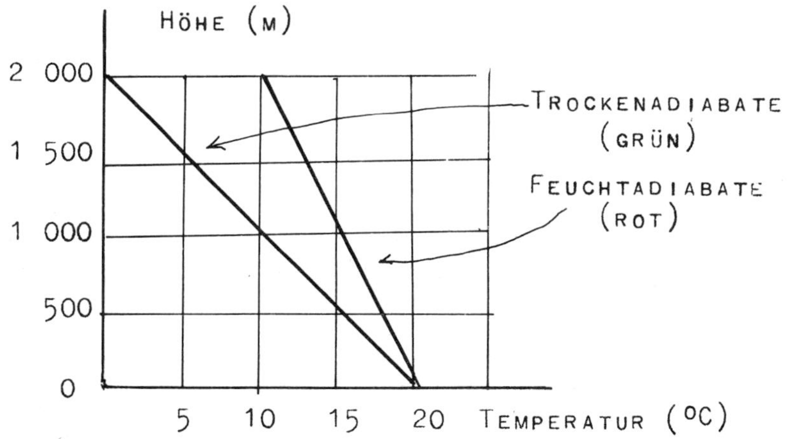

In ein bereits im Kapitel »Der Luftdruck« erklärtes rechtwinkliges Koordinatensystem tragen wir dazu nach oben die Höhen auf (im Original-Stüwe-Papier gibt es neben Höhenskalen in km und Fuß auch eine Druckskala in HPa. Wir wissen ja, wie Höhe und Druck nach der Normalatmosphäre zusammenhängen) und nach rechts die Temperaturen. Danach tragen wir den Temperaturverlauf trockenadiabatisch aufsteigender Luft und schließlich den feuchtadiabatisch aufsteigender Luft ein. Die Ausgangstemperaturen am Boden sollen zunächst wieder 20 °C betragen.

Die erste Linie ist im Originaldiagramm grün gezeichnet und heißt logischerweise »Trockenadiabate«. Die zweite ist rot und heißt »Feuchtadiabate«. Wir sehen, daß sie wegen der geringeren Temperaturabnahme *steiler* verläuft. Gar keine Temperaturabnahme, eine »Isothermie«, würde ja als senkrechte Linie dargestellt werden.

Da am Boden natürlich nicht immer unsere in unseren Beispielen gewählte Ausgangstemperatur von 20 °C herrscht, müssen wir zur Vervollständigung unseres Diagrammpapieres weitere Trocken- und Feuchtadiabaten von allen möglichen Bodentemperaturen aus einzeichnen. Im Stüwe-Papier geschieht dies von Grad zu Grad, wir wählen der besseren Übersichtlichkeit wegen Abstände von jeweils 10 °C.

An dieser Stelle erinnern wir uns nochmals kurz an den im Kapitel »Adiabatische Vorgänge« erklärten Begriff der »Potentiellen Temperatur«.

Wir erkennen jetzt leicht, daß alle Luftpakete, die dieselbe potentielle Temperatur besitzen, sich auf einer ganz bestimmten Adiabate befinden. Werden sie entlang dieser Adiabate verschoben, erreichen sie alle im 1000 HPa-Niveau dieselbe tatsächliche Temperatur, die dann natürlich dem Wert ihrer potentiellen Temperatur entspricht.

Die potentiellen Temperaturen sind daher sozusagen die »Namen«, die Kennzeichen der einzelnen Adiabaten in unseren Diagrammpapieren. Die Adiabate, die z. B. in unserem Stüwe-Papier die 1000 HPa-Linie bei 20 °C schneidet, ist die »20 °C-Adiabate«.

Alle Luftpakete, deren Temperaturen irgendwo in irgendeiner Höhe auf dieser Adiabate liegen, haben – unabhängig von ihrer tatsächlichen Temperatur – dieselbe potentielle Temperatur.

Bei der Behandlung des Wasserdampfes in der Atmosphäre (siehe dort) haben wir gesehen, daß ein aufsteigendes Luftpaket wegen des abnehmenden Luftdruckes in der Höhe einen geringeren Taupunkt besitzt als am Boden. Um sofort feststellen zu können, wie sich der Taupunkt eines aufsteigenden Luftpaketes mit der Höhe ändert, zeichnen wir in unser Diagramm noch sogenannte »Taupunktslinien« oder »Linien gleichen Mischungsverhältnisses« (nämlich zwischen Luft und Wasserdampf. Siehe nochmals Kapitel »Wasserdampf«) als rot gestrichelte Linien ein. Wir haben im Kapitel »Wasserdampf« gelernt, daß die Abnahme des Taupunkts mit der Höhe ca. 0,2 °C/100 m, also ca. 2 °C/1000 m, beträgt. War also der Bodentaupunkt T_d Boden

= 15 °C, so beträgt der Taupunkt eines auf 1000 m hochgehobenen Luftpaketes 15 – 2 = 13 °C.

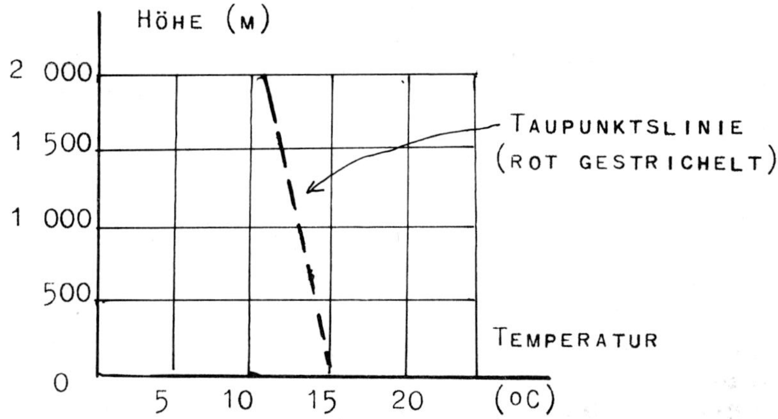

Haben wir nun auch noch die Taupunktslinien für alle möglichen Boden-Ausgangstemperaturen in das Diagramm eingetragen, ist unser Adiabatenpapier nach Stüwe bereits fertig. Im Originalpapier ist zu Vergleichszwecken noch zusätzlich der Temperaturverlauf in der ruhenden, umgebenden Luft nach der ICAO-Normal-Atmosphäre als dick ausgezogene rote Linie eingetragen. Der besseren Übersichtlichkeit wegen lassen wir diese Eintragung hier weg.

Bei der Behandlung der adiabatischen Vorgänge haben wir gesehen, daß zwar die Temperaturabnahme bei trockenadiabatischem Aufsteigen immer ca. 1 °C/100 m beträgt, daß aber die Temperaturabnahme beim feuchtadiabatischen Aufsteigen sich bei abnehmender Temperatur immer mehr an den trockenadiabatischen Gradienten annähert. In Wirklichkeit sind also die Feuchtadiabaten nicht, wie in unserer primitiven Darstellung, zueinander parallele (griechisch: parallelos = nebeneinander), gerade Linien, sondern gekrümmte Linien, die sich sowohl bei tiefen Bodentemperaturen (also je weiter wir auf der Temperaturachse nach links gehen), als auch mit zunehmender Höhe bei den dort tiefer werdenden Temperaturen, an die Trockenadiabaten angleichen.

Sobald wir dies verstanden haben, können wir es für die Praxis wieder vergessen. Die Adiabaten sind ja in das Diagrammpapier eingedruckt, wir brauchen sie nur als Bezugslinien.

Da wir die verschiedenen Linien nicht farbig drucken können, zeichnen wir nur einen kleinen Ausschnitt aus dem Diagramm, um so die wesentlichen Dinge besser erkennen zu können.

In das Diagramm, das bereits die Trockenadiabaten (flachere Linien), die

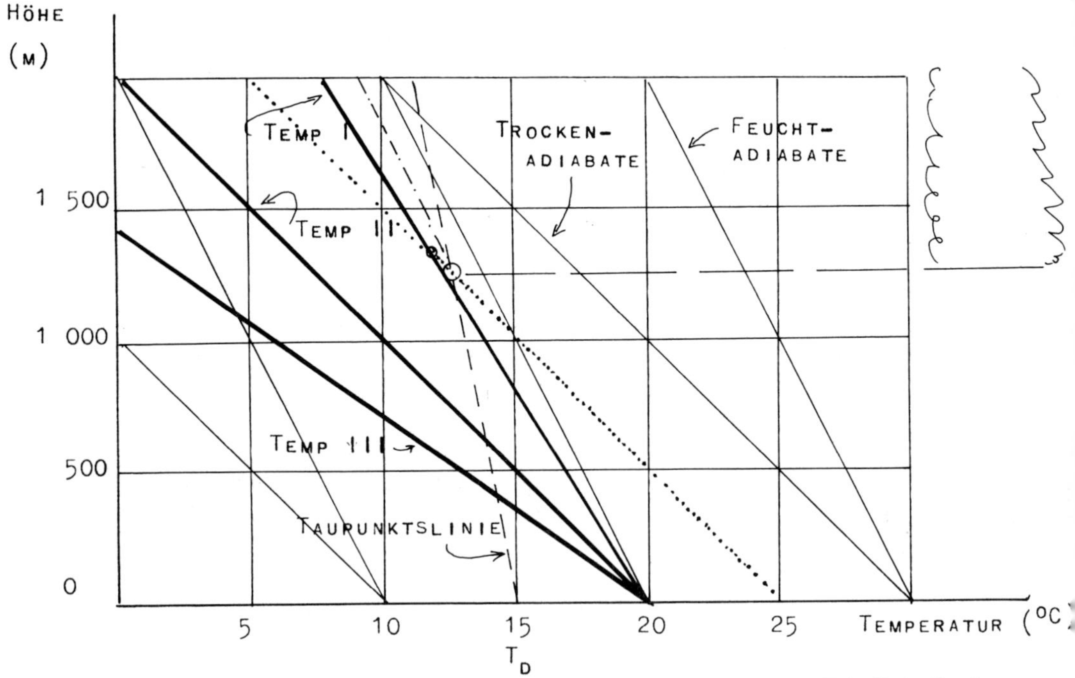

Feuchtadiabaten (steilere Linien) und die von dem in unserer Tabelle in Spalte »Trocken (b)« angenommenen Taupunkt der Bodenluft ausgehende Taupunktslinie (gestrichelte Linie) enthält, zeichnen wir nun den Temperaturverlauf unserer Luftmassen I, II und III (dick ausgezogene Linien), d.h. also ihre »Temps«, ein.

Verfolgen wir jetzt den Weg unseres trocken aufsteigenden Luftpaketes »Trocken (b)«, zunächst ohne den Taupunkt zu beachten. Es folgt natürlich der punktiert eingezeichneten Linie, einer Parallele zu den Trockenadiabaten, die wir der Übersichtlichkeit wegen ja nur in Abständen von 10 °C eingezeichnet haben.

Wir sehen, daß die punktierte Linie in einer Höhe von ca. 1350 m auf den Temp von Luftmasse I trifft. Dort sind also beide Temperaturen gleich, das Luftpaket hat keine Übertemperatur mehr, es kann nicht mehr weitersteigen. Das, was wir bei der Besprechung der Tabelle festgestellt haben, ist hier ohne Mühe sofort zu erkennen. Der Abstand zwischen den beiden Kurven ist ja der Temperaturunterschied zwischen aufsteigender und ruhender, umgebender Luft. Wir sehen sofort, daß die Linien sich einander immer weiter nähern. Die Temperaturunterschiede und damit die Aufwinde werden immer schwächer. Die Temps der Luftmassen II und III behindern das Aufsteigen des Luftpaketes nicht, wie wir ja auch in der Tabelle gesehen haben. Der Abstand zwischen der Trockenadiabate des Luftpaketes und dem Temp bleibt bei Luftmasse II immer derselbe, die Aufwinde bleiben mit der Höhe gleich. Dagegen wird der Abstand zwischen den beiden Linien bei Luftmasse III immer größer, die Aufwindgeschwindigkeiten nehmen mit der Höhe immer weiter zu.

Als nächstes wollen wir feststellen, was geschieht, wenn unser Luftpaket

»Trocken (b)«, wie in der Tabelle angenommen, einen Taupunkt von 15 °C besitzt.

Das Luftpaket folgt zunächst wieder der punktiert gezeichneten Trockenadiabate, trifft aber jetzt, bevor es den Temp I erreicht, in ca. 1250 m Höhe auf die Taupunktslinie, es tritt Kondensation ein.

In unserer Tabelle hatten wir berechnet, daß die Kondensation in einer Höhe von 1000 m eintritt. Wir erinnern uns aber daran, daß dabei die Abnahme des Taupunktes mit der Höhe vernachlässigt wurde. Da wir in unserem Diagramm den korrekten Verlauf der Taupunktslinie eingezeichnet haben, ergibt sich jetzt die korrekte Basishöhe.

Die punktierte Aufstiegslinie unseres Luftpaketes hat bei Eintreten der Kondensation den Temp I noch nicht berührt, das Luftpaket ist also noch wärmer als Luftmasse I, es steigt weiter. Ab der Kondensationsbasis steigt es jedoch *feucht*adiabatisch weiter, es folgt jetzt einer Parallele zu den Feuchtadiabaten, der strichpunktiert gezeichneten Linie. Der Abstand zwischen dieser Linie und Temp I, d. h. die Temperaturdifferenz zwischen aufsteigender und ruhender Luft, also auch der Aufwind, nimmt mit der Höhe wieder zu. Luftmasse I ist also feuchtlabil geschichtet. Dasselbe gilt für die Abstände gegenüber den Temps der Luftmassen II und III. In beiden Fällen werden sie nach oben immer größer, beide Luftmassen sind ebenfalls feuchtlabil geschichtet.

Betrachten wir den Verlauf der verschiedenen Linien, so erkennen wir leicht eine einfache Merkregel zur Feststellung, wie eine Luftmasse geschichtet ist:

Temp *st*eiler	als zugehörige[+)]	Adiabate =	Schichtung *st*abil
Temp f*la*cher	als zugehörige	Adiabate =	Schichtung *la*bil
Temp parallel	zur zugehörigen	Adiabate =	Schichtung indifferent

+) »Zugehörige Adiabate« bedeutet natürlich, daß wir unterhalb des Kondensationsniveaus mit den Trockenadiabaten, oberhalb der Basis mit den Feuchtadiabaten vergleichen müssen.

Unsere Merkregel lautet kurz: *st*eiler = *st*abil
f*la*cher = *la*bil

Wenden wir diese Regel gleich für unsere Beispiele an:

Der Temp für Luftmasse I wird unterhalb der Basis mit den Trockenadiabaten verglichen. Er ist *st*eiler als die Adiabate, die Luftmasse ist also trocken*st*abil geschichtet.

Vergleichen wir die Trockenadiabate mit Temp II, so sehen wir, daß beide Linien parallel verlaufen; die Luftmasse II ist trockenindifferent.

Beim Vergleich mit Luftmasse III ist zu erkennen, daß ihr Temp f*la*cher verläuft als die Trockenadiabate; die Luftmasse III ist trocken*la*bil.

Ab dem Kondensationsniveau muß mit der Feuchtadiabate verglichen werden. Vergleichen wir sie mit Luftmasse I, so sehen wir, daß der Temp jetzt f*la*cher verläuft als die Adiabate, die Luftmasse I ist feucht*la*bil, wie wir das ja auch bereits bei der Besprechung unserer Tabelle festgestellt hatten.

Auch die beiden anderen Luftmassen sind feucht*la*bil, sowohl Temp II als auch Temp III sind f*la*cher als die Feuchtadiabate.
Wir können jetzt auch leicht verstehen, auf welche Weise die Eigenschaften von Luftmassen verändert werden können.
Eine stabile Luftmasse wird *la*bil, sie wird »labilisiert«, wenn ihr Temp f*la*cher wird. Dies kann man einmal dadurch erreichen, daß sie am Boden z. B. durch Einstrahlung erwärmt wird. Da die Luft in der Höhe sich durch Einstrahlung nicht direkt erwärmt (siehe »Die Lufttemperatur«), rückt allein der Fußpunkt des Temps nach rechts zu höheren Temperaturen.
Temp A besitzt in 0 m eine Temperatur von 20 °C, in 1000 m von 13 °C. Er hat also einen Gradienten von 0,7 °C/100 m, er ist trockenstabil.
Durch Einstrahlung wurde die Bodentemperatur auf 25 °C erhöht. Die Temperatur in 1000 m Höhe ist aber gleichgeblieben. Somit verläuft Temp B von einer Bodentemperatur von 25 °C zu einer Temperatur von 13 °C in 1000 m Höhe, sein Gradient ist also 1,2 °C/100 m, er ist trockenlabil.

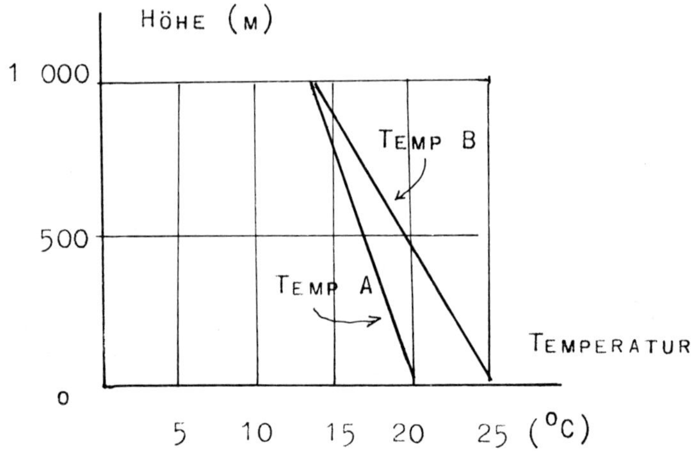

Die ursprünglich stabile Luftmasse wird also durch Einstrahlung labilisiert. Besonders kräftig ist der Effekt, wenn im Sommer über dem warmen Boden kalte Luft herangeführt wird. Man nennt dies »Kaltluft-Advektion« (lateinisch: advehi = heranführen). Die kalte Bodenluft wird rasch erwärmt und kann so stark labilisiert werden. Im übrigen können in der Atmosphäre nur auf diese Weise überadiabatische Gradienten, also Gradienten $>$ 1 °C/100 m erzeugt werden.
Da ja, wie wir im Kapitel »Die Lufttemperatur« gesehen haben, die Temperatur in der Troposphäre im Mittel um 0,65 °C/100 m abnimmt, bedarf es einer kräftigen Aufheizung, um so große Abweichungen vom Mittel zu erzielen.
Es kann aber auch in der Höhe Labilisierung eintreten, indem sich z. B. über

eine relativ warme Luftmasse in der Höhe eine kalte schiebt. Ein solcher Vorgang liegt z. B. vor bei einer sogenannten »Aktiven Kaltfront« (siehe Literatur).

*St*abilisierung tritt ein, wenn der Temp *st*eiler wird. Das kann einmal eintreten, wenn die Luft am Boden abgekühlt oder wenn in der Höhe Warmluft zugeführt wird. An Thermiktagen wird auch dann Stabilisierung eintreten, wenn insgesamt, also bis zum Boden herabreichende Warmluft herangeführt wird, wenn also »Warmluft-Advektion« eintritt. Da die Luft schon relativ warm ist, wird ja die Aufheizung durch den erwärmten Boden lange nicht so kräftig sein, wie vorher bei der Kaltluft. Die kräftige Labilisierung bleibt aus.

Der Wetterdienst benutzt zur Ermittlung der Temps Pilotballone, mit denen eine sogenannte Radiosonde in die Atmosphäre hochgetragen wird. Diese mißt dabei laufend Luftdruck, Lufttemperatur und Luftfeuchte und gibt die Werte über einen kleinen Sender an die Bodenstation. Durch Verfolgen der Bahn des Ballons können außerdem Windrichtung und Windgeschwindigkeit in den verschiedenen Höhen festgestellt werden. Diese Werte werden mit den aus den Wetterkarten bekannten Symbolen auf der rechten Seite des Diagramms eingetragen.

Gemessen wird also nicht nur der Temperaturverlauf, sondern auch der Verlauf der Feuchte in der ruhenden, umgebenden Luft. Auch aus diesem Verlauf können wir interessante Informationen entnehmen.

Es gibt zwei Arten der Darstellung des Feuchteverlaufes. Entweder wird zusätzlich zum Temp als zweite Kurve der Verlauf des Taupunktes in der ruhenden Luft mit der Höhe eingetragen. ACHTUNG: Diese Kurve hat nichts mit den rot gestrichelten Taupunktslinien zu tun! Diese geben ja an, wie sich der Taupunkt eines vom Boden adiabatisch, also abgeschlossenen, *aufsteigenden* Luftpaketes mit der Höhe ändert. Die neue Kurve zeigt dagegen, welcher Taupunkt in der *ruhenden* Luft in verschiedenen Höhen vorhanden ist.

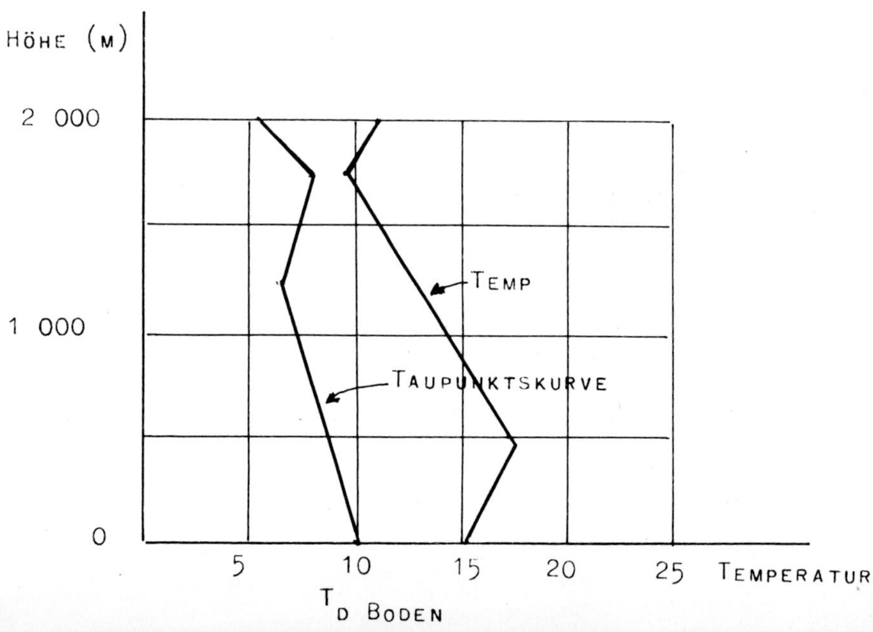

Der in einer bestimmten Höhe vorhandene Abstand zwischen dieser Taupunktskurve und dem Temp ist natürlich die jeweilige Taupunktsdifferenz, der spread der ruhenden Luft.

Für eine andere Art der Darstellung des Feuchteverlaufes wird eine besondere Skala benutzt:

Die Höhenskala bleibt dieselbe wie beim Temp. Auf der Temperaturachse werden jetzt jedoch nach links die für die verschiedenen Höhen gemessenen Taupunktsdifferenzen, der jeweilige spread, eingetragen. Aus diesem kann dann mit der aus dem Temp in derselben Höhe entnommenen Temperatur der Taupunkt in dieser Höhe berechnet werden.

Taupunkt = Temperatur – spread.

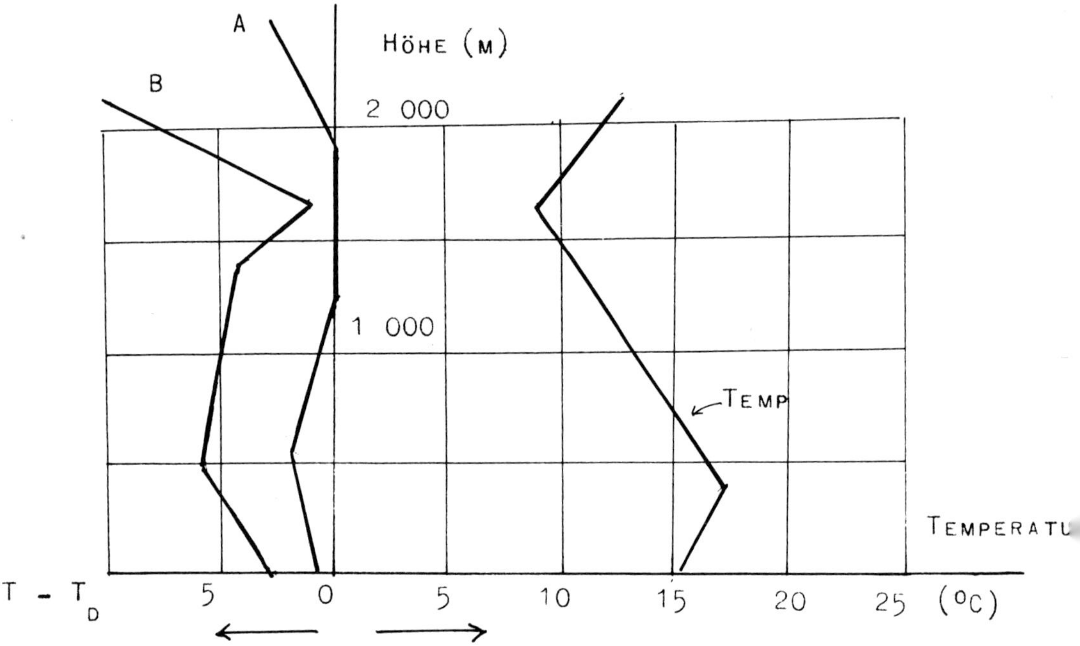

Was kann nun aus dieser Darstellung des Feuchteverlaufes entnommen werden? Zunächst können wir den Boden-Taupunkt feststellen, den wir ja brauchen, um die Höhe des Kondensationsniveaus vom Boden aufsteigender Luft zu ermitteln. Der Taupunkt der Bodenluft bleibt ja derselbe, auch wenn später Bodenluft örtlich stärker erwärmt und dadurch zum Aufsteigen gebracht wird. Mit der Temperatur ändern sich lediglich die Maximale und damit auch die Relative Feuchte! Allerdings sind bei der Ermittlung des Bodentaupunkts noch später gegebene Hinweise zu beachten.

Der oben eingezeichnete Feuchteverlauf A zeigt über einen bestimmten Höhenbereich einen spread = 0 °C. Hier haben wir eine geschlossene Wolkendecke, deren Dicke aus dem Verlauf der Feuchtekurve zu entnehmen ist. Über den Bereich mit spread = 0 °C hinweg befinden wir uns in einer Wolke. Dabei ist allerdings noch zu beachten, daß, wie wir bereits im Kapitel »Der Wasserdampf in der Atmosphäre« gelernt haben, die Hygrometer unter 0 °C, über Eis, nicht mehr korrekt messen. Schon bei Meßwerten unter 100 % Relative Feuchte können Wolken vorhanden sein. Für die uns interessierenden Höhen bedeutet dies:

Höhe (m)	1500	3000	5500
Wolken schon möglich ab spread (°C)	ca. 4	ca. 6	ca. 6–10

Niederschlag fällt aus Wolken normalerweise erst, wenn sie eine Höhenerstreckung, eine Dicke von mehr als 1000 m besitzen.
Feuchteverlauf B muß besonders an Tagen beachtet werden, an denen infolge Einstrahlung Cumulus-Wolken entstehen. Wir werden diesen Fall später bei der Besprechung eines praktischen Beispieles behandeln.
Die Radiosonden, mit deren Hilfe die Wetterdienste ihre Temps aufnehmen, messen, wie schon erwähnt, Luftdruck, Lufttemperatur und Luftfeuchte. Es werden daher dort beim Eintragen der Meßwerte nicht die Höhenskalen, sondern die Druckskala benutzt. Diese ist nicht linear (was dies bedeutet, haben wir schon besprochen), sondern »logarithmisch« (griechisch: logos = Darstellung, arithmos = Zahl) eingeteilt, um die Abnahme des Luftdrucks mit der Höhe, die ja auch nicht linear ist (siehe »Der Luftdruck«), vernünftig darstellen zu können.

Der Unterschied zwischen den beiden Darstellungen ist aus der nachstehenden Gegenüberstellung zu erkennen.

Linear	0	1	2	3	4	5
Logarithmisch	1	10	100	1000	10000	100000

Sollen in ein Diagramm z.B. Höhen eingetragen werden und werden Skalenstufen gleichbleibender Größe verwendet, so können mit 5 Skalenstufen bei linearer Skala also nur Höhen bis 5 km, bei logarithmischer Skala dagegen Höhen bis 100000 km dargestellt werden.
Da in die mathematische Formel, die in jedem Physikbuch zu findende »Barometrische Höhenformel«, die den Zusammenhang zwischen Luftdruck und Höhe beschreibt, auch noch die sich mit der Höhe ebenfalls ändernde Lufttemperatur eingeht, sind im übrigen auch die Höhenskalen in Kilometer und Fuß nur beinahe, aber nicht ganz linear eingeteilt. Das braucht uns aber nicht weiter zu stören, da wir ja die Skalen nicht berechnen, sondern nur benutzen müssen; sie sind ja im Diagrammpapier eingedruckt.
Im nachfolgenden Beispiel nehmen wir an, daß wir den Temp an unserem Fluggelände selbst erflogen haben. Dies ist mit Hilfe eines Motorflugzeuges,

an das ein Gehäuse mit zwei Thermometern zur Messung von Lufttemperatur und Luftfeuchte angebaut wird, leicht möglich. Mit dem einen Thermometer wird die »Trockentemperatur«, die Temperatur der ruhenden, umgebenden Luft, mit dem anderen die »Feuchttemperatur« gemessen. Zu diesem Zweck wird über den Meßfühler des Thermometers ein aus Gewebe bestehender und in Wasser gut befeuchteter »Strumpf« geschoben. Je nach Sättigungsgrad der umgebenden Luft verdunstet viel oder wenig dieser Feuchtigkeit. Da zum Verdunsten (siehe »Der Wasserdampf in der Atmosphäre«) Energie benötigt wird, kühlt sich dann das feuchte Thermometer mehr oder weniger ab. Der Unterschied in der Anzeige der beiden Thermometer ist somit ein Maß für die Sättigung der Luft mit Wasserdampf, für die Relative Feuchte bei der jeweiligen Lufttemperatur. Ihr Wert läßt sich dann leicht aus Tabellen oder Diagrammen bestimmen. Die Meßeinrichtung heißt »Psychrometer« (griechisch: psychros = kalt, metros = Maß), sie mißt ja die »Verdunstungskälte«.
Es gibt heute jedoch auch elektronische Meßgeräte, mit denen Lufttemperatur und auch Luftfeuchte sehr einfach und schnell gemessen werden können. Die Meßfühler solcher Geräte lassen sich sehr einfach am Flugzeug anbringen und die Messwerte können direkt abgelesen werden.
Gemessen wird jeweils in bestimmten Höhenstufen, z. B. von 200 m zu 200 m bis zu den Höhen, in denen wir in unseren Breiten Kondensation erwarten können. Es genügt also meist, den Aufstieg bis zu einer Höhe von 2500 m oder maximal 3000 m zu fliegen. In den Höhen, in denen gemessen werden soll, wird am besten kurze Zeit horizontal geflogen, damit sich die richtigen Meßwerte einstellen können.
Mit einem derartigen Meßflug kann recht gut ermittelt werden, wann am eigenen Platz mit dem Auftreten von Thermik und von Cumulus-Wolken zu rechnen ist.
Natürlich ist es oft auch wichtig, wie die Atmosphäre in größeren Höhen und an anderen Orten aussieht. Um diese Informationen zu erhalten, ist ein guter Kontakt zur nächsten Flugwetterwarte notwendig. Stellt man dort die richtigen Fragen, erhält man auch richtige Antworten. So kann man sich z. B. Tempwerte, die man nicht selbst ermitteln kann, durchgeben lassen und in ein vorbereitetes Diagrammpapier eintragen.
Wird der Temp auf die oben besprochene Weise selbst erflogen, benutzt man zum Eintragen der Meßwerte zweckmäßigerweise die Höhenskala des Diagrammpapieres. Nehmen wir an, daß unser Flugplatz in einer Höhe von 500 m NN liegt, so zeichnen wir in dieser Höhe eine Grundlinie in unser Diagrammpapier ein. Am besten werden auch noch zusätzliche Linien für die Höhen eingezeichnet, in denen beim Aufstieg gemessen werden soll. Die Eintragung der Werte ist dann später wesentlich einfacher und benötigt nur kurze Zeit. Wird ein so vorbereitetes Diagrammblatt außerdem auf eine Platte aufgezogen und mit Folie beklebt, kann man die Eintragungen leicht wieder abwischen und so das Diagrammpapier immer wieder benutzen.

Die Fehler, die bei dieser Art der Benutzung des Diagrammpapiers dadurch entstehen können, daß wir uns bei extremem Luftdruck nicht ganz im richtigen Bereich des Diagrammpapiers befinden, sind in dem uns als Sportflieger normalerweise interessierenden Bereich so gering, daß wir sie vernachlässigen können.

Der auf der folgenden Seite dargestellte Temp beginnt in 500 m NN, in der für unser Fluggelände angenommenen Höhe.

Wir betrachten zunächst den dick ausgezogenen Temp I. Anders als bei unseren früheren Beispielen sehen wir, daß die Temperatur zunächst bis etwa 700 m NN Höhe zunimmt und erst dann wieder in der üblichen Weise mit der Höhe abnimmt. Einen solchen Temperaturverlauf nennt man, wie wir bereits gelernt haben, eine »Inversion«. Da sie hier am Boden auftritt, heißt sie »Boden-Inversion«. Ihr Vorhandensein zeigt, daß es sich um einen nachts oder morgens aufgenommenen Temp handelt und daß nachts geringe Bewölkung vorhanden war. Ohne Bewölkung strahlt die Erde nachts die tagsüber aufgenommene Wärme wieder in den freien Raum ab (siehe Kapitel »Wärmehaushalt«). Der Boden und damit die im Kontakt mit dem Boden stehende Luft kühlen sich ab, während die darüber befindliche Luft von diesem Vorgang nicht beeinflußt wird.

Verfolgen wir den Temp weiter, so erkennen wir eine weitere Inversion in ca. 2400 m NN. Eine häufige Ursache für die Entstehung einer solchen Inversion wird im Kapitel »Hoch- und Tiefdruckgebiete« erklärt.

Für die Darstellung des Feuchteverlaufes in der ruhenden Luft haben wir die Eintragung der Taupunktsdifferenzen (spread) auf der linken Seite des Diagramms gewählt. Laut unserem Temp beträgt die Bodentemperatur T_{Boden} = 15 °C.

Die am Boden gemessene Taupunktsdifferenz ist $(T\text{-}T_d)_{Boden}$ = 5 °C.

Somit ist unser Bodentaupunkt $T_{d\ Boden}$ = 15 – 5 = 10 °C. Die zu diesem Bodentaupunkt gehörende Taupunktslinie haben wir als gestrichelte Linie in unser Diagramm eingetragen.

Wir haben schon besprochen, daß Luft sowohl durch örtliche Erwärmung als auch mechanisch, durch Hochschieben an einem Gebirge, aufsteigen kann. Wie sieht der letztgenannte Fall in unserem Diagramm aus?

Durch entsprechende Luftdruckunterschiede wird die Bodenluft von 15 °C gegen eine Bergkette transportiert, an der sie dann hochgeschoben wird. Dabei kühlt sie sich, da der Taupunkt von 10 °C noch nicht erreicht ist, zunächst trockenadiabatisch ab, d.h., sie folgt der von der Bodentemperatur 15 °C ausgehenden Trockenadiabate. Ist die Bergkette genügend hoch, erreicht die der Trockenadiabate folgende Luft in ca. 1150 m NN den Taupunkt. Die Trockenadiabate schneidet die vom Bodentaupunkt ausgehende gestrichelte Taupunktslinie. Dieser Schnittpunkt bestimmt also die Basishöhe der entstehenden »Staubewölkung« (die Luft staut sich ja am Gebirge), das sogenannte »Hebungs-Kondensationsniveau« oder kurz »HKN«.

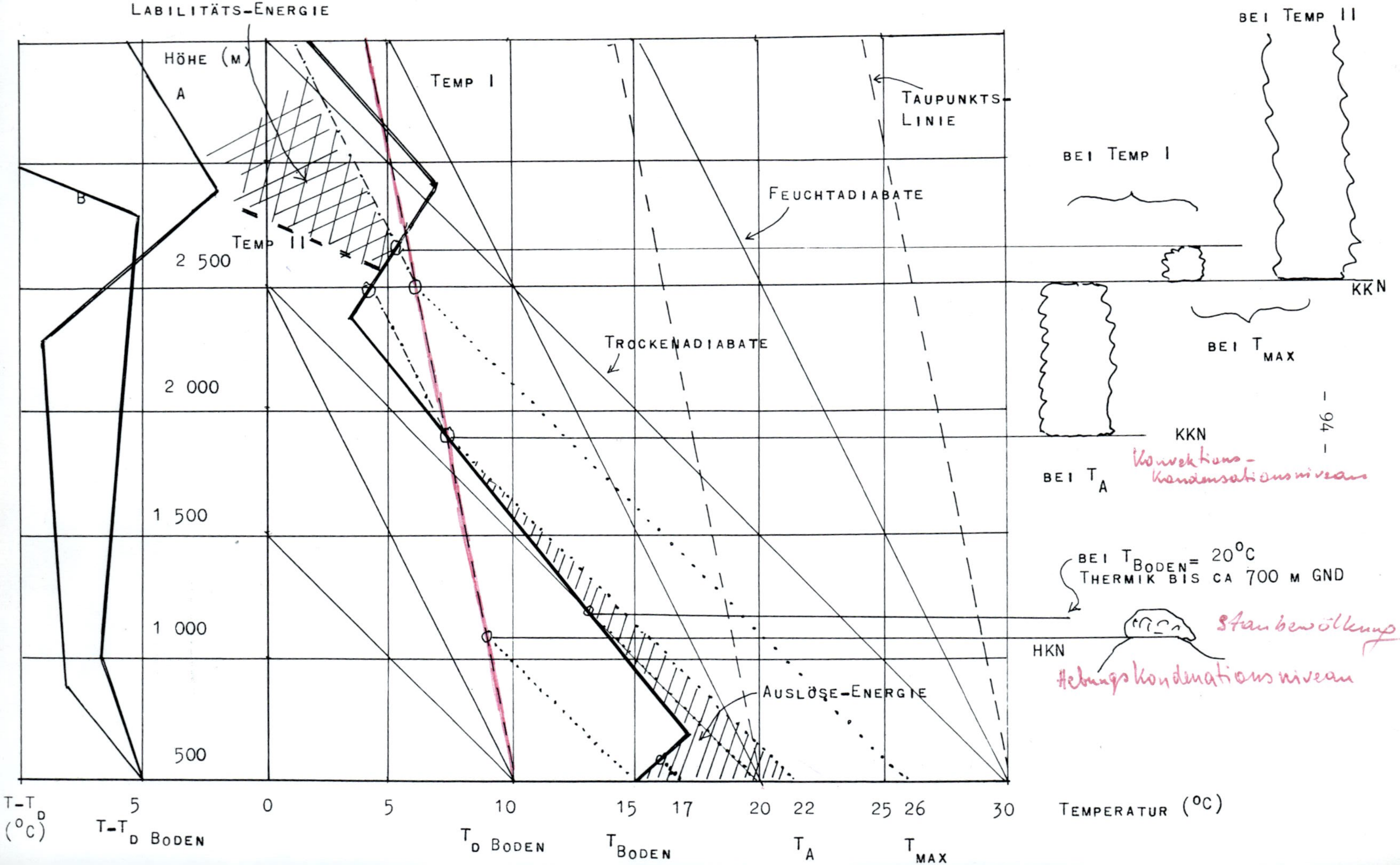
LABILITÄTS-ENERGIE
HÖHE (M)
A
B
TEMP I
TEMP II
TAUPUNKTS-LINIE
FEUCHTADIABATE
TROCKENADIABATE
AUSLÖSE-ENERGIE
2 500
2 000
1 500
1 000
500
BEI TEMP II
BEI TEMP I
BEI T_{MAX}
KKN
KKN
BEI T_A
Konvektions-Kondensationsniveau
BEI T_{BODEN}= 20°C
THERMIK BIS CA 700 M GND
Staubewölkung
HKN
Hebungskondensationsniveau
$T-T_D$ (°C)
5
$T-T_D$ BODEN
0
5
10
15
17
20
22
25
26
30
TEMPERATUR (°C)
T_D BODEN
T_{BODEN}
T_A
T_{MAX}

Also: Das bei Staulagen auftretende Hebungs-Kondensationsniveau HKN liegt in der Höhe des Schnittpunkts zwischen der von der Bodentemperatur ausgehenden Trockenadiabate und der vom Bodentaupunkt ausgehenden Taupunktslinie.

Ob der Taupunkt tatsächlich erreicht wird, hängt natürlich von der Feuchtigkeit der Bodenluft und von der Höhe der Berge ab.

In unserem Fall müßte das Hindernis somit eine Höhe von ca. 1100 m NN besitzen, damit auch wirklich Kondensation eintritt.

Nun zur infolge örtlich stärkerer Erwärmung aufsteigenden Luft. Die Bodenluft besitzt eine Temperatur von 15 °C. Darüber nimmt die Temperatur zunächst zu. Es herrscht also in diesem Bereich eine sehr stark stabile Schichtung; die Bodenluft kann zunächst nicht aufsteigen.

Wir haben eingangs festgestellt, daß unser Temp in der Nacht bei geringer Bewölkung aufgenommen worden sein muß. Hat sich die Großwetterlage inzwischen nicht geändert, wird somit nach Sonnenaufgang relativ ungehinderte Einstrahlung einsetzen. Der Boden und die mit ihm in Kontakt stehende Bodenluft beginnen, sich zu erwärmen. Erwärmt sich dabei die Luft örtlich z. B. auf 17 °C, so ist sie wärmer und somit leichter als die noch nicht so weit erwärmte umgebende Luft; sie beginnt aufzusteigen. Dabei folgt sie natürlich der vom Bodenwert 17 °C ausgehenden Trockenadiabate. Diese trifft aber bereits nach ca. 100 m (in ca. 600 m NN) auf den Temp. Dort ist also die umgebende Luft schon gleich warm und wird mit zunehmender Höhe sogar noch wärmer. Die aufgestiegene Luft bleibt also stecken.

Mit zunehmender Einstrahlung erwärmt sich die Bodenluft weiter. Örtlich wird sie nun z. B. auf 20 °C aufgeheizt. In diesem Fall ist, wie leicht zu erkennen, die Boden-Inversion bereits »weggeheizt«. Die erwärmte Luft fängt an, zu steigen und wird dabei nicht mehr von der Boden-Inversion aufgehalten. Sie folgt der vom Bodenwert 20 °C ausgehenden Trockenadiabate. Diese schneidet den Temp in ca. 1200 m NN, also noch bevor sie die vom Bodentaupunkt ausgehende gestrichelte Taupunktslinie erreicht. Die Luftblase kann also nur bis zu dieser Höhe aufsteigen, sie bleibt dort stecken. Wir erkennen die typischen Verhältnisse bei trockenstabiler Schichtung der Atmosphäre. Der Temp ist ja auch *st*eiler als die Trockenadiabate, also trocken*st*abil. Wir haben aber jetzt schon »Thermik« (griechisch: thermos = Wärme), wie wir die infolge Erwärmung aufsteigende Luft nennen. Das Kondensationsniveau kann sie jedoch noch nicht erreichen.

Wann tritt Kondensation ein? Natürlich dann, wenn ein Luftpaket am Boden eine Temperatur erreicht, die so hoch ist, daß die von diesem Boden-Temperaturwert ausgehende Trockenadiabate die vom Bodentaupunkt ausgehende Taupunktslinie erreicht, ohne den Temp zu schneiden.

In den meisten Fällen kann diese Temperatur durch folgende Konstruktion ermittelt werden: Wir verfolgen die vom Schnittpunkt zwischen Temp und der zum Bodentaupunkt gehörenden Taupunktslinie ausgehende Trockenadiabate bis zum Boden, also zur Höhe unseres Fluggeländes und lesen dort auf der Temperaturskala die zugehörige Bodentemperatur ab. Wird sie am Boden erreicht, wird Kondensation ausgelöst. Sie heißt daher »Auslösetemperatur«. Bei Erreichen der Auslösetemperatur wird also nicht, wie vielfach angenommen, Thermik ausgelöst. Diese gibt es bis zu größeren Höhen, wie wir gesehen haben, schon vorher. Bei der Auslösetemperatur wird vielmehr die Bildung von Wolken ausgelöst und zwar, da es sich bei dem durch örtliche Erwärmung ausgelösten Aufsteigen von Luft um ein Hochquellen der Luft, um »konvektive« (lateinisch: convectio = das Zusammenbringen, Zusammenführen) Vorgänge handelt, von Quellwolken oder Cumulus-Wolken (lateinisch: cumulus = Haufen). Das zugehörige Kondensationsniveau heißt deshalb auch »Konvektions-Kondensations-Niveau« oder kurz »KKN«.

Also: Legt man durch den Schnittpunkt zwischen Temp und der vom Bodentaupunkt ausgehenden Taupunktslinie eine Trockenadiabate, so schneidet diese die Temperaturskala am Boden beim Wert der Auslösetemperatur. Der Schnittpunkt zwischen Temp und Taupunktslinie gibt die Höhe des KKN.

Es ergeben sich danach aus unserem Diagramm: Auslösetemperatur T_A = 22 °C, KKN = ca. 1900 m NN.

Im nachfolgenden Beispiel muß eine andere, *immer* anwendbare Methode zur Bestimmung von T_A und KKN benutzt werden.

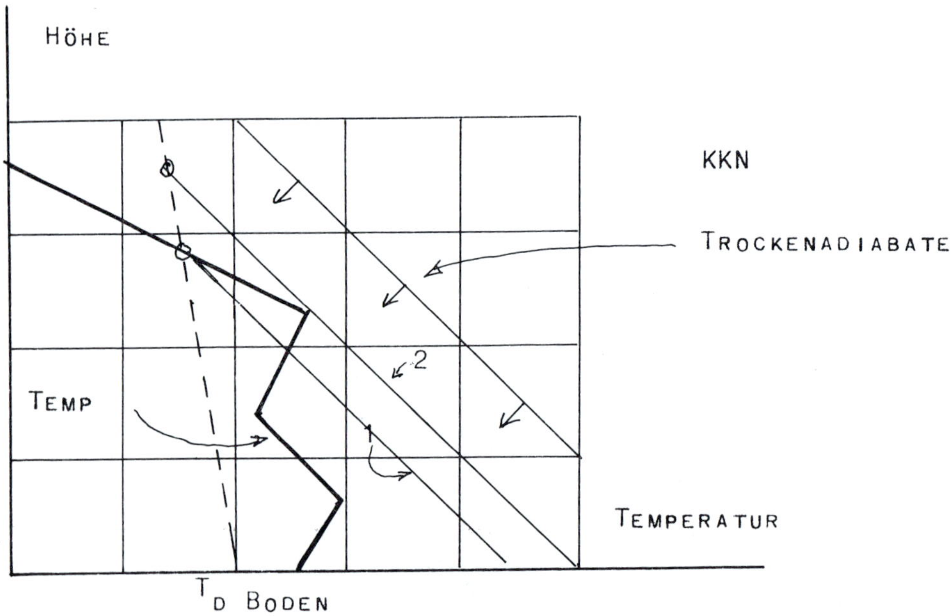

Folgt die Bodenluft hier der durch den Schnittpunkt Temp – Taupunktslinie verlaufenden Trockenadiabate 1, so bleibt sie wegen der in der Höhe vorhandenen Inversion schon vor Erreichen des Taupunktes stecken. Die Temperatur der umgebenden Luft nimmt wieder zu, das Luftpaket kann nicht weitersteigen.

Auslösetemperatur und KKN werden hier wie folgt ermittelt:

> Von rechts her wird eine Parallele zu den Trockenadiabaten so lange nach links verschoben, bis sie den Temp eben berührt. Ihr Schnittpunkt mit der Temperaturachse in Bodennähe ist dann die Auslösetemperatur, ihr Schnittpunkt mit der vom Bodentaupunkt ausgehenden Taupunktslinie das Konvektions-Kondensations-Niveau.

Bei Anwendung dieser Methode ergibt sich die Trockenadiabate 2.

Bei der Besprechung unseres Temps haben wir gesehen, daß anfangs ein Aufsteigen von Luft in größere Höhen durch die Bodeninversion verhindert wurde. Bis zur Höhe dieser Bodeninversion konnte leicht erwärmte Luft jedoch bereits gelangen. Wir wissen, daß dort, wo Luft aufsteigt, in der Nähe Luft auch wieder absinken muß. Dies hat zur Folge, daß schon bald nach Einsetzen der Einstrahlung eine Durchmischung der Luftschicht bis zur Bodeninversion stattfindet. Es ist daher richtiger und genauer, zur Ermittlung von Auslösetemperatur und KKN nicht den ursprünglichen Bodentaupunkt des Temps, sondern einen Mittelwert aus den Werten zu nehmen, die vom Boden bis zur Höhe der Inversion gemessen wurden.

In unserem Beispiel	am Boden	$(T - T_d)_{500} = 5\ °C$
wurde gemessen	in Höhe der Bodeninversion	$(T - T_d)_{700} = 6{,}5\ °C$
	also Mittel	$(T - T_d)_m = 5{,}8\ °C$

Zur Ermittlung von Auslösetemperatur und KKN sollte man also nicht, wie im Beispiel eingetragen, die von 15 – 5 = 10 °C, sondern die von 15 – 5,8 = 9,2 °C ausgehende Taupunktslinie verwenden.

Wurde an und über einem Platz gemessen, der in der Nähe von Bergen und/oder größeren feuchten Gebieten liegt, so ist zu beachten, daß sich bei insgesamt einheitlicher Luftmasse deutlich unterschiedliche Bodentaupunktswerte und so auch deutlich unterschiedliche Kondensationsniveaus ergeben können.

Über sehr feuchtem Grund ist die Bodenluft feuchter, die Taupunktsdifferenz somit geringer. Die Luft muß also weniger hoch aufsteigen, um sich bis zum Taupunkt abzukühlen, die Basis liegt niedriger. Außerdem werden über solchen Gebieten Thermik und Wolkenbildung erst später einsetzen, da sich ja bekanntlich Wasser und damit auch feuchter Boden weniger schnell erwärmt als trockener Untergrund. Bevor sich der Boden richtig erwärmen kann, muß das Wasser verdunstet werden.

Umgekehrt sind die Verhältnisse über den Bergen. Dort muß keine oder nur wenig Feuchtigkeit verdunstet werden. Die Luft ist trockener, muß also bis zur

Kondensation höher aufsteigen. Die Basis liegt höher, Thermik und Wolkenbildung setzen früher ein.
Für unsere weiteren Betrachtungen bleiben wir jedoch der Einfachheit halber bei unserem Bodentaupunkt von 10 °C, der im übrigen auch der korrekte Ausgangswert zur Bestimmung des HKN ist. Bei geschlossener Bewölkung tritt ja keine Bodeninversion auf und eine eventuelle Durchmischung durch Turbulenz am Boden ist nicht von der Tageszeit abhängig.
Für das KKN haben wir bei einer Auslösetemperatur von 22 °C eine Höhe von 1900 m NN ermittelt. Ab dort folgt die nunmehr feuchte Luft einer Feuchtadiabate. Der Temp ist *flacher* als diese Feuchtadiabate, die Luft ist also feucht*labil* geschichtet, das feuchte Luftpaket steigt von selbst weiter. In ca. 2500 m NN trifft die Feuchtadiabate aber wieder auf den Temp, der in diesem Bereich eine Inversion aufweist. Die Wolke kann also nicht mehr weiter in die Höhe wachsen; sie endet in dieser Höhe.
Ob die Auslösetemperatur an einem bestimmten Tag überhaupt erreicht wird, hängt einmal davon ab, ob die Sonne ungehindert einstrahlen kann, zum anderen von der Jahreszeit, da ja in den verschiedenen Monaten sehr unterschiedliche Strahlungsmengen einfallen. Die nachstehend angegebenen Werte sind nicht die wirklichen Strahlungsmengen z. B. in cal/m², sondern nur Relativwerte, die jedoch sehr deutlich zeigen, wie sich die maximale Einstrahlungsmenge in unseren Breiten über das Jahr hinweg verändert.

Monat	Januar	Februar	März	April	Mai	Juni
max. Einstrahlung %	21	38	54	79	100	100
Monat	Juli	August	Sept.	Oktober	Novem.	Dezem.
max. Einstrahlung %	92	83	67	46	21	17

Ein Maß für die zum Erreichen der Auslösetemperatur benötigte Energie ist die in unserem Beispiel schraffierte Fläche zwischen Temp und der von der Auslösetemperatur ausgehenden Trockenadiabate. Die Bodentemperatur muß ja durch die Einstrahlung von 15 °C auf 22 °C verschoben werden. Je weiter aufgeheizt werden muß, umso mehr Energie wird benötigt, umso größer wird die schraffierte Fläche. Man nennt daher die durch sie ausgedrückte Einstrahlungsenergie naheliegend »Auslöse-Energie«.
In einem anders aufgebauten Diagrammpapier kann die schraffierte Fläche leicht ausgemessen werden. Durch Vergleich mit der maximalen Einstrahlungsmenge des vorliegenden Monats kann dann festgestellt werden, ob die Auslösetemperatur erreicht werden kann oder nicht.
In unserem Diagramm ist dies auf einfache Weise nicht durchzuführen. Glücklicherweise gibt es jedoch auf langjährigen Beobachtungen beruhende Faustregeln, nach denen abgeschätzt werden kann, wie hoch an einem Tag die voraussichtliche Maximaltemperatur sein wird. Diese Faustregel lautet:

$$T_{max} = T_{\underset{1500\ m}{850\ HPa}} + 15\ (°C)$$

Diese Regel gilt in dieser Form für das Flachland. Bei höherem Gelände ab ca. 500–600 m (z.B. Oberbayern) sind die Bodentemperaturen infolge der normalen Temperaturabnahme mit der Höhe meist etwas geringer als im Flachland; man befindet sich ja bereits etwas näher an dem Bezugsniveau 850 HPa. Es wird daher empfohlen, dort die Regel in der Form

$$T_{max} = T_{\underset{1500\ m}{850\ HPa}} + 12\ (°C)$$

zu verwenden.

In unserem Beispiel zeigt der Temp in 1500 m NN eine Temperatur von 11 °C. Verwenden wir die erste Fassung unserer Faustregel, so haben wir zu erwarten:

$$T_{max} = 11 + 15 = 26\ °C.$$

Mit der Faustregel soll eine mittlere maximale Temperatur der Bodenluft vorausgesagt werden. Da aber unsere zu Cumulus-Wolken führenden Aufwinde an Stellen des Bodens ausgelöst werden, die gegenüber der Umgebung stärker erwärmt wurden, wird auch vorgeschlagen, die Regel entsprechend zu korrigieren. Um nicht die *mittlere* Maximaltemperatur, sondern das an den örtlich stärker erwärmten Stellen wirklich auftretende Maximum zu erhalten, werden zu dem nach der Regel ermittelten Wert noch 15 % zugezählt.
Wir könnten damit erwarten:

$$T_{max\ Boden} = T_{850\ HPa} + 15 = 26 + 15\ \% = 30\ °C.$$

Welche Form der Faustregel an einem bestimmten Ort die besten Ergebnisse liefert, wird am besten dadurch festgestellt, daß man selbst über längere Zeit hinweg die nach den verschiedenen Methoden ermittelten Werte mit den dann wirklich erreichten Maximaltemperaturen vergleicht.
Die in unserem Beispiel ermittelte Auslösetemperatur von 22 °C wird also auf alle Fälle erreicht. Als Maximaltemperatur des Tages nehmen wir 26 °C an.
Was geschieht, wenn am Boden diese Maximaltemperatur von 26 °C erreicht wird? Die Luft folgt, ohne irgendwo vom Temp aufgehalten zu werden, der vom Bodenwert 26 °C ausgehenden Trockenadiabate und trifft in ca. 2500 m NN auf die vom Bodentaupunkt ausgehende Taupunktslinie. Erst dann tritt Kondensation ein. Das KKN wurde also von ursprünglich 1900 m NN auf 2500 m NN angehoben.
Bei dieser Gelegenheit können wir gleich die Genauigkeit unserer im Kapitel

»Adiabatische Vorgänge« behandelten Faustregel für die Bestimmung des KKN nachprüfen. Es war KKN = 122 $(T - T_d)_{Boden}$ (m).
In unserem Beispiel ist $T_{d\ Boden}$ = 10 °C. Bei der Auslösetemperatur T_a = 22 °C entnahmen wir aus unserem Diagramm ein KKN = 1900 m NN bzw., da unser Flugplatz in 500 m NN liegt, KKN = 1400 m GND (englisch: ground = Boden).
Nach der Faustregel ergibt sich

KKN = 122 (22 – 10) = 122 x 12 = 1464 m.

Bei der von uns angenommenen Maximaltemperatur $T_{max\ Boden}$ = 26 °C ergibt sich

KKN = 122 (26 – 10) = 122 x 16 = 1952 m.

Aus dem Diagramm hatten wir ein KKN = 2500 – 500 = 2000 m GND entnommen.
In beiden Fällen liefert unsere Faustregel also recht gute Ergebnisse. Aus ihr können wir eine weitere Faustregel ableiten, die angibt, wie das KKN mit zunehmender Bodentemperatur ansteigt.

Bei T = 22 °C erhalten wir ein	KKN = 122 x (22 – 10) = 122 x 12 m
T = 23 °C	KKN = 122 x (23 – 10) = 122 x 13 m
T = 24 °C	KKN = 122 x (24 – 10) = 122 x 14 m.

Das heißt also, daß das KKN pro°C Temperaturerhöhung am Boden um 122 m angehoben wird. Der Wert in der Klammer wird ja pro°C Temperaturerhöhung immer um 1 größer. Also

KKN = + 122 m/°C.

Nun zurück zu unserem Beispiel. In der Höhe des KKN ist die bei Erreichen der mit 26 °C angenommenen Maximaltemperatur am Boden hochgestiegene Luft deutlich wärmer als der Temp, sie steigt also nun als Wolkenluft von selbst entlang einer Feuchtadiabate weiter. Da der Temp f*l*acher ist als diese, ist die umgebende Luft in diesem Bereich feucht*l*abil geschichtet. Anschließend weist der Temp jedoch wieder eine kräftige Inversion auf, sodaß die Feuchtadiabate schon in 2650 m NN wieder auf den Temp trifft, die Wolke kann sich nach oben nicht mehr weiter ausdehnen. Sie besitzt also nur noch eine sehr geringe Höhenstreckung. Bei der Auslösetemperatur hatten wir noch eine Höhenausdehnung der Wolken von 2500 m – 1900 m = 600 m, bei der Maximaltemperatur jetzt nur noch von 2650 m – 2500 m = 150 m. Wegen der Inversion »trocknet die Wolke ab«, sie schrumpft.
Als nächstes betrachten wir das Aufsteigen unserer Bodenluft mit der Maximaltemperatur von 26 °C in einer durch den Temp II charakterisierten Luftmasse.
Temp II entspricht bis zum Beginn der Höhen-Inversion dem Temp I. Die Inversion ist jetzt jedoch wesentlich weniger ausgeprägt als bei Temp I. Der weitere Verlauf des Temp II ist dick gestrichelt eingezeichnet.
Wir erhalten bei $T_{max\ Boden}$ = 26 °C dasselbe KKN wie bei Temp I. Ab dort kann aber jetzt die Wolkenluft ungehindert weitersteigen. Temp II ist überall f*l*acher

als die Feuchtadiabate, die Luftmasse ist also bis in große Höhen feucht*labil*. Die Wolke wird immer größer, es ergibt sich eine »Überentwicklung« der Wolke, es entstehen Cumulonimben (lateinisch: nimbus = Sturmwolke, Platzregen), die, wie wir wissen, mit Schauerniederschlag und eventuell auch mit Gewittern verbunden sind.

Ein Maß für die Stärke der Labilität und damit der Gewittergefahr ist die schraffierte Fläche zwischen Feuchtadiabate und Temp oberhalb des KKN. Sie entspricht der »Labilitäts-Energie«. Je größer diese Fläche, umso größer die Labilitäts-Energie, umso intensiver die Wettererscheinung. Die Fläche wird ja umso größer, je flacher der Temp verläuft, je größer also der Temperaturgradient ist, je labiler also die umgebende Luft geschichtet ist.

In dem bereits erwähnten, anders aufgebauten Diagrammpapier kann man diese Fläche wieder einfach ausmessen und anhand von aus der Erfahrung gewonnenen Vergleichswerten die Gefahr von Schauern und Gewittern abschätzen.

Es gibt jedoch auch Erfahrungsregeln, in die lediglich Werte aus unserem Temp eingesetzt werden müssen, um die Gefahr von Überentwicklungen und Gewittern abschätzen zu können:

1. Liegt die Höheninversion (siehe »Hoch- und Tiefdruckgebiete«) in einer Höhe über 3000 m NN, ist die Höhenerstreckung der Cumulus-Wolke mindestens 1000 m und herrschen im Wolkengipfel (auf englisch: top) Temperaturen unter -10 °C, so ist mit Schauern zu rechnen.
2. Wir berechnen mit aus dem jeweiligen Temp entnommenen Werten den Ausdruck

$$G = \frac{T_{d\ 850\ \text{HPa}} + (T - T_d)_{500\ \text{HPa}}}{2}$$

   Ergibt sich ein Wert unter 0, also eine negative Zahl, dann sind Gewitter möglich. Bei Ergebnissen größer als 0, also positiven Zahlen, sind keine Gewitter zu erwarten.
3. Wir berechnen mit aus dem jeweiligen Temp entnommenen Werten den Ausdruck

$$G = \underbrace{(T_{850\ \text{HPa}} + T_{d\ 850\ \text{HPa}})}_{\text{mit Vorzeichen}} + 2 \times \underbrace{T_{500\ \text{HPa}}}_{\text{ohne Vorzeichen}}$$

   Ergibt sich für G ein Wert von 47 oder mehr, so sind Schauer zu erwarten. Ergibt sich ein Wert von 52 oder mehr, so besteht mit größer werdenden Zahlen steigende Gewitterwahrscheinlichkeit.
4. Eine durch die Praxis oft sehr gut bestätigte Wahrscheinlichkeitsformel zur Beurteilung von Wetterlagen aufgrund von aus einem Temp zu entnehmenden Werten ist folgende:

$$S = T_{850\ HPa} - T_{500\ HPa} + T_{d\ 850\ HPa} - (T - T_d)_{700\ HPa}$$

Welches Wetter den sich für S ergebenden Werten entspricht, kann aus der nachstehenden Tabelle entnommen werden.

S	Zu erwartendes Wetter	durchschn. Met. Steigen (m/sec)
−10	Kaum nutzbare Thermik	< 1
−10–+5	Blauthermik oder 1/8 Cu, geringe Cu unter Abschirmung	1,5–2,5
5–10	Zunehmende Konvektion, meist 1/8 bis 3/8 Cu	2,5–3,5
10–15	1/8 bis 3/8 Cu mit einzelnen stärkeren Quellungen durchsetzt	2,5–4,0
15–20	stärker werdende Konvektion, örtlich Schauer, Gewitterwahrscheinlichkeit 20 %	bis 4,5
20–25	Gewitterwahrscheinlichkeit 20–40 %, starke Überentwicklungen	> 4
25	Generell Überentwicklungen	
25–30	Gewitterwahrscheinlichkeit 40–60 %	örtlich bis 15
30–35	Gewitterwahrscheinlichkeit 60–80 %	örtlich bis 20
35	Gewitterwahrscheinlichkeit über 80 %	örtlich bis > 20

»Meteorologisches Steigen« bedeutet die wirkliche Aufwärtsgeschwindigkeit in einem Aufwindfeld. Ein Segelflugzeug steigt darin natürlich mit einer geringeren Aufwärtsgeschwindigkeit, weil es ja gegenüber der Luft laufend sinkt.

Für die Anwendung aller hier aufgeführten Regeln sei nochmals an den Zusammenhang zwischen Luftdruck und Höhe erinnert. Es ist

850 HPa = ca. 1500 m NN
700 HPa = ca. 3000 m NN
500 HPa = ca. 5500 m NN.

Die Meteorologen verfügen noch über eine ganze Reihe weiterer Wahrscheinlichkeitsregeln, auf die wir aber hier nicht weiter eingehen wollen. Sie zu verstehen, bietet aber genauso wenig Schwierigkeiten wie das Verstehen der hier aufgeführten Regeln. Es handelt sich in allen Fällen nicht um Formeln, die auf komplizierte Weise aus mathematischen oder physikalischen Theorien abgeleitet werden, sondern um aus der Erfahrung abgeleitete Näherungsregeln. Wir haben in alle derartige Formeln lediglich die aus dem Temp entnommenen Temperatur- oder Taupunktswerte einzusetzen.

Nun aber noch zu unserer Feuchtekurve, die den Verlauf der Taupunktsdifferenzen, des spread, in der ruhenden, umgebenden Luft zeigt.
Wir erkennen, daß der spread vom Boden aus zunächst größer wird. Ein solches Maximum der Relativen Feuchte in Bodennähe ist leicht zu verstehen, da ja der Wasserdampf vom Boden aus in die Atmosphäre gelangt.
Daß wir zur Berechnung des KKN (also bei Thermik-Wetterlagen) am besten einen mittleren Taupunktswert im Bereich der Bodeninversion bilden, wurde bereits erwähnt.
Wichtig am Verlauf der Kurve A ist, daß der spread im wärmsten Bereich der Höheninversion, also an ihrem Scheitel, auf wenige°C zurückgeht. Die Relative Feuchte ist also dort wesentlich höher als in den darunter liegenden Schichten. In einem solchen Fall besteht die Gefahr, daß sich die vor Erreichen der Maximaltemperatur in der durch Temp I charakterisierten Luftmasse gebildeten Cumulus-Wolken an der Inversion ausbreiten. Da laufend feuchte Luft von unten nach oben transportiert wird und an der Inversion eine Verringerung der Aufwärtsgeschwindigkeiten eintritt, kann hier ein Austausch zwischen Wolkenluft und Umgebung eintreten, es kommt unter Umständen zu ausgedehnten Kondensationsvorgängen. Dadurch wird die Einstrahlung gestört, die Aufwinde lassen nach.

Also: Die Taupunktsdifferenz in der ruhenden, umgebenden Luft muß im wärmsten Bereich einer Höhen-Inversion größer als 3 °C sein, damit keine Ausbreitung der Cumulus-Wolken eintritt.

Feuchtekurve B zeigt einen umgekehrten Verlauf. Hier ist oberhalb der Inversion eine starke Abtrocknung zu erkennen. Der spread wird sehr groß, die Relative Feuchte sehr gering.
Durch eine solche, sehr trockene Luftschicht können Wolken selbst bei feuchtlabiler Schichtung »aufgefressen« werden. Die sehr trockene Luft am Wolkenrand nimmt die Wolkentröpfchen als Wasserdampf auf (siehe hierzu die im Kapitel »Der Wasserdampf in der Atmosphäre« behandelten Vorgänge), die Wolke wird kleiner und kann schließlich völlig aufgefressen werden.
Die weitere Entwicklung von Cumulus-Wolken kann also nicht nur durch Inversionen, sondern auch durch sehr trockene Luftschichten verhindert werden.
Zum Schluß noch einige Erfahrungswerte, mit deren Hilfe sich ein Segelflieger anhand von aus dem Temp zu entnehmenden Daten eine Vorstellung von den zu erwartenden thermischen Verhältnissen machen kann.

Beginn der Thermik

Der Boden wird bei ungehinderter Einstrahlung *vor Beginn des Austausches*, also bevor Luft aus dem über dem sich erwärmenden Boden zunächst gebildeten Warmluftpolster aufsteigt und so in der Umgebung auch wieder kühlere Luft absteigt,

um 2–3 °C/Stunde, *danach* um 1–2 °C/Stunde
erwärmt. Im Hochsommer können die Werte unter Umständen etwas höher liegen. Pro Tag Hochdruck-Wetterlage beginnt die Thermik ca. 1 Stunde später.
Wenn am Vortag kräftiger Niederschlag von einigen Litern/m² gefallen ist, setzt die Erwärmung mindestens 1–2 Stunden später ein. Bevor durch die Einstrahlung der Boden und die Bodenluft erwärmt werden können, muß erst das Wasser verdampft werden. Betrug der Niederschlag am Vortag mehr als 5 Liter/m², so ist überhaupt keine verwertbare Thermik zu erwarten.

Zu erwartendes mittleres Steigen

Bei Blauthermik, also ohne Cumuli	1 m/sec pro 1000 m entspr. Temp+)
unter Cumuli, Wetterlage *ohne* Kaltluftzufuhr++)	1,25 m/sec pro 1000 m Basishöhe+++)
unter Cumuli, Wetterlage *mit* Kaltluftzufuhr	1,5 m/sec pro 1000 m Basishöhe+++)
bei Bildung von Wolkenstraßen	2 m/sec pro 1000 m Basishöhe+++)

+) Aus dem Temp können wir ja entnehmen, wie hoch die Luft aufsteigen kann.
++) Wir haben gesehen, daß bei Kaltluftzufuhr Labilisierung, bei Warmluftzufuhr Stabilisierung eintritt.
+++) Da, wie wir gesehen haben, die Basis mit zunehmender Erwärmung ansteigt, ist mit der *mittleren* Höhe der Basis zu rechnen, die während der Dauer eines geplanten Fluges zu erwarten ist.

Ende der verwertbaren Thermik

Bei Blauthermik im Flachland+)	1–2 Stunden nach Erreichen von T_{max}
Gleichbleibende Luftmasse (ohne Advektion)	2,5–3 Stunden vor Sonnenuntergang
Bei Warmluft-Advektion	3,5–4 Stunden vor Sonnenuntergang
Bei Kaltluft-Advektion	1–2 Stunden vor Sonnenuntergang

+) Wenn Cumuli vorhanden sind, wird die Thermik durch die Trägheit der konvektiven Zirkulation (lateinisch: circulus = Kreis), also des Kreislaufs aus Auf- und Abwinden, länger aufrechterhalten.

Wir haben gesehen, daß der Temp ein ganz wesentliches Hilfsmittel zur Beurteilung von Wetterlagen und der sich aus ihnen ergebenden Möglichkeiten bzw. Gefahren darstellt. Er sollte daher auch besonders von unseren Segelfliegern mehr bei ihrer Flugvorbereitung benutzt werden.
Wie schon erwähnt, genügen einfache Hilfsmittel, um am Morgen am eigenen Fluggelände einen Temp zu erfliegen, aus dem dann zumindest Informationen über Thermikbeginn, Auslösetemperatur und KKN entnommen werden können.
Man kann sich natürlich auch die Tempwerte von einer in der Nähe befindlichen Wetterwarte telefonisch durchgeben lassen und sie dann in ein eigenes

Diagrammblatt eintragen und anschließend auswerten. Auf diese Weise lassen sich auf alle Fälle auch Informationen über die Verhältnisse in größeren Höhen gewinnen, die zur Beurteilung der Gefahr von Überentwicklungen, der Möglichkeit des Abtrocknens von Wolken etc. benötigt werden. Ein eigener Aufstieg in größere Höhen würde wohl meist zu teuer werden. Da die Meteorologen auch noch anderes zu tun haben, sollte eine solche Übermittlung von Werten bezüglich des günstigsten Zeitpunktes vorher abgesprochen werden.

Zur Übung ist es auch empfehlenswert, sich für die Tage, an denen man selbst oder auch Kameraden größere Flüge ausführen konnten, nachträglich von der Wetterwarte die Temps zu besorgen, sie dann auszuwerten und die Ergebnisse mit den an diesen Tagen gewonnenen praktischen Erfahrungen zu vergleichen.

Zum Gesamtverständnis der bei der Besprechung des Temps hauptsächlich behandelten Thermik-Wetterlagen ist es natürlich notwendig, auch noch Kenntnisse über die Entstehung der Thermik am Boden, den Aufbau der bei verschiedenen Schichtungsgradienten entstehenden Wolken und der mit ihnen zusammenhängenden konvektiven Strömungen, der Bedingungen für die Entstehung von Wolkenstraßen, der Vorgänge bei der Bildung von Gewittern usw. zu besitzen. Außerdem gibt es eine ganze Reihe von Büchern, in denen noch weitere Einzelheiten besprochen werden, die für die Beurteilung von Wetterlagen anhand eines Temps wichtig oder interessant sind. Ich habe hier bewußt darauf verzichtet, zu sehr ins Detail zu gehen, sondern wollte nur Grundlagen behandeln. Diese reichen aber mit Sicherheit dazu aus, hier nicht besprochene Vorgänge und den in der einschlägigen Literatur behandelten Stoff ohne große Schwierigkeiten zu verstehen. Und dies sollte ja erreicht werden.

Weitere sehr wichtige Unterlagen für die Beurteilung einer Wetterlage und ihrer weiteren Entwicklung sind die Wetterkarten. Einige der Grundlagen, die wir benötigen, um sie richtig interpretieren und die zu diesem Thema verfügbare Literatur richtig verstehen zu können, sollen in den nächsten Kapiteln behandelt werden.

Isobaren und Isohypsen

Über die Entstehung horizontaler Druckunterschiede und der sich dabei bildenden Hoch- und Tiefdruckgebiete werden wir uns, wie schon erwähnt, erst bei der Behandlung des großräumigen Wettergeschehens unterhalten. Wir wollen uns jedoch schon jetzt mit einigen Hilfsmitteln beschäftigen, die man zur Darstellung solcher horizontalen Druckunterschiede, von Gebieten mit relativ hohem und solchen mit relativ niedrigem Druck, in den sogenannten »Wetterkarten« benötigt.
Wir nehmen an, daß zu einem bestimmten Zeitpunkt an verschiedenen Orten der Erdoberfläche der dort herrschende Luftdruck, das »QFE«, gemessen wird. In unserem Schnittbild ist die Lage von fünf derartigen Meß-Stationen dargestellt.

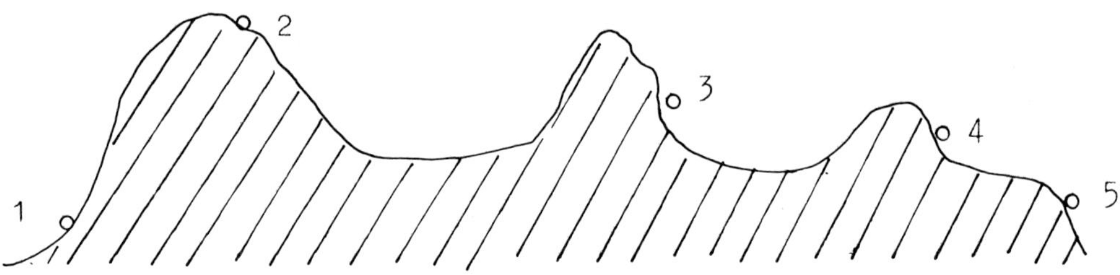

Wie wir im Kapitel »Der Luftdruck« gesehen haben, nimmt der Luftdruck mit der Höhe ab. Wenn also z.B. die höher gelegene Station 2 einen geringeren Druck mißt als z.B. Station 5, so bedeutet dies nicht unbedingt, daß in der Atmosphäre *über* der Station ein geringerer Luftdruck herrscht als in demselben Niveau über Station 5. Wenn in einem bestimmten Niveau über allen Stationen derselbe Luftdruck herrschen würde, würde die höher gelegene Station 2 ja schon wegen der Druckabnahme mit der Höhe einen geringeren Druck messen als die übrigen Stationen. Zur Feststellung der Lage von Hoch- und Tiefdruckgebieten ist also das QFE nicht geeignet.
Zu ihrer Bestimmung muß eine Methode gefunden werden, die unabhängig von der Höhe der Meß-Station Werte ergibt, wie sie gemessen würden, wenn sich alle Stationen auf derselben Höhe befänden.
Dies erreicht man dadurch, daß man die gemessenen Werte auf eine Bezugs-

ebene umrechnet. Als solche bietet sich die Oberfläche der großen Weltmeere an, die sich wegen der freien Verschiebbarkeit der Wassermoleküle unter dem Einfluß der Anziehungskraft der Erde überall auf der ganzen Erde auf dasselbe Niveau einstellt. Dies gilt natürlich nur, wenn wir die örtlichen Einflüsse wie z. B. starken Wind, die von der Anziehungskraft des Mondes verursachten Gezeiten usw., vernachlässigen. Als Bezugsebene wird daher ein mittleres Meeresniveau, auf englisch »mean sea level« oder abgekürzt »MSL« festgelegt.

Warum sich die Meeresoberfläche unter diesen Bedingungen überall auf dasselbe Niveau einstellt, kann leicht anhand sogenannter »kommunizierender Röhren« (lateinisch: communicare = vereinigen) erklärt werden.

Sobald in einer der beiden Röhren die Flüssigkeit höher steht als in der anderen, hat die Flüssigkeitssäule in dieser Röhre ein höheres Gewicht, übt also an der Verbindungsstelle beider Röhren einen höheren Druck aus als die in der anderen Röhre befindliche. Diese wird also hochgedrückt, bis auf beiden Seiten wieder gleich hohe Flüssigkeitssäulen und damit gleiche Drucke vorhanden sind.

Bestimmend für diesen Effekt ist die senkrecht zum Erdboden wirkende Anziehungskraft der Erde. Stellt man die Röhren nicht senkrecht zum Erdboden, sondern schräg auf, so ergibt sich folgendes Bild:

Der Flüssigkeitsspiegel stellt sich jetzt nicht so ein, daß beide Röhren gleich weit gefüllt sind, sondern so, daß er in beiden Röhren den gleichen senkrechten Abstand zum Erdboden besitzt. Dann wirken an der Verbindungsstelle von beiden Seiten gleich hohe Wassersäulen, also wieder gleiche Drucke.

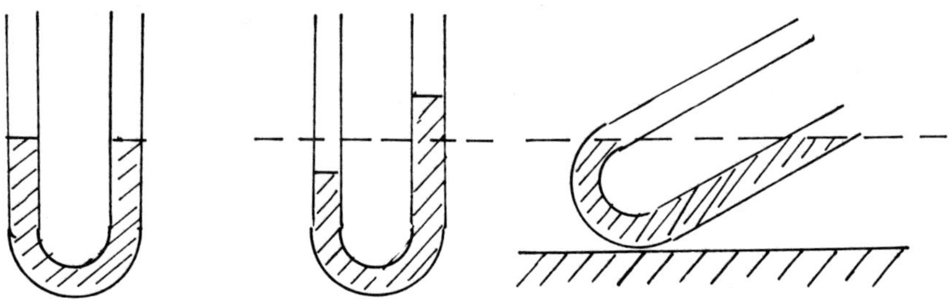

Eine Flüssigkeitsoberfläche stellt sich also, wenn außer der Erdanziehung keine anderen Kräfte auf sie wirken, immer waagrecht ein und hat dabei überall dasselbe Niveau. Sie ist daher eine für viele Zwecke sehr gut geeignete Bezugsfläche. Ihre Höhe bezeichnen wir als »Normal Null« (lateinisch: norma = Richtschnur), abgekürzt NN oder, wie schon erwähnt, als mean sea level, abgekürzt MSL. Auf sie bezogene Höhen erhalten einen entsprechenden Zusatz, also z. B. 0 m NN oder 0 ft MSL.

Auf dieses Bezugsniveau werden nun die von den in verschiedenen Höhen

liegenden Stationen gemessenen Drucke anhand des bekannten Zusammenhanges zwischen Druck und Höhe umgerechnet.
Aus der Bordgerätekunde wissen wir, daß zur Einstellung eines Höhenmessers auf das Bezugsniveau 0 m NN das sogenannte »QNH« verwendet wird. Dieser Wert ergibt sich dadurch, daß das an einem Flugplatz gemessene QFE anhand der ICAO-Normalatmosphäre auf 0 m NN umgerechnet wird. Es wird dabei für die Meß-Station, unabhängig von der wirklich herrschenden Temperatur, der Temperaturwert angenommen, der nach ICAO der Höhe der Station entspricht. Zur Eichung und Einstellung normierter Geräte müssen natürlich auch Normwerte verwendet werden. Die Geräte müßten sonst sehr viel komplizierter aufgebaut sein und auch die Festlegung genormter Höhen für die Luftfahrt wäre wesentlich schwieriger.
Bei meteorologischen Messungen werden jedoch in allen Höhen die wirklichen Druck- und Temperaturwerte ermittelt, die für die Beurteilung von Wetterlagen ja auch notwendig sind. Für die Umrechnung des QFE auf 0 m NN wird daher auch nicht eine normierte, sondern die an der Station wirklich gemessene Lufttemperatur verwendet. Der sich so ergebende, auf NN bezogene Druckwert heißt »QFF«.
Die Lage der Meß-Stationen wird nun in eine normale, uns ja gut bekannte topographische Karte (griechisch: topos = Ort, graphe = Zeichnung) eingezeichnet. Um die unterschiedlichen Höhen von Meß-Stationen darzustellen, haben wir bisher einen Gebirgs*schnitt* verwendet. Unsere Stationen 1 bis 5 liegen also, was in Wirklichkeit wohl kaum vorkommen wird, alle auf einer geraden Verbindungslinie. Um die Druckgebilde am Boden aber richtig darstellen zu können, müssen wir natürlich nicht nur auf einer geraden Linie, sondern über große Flächen hinweg messen. Wir führen daher noch weitere Meß-Stationen 6–15 ein, die unregelmäßig in der Gegend verteilt sind. Auch für sie wird auf die beschriebene Weise das jeweilige QFF berechnet. Um beim Zeichnen einer Wetterkarte die einzelnen Stationen nicht immer wieder von neuem aufsuchen und markieren zu müssen, sind die wichtigsten Stationen mit entsprechenden Kennungen natürlich bereits in die Karten eingedruckt.
Neben den Ortsmarkierungen werden nun die jeweiligen QFF-Werte eingetragen.
Wir erkennen, daß für verschiedene Orte dasselbe QFF, derselbe auf 0 m NN umgerechnete Luftdruck, ermittelt wurde. Alle Orte mit gleichem QFF werden nun mit einer Linie verbunden, wozu allerdings oft etwas Erfahrung und Phantasie notwendig sind. Die so gewonnenen Linien heißen »Linien gleichen (Boden-) Luftdrucks« oder »Isobaren« (griechisch: isos = gleich, baros = Gewicht, Druck). Unsere Karte zeigt jetzt die Druckverhältnisse am Boden und heißt daher »Boden-Wetterkarte«. In der meteorologischen Praxis werden in sie die Isobaren jeweils von 5 zu 5 HPa eingetragen. Da an den Stationen die QFF-Werte jedoch in Zehntel HPa eingetragen werden, können zur Fein-

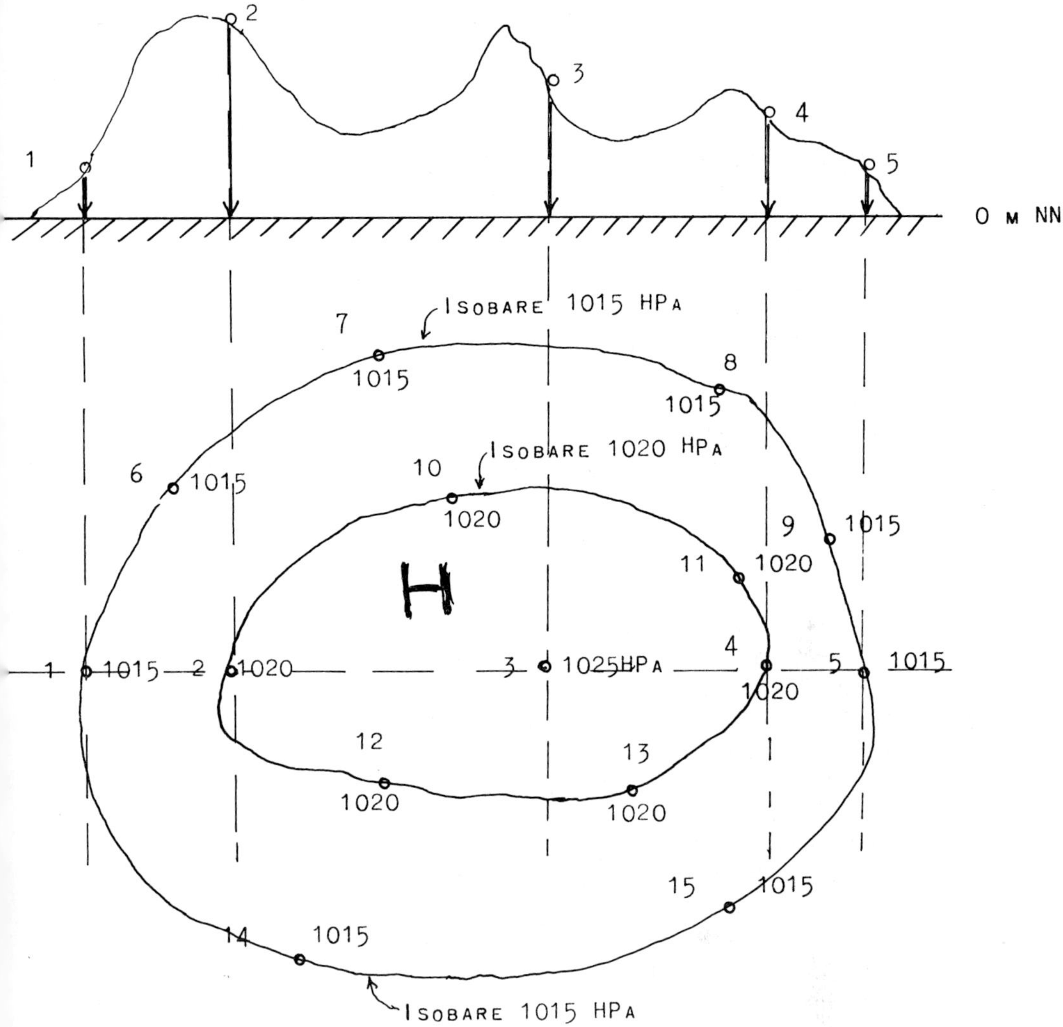

Analyse (griechisch: analysis = Auflösung) auch Isobaren mit geringerem Abstand gezeichnet werden.

Wir sehen, daß in unserem Beispiel der Druck von außen nach innen zunimmt und daß in der Mitte für eine einzige Station (Station 3) der höchste Wert ermittelt wurde. Es wird also ein Hochdruckgebiet dargestellt, das allgemein mit einem großen H (auch englisch H = high = Hoch) bezeichnet wird.

Befindet sich ein Punkt mit dem tiefsten Druck in der Mitte und nimmt der Druck nach außen immer weiter zu, wird ein Tiefdruckgebiet dargestellt, das mit einem großen T oder L (englisch: L = low = niedrig) bezeichnet wird.

Es ist leicht zu erkennen, daß das Druckgefälle, der Druckunterschied zwischen zwei Punkten auf der Erdoberfläche und damit auch die Ausgleichsströmung (Gase sind ja frei beweglich und müssen so Druckunterschiede ausgleichen), d. h. also die Geschwindigkeit des Windes, umso größer wird, je kleiner der Abstand der Isobaren ist. Als Beispiel kann ein Berg oder eine

Senke im Gelände dienen (siehe Abbildung unten):
Wir legen durch einen relativ steilen Berg in bestimmten Höhenabständen horizontale Flächen und projizieren (lateinisch: proicere = hinwerfen) deren Schnittlinien mit dem Berg auf unsere topographische Karte, wo sie als »Linien gleicher Höhe« oder »Isohypsen« (griechisch: isos = gleich, hypsos = Höhe) abgebildet werden. Diese zeigen die Lage aller Punkte, die dieselbe Höhe über einer Bezugsfläche besitzen.
Zeichnen wir jetzt auf dieselbe Weise einen flachen Berg, so sehen wir, daß die Isohypsen sehr viel weiter auseinander liegen. Das Gefälle ist geringer. Ein Ball z.B. würde Berg 2 viel langsamer hinabrollen als Berg 1.

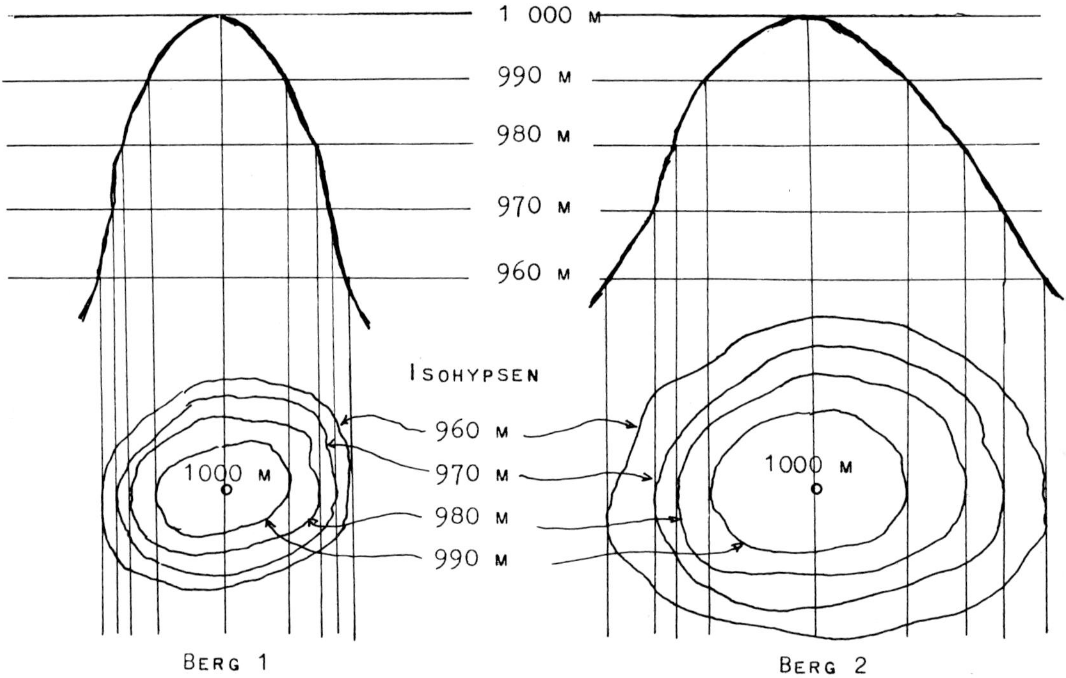

In der Bodenkarte sind oft deutlich die Einflüsse der Gestalt des Bodens (z.B. der Alpen) auf die Luftdruckverteilung zu erkennen. Durch solche Bodeneinflüsse wird jedoch auch das Bild der in der Höhe herrschenden großräumigen Druckverteilung verfälscht und schließlich ergeben sich auch noch aus anderen, noch zu besprechenden Gründen deutliche Unterschiede zwischen den Druckverhältnissen am Boden und denen in der Höhe. Da außerdem die Steuerung der Druckgebilde und der sich aus ihrer Verlagerung ergebenden Wettererscheinungen nicht durch die Druckverteilung am Boden, sondern durch die Vorgänge in größerer Höhe erfolgt, benötigt man zur Beurteilung von Wetterlagen nicht nur Bodenkarten, sondern auch »Höhenkarten«.

Um die zur Zeichnung solcher Karten benötigten Daten zu ermitteln, könnte man nun mit Hilfe der schon bei der Besprechung des Temps erwähnten Radiosonden feststellen, welcher Luftdruck jeweils in ganz bestimmten Höhen über den verschiedenen Meß-Stationen herrscht. Die Punkte könnten dann in eine Höhenkarte eingetragen, die Punkte mit gleichem Luftdruck wieder durch Isobaren verbunden werden.
Man wählt jedoch für die Höhenkarten eine andere Darstellungsweise, die eine wesentlich einfachere Ermittlung der benötigten Daten erlaubt und die mehr den wirklichen Gegebenheiten, dem *räumlichen* Aufbau der Druckgebilde entspricht. Ein Gebiet hohen Drucks können wir uns ja wie einen Berg, ein Gebiet tiefen Drucks wie eine Senke in der »Druck-Landschaft« der Atmosphäre vorstellen. Die Konturen und die Ausdehnung dieser Berge und Senken werden dabei durch sogenannte »Druckflächen« dargestellt, die alle Punkte mit gleichem Luftdruck verbinden. Zur besseren Anschaulichkeit sind die Druckflächen in den folgenden Abbildungen stark überhöht dargestellt. In Wirklichkeit verlaufen sie wesentlich flacher.

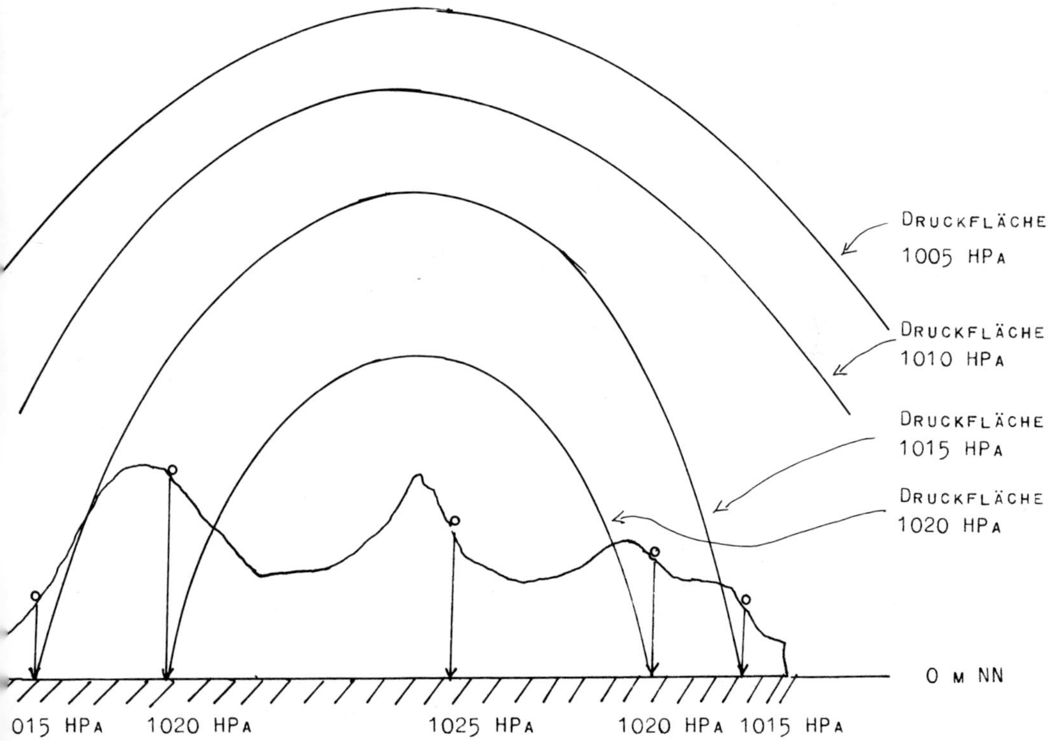

Wir haben eben gehört, daß es sich bei den Druckgebilden der Atmosphäre um *räumliche* Erscheinungen handelt. Im letzten Bild haben wir aber nur einen

Schnitt durch unsere Druckflächen gezeigt. Eine vollständige, räumliche Darstellung wird im nächsten Bild versucht.
Die einzelnen Druckflächen folgen aufeinander wie die einzelnen Schalen einer Zwiebel.

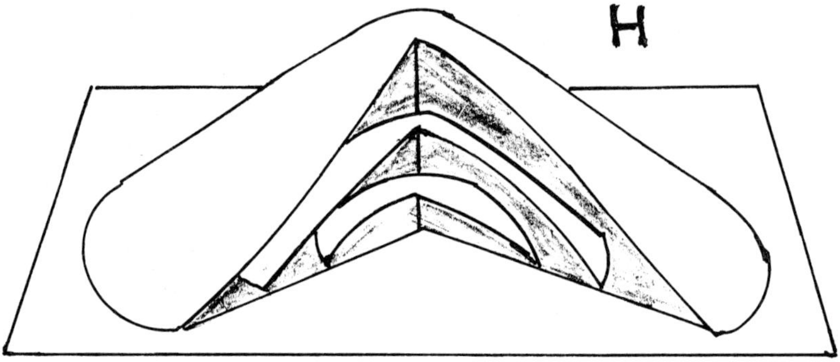

Wie kann nun ein solcher räumlicher »Druckberg« (oder eine »Druck-Senke«) in einer Höhenkarte dargestellt werden?
Wir erinnern uns an das Beispiel, das wir bei der Erklärung des Druckgefälles in der Bodenkarte betrachtet haben. Dort haben wir kurz skizziert, wie ein Berg in einer topographischen Karte dargestellt wird. Durch den Berg wurden in bestimmten Höhenabständen parallele Flächen gelegt. Danach wurden die Schnittlinien dieser Flächen mit der Bergkontur auf eine horizontale Fläche projiziert, auf der sich dann Linien ergaben, die die Lage aller Punkte mit derselben Höhe über einer Bezugsfläche angeben.
Diese Linien gleicher Höhen heißen, wie wir auch schon erwähnt haben, Isohypsen.
Eine ähnliche Methode verwenden wir nun auch für die Darstellung der Druckverhältnisse in unseren Höhenwetterkarten. Allerdings stellen wir dabei nicht wie in einer topographischen Geländekarte nur die Oberfläche des Berges in einer einzigen Karte dar. Es wird jeweils nur der Verlauf *einer* der »Zwiebelschalen« der Druckberge bzw. -Senken wiedergegeben. Jede der Druckflächen, also jede der Zwiebelschalen, wird als ein besonderer Berg bzw. als eine besondere Senke betrachtet und in einer Karte dargestellt. Anders als beim Berg, bei dem wir normalerweise nur die Oberfläche begehen können, bewegen wir uns ja als Piloten auch im »Innern« der Druckberge und Drucksenken.
Wir zeichnen in unsere Karte also ein, an welchen Orten sich *eine bestimmte* Druckfläche jeweils in gleicher Höhe über einer Bezugsfläche befindet.
Die Linien, durch die dann alle Punkte verbunden werden, an denen die Druckfläche auf gleicher Höhe liegt, sind auch hier »Linien gleicher Höhe«, heißen also auch hier »Isohypsen«. Wegen der Ähnlichkeit der Darstellung mit

den topographischen Karten werden die auf die beschriebene Weise gezeichneten Höhenkarten auch als »Absolute Topographie« der jeweiligen Druckfläche bezeichnet.
In einem späteren Kapitel werden wir im Gegensatz zu solchen »Absoluten Topographien« auch noch eine »Relative Topographie« kennenlernen, aus der Informationen über die Temperaturen der unser Wetter bestimmenden Luftmassen entnommen werden können.
Im auf der nächsten Seite folgenden Beispiel soll die »Absolute Topographie der 500 HPa-Fläche« bzw. die »Höhenkarte 500 HPa« dargestellt werden.
Das dargestellte Druckgebilde ist natürlich ein Gebiet hohen Druckes.
Über Station 3 wurde mit 5680 m NN die größte Höhe für die Druckfläche 500 HPa gemessen. Über den anderen Stationen liegt sie in geringerer Höhe, über Station 1 und 5 z. B. in 5520 m NN. Da, wie wir wissen, der Druck mit geringer werdender Höhe zunimmt, muß somit über Station 3 in 5520 m NN ein höherer Druck herrschen als über den anderen Stationen.
Über Station 3 liegt also in dieser Höhe das Zentrum eines Gebietes hohen Druckes.
In der Fachliteratur werden nun allerdings häufig die Höhenlagen der Isohypsen nicht in m NN, sondern in sogenannten »geodynamischen Metern« (griechisch: ge = Erde, dynamis = Kraft), kurz »gdm«, angegeben.
Bei den theoretischen Überlegungen, die zu der uns dem Namen nach schon bekannten Barometrischen Höhenformel führen, ergibt sich, daß es für solche Überlegungen am einfachsten ist, eine Höhe durch die Arbeit zu messen, die benötigt wird, um eine bestimmte Luftmasse auf diese Höhe zu heben. Zum Hochheben von Luft muß, wie wir wissen, Arbeit geleistet werden. Nach dem Gesetz von der Erhaltung der Energie ist die dafür aufgewendete Energie nicht verloren. Sie ist latent, also verborgen, als sogenannte »Potentielle Energie« (lateinisch: potens = fähig, nämlich fähig, etwas zu tun) in der hochgehobenen Luftmasse vorhanden, so wie z. B. auch ein hochgehobenes Uhrengewicht potentielle Energie besitzt, die man dann zum Antrieb der Uhr verwenden kann.
Ein in einer bestimmten Höhe befindliches Luftpaket hat also gegenüber unserer Bezugsebene 0 m NN ein »Geopotential«. Das gdm, das deshalb auch »geopotentielles Meter« (gpm) genannt wird, ist nun nichts anderes als ein Maß für die Arbeit, die geleistet werden muß, um eine bestimmte Luftmasse so hoch zu heben, daß ein bestimmtes Geopotential erreicht wird. Bei den Meteorologen hat sich dann aus Gründen, die man nur verstehen kann, wenn man sich ausführlicher mit den theoretischen Grundlagen beschäftigt, die praktische Gepflogenheit ergeben, diese eigentlich für eine Arbeit geltende Maßeinheit als Maßeinheit für die Höhe zu benutzen.
Zum Glück braucht uns das alles aber nicht weiter zu interessieren, da die sich in gdm oder gpm ergebenden Zahlenwerte annähernd mit den von uns verwendeten Angaben in »normalen« Metern übereinstimmen. Sollten Sie

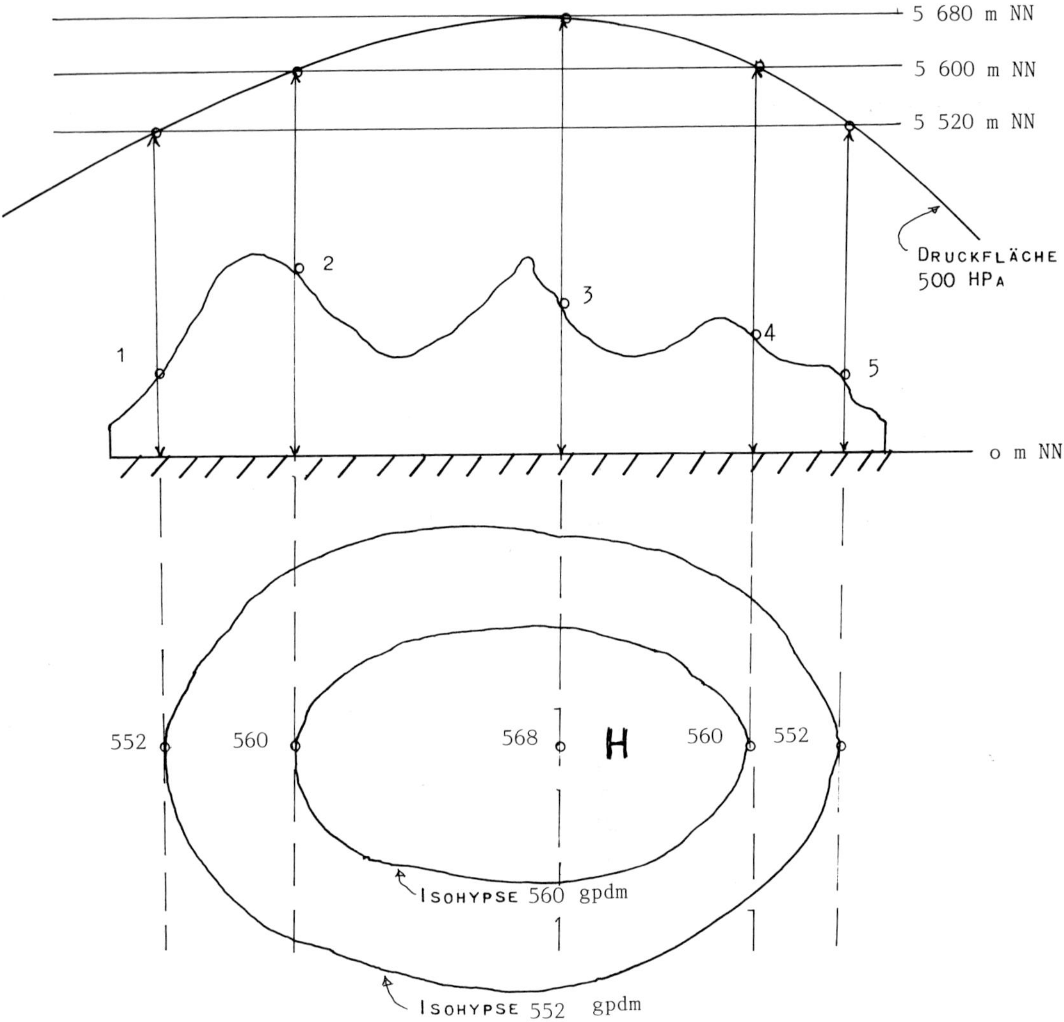

also in einem Buch die Bezeichnung gdm oder gpm lesen, so können Sie diese ruhig durch unsere vertrauten Meter ersetzen. Die für uns wichtigen Dinge können Sie dann trotzdem verstehen.
In den Höhenkarten werden die Höhenlagen der Isohypsen in »geopotentiellen Dekametern« gpdm (griechisch: deka = zehn) angegeben.

Die Bezeichnung 144 bedeutet also Isohypse 1440 gpm oder für uns m NN,
die Bezeichnung 552 Isohypse 5520 gpm oder für uns m NN.

Höhenkarten werden für eine ganze Reihe von international festgelegten Druckflächen, die sogenannten »Hauptdruckflächen«

850 700 500 400 300 200 100 HPa gezeichnet.

Diese Hauptdruckflächen entsprechen etwa folgenden mittleren Höhen:

Hauptdruckfläche	(HPa)	850	700	500	400	300	200	100
mittlere Höhe	(mNN)	1500	3000	5500	7200	9000	12000	16000

Die Karten sind zum Teil unterschiedlich, aber doch leicht verständlich aufgebaut und enthalten außer den Angaben über die Höhen der Druckfläche Informationen über Windrichtung, Windgeschwindigkeit, Temperatur und Taupunkt in dem jeweiligen Druckniveau.
Für uns als Sportflieger sind fast immer die Informationen aus den ersten drei dieser Karten, also denen für die Druckflächen 850, 700 und 500 HPa, ausreichend. Besonders wichtig ist dabei die 500 HPa-Karte, weil aus ihr z. B. wertvolle Informationen über Zugrichtung und Zuggeschwindigkeit von Tiefdruckgebieten oder auch über die Struktur und damit Stabilität von Hochdruckgebieten gewonnen werden können. Lediglich für die Beurteilung von Wellen-Wetterlagen für den Segelflug benötigen wir auch die für höhere Druckniveaus gezeichneten Karten.
Zum Schluß nochmals zurück zu unserer »Zwiebel«, der räumlichen Darstellung der Druckflächen, die im nachfolgenden Bild, der Anschaulichkeit wegen stark übertrieben, stark überhöht dargestellt sind.

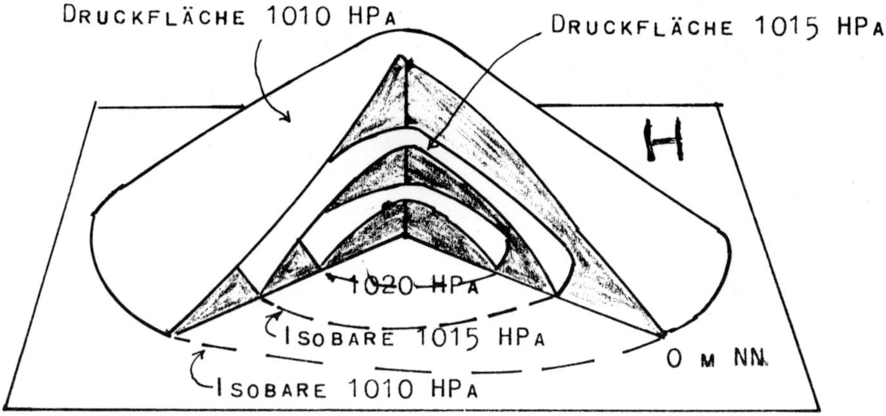

Die Linie, in der z. B. die Druckfläche 1010 HPa die als rechteckige Fläche dargestellte 0 m NN-Fläche schneidet, verbindet alle Punkte, bei denen der Luftdruck 1010 HPa in einer Höhe von 0 m NN vorhanden ist. Sie ist also für diesen Luftdruck die Isohypse 0 m NN.
Wenn wir uns nun an die früher beschriebene Konstruktion der Isobaren in der Boden-Wetterkarte erinnern (Umrechnung des an den verschiedenen Stationen gemessenen Luftdrucks auf 0 m NN), erkennen wir leicht, daß die Isobaren nichts anderes sind als die 0 m NN-Isohypsen der unteren Druckflächen, die Schnittlinien dieser gewölbten Druckflächen mit dem 0 m NN-Niveau. Die höheren Druckflächen schneiden natürlich das 0 m NN-Niveau nicht mehr, da

am Boden so geringe Luftdrücke nicht auftreten. Sie bilden ein aus einzelnen Schichten bestehendes »Pilzdach« über unserer »Zwiebel«.

Zum Unterschied zu den Höhenkarten, die verschiedene Höhen für einen bestimmten Luftdruck angeben, werden in der Bodenkarte die verschiedenen Luftdrücke, die in einer ganz bestimmten Höhe, nämlich 0 m NN herrschen, angegeben. Während die Höhenkarten die *räumlichen* Verhältnisse angeben, zeigt uns die Bodenkarte die Verhältnisse auf einer *Fläche*, nämlich auf der in Höhe des mittleren Meeresspiegels gedachten Erdoberfläche.

Windrichtung und Windgeschwindigkeit

Bei der Besprechung der Isobaren und Isohypsen haben wir bereits gesehen, daß dort, wo Luftdruckunterschiede bestehen, sich die Luft wegen der freien Verschiebbarkeit ihrer Gasmoleküle in Bewegung setzen muß. Ebenso haben wir dort gesehen, daß die Druckunterschiede und damit die Kräfte, die die horizontale Geschwindigkeit der Ausgleichsströmung, die Windgeschwindigkeit, bestimmen, umso größer werden, je dichter die Isobaren bzw. Isohypsen beieinanderliegen.

Kräfte kann man durch Pfeile darstellen, die dann die Richtung und durch ihre Länge die Größe der Kraft angeben. Verschiedene auf einen Körper wirkende Kräfte kann man zu einer resultierenden Kraft (lateinisch: resultare = sich aus etwas ergeben) zusammenfassen. Ebenso kann man eine auf den Körper wirkende Kraft in verschiedene »Komponenten« (lateinisch: componere = zusammensetzen) zerlegen. Dies geschieht durch das sogenannte »Parallelogramm der Kräfte« (griechisch: parallelos = nebeneinander laufend, gramme = Strich, Linie), das wir ja aus der Darstellung der Luftkräfte in der Aerodynamik kennen.

Auf einen mit einem Gas leichter als Luft gefüllten Ballon wirkt ein nach oben gerichteter Auftrieb A. Aufgrund des von links kommenden Windes wirkt auf den Ballon eine weitere, nach rechts gerichtete Kraft W. Faßt man beide Kräfte zusammen, so ergibt sich die resultierende Kraft R, unter deren Einfluß sich der Ballon nach rechts oben bewegt.

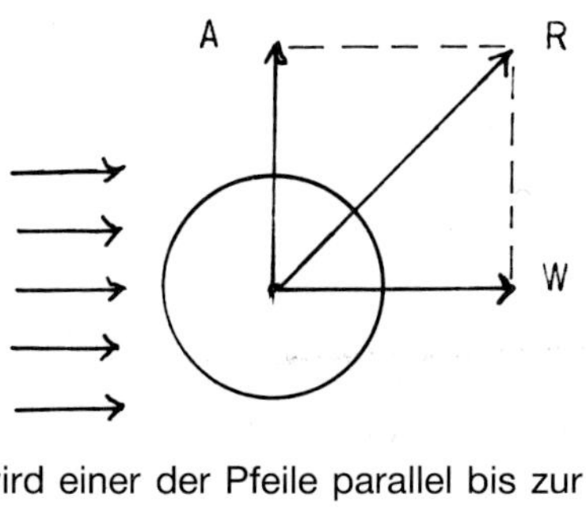

Um R zu ermitteln, wird einer der Pfeile parallel bis zur Spitze des anderen

verschoben. Die Verbindungslinie vom Angriffspunkt der Kräfte (dem Schwerpunkt des Körpers) zum Ende des verschobenen Pfeiles ist dann die resultierende Kraft R.
Als Beispiel für die Zerlegung von Kräften in einzelne Komponenten können wir den bereits erwähnten, einen Berg hinabrollenden Ball benutzen.
Wenn wir die Reibung zwischen Boden und Ball unberücksichtigt lassen, so wirkt auf den Ball nur sein Gewicht senkrecht nach unten. Zerlegen wir nun diese Gewichtskraft in eine in Richtung der Neigung der Unterlage, also nach vorne wirkende Kraft V und eine senkrecht dazu wirkende Kraft S, so sehen wir, daß die Kraft V beim steileren Berg sehr viel größer ist als beim flachen. Die Kraft V wirkt in Bewegungsrichtung des Balls, ist also natürlich für die Geschwindigkeit des Rollens verantwortlich. Der Ball rollt also den steilen Berg schneller hinab als den flacheren.

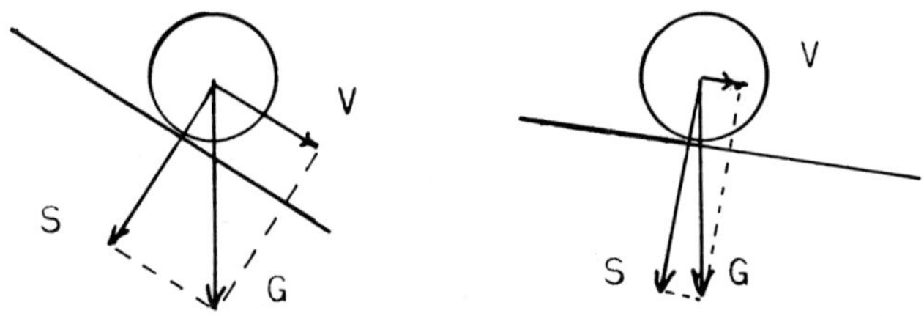

Ebenso wie Kräfte kann man auch Geschwindigkeiten durch Pfeile darstellen. Dabei gibt dann die Pfeilrichtung die Richtung der Bewegung, die Länge des Pfeiles die Größe der Geschwindigkeit an. Diese Darstellungsweise kennen wir ja bereits aus der Navigation.
Nun zurück zur horizontal strömenden Luft, zum Wind. Bei der Besprechung der Stabilitätsvorgänge in der Atmosphäre haben wir bereits gelernt, was ein Gradient ist, nämlich die Änderung einer Größe bei stufenweiser Änderung einer anderen. Auch in unserem Isobaren- bzw. Isohypsen-»Feld« herrscht ein Gradient, nämlich der »Luftdruckgradient«.
In den üblichen Bodenwetterkarten werden die Isobaren in Abständen von 5 HPa eingetragen.
Zunächst stellt man den senkrechten Abstand A zweier aufeinanderfolgender Isobaren fest. Dieser ist, wie wir am Beispiel der verschieden steilen Berge gesehen haben, ein Maß für das Druckgefälle. So, wie wir beim Temperaturgradienten angegeben haben, um wieviel°C sich die Temperatur bei einer Höhenänderung von 100 m geändert hat, wir also als Maßeinheit (°C/100 m) eingeführt haben, wird auch der Druckgradient normiert, auf eine bestimmte Längeneinheit bezogen. Da wir uns bei unseren Beobachtungen horizontal auf der Erde bewegen, wählt man als Einheit nicht (HPa/km), sondern eine mit der Gestalt der Erde zusammenhängende Größe. Die Druckänderung wird

bezogen auf die Strecke, die ein Winkelunterschied von 1 Grad auf einem Großkreis der Erde ergibt. Diese Strecke beträgt bekanntlich 111 km, wie leicht in jedem Lehrbuch der Navigation nachgelesen werden kann.
Der Druckgradient wird also in (HPa/111 km) gemessen. Diese Definition hat auch den Vorteil, daß sich »vernünftige« Zahlenwerte ergeben. Pro km Entfernung treten in der Praxis ja nur sehr geringe Druckunterschiede auf.
Ist z.B. A = 150 km, so beträgt die Luftdruckänderung 5 HPa/150 km = 1/30 HPa/km.
Pro 111 km ist die Änderung, also der Luftdruckgradient, dann natürlich 1/30 × 111 = 3,7 = ca. 4 HPa/111 km.

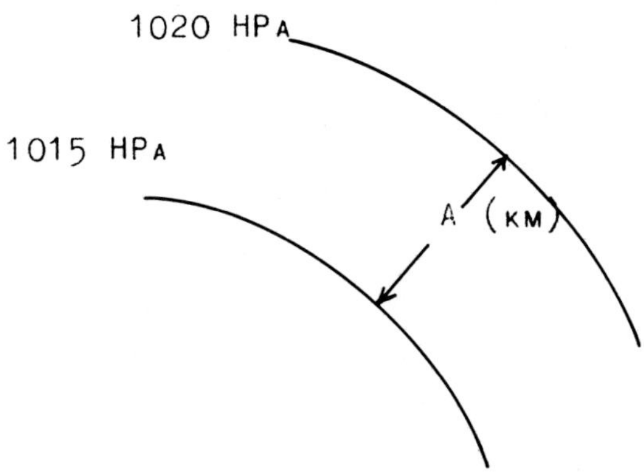

Es gilt also: Luftdruckgradient = 5/A × 111 HPa/111 km.
Lassen wir den in unseren Beispielen mit den Bergen erwähnten Ball den Berg hinabrollen, so wird er (wenn der Berg eine glatte Oberfläche besitzt) nicht in Spiralen um den Berg herumrollen, sondern unter der Einwirkung der Schwerkraft natürlich den steilsten Weg wählen. Der steilste Weg ist immer dort, wo die Isohypsen den geringsten Abstand haben, verläuft also, wie leicht zu sehen, immer *senkrecht* zu den Isohypsen.
Genau so wird sich jetzt unter dem Einfluß des Druckgradienten die Luft senkrecht zu den Isobaren bzw. Isohypsen in Bewegung setzen. Die infolge des Druckgradienten senkrecht zu den Isobaren bzw. Isohypsen wirkende Kraft heißt »Gradientkraft«. Sie ist natürlich umso größer, je größer der Luftdruckgradient ist.
Die Erklärung von Windrichtung und Windgeschwindigkeit wäre nun schon beinahe zu Ende, wenn sich die Erde und damit auch die von ihr mit Hilfe ihrer Anziehungskraft festgehaltene Lufthülle nicht drehen würden. Bekanntlich dreht sich ja unsere Erde in 24 Stunden im Gegenzeigersinn einmal um ihre Achse.
Die durch diese Drehung verursachten Vorgänge lassen sich »quantitativ« (lateinisch: quantus = wie groß?), also ihrer exakten Größe nach, nur durch

näheres Eingehen auf die physikalische Theorie erklären und dies will ich ja bei meinen Betrachtungen nicht tun. Wir können sie aber anhand einiger einfacher Beispiele und Überlegungen wenigstens »qualitativ« (lateinisch: qualitas = Beschaffenheit), d.h. also ihrer Art und Beschaffenheit nach verstehen.

Zunächst betrachten wir unsere mit Längen- und Breitenkreisen bemalte Erde von oben. Wir nehmen an, daß wir uns über dem Nordpol befinden und von dort nach unten schauen. Der Pol erscheint uns dann als Punkt in der Mitte konzentrischer (lateinisch: com = gemeinsam, centrum = Mittelpunkt) Kreise, als die die Breitenkreise dargestellt werden. Die Längenkreise erscheinen als vom Pol ausgehende gerade, radiale (lateinisch: radius = Radspeiche), also senkrecht auf den Kreisen stehende Linien.

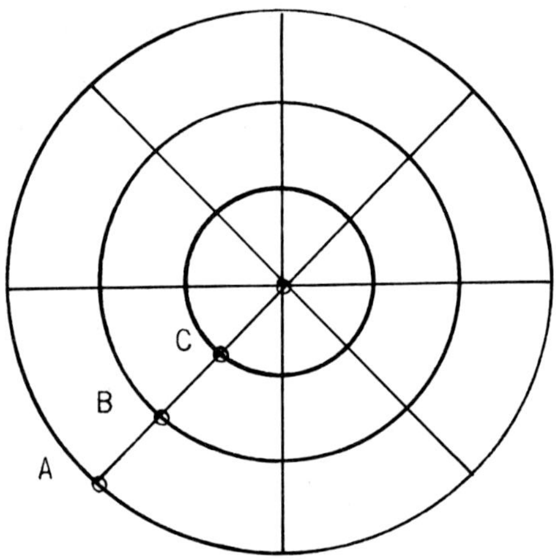

Der Erdumfang beträgt am Äquator bekanntlich etwa 40000 km. Da sich die Erde in 24 Stunden einmal um ihre Achse dreht, bedeutet dies, daß er auf dem Äquator, also unter der geographischen Breite $\Phi = 0°$ gelegene Punkt A 40000 km in 24 Stunden zurücklegt. Er besitzt somit eine »Umfangsgeschwindigkeit« von 40000/24 = ca. 1670 km/h. Geschwindigkeit ist ja bekanntlich: Weg geteilt durch die Zeit, in der dieser Weg zurückgelegt wurde, also zurückgelegter Weg pro Zeiteinheit.

Betrachten wir nun die auf höheren Breitenkreisen gelegenen Punkte B und C, so sehen wir, daß ihre Breitenkreise einen viel geringeren Umfang besitzen als der Äquator.

B und C legen also in 24 Stunden eine geringere Strecke zurück als A, d.h., sie besitzen eine geringere Umfangsgeschwindigkeit.

Die Längenkreise teilen die Erde ähnlich ein wie die Trennungslinien von Orangen-Schnitzen. Diese Schnitze sind am Äquator dick und werden zu den

Polen hin immer dünner. Aus der Navigation wissen wir, daß der Abstand zwischen den Längenkreisen von Grad zu Grad am Äquator 111,1 km beträgt. Wie sich dieser Abstand mit zunehmender geographischer Breite (Nord oder Süd!) ändert, zeigt die folgende Tabelle:

geographische Breite Φ	(°)	0	30	45	60	90
Strecke auf Breitenkreis bei 1° Längenänderung	(km)	111,1	94,5	77,7	55,5	0

Die unterschiedlichen Strecken, die so die Punkte auf verschiedenen Breitenkreisen *während gleicher Zeit* zurücklegen, ergeben folgende unterschiedliche Umfangsgeschwindigkeiten v_u:

Φ	(°)	0	15	30	45	60	75	90
v_u	(km/h)	1670	1600	1450	1180	830	430	0

Berlin und Rom z. B. liegen etwa auf dem selben Längengrad, haben aber verschiedene Breiten. Berlin liegt auf 52° N mit einer Umfangsgeschwindigkeit von ca. 1040 km/h, Rom auf 42° N mit einer Umfangsgeschwindigkeit von ca. 1250 km/h. Der Unterschied der Umfangsgeschwindigkeiten beider Städte ist also 210 km/h.

Was geschieht nun, wenn ein Luftpaket durch einen entsprechenden Druckgradienten vom Punkt A der nachstehenden Abbildung nach Norden in Bewegung gesetzt wird? Wir haben bereits gelernt, daß auch die unsichtbare Luft körperliche Materie ist, also eine Masse besitzt und so von der Erde angezogen und festgehalten wird. Sie besitzen also vor dem Start in dem auf dem Breitenkreis Φ_1 gelegenen Punkt A (Breitenkreise werden mit dem griechischen Buchstaben Φ = phi bezeichnet) dieselbe Umfangsgeschwindigkeit wie dieser Punkt, genau so wie ja auch der Insasse eines Karussells dieselbe Umfangsgeschwindigkeit besitzt wie der Sitz selbst.

Würde sich die Erde nicht drehen, käme das Luftpaket zum Zeitpunkt t_2 bei dem auf dem Breitenkreis Φ_2 liegenden Punkt B an. Der Längenkreis, auf dem A und B liegen, bewegt sich jedoch wegen der Erddrehung bis zur Zeit t_2 weiter, die Punkte A und B bewegen sich zu den neuen Positionen A′ und B′.

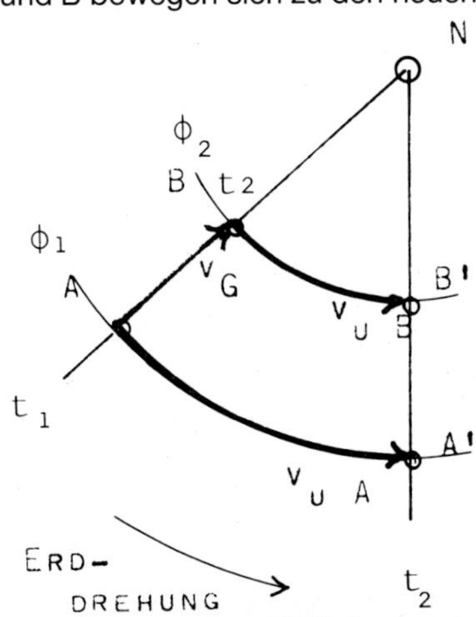

Infolge dieser Drehbewegung wirkt nun auf das Luftpaket nicht mehr nur die Gradientkraft, die es in unserem Beispiel nach Norden bewegen möchte.
Wie wir bereits wissen, besitzt jeder aus Materie bestehende Körper eine Masse. Diese Masse wird aber nicht nur, wie wir das bisher besprochen haben, von der Erde angezogen und erhält so ein Gewicht. Die Masse ist auch *träge*, d.h., sie will ihre augenblickliche Lage oder, wenn sie sich bereits in Bewegung befindet, die einmal eingenommene Bewegung nach Größe und Richtung beibehalten. Setzt man z.B. einen Eisenbahnwagen auf horizontal verlegten Schienen in Bewegung und kuppelt ihn dann ab, so läuft er noch lange weiter. Wäre kein Reibungswiderstand zwischen Rädern und Schienen und kein Luftwiderstand vorhanden, so würde die in Bewegung gesetzte träge Masse des Wagens ihre Bewegung dauernd und unverändert beibehalten, so, wie es ja z.B. die eine Sonne umkreisenden Planeten tun (solange keine Störungen eintreten).
Als zweites Beispiel können wir einen Eisstock betrachten, der auf einer ebenen und glatten Eisfläche in Bewegung gesetzt wird. Er behält die Richtung bei, die er beim Loslassen der Hand innehatte. Seine Geschwindigkeit wird nur durch die Reibungskräfte wieder langsam verringert.
Ebenso wie die in unseren Beispielen beschriebenen Körper besitzt auch unser Luftpaket eine träge Masse, die bereits vorhandene Bewegungen beibehalten möchte. Das Luftpaket bewegt sich ja bereits, noch bevor es durch die Gradientkraft nach Norden in Bewegung gesetzt wird. Da es infolge deren Anziehungskraft von der Erde mitgenommen wird, hat es am Punkt A dieselbe Umfangsgeschwindigkeit $v_{u\,A}$ wie der Punkt A selbst. Dazu kommt nun noch die Geschwindigkeit v_G, die das Luftpaket in unserem Beispiel infolge der Gradientkraft in Richtung Norden annimmt.
Was jetzt geschieht, wollen wir uns an einigen einfachen Beispielen anschauen. Zunächst erinnern wir uns daran, daß man auch Geschwindigkeiten durch Pfeile darstellen kann, die dann genauso zu Resultierenden zusammengesetzt oder in Komponenten zerlegt werden können, wie wir das bereits mit den Kräfte darstellenden Pfeilen getan haben.
Als Beispiel wählen wir ein Fahrzeug, in dem ein Jäger sitzt, der einen Hasen erlegen möchte.

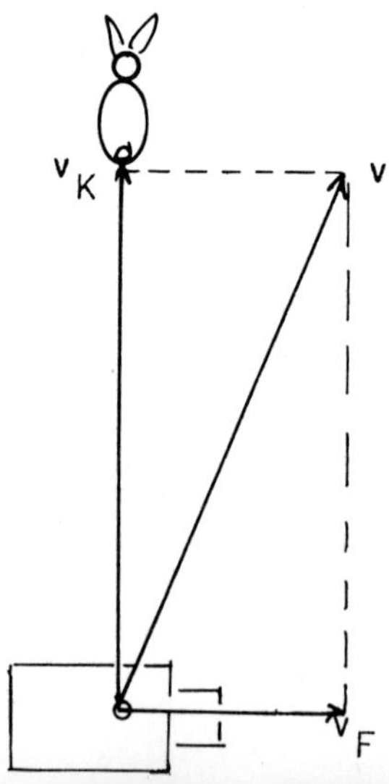

Steht das Fahrzeug und bleibt der Hase sitzen, so wird, wenn das Gewehr in Ordnung ist und der Jäger richtig zielt, der Hase durch die mit der mittleren Geschwindigkeit v_K fliegende Kugel getroffen.
Beim nächsten Versuch will der Jäger den Hasen aus dem mit der Geschwindigkeit v_F fahrenden Fahrzeug heraus erlegen. Wenn er jetzt genau auf den Hasen zielt und dann abdrückt, schießt er daneben, selbst wenn das Gewehr einwandfrei in Ordnung ist und er genau gezielt hat. Die Kugel wurde nämlich in diesem Fall bei ihrem Abschuß zusammen mit dem Gewehr und dem Fahrzeug mit der Geschwindigkeit v_F nach rechts bewegt. Infolge ihrer Trägheit behielt sie diese Geschwindigkeit auch nach dem Abschuß bei. Setzen wir jetzt auf die besprochene Weise beide Geschwindigkeiten zu der resultierenden Geschwindigkeit v_R zusammen, so sehen wir, daß die Kugel scheinbar nach rechts abgelenkt wurde. Da, wie wir gerade bei der Besprechung der Trägheit einer Masse gesehen haben, Bewegungsänderungen nach Größe und Richtung nur durch die Einwirkung von Kräften hervorgerufen werden können, nimmt man, solange die wirkliche Ursache der Ablenkung nicht bekannt ist, als Ursache die Wirkung einer Kraft an. Sobald man weiß, daß es sich nicht um eine wirkliche, sondern nur um eine scheinbare Ablenkung handelt, könnte man diese Kraft eigentlich wieder aus dem Verkehr ziehen. Um die Vorgänge jedoch einfach beschreiben und berechnen zu können, behält man die Kraft als Erklärung bei, bezeichnet sie aber jetzt als »Scheinkraft«, um auf die wirklichen Hintergründe hinzuweisen.
Derselbe Effekt tritt auch auf, wenn nicht senkrecht zur Fahrtrichtung des Fahrzeuges, sondern schräg auf den Hasen geschossen werden soll.
Auch hier ergibt sich beim Zusammensetzen der Geschwindigkeitspfeile, daß die Kugel nach rechts abgelenkt wird.

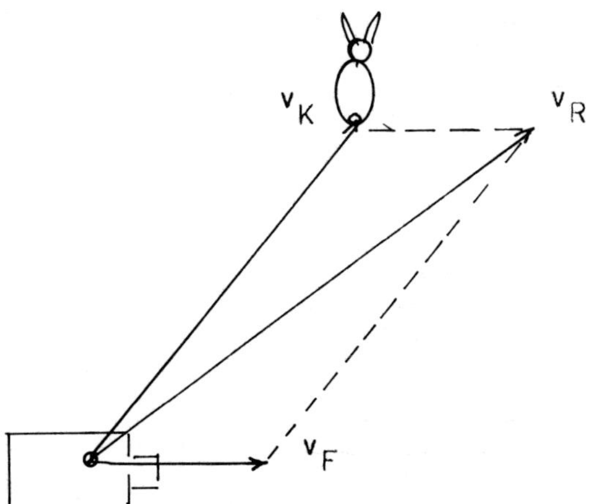

Nehmen wir schließlich an, daß der Hase in Fahrtrichtung des Fahrzeuges,

aber mit der geringeren Geschwindigkeit v_H neben dem Fahrzeug herläuft, so ergibt sich folgendes Bild:
Der Hase ist zwar während der Flugzeit des Geschosses von Punkt 1 nach Punkt 2 gelaufen. Da er aber langsamer ist als das Fahrzeug, hat der Jäger immer noch *scheinbar* nach rechts vorbeigeschossen. Nur die Ablage des Schusses vom Ziel ist geringer geworden.

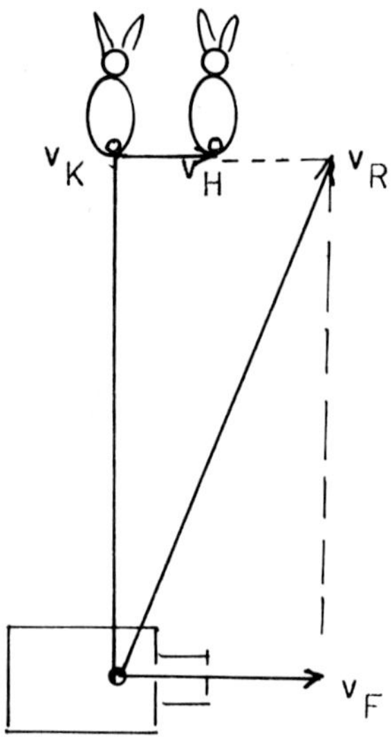

Nun aber zurück zu unserem Luftpaket. Wir brauchen jetzt lediglich unser Hasen-Beispiel auf die Erde und die in Bewegung gesetzte Luft übertragen. Die durch die Gradientkraft erzeugte, in unserem Beispiel nach Norden gerichtete Geschwindigkeit v_G entspricht im Hasen-Beispiel der Geschwindigkeit v_K der Kugel, die Umfangsgeschwindigkeit $v_{u\ A}$ des Punktes A der Geschwindigkeit v_F des Fahrzeuges. Die, wie wir sehen, gegenüber A geringere Umfangsgeschwindigkeit $v_{u\ B}$ des Punktes B entspricht der Laufgeschwindigkeit des Hasen. Zur Zeit t_1 fängt das Luftpaket an, sich nach Norden in Richtung auf das Ziel, den Punkt B, zu bewegen. Da es sich aber auch mit der Geschwindigkeit $v_{u\ A}$ nach rechts bewegt, müssen wir beide Geschwindigkeitspfeile zusammensetzen. Zur Zeit t_2 kommt das Luftpaket also am Punkt C an. Das Ziel, der Punkt B, ist aber zu diesem Zeitpunkt, so wie vorhin der laufende Hase, wegen seiner geringeren Umfangsgeschwindigkeit nur bis B′ gekommen. Das Luftpaket hat sich also nicht auf dem Längenkreis in Richtung des angenommenen Druckgradienten nach Norden bewegt, sondern wurde, vom Punkt A′ aus gesehen, *scheinbar* nach rechts abgelenkt.
Der hier beschriebene Effekt wurde zuerst von dem französischen Physiker C. G. de Coriolis (1792–1843) Anfang des 19. Jahrhunderts beschrieben.

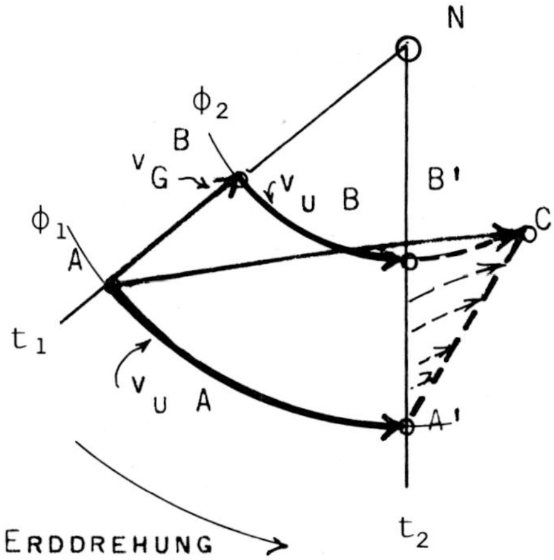

Nach ihm wird auch die scheinbar wirkende Kraft »Coriolis-Kraft« genannt. Nach unserem zweiten Hasen-Beispiel tritt die Rechtsablenkung auch auf, wenn die Luft nicht nach Norden, sondern »schräg«, also in mehr östliche oder westliche Richtungen in Bewegung gesetzt wird.
Aber auch bei Luftbewegungen von nördlichen nach südlichen Richtungen tritt die Rechtsablenkung ein. In unserem Hasen-Beispiel wäre jetzt der Hase schneller als das Fahrzeug.

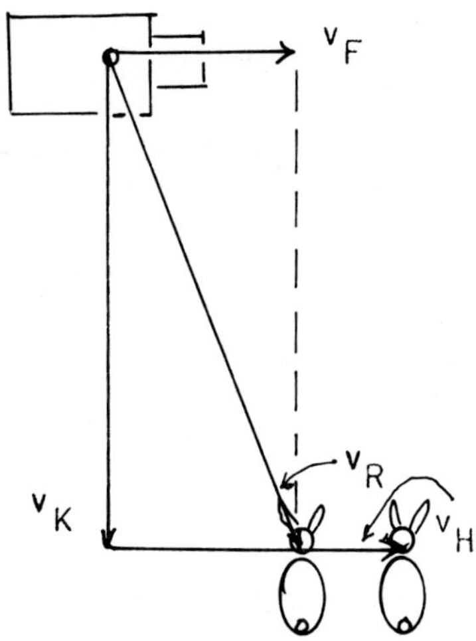

Die Luft, die sich jetzt vom Punkt B in Richtung auf A in Bewegung setzt, bekommt die geringere Umfangsgeschwindigkeit $v_{u\,B}$ ihres Ausgangspunktes mit. Addiert man beide Geschwindigkeiten, so ist leicht zu erkennen, daß die Luft zur Zeit t_2 nicht den mit der größeren Umfangsgeschwindigkeit $v_{u\,A}$ weiterbewegten Punkt A′ erreicht, sondern nur bis zum Punkt C kommt. Sie erscheint vom Punkt B′ aus zur Zeit t_2 nach rechts abgelenkt.

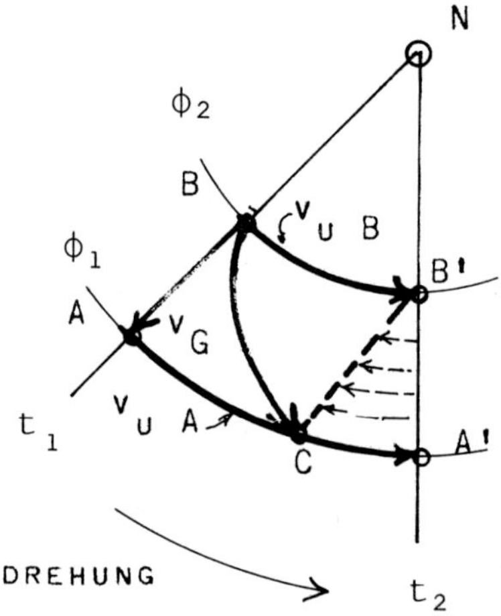

Nach unseren Hasen-Beispielen würde allerdings keine Rechtsablenkung auftreten, wenn die Luft genau nach Osten oder genau nach Westen bewegt wird.

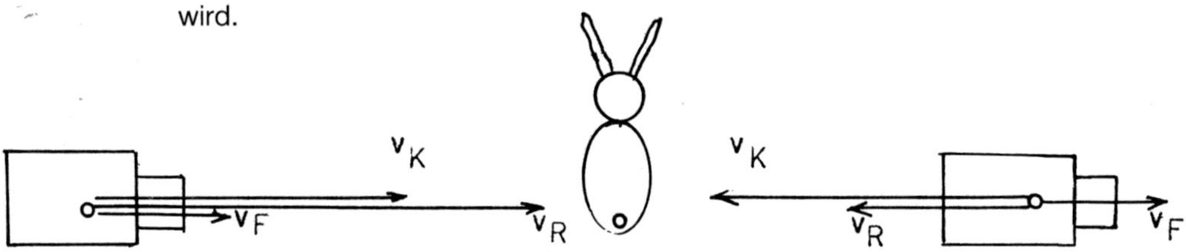

Geschoß und Fahrzeug bewegen sich in diesem Fall entweder in derselben oder in genau entgegengesetzter Richtung. Lediglich der *Betrag* der resultierenden Geschwindigkeit wird vergrößert bzw. verkleinert.
In Wirklichkeit tritt jedoch auch in diesen Fällen eine Rechtsablenkung auf, die wir uns wie folgt erklären können:
Auf einen auf einem Breitenkreis befindlichen Körper wirkt aufgrund der Erddrehung und der dadurch vorhandenen Umfangsgeschwindigkeit eine »Fliehkraft« oder »Zentrifugalkraft« (griechisch: kentros = Mitte. Lateinisch: centrum = Mitte, fugere = fliehen), also eine von der auf der Erdachse liegenden Mitte des Breitenkreises radial (lateinisch: radius = Speiche) nach außen wirkende Kraft.
Auch die Zentrifugalkraft ist wieder eine »Scheinkraft«, die, wie unsere Rechtsablenkung, durch die Trägheit der bewegten Massen hervorgerufen wird. Eine Masse muß, wenn sie im Kreis herum bewegt wird, immer von neuem daran gehindert werden, das zu tun, was sie eigentlich will, nämlich geradeaus weiterzufliegen. Es muß also eine wirkliche Kraft *nach innen*, eine sogenannte »Zentripetalkraft« (lateinisch: centrum = Mitte, petere = nach etwas streben), ausgeübt werden, um das Bestreben, sich vom Mittelpunkt zu entfernen, zu verhindern. Dieses Bestreben ist nichts weiter als die Folge der Trägheit der Masse, die bei der Kreisbewegung zu immer neuen Richtungsänderungen gezwungen wird, sich eigentlich aber in der ursprünglichen Richtung weiterbewegen will.

Ein gutes Beispiel ist ein Hammerwerfer, der seinen Hammer in eine kreisförmige Bewegung versetzt. Sobald er das Drahtseil losläßt, fliegt der Hammer geradeaus in der Richtung weiter, die er beim Loslassen gerade innehatte. Die Kraft, die der Hammerwerfer während der Kreisbewegung über das Drahtseil auf den Hammer ausüben muß, entspricht bei den von uns betrachteten Luftbewegungen natürlich der von der Erde auf die Luft ausgeübten Anziehungskraft.

Bewegt sich nun ein Luftpaket auf dem Breitenkreis von A nach B, also von West nach Ost, so addiert (lateinisch: addere = hinzufügen) sich die Geschwindigkeit seiner Bewegung zu der Umfangsgeschwindigkeit des Breitenkreises. Es ergibt sich also eine *höhere* Geschwindigkeit und damit auch eine *höhere* Zentrifugalkraft. Diesen Zuwachs an Zentrifugalkraft nennen wir Z^+. Auch er wirkt natürlich vom Mittelpunkt des Breitenkreises nach außen.

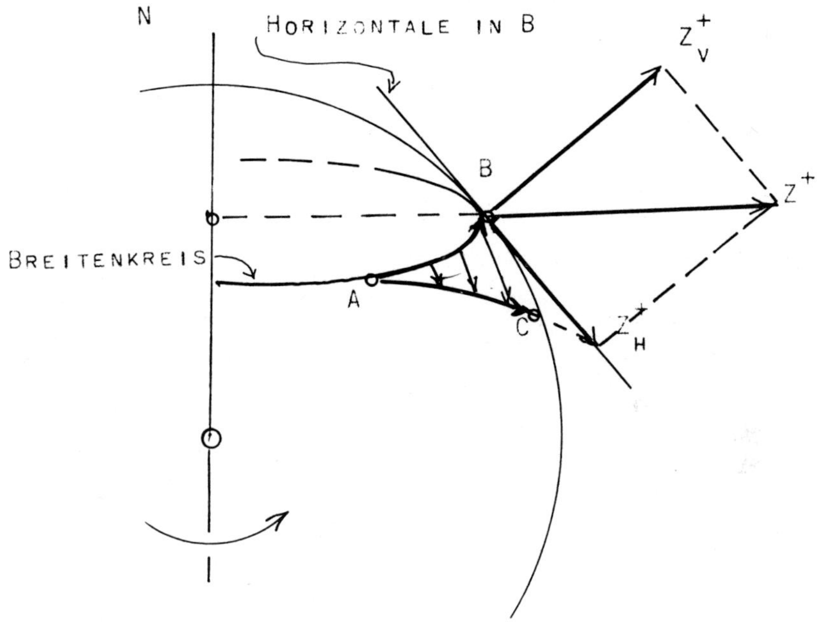

Diese Zusatzkraft Z^+ zerlegen wir nun in eine senkrecht zum Erdboden vertikal, also nach oben wirkende Komponente Z_v^+ und eine horizontal, also parallel zum Erdboden wirkende Komponente Z_h^+. Z_v^+kann keine Richtungsänderung hervorrufen, da sie senkrecht zur Erdoberfläche wirkt. Aus unserer Darstellung sehen wir aber, daß Z_h^+ zu kleineren Breiten, also nach rechts gerichtet ist. Es ergibt sich somit eine Rechtsablenkung der nach Osten fließenden Luftmasse. Sie erreicht nicht Punkt B, sondern bewegt sich nach Punkt C.

Bewegt sich die Luftmasse nun von B nach A, also entgegen der Drehrichtung der Erde, also von Ost nach West, so subtrahiert (lateinisch: subtrahere = abziehen) sich ihre Bewegungsgeschwindigkeit von der Umfangsgeschwindigkeit des Breitenkreises. Es ergibt sich also eine *geringere* Umfangsgeschwindigkeit und damit auch eine *geringere* Zentrifugalkraft. Wir haben jetzt also keinen Zuwachs an Zentrifugalkraft mehr, sondern eine Verringerung, die wir Z^- nennen.

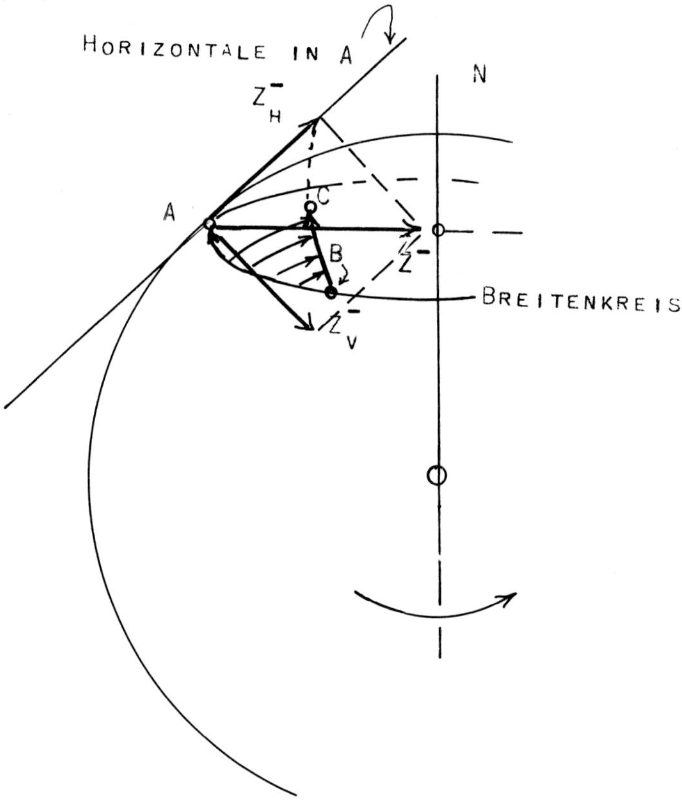

In unserer vorigen Zeichnung haben wir den Zuwachs an Zentrifugalkraft als nach außen gerichteten Pfeil eingezeichnet. Entsprechend können wir jetzt die Verringerung, sozusagen als negativen Zuwachs, der den Normalzustand verkleinert, durch einen nach innen gerichteten Pfeil darstellen. Auch Z^- können wir dann wieder in eine senkrecht zum Erdboden stehende Komponente Z_v^- (die also wieder keine Richtungsänderungen der sich horizontal bewegenden Luft hervorrufen kann) und eine horizontale, parallel zum Erdboden wirkende Komponente Z_h^- zerlegen.
Aus unserer Zeichnung sehen wir, daß Z_h^- zu höheren Breiten, also wieder nach rechts gerichtet ist. Die sich von B in Richtung A bewegende Luftmasse erreicht nicht A, sondern C; sie wird wieder nach rechts abgelenkt.

Alle unsere bisherigen Überlegungen bezogen sich auf die *Nord*halbkugel der Erde. Dort werden also die sich bewegenden Luftmassen überall *nach rechts* abgelenkt. Auf der *Süd*halbkugel erfolgt die Ablenkung dagegen *nach links*, wie wir leicht anhand der folgenden Zeichnungen erkennen können.
Jetzt ist $v_{u\,A}$ kleiner als $v_{u\,B}$. Zur Zeit t_2 hat die von A in Richtung B fließende Luft nicht B′, sondern wegen der geringeren Umfangsgeschwindigkeit $v_{u\,A}$ des Ausgangspunktes A erst den Punkt C erreicht. Sie erscheint von A′ aus gesehen nach links abgelenkt.

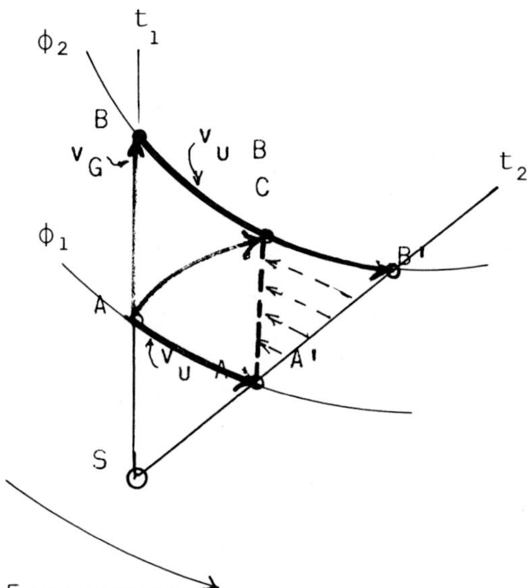

Die von B nach A fließende Luft erreicht zur Zeit t_2 wegen der größeren Umfangsgeschwindigkeit $v_{u\,B}$ des Ausgangspunktes nicht A′, sondern C. Sie erscheint also von B′ aus nach links abgelenkt.

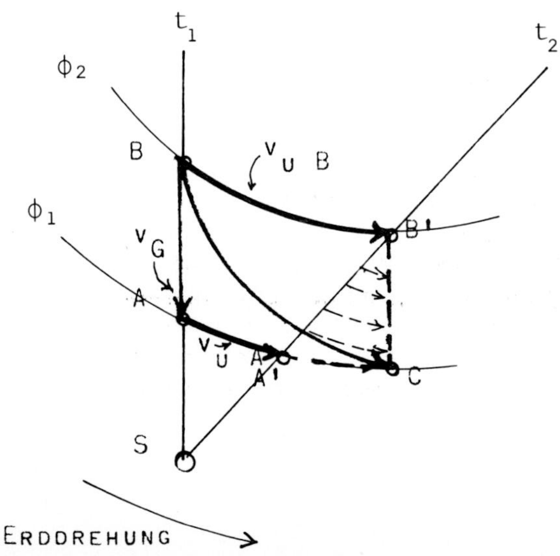

Führen wir für die Ost-West- und West-Ost-Strömungen dieselben Überlegungen durch wie früher für die Nordhalbkugel, so erkennen wir, daß auch hier die Ablenkungen auf der Südhalbkugel nach links erfolgen.

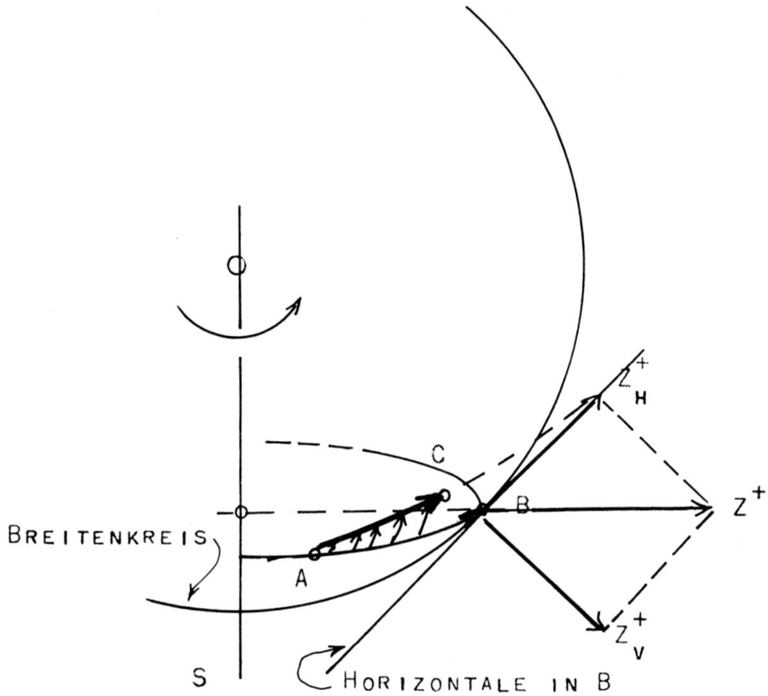

Wir fassen nochmals zusammen:
Sich bewegende Luftmassen werden durch die eine Scheinkraft darstellende Corioliskraft

auf der *Nordhalbkugel* der Erde *nach rechts*,
auf der *Südhalbkugel* der Erde *nach links*

gelenkt.
Aus der Theorie, die wir hier natürlich nicht näher behandeln wollen, ergibt sich die senkrecht zur *Bewegungsrichtung* der Luftmassen erfolgende Ablenkung. Diese ist abhängig

von der *Geschwindigkeit der Luftbewegung* und
von der *geographischen Breite*, unter der sich die Vorgänge abspielen.

Es ergibt sich dabei, daß die Ablenkung immer geringer wird, je mehr wir uns dem Äquator nähern. Am Äquator selbst erfolgt keine Ablenkung mehr.
Auch ohne exakten Beweis durch die Theorie sind diese Abhängigkeiten einleuchtend. Je schneller sich Luftmassen bewegen, umso größere Strecken werden von ihnen in einer bestimmten Zeit zurückgelegt, umso mehr und

umso schneller erreichen sie Gebiete mit deutlich unterschiedlichen Umfangsgeschwindigkeiten. Daß die Effekte zum Äquator hin abnehmen müssen, sehen wir schon aus der Gestalt der Erde und dem sich daraus ergebenden Verlauf der Änderung der Umfangsgeschwindigkeiten mit der geographischen Breite. Aus der früher wiedergegebenen Tabelle entnehmen wir, daß z. B. zwischen $\Phi = 0°$ und $\Phi = 15°$ sich die Umfangsgeschwindigkeit nur um 70 km/h ändert. Dagegen beträgt die Änderung zwischen $\Phi = 45°$ und $\Phi = 60°$ schon 350 km/h, zwischen $\Phi = 75°$ und $\Phi = 90°$ sogar 430 km/h. Wegen der gegenüber den Luftbewegungen sehr hohen Umfangsgeschwindigkeit im Äquatorialgebiet bleiben dort im übrigen auch die Ablenkungen bei Ost- oder Westströmungen sehr gering.
Aus der Theorie und auch aus der Erfahrung weiß man schließlich noch, daß man im allgemeinen die Wirkungen der Corioliskraft nicht zu berücksichtigen braucht, wenn man es mit kleinräumigen und kurzzeitigen Vorgängen, also Luftbewegungen über Strecken von nicht mehr als 50 km und bis zu etwa 1 Stunde Dauer, zu tun hat.
Bei den folgenden Überlegungen nehmen wir zunächst an, daß zwischen der bewegten Luft und dem Erdboden, sowie auch innerhalb der Luft selbst, keine Reibung vorhanden ist. Weiter nehmen wir an, daß ein konstanter (lateinisch: constans = beständig) Druckgradient herrscht, d. h., daß die Isobaren bzw. Isohypsen immer denselben Abstand voneinander haben. Außerdem sollen sie nicht gekrümmt sein, sondern geradlinig verlaufen.
Schließlich beschränken wir uns noch auf Vorgänge auf der Nordhalbkugel der Erde. Wir wissen ja, daß auf der Südhalbkugel die Ablenkungen eben entgegengesetzt sind.
Durch die Gradientkraft wird nun die Luft in Bewegung gesetzt. Da keine Reibung vorhanden ist, wird sie laufend beschleunigt, sie wird immer schneller. Da, wie wir eben gelernt haben, die Corioliskraft von der Geschwindigkeit der Luftbewegung abhängig ist, wird auch sie und damit auch die Rechtsablenkung mit zunehmender Geschwindigkeit immer stärker.
Wir haben ebenfalls gelernt, daß die Corioliskraft immer senkrecht zur Bewegungsrichtung wirkt. Es wird somit immer weiter abgelenkt, bis schließlich ein Gleichgewicht der wirkenden Kräfte erreicht ist.

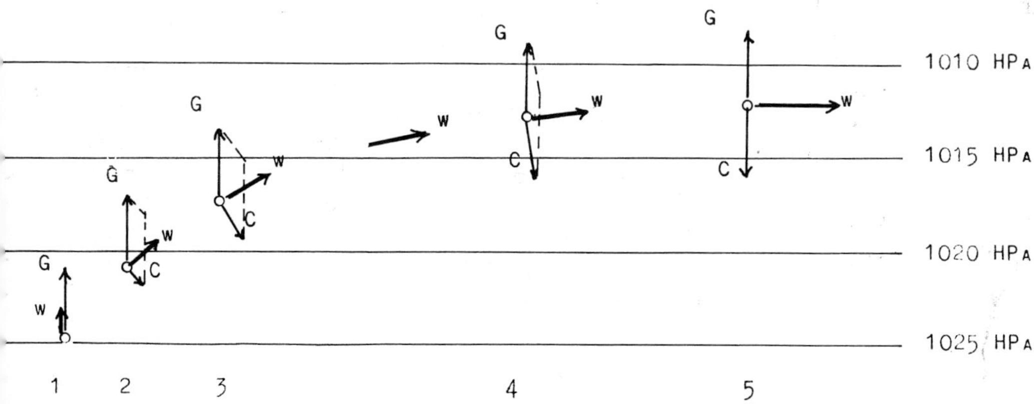

Bei 1 beginnt sich die Luft infolge der immer senkrecht zu den Isobaren wirkenden Gradientkraft G in Bewegung zu setzen. Dabei wird sie, wegen der anfangs noch geringen Geschwindigkeit zunächst nur wenig, nach rechts abgelenkt. Die Corioliskraft C wirkt senkrecht zu dem kräftig gezeichneten Geschwindigkeitspfeil w. Die beiden auf die Luft wirkenden Kräfte G und C befinden sich, wie das gestrichelt gezeichnete Kräfteparallelogramm zeigt, bei 2 nicht im Gleichgewicht. Es wirkt eine der Übersichtlichkeit wegen nicht eingezeichnete resultierende Kraft, die die Luft weiter beschleunigt. Bis zu 3 nimmt die Geschwindigkeit also weiter zu. Mit ihr wird auch die Corioliskraft C und damit auch die Rechtsablenkung größer. G und C sind bei 3 immer noch nicht im Gleichgewicht. Die Geschwindigkeit nimmt bis zu 4 noch weiter zu. Auch dort sind G und C noch nicht im Gleichgewicht, Geschwindigkeit und Rechtsablenkung werden noch größer, bis schließlich Zustand 5 erreicht ist. G und C sind jetzt gleich groß und genau entgegengesetzt gerichtet; sie sind im Gleichgewicht. Die Geschwindigkeit der Luft bleibt ab jetzt konstant, sodaß auch C und damit das Gleichgewicht zwischen G und C nicht mehr verändert wird.
Zum besseren Verständnis dieser Überlegungen wollen wir noch einen kurzen Ausflug in die Physik unternehmen. Wirkt auf einen beweglichen Körper eine Kraft, so wird der Körper beschleunigt. Er beginnt sich zu bewegen und wird immer schneller, solange die Kraft weiterwirkt. Nur wenn eine andere Kraft entgegen der ursprünglichen Kraft wirkt, hört die Geschwindigkeitszunahme schließlich auf. Sind die beiden Kräfte im Gleichgewicht, bewegt sich der Körper mit konstanter Geschwindigkeit weiter. Beispiele hierfür gibt es genug. So wird z. B. eine sich im freien Weltraum bewegende Rakete immer schneller, solange ihr Raketenmotor Schub liefert. Es gibt ja keinen Widerstand, der dagegen wirken könnte. Anders ist es beim Kraftfahrzeug. Bei Vollgas wird das Fahrzeug zunächst beschleunigt, es wird immer schneller. Schließlich aber steigt die Geschwindigkeit nicht mehr weiter, da Luft- und Rollwiderstand so groß geworden sind wie die antreibende Kraft des Motors und ja entgegen der Richtung des Vortriebes nach hinten wirken. Es besteht ein Kräftegleichgewicht, die Geschwindigkeit, die Höchstgeschwindigkeit, bleibt konstant. Auf dieselbe Weise wird unsere Luft durch die Gradientkraft und dann durch die Resultierende aus Gradient- und Corioliskraft so lange weiterbeschleunigt, bis sich ein Kräftegleichgewicht in der beschriebenen Weise eingestellt hat.
Aus unserer Darstellung sehen wir, daß infolge dieser Vorgänge der Wind nicht mehr, wie wir es nach dem Beispiel mit dem einen Berg hinabrollenden Ball eigentlich erwarten sollten, senkrecht, sondern *parallel* zu den Isobaren oder Isohypsen strömt. Diesen Endzustand der Bewegung, den isobaren- bzw. isohypsen-parallelen Wind, nennt man den »geostrophischen Wind« (griechisch: ge = Erde, strophas = sich drehend).
Bisher hatten wir angenommen, daß die Isobaren geradlinig verlaufen. Aus

den Wetterkarten wissen wir aber, daß die Isobaren bzw. Isohypsen meist gekrümmt sind und besonders im Bereich von Hoch- und Tiefdruckgebieten in kreisförmigen Bahnen um diese Gebiete herum verlaufen. Im Kapitel »Hoch- und Tiefdruckgebiete« werden wir sehen, daß auf der Nordhalbkugel der Wind um ein Hoch rechts herum, um ein Tief links herum strömt. Mit unseren Kenntnissen über die Wirkung der Corioliskraft können wir dies schon jetzt leicht verstehen.
Die aus dem Hoch infolge der Gradientkraft herausfließende Luft wird nach rechts abgelenkt, bis sie sich rechts um das Hoch herum bewegt.
Die infolge der Gradientkraft in das Tief hineinfließende Luft wird ebenfalls durch die Corioliskraft nach rechts abgelenkt, bis sie sich links um das Tief herum bewegt.

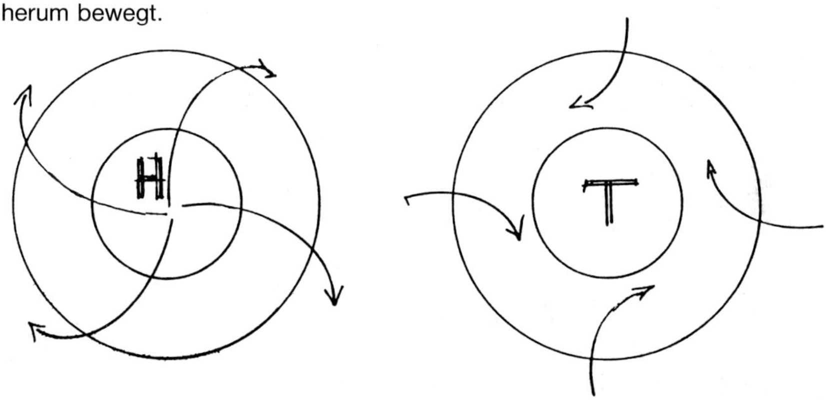

Bei diesen Kreisbewegungen wirkt nun auf die Luftteilchen eine Scheinkraft, die wir bereits behandelt haben, nämlich die nach außen gerichtete Zentrifugalkraft, die bei allen Kreisbewegungen auftritt. Die hier wirkende Zentrifugalkraft ist aber eine andere als diejenige, die wir bei der Ablenkung von in Ost-West- oder West-Ost-Richtungen strömenden Luftmassen kennengelernt haben. Sie hat eine ganz andere Ursache.
Bild 1 zeigt nochmals die Verhältnisse bei geradlinig verlaufenden Isobaren. Es weht der geostrophische Wind mit der Geschwindigkeit w_{Gs}. Gradientkraft G und Corioliskraft C sind gleich groß und entgegengesetzt gerichtet.
Bild 2 zeigt die Verhältnisse im Bereich eines Hochdruckgebietes. Die nach außen wirkende Zentrifugalkraft wirkt in der gleichen Richtung wie die Gra-

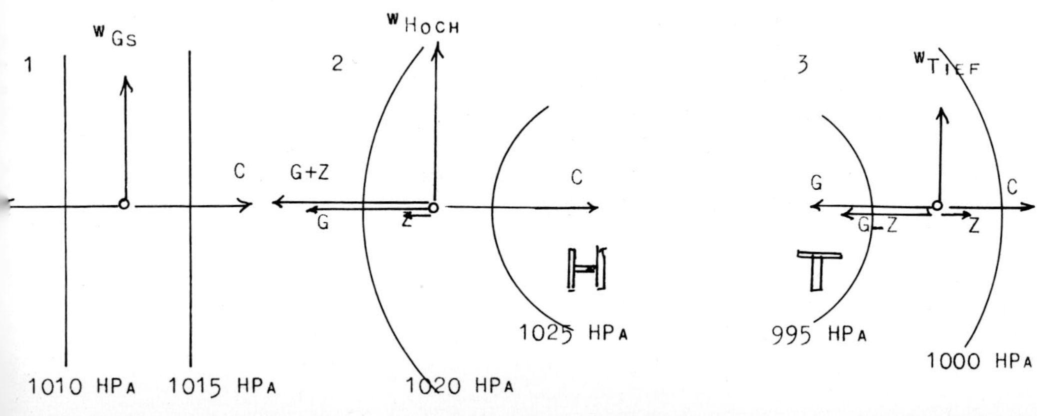

dientkraft, die Wirkung des Druckgradienten wird also verstärkt, die Luft wird beschleunigt bis sie so schnell geworden ist, daß die mit der Geschwindigkeit wachsende Corioliskraft gleich der Summe aus G und Z geworden ist, also den Wert G + Z angenommen hat und so wieder Kräftegleichgewicht herrscht. Bei gleicher Gradientkraft, also bei gleichem Isobarenabstand, ergibt sich so im Bereich eines *Hochs* eine *höhere* Windgeschwindigkeit w_{Hoch}. Umgekehrt ist es bei Bild 3, dem Tiefdruckgebiet. Dort wirkt die Zentrifugalkraft der Gradientkraft entgegen, die Wirkung des Druckgradienten wird also verringert. Die Geschwindigkeit nimmt ab, bis die dabei ebenfalls abnehmende Corioliskraft gleich der Differenz aus G und Z geworden ist, also den Wert G – Z angenommen hat. Es ergibt sich also im Bereich eines *Tief*druckgebietes eine Windgeschwindigkeit w_{Tief}, die *tiefer*, geringer ist, als die des geostrophischen Windes bei geradlinigen Isobaren.
Dieser sich im Bereich gekrümmter Isobaren oder Isohypsen ergebende, sich vom geostrophischen Wind wegen der Wirkung von Zentrifugalkräften unterscheidende Wind wird »Gradientwind« genannt.

Achtung: Diese Bezeichnung und dieser Wind darf *nicht* mit der »Gradient-*kraft*« verwechselt werden, die wir ja schon früher kennengelernt haben.

Bis jetzt hatten wir angenommen, daß zwischen Luft und Erdboden und in der Luft selbst keine Reibungskräfte vorhanden sind. Reibungsfreie Vorgänge gibt es jedoch in der von uns auf der Erde beobachtbaren Natur nicht.
Diejenigen Reibungskräfte, die in dem uns bei der Behandlung meteorologischer Fragen interessierenden Bereich der Atmosphäre in größeren Höhen zwischen verschieden schnell strömenden Luftteilchen auftreten, sind gering und haben auch geringe Auswirkungen. Diese sogenannte »Innere Reibung« der Luft müssen wir nur bei bodennahen Vorgängen berücksichtigen. Sie wird natürlich durch die molekularen Anziehungskräfte eng benachbarter Luftmoleküle verursacht, die wir ja schon bei der Besprechung des Wasserdampfes in der Atmosphäre kennengelernt haben.
Am wichtigsten ist für uns aber die sogenannte »Äußere Reibung«. Diese tritt zwischen der strömenden Luft und der Erdoberfläche auf, also zwischen zwei sehr unterschiedlichen Stoffen, einem Gas und einem mehr oder weniger rauhen, festen Material. Sie wird nun nicht nur durch molekulare Anziehungskräfte, sondern auch dadurch verursacht, daß infolge des oft sehr rauhen Untergrundes Wirbel in der Luftströmung erzeugt werden. Zu deren Erzeugung wird Energie benötigt, es entsteht Widerstand. Das Gesetz Wirbel = Widerstand kennen wir ja aus der Aerodynamik.
Zwischen der Erdoberfläche und der freien Luftströmung bildet sich, wie wir es ebenfalls von der Aerodynamik her kennen, eine Grenzschicht aus, in der die Geschwindigkeit von Null auf den Wert in der freien Strömung ansteigt. Unmittelbar am Boden wird die Luft praktisch völlig abgebremst. Die untersten Luftteilchen haften infolge ihrer molekularen Anziehungskräfte am

Boden. In größerer Höhe herrscht die volle Windgeschwindigkeit. Dazwischen muß also die Geschwindigkeit laufend zunehmen.
Die schnelleren Luftteilchen nehmen die sich unterhalb von ihnen befindlichen langsameren Teilchen mit, die andererseits infolge der inneren Reibung von den darunter befindlichen noch langsameren Teilchen zurückgehalten werden.
Wir sehen, daß, obwohl der gesamt Vorgang »Äußere Reibung« genannt wird, die zuerst genannte Innere Reibung auch hier eine wichtige Rolle spielt.
Aufgrund der beschriebenen Vorgänge bildet sich so, wie wir es aus er Aerodynamik kennen, auch hier der bekannte Geschwindigkeitsverlauf in einer Grenzschicht aus.

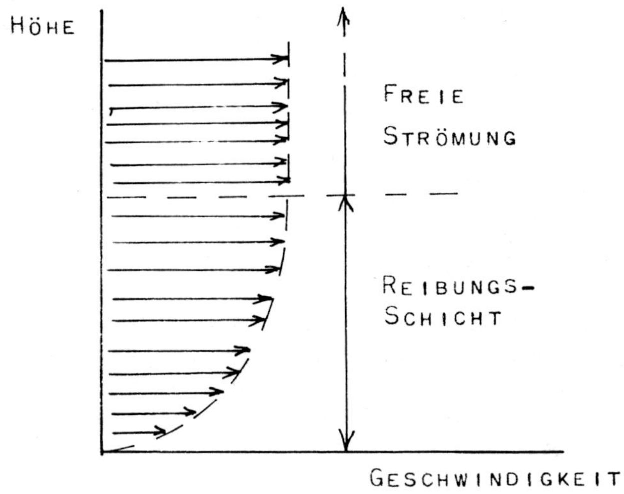

Da sich diese Grenzschicht in Bodennähe befindet, wird sie »Bodengrenzschicht« oder wegen der in ihr herrschenden Vorgänge »Reibungsschicht« genannt. Sie kann sich bis zu einer Höhe von 1000–1500 m über Grund erstrecken.
Natürlich ist ihre Dicke auch von der Beschaffenheit des Untergrunds abhängig. Über einer relativ glatten Meeresoberfläche reicht sie nur bis zu geringeren Höhen, über zerklüfteten Gebirgen besitzt sie eine wesentlich größere Mächtigkeit.
So wie in der Aerodynamik wird bei rauhem Untergrund die Strömung in der Grenzschicht natürlich auch nicht so schön laminar (lateinisch: lamina = ebene Platte), also geradlinig bleiben, wie in unserer Abbildung dargestellt. Sie wird zumindest in den bodennahen Schichten turbulent (lateinisch: turbulatus = unruhig, verworren), verwirbelt sein. Die zur Anfachung der Wirbel benötigte Energie wird aus der Energie der strömenden Luft entnommen.

Diese wird also abgebremst, wir registrieren eine stärkere Reibungskraft. Über sehr rauhem Untergrund ergeben sich also einmal durch die größere Dicke der Reibungsschicht und zum anderen durch die stärkere Turbulenz größere Reibungskräfte als über glatterem Untergrund. Diese Tatsache ist für die Erklärung einiger Wettererscheinungen sehr wichtig.
Welchen Einfluß üben nun diese Reibungskräfte auf den Wind aus?
Daß in der Reibungsschicht die Windgeschwindigkeit von unten nach oben zunimmt, haben wir bereits gesehen.
Im Mittel steigt dabei die Windgeschwindigkeit

bis zu einer Höhe von ca. 500 m auf das 2fache,
bis zu einer Höhe von ca. 1500 m auf das 3fache

des Bodenwertes an.
Wir haben aber auch noch zu untersuchen, ob bzw. wie sich auch die Windrichtung durch die Reibungskräfte ändert.
Die Reibungskraft R hemmt die Luftbewegung, übt also einen Widerstand auf die strömende Luft aus. Dieser Widerstand wirkt natürlich in der der Luftströmung entgegengesetzten Richtung. Die Corioliskraft C wirkt, wie wir wissen, senkrecht zur Bewegungsrichtung, die Gradientkraft G senkrecht zu den Isobaren. Wie wir bei der Besprechung des geostrophischen Windes und des Gradientwindes gesehen haben, ergibt sich eine gleichbleibende Windströmung erst, wenn alle auf die Luftteilchen ausgeübten Kräfte im Gleichgewicht sind.

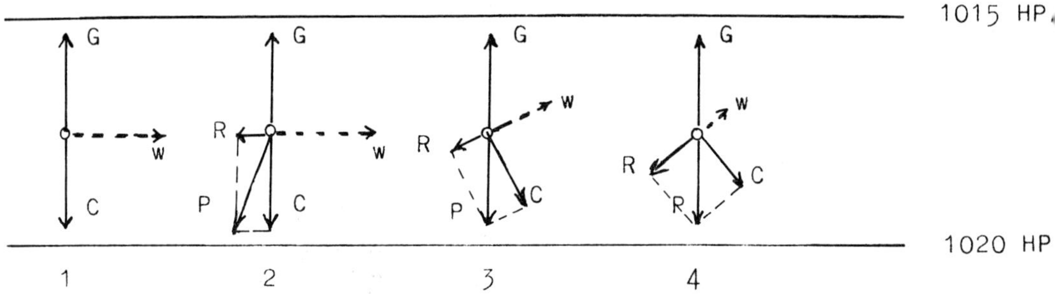

In Bild 1 ist dies der Fall. Wir haben den Fall des geostrophischen Windes. Gradientkraft G und Corioliskraft C sind gleich groß und entgegengesetzt gerichtet. Es ergibt sich die durch den stark gestrichelten Pfeil dargestellte isobarenparallele Strömung w.
Wirkt nun, wie in Bild 2 dargestellt, in der Reibungsschicht entgegen der Strömungsrichtung die Reibungskraft R, so sind die Kräfte nicht mehr im Gleichgewicht. Die Gradientkraft ist nur abhängig vom Druckgefälle, vom Abstand der Isobaren oder Isohypsen. Sie wird durch die Reibungskräfte also nicht verändert. Auf die durch die Gradientkraft G in Bewegung gesetzten Luftteilchen wirkt aber nun neben der senkrecht zur Bewegungsrichtung

wirkenden Corioliskraft C auch noch die in zur Bewegungsrichtung entgegengesetzten Richtung wirkende Reibungskraft R ein. C und R können wir zu einer resultierenden Kraft P zusammensetzen. Sobald diese resultierende Kraft gleich der Gradientkraft ist, herrscht wieder Gleichgewicht und konstante Bewegung der Luftteilchen.

Vergleichen wir Bild 3 mit den bei der Erklärung des geostrophischen Windes wiedergegebenen Abbildungen, so sehen wir, daß das Gleichgewicht der Kräfte jetzt früher erreicht wird, also bevor die Strömung um 90° abgelenkt ist, bevor sie isobarenparallel verläuft. Durch die Reibungskraft wird die Geschwindigkeit der Strömung verringert. Dadurch verringert sich natürlich auch die Corioliskraft. Trotzdem herrscht bei der jetzt geringer gewordenen Geschwindigkeit Kräftegleichgewicht, da ja entgegen der konstant gebliebenen Gradientkraft G jetzt nicht mehr nur die kleiner gewordene Corioliskraft C, sondern die Resultierende P aus C und der Reibungskraft R wirkt. Bild 3 zeigt also beide durch die Reibungskräfte hervorgerufenen Effekte, die Verringerung der Strömungsgeschwindigkeit und die geringere Rechtsdrehung der Strömungsrichtung.

Bild 4 zeigt die Verhältnisse bei stärkerer Reibung. Das Kräftegleichgewicht stellt sich bei einer noch geringeren Rechtsdrehung und bei noch geringerer Strömungsgeschwindigkeit ein.

Vergleichen wir die Strömungsrichtungen in den Bildern 1 bis 4 mit dem Isobarenverlauf, mit dem Druckgefälle, so sehen wir, daß der Wind mit zunehmender Reibung immer mehr zum tiefen Druck hin abgelenkt wird.

Ganz primitiv kann man sich die Vorgänge natürlich auch durch die Erklärung verständlich machen, daß die Corioliskraft durch die Reibungskräfte daran gehindert wird, die Luftströmung völlig um 90° nach rechts abzulenken.

Verfolgen wir nun die Windrichtungsänderungen von unten nach oben, wo ja über der Reibungsschicht der geostrophische Wind oder der Gradientwind isobarenparallel weht, so sehen wir, daß der Wind in der Reibungsschicht mit zunehmender Höhe nach rechts dreht.

Im Mittel dreht er von der Bodenrichtung aus

bis zu einer Höhe von ca. 500 m um etwa 20°,
bis zu einer Höhe von ca. 1500 m um etwa 30° nach rechts.

Darüber ist der Reibungseinfluß dann nicht mehr zu spüren. Es weht dort der isobarenparallele Wind mit voller Geschwindigkeit.

Wie wir schon gelernt haben, ist die Größe der Drehung im einzelnen allerdings stark von der Rauhigkeit des Untergrundes, also von der Größe der Reibungskräfte abhängig. Der Unterschied zwischen Bodenwindrichtung und der Richtung des isohypsenparallelen Windes in der Höhe ist daher bei glattem Untergrund, z. B. über ausgedehnten Wasserflächen, nur etwa 10°, über gebirgigem Gelände kann er dagegen bis zu 45–50° betragen.

Bei der Besprechung der Corioliskraft haben wir vermerkt, daß man bei kleinräumigen und kurzdauernden Vorgängen die Einflüsse dieser Kraft im allgemeinen weitgehend vernachlässigen kann. Beim Einfluß der Reibungskräfte ist dies nicht der Fall. Beim Übergang von glatterem zu rauherem Untergrund und umgekehrt, können wegen der stark unterschiedlichen Reibungskräfte und der damit sehr unterschiedlichen Ablenkungen auch schon relativ kleinräumig Windrichtungsänderungen auftreten. Diese können zum Zusammenströmen von Luft, zu sogenannten »Konvergenzen« (lateinisch: convergere = sich zueinander hinneigen) oder zum Auseinanderströmen von Luft, zu sogenannten »Divergenzen« (lateinisch: divergere = auseinandergehen) führen. Beide Vorgänge sind mit Wettererscheinungen verbunden, die oft nicht anhand der die großräumigen Verhältnisse zeigenden Wetterkarten vorhergesehen werden können. Solche, besonders für den Segelflieger wichtigen Erscheinungen sollen später noch etwas ausführlicher behandelt werden.

Die Grundeigenschaften von Hoch- und Tiefdruckgebieten

Im folgenden soll nicht die Entstehung von Hoch- und Tiefdruckgebieten besprochen werden; dies geschieht in einem späteren Kapitel. Wir wollen uns zunächst nur mit einigen wichtigen Eigenschaften solcher Druckgebilde beschäftigen.

Wie Gebiete mit unterschiedlichem Luftdruck auf Wetterkarten dargestellt werden, haben wir bereits im Kapitel »Isobaren und Isohypsen« gelernt. Von einem »Tiefdruckgebiet« oder »Hochdruckgebiet« spricht man dann, wenn mindestens eine Isobare oder Isohypse in sich geschlossen ist. Sind keine geschlossenen Linien vorhanden, spricht man je nach Art des Isobaren- bzw. Isohypsenverlaufes von Trögen, Rinnen, Keilen, Rücken usw. In der untenstehenden Abbildung ist dargestellt, wie derartige Gebilde in einer Wetterkarte erscheinen.

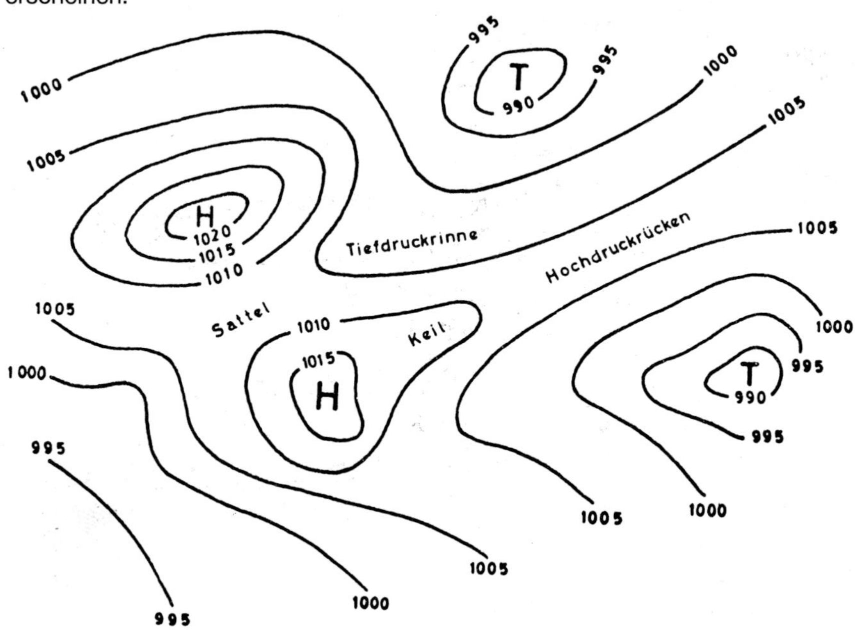

Die nachfolgende Abbildung zeigt nochmals die Darstellung eines Tiefdruckgebietes am Boden. Würde sich die Erde nicht drehen, würde die Luft, wie wir aus dem Kapitel »Windrichtung und Windgeschwindigkeit« bereits wissen, der Gradientkraft folgend, (entsprechend dem linken Teil der Abbildung) senkrecht zu den Isobaren in das Gebiet tiefen Drucks hineinströmen.
Da aber die Erde sich dreht, wird die Strömung, wie in dem genannten Kapitel ausführlich beschrieben wurde, auf diesem Weg auf der Nordhalbkugel der Erde nach rechts, auf der Südhalbkugel nach links abgelenkt. Wir wollen uns im folgenden wieder auf die Nordhalbkugel beschränken. Auf der Südhalbkugel sind die hier angegebenen Richtungen dann jeweils umgekehrt.

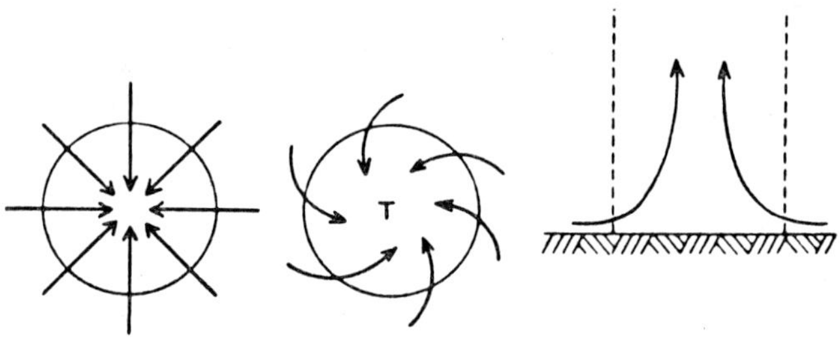

Da es sich um ein Tiefdruckgebiet am Boden handelt, wirkt die Bodenreibung und verhindert, daß die Strömung um volle 90° nach rechts abgelenkt wird. Am Boden strömt also die Luft entsprechend dem mittleren Bild in Linksspiralen in das Tief hinein. Wir erkennen außerdem, daß sie dort von allen Seiten her zusammenströmt. Es ergibt sich also, wie wir ebenfalls schon wissen, eine Konvergenz.
Gehen wir über die Reibungsschicht hinaus in die Höhe, so kann sich die Ablenkung durch die Corioliskraft voll auswirken. Sie beträgt dann 90°, d.h. die Luft strömt jetzt als geostrophischer Wind isohypsenparallel. In der Höhe umströmt die Luft also das Tiefdruckgebiet in Linkskreisen. Exakt trifft dies natürlich nur zu, wenn die Isohypsen genau kreisförmig sind. Da sie jedoch meist wenigstens kreisähnlich sind, nennt man die entstehende isohypsenparallele Strömung eine Kreisströmung, eine »Zyklone« (griechisch: kyklos = Kreis). Die entsprechende Krümmung der Isobaren bzw. Isohypsen im Bereich des Tiefdruckgebiets heißt »zyklonal«. Sind Isobaren oder Isohypsen außerhalb eines geschlossenen Tiefdruckgebietes in derselben Weise gebogen, bezeichnet man auch diese als »zyklonal gekrümmt«.
Was geschieht nun mit der am Boden in das Tief einströmenden Luft? Da in der Mitte des Tiefs nicht alle zuströmende Luft Platz hat, muß sie irgendwohin ausweichen. Unten ist der Boden, nach den Seiten hin steigt der Druck. Es bleibt ihr somit nur die Möglichkeit, nach oben auszuweichen, sie steigt auf. Was mit dieser in die Höhe transportierten Luft weiter geschieht, werden wir in späteren Kapiteln besprechen.

Die nächste Abbildung zeigt ein Hochdruckgebiet am Boden.

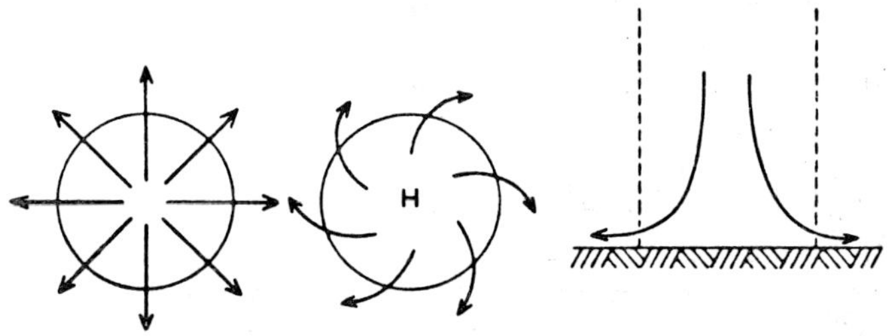

Ohne Erddrehung würde die Luft aufgrund der Gradientkraft entsprechend dem linken Teil der Abbildung senkrecht zu den Isobaren aus dem Hochdruckgebiet herausströmen. Durch die Erddrehung wird sie wieder nach rechts abgelenkt, wegen der Bodenreibung jedoch nicht um volle 90°. Sie strömt also am Boden in Rechtsspiralen aus dem Hoch heraus. Ein solches Auseinanderströmen von Luft heißt, wie wir schon wissen, »divergente« Strömung, »Divergenz«.
Sobald in der Höhe der Einfluß der Bodenreibung aufhört, erfolgt Ablenkung um volle 90°. Es ergibt sich wieder eine Art Kreisströmung, die diesmal aber rechtsherum dreht, also entgegengesetzt derjenigen beim Tiefdruckgebiet. Das Hochdruckgebiet heißt deshalb auch »Antizyklone« (griechisch: anti = gegen, entgegengesetzt, kyklos = Kreis).
Infolge des Ausströmens am Boden verliert das Hoch Masse. Der entstehende Masseverlust kann nur von oben her aufgefüllt werden. Es strömt also von oben Luft nach, im Hoch sinkt Luft ab. Auf welche Weise die von oben absteigende Luft dort laufend nachgeliefert wird, werden wir ebenfalls in späteren Kapiteln besprechen.
Die für uns wichtigsten Eigenschaften von Hoch- und Tiefdruckgebieten sind also:

- Ein Hoch ist eine »Pumpe«, die auf der Nordhalbkugel Luft in horizontaler Richtung rechts herum pumpt.
- Ein Tief ist eine »Pumpe«, die auf der Nordhalbkugel Luft in horizontaler Richtung links herum pumpt.

Weiß man dies, ist es leicht, aus den in den Wetterkarten eingezeichneten Hoch- und Tiefdruckgebieten und aus dem Verlauf der Isobaren bzw. Isohypsen auf die Richtung der durch die Druckgebilde hervorgerufenen Luftströmungen zu schließen.
Daß beide Druckgebilde – allerdings mit sehr viel geringerer Geschwindigkeit – Luft auch in vertikaler Richtung »umpumpen«, wird in späteren Kapiteln noch besprochen.

- Im Bereich eines Hochs sinkt Luft ab
- Im Bereich eines Tiefs steigt Luft auf

Was dies bedeutet, wissen wir aus den Kapiteln »Adiabatische Vorgänge in der Atmosphäre« und »Der Wasserdampf in der Atmosphäre«. Sinkt Luft ab, erwärmt sie sich adiabatisch und ihre Maximale Feuchte nimmt zu, sie kann mehr Wasserdampf aufnehmen, die Relative Feuchte nimmt also ab. Erwärmt sie sich stark genug, lösen sich eventuell vorhandene Wolken auf. Wetterlagen mit Hochdruckeinfluß sind also für den Segelflieger besonders wichtig, da sie in der warmen Jahreszeit nach Wolkenauflösung ungehinderte Sonneneinstrahlung und damit Ausbildung guter Thermik ermöglichen.

Die Geschwindigkeit des Absinkens ist dabei relativ gering. Zu Beginn der Vorgänge ist sie am größten und verringert sich dann nach einigen Tagen in größerer Höhe auf etwa ein Viertel, in geringerer Höhe auf etwa die Hälfte der ursprünglichen Werte. Insgesamt bleiben die Werte aber immer in der Größenordnung von einigen mm/sec bis maximal wenigen cm/sec.

Die Absinkgeschwindigkeit hat aber auch in verschiedenen Höhen sehr unterschiedliche Werte. So ist sie in größerer Höhe etwa 3–4mal größer als in geringeren Höhen. Man kann sich dies primitiv etwa so wie das Zusammendrücken eines Luftfederbeines oder eines Stoßdämpfers vorstellen. Das Absinken wird durch die zum Boden hin immer dichter werdende Luft abgebremst.

Die Luft wird so beim Absinken nicht nur erwärmt, sondern auch »komprimiert«, zusammengedrückt, da sie ja mit geringer werdender Höhe zunehmend unter höheren Druck gerät.

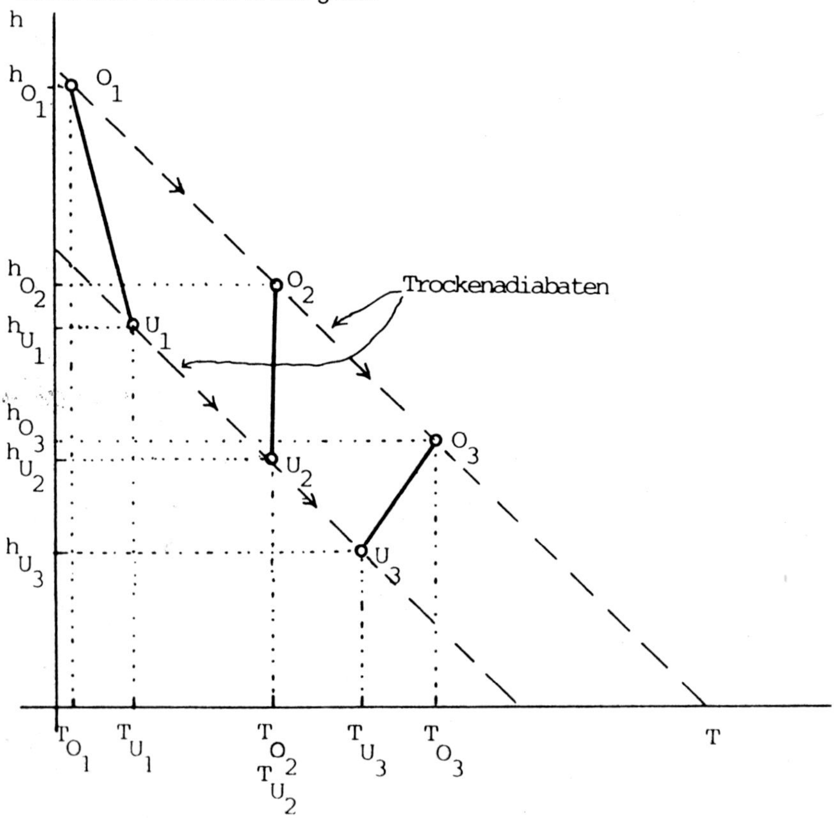

Schneiden wir also in größerer Höhe eine Luftsäule heraus, deren obere Begrenzung 0_1 in der Höhe h_{01} und deren untere Begrenzung U_1 in der Höhe h_{U1} liegt und lassen diese Luftsäule absinken, so wird U_1 beim Absinken stärker gebremst als 0_1.
Beim Absinken folgen U_1 und 0_1 natürlich einer Trockenadiabate – die Erwärmung beim Absinken erfolgt ja trockenadiabatisch – und erreichen in unserem Temp die neuen Positionen U_2 und 0_2. Da U_1 stärker abgebremst wurde als 0_1, ist aber die Höhendifferenz $h_{U1} - h_{U2}$ kleiner als $h_{01} - h_{02}$. Dasselbe ergibt sich beim weiteren Absinken der Luftsäule in die Position U_3 und 0_3.
Betrachten wir jetzt den Temperaturverlauf innerhalb der Luftsäule in den 3 Positionen, indem wir jeweils die zusammengehörenden T_U- und T_0-Werte miteinander verbinden, so erkennen wir, daß in Position 1 eine normale Temperaturabnahme mit der Höhe vorhanden ist, der Temp in Position 2 aber bereits eine Isothermie und in Position 3 sogar eine Temperaturzunahme mit der Höhe zeigt. Es hat sich also eine Inversion gebildet.
Da die Inversion durch den Absinkvorgang ausgelöst wird, heißt sie »Absink-Inversion« oder »Subsidenz-Inversion« (lateinisch: subsidere = sich niederlassen, sich senken). Wegen des gleichzeitig erfolgenden Kompressionsvorganges, des »Schrumpfens« der absinkenden Luftsäule, wird sie auch »Schrumpfungs-Inversion« genannt.
Je nach der vor Beginn des Hochdruckeinflusses und damit des Absinkvorganges vorhandenen Schichtung der Atmosphäre können sich so auf die beschriebene Weise in verschiedenen Höhen Absink-Inversionen bilden.
In Bodennähe genügen jedoch schon geringe Konvektions- oder Turbulenzerscheinungen, um dort den Absinkvorgang zu beenden. Gegenüber dabei auftretenden Auf- und Abwinden ist die Abwärtsgeschwindigkeit des Absinkens unbedeutend. In den bodennahen Schichten hört so die Erwärmung auf. Es bildet sich aber auch dort eine »Absink-Inversion«, da ja in der Konvektions- oder Turbulenzschicht keine Erwärmung mehr durch Absinken auftritt, während darüber weiterhin erwärmt wird.
Die bodennahe Inversion kann allerdings in der warmen Jahreszeit bei der mit der weiteren Entwicklung des Hochdruckgebietes verbundenen kräftigen Einstrahlung von der entstehenden Thermik bald durchbrochen werden. Aufgrund der kräftiger werdenden Konvektionsvorgänge wird die durchmischte Schicht mächtiger, das Absinken in der Höhe, das sich mit dem Kräftigerwerden des Hochs zunächst noch verstärkt, endet schon in größerer Höhe, die Inversion liegt höher.
So liegt zum Beispiel in Südamerika, im Bereich des Subtropischen Hochdruckgürtels, die erste der fast immer vorhandenen Absink-Inversionen erst in Höhen von 2000–3000 m GND, der oberen Grenze des wegen der kräftigen Strahlung sehr hochreichenden unteren Konvektionsraumes.
Die nachfolgende Abbildung zeigt ein Beispiel für den Temperatur- und Feuchteverlauf im Bereich einer Absink-Inversion. Oberhalb der Inversion, im

Bereich stärkster Erwärmung, also größter maximaler Feuchte, ist die Luftfeuchte natürlich am geringsten, die Taupunktsdifferenz also am größten.

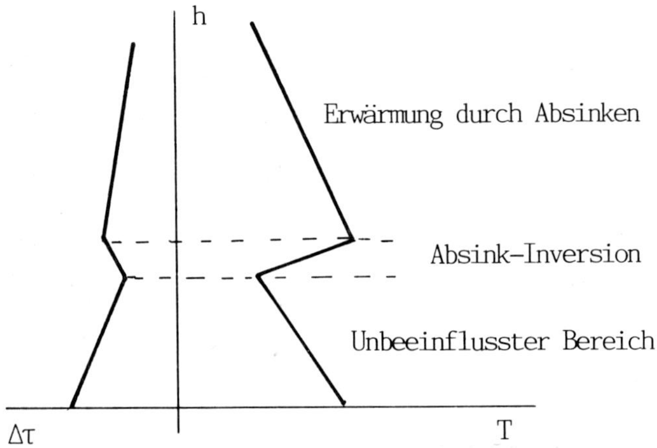

Ein anderer Vorgang, der ebenfalls zu Ausbildung einer Absink-Inversion in größerer Höhe führt, ist folgender: Bei Vorhandensein einer geschlossenen Wolkendecke setzt Hochdruckeinfluß und damit Absinken ein. Über der Wolkendecke erwärmt sich dabei die Luft trockenadiabatisch um 1 °C/100 m. Im Bereich der Wolkenschicht erfolgt jedoch bis zum Erreichen des Taupunkts und damit bis zur Auflösung der Wolken nur feuchtadiabatische Erwärmung mit ca. 0,5 °C/100 m.

Im wolkenfreien Gebiet über der Oberkante der Wolkenschicht wird die Luft also stärker erwärmt als in der Wolke. Es bildet sich eine Inversion, die auch erhalten bleibt, wenn die feuchtadiabatische Erwärmung zur völligen Auflösung der Wolkenschicht geführt hat.

Eine weitere für uns sehr wichtige Eigenschaft eines Hochdruckgebietes ist also:

– Im Bereich eines Hochdruckgebietes bildet sich eine Absink-Inversion.

In größerer Höhe vorhandene Absink-Inversionen sind wieder besonders für den Segelflieger sehr wichtig. Wie wir in den Kapiteln »Die Stabilitätszustände der Atmosphäre« und »Der Temp« gesehen haben, ergeben sich bei ungehinderter Sonneneinstrahlung und zumindest feuchtlabiler Schichtung der Atmosphäre sehr gute Aufwindverhältnisse. Es besteht aber auch, wie wir dort ebenfalls besprochen haben, die Gefahr einer Überentwicklung der sich bildenden Cumuluswolken, wenn die in der feuchtlabil geschichteten umgebenden Luft mit laufend zunehmender Geschwindigkeit aufsteigende Wolkenluft nicht rechtzeitig gestoppt wird.

Um also günstige Bedingungen zu erreichen, muß eine Inversion oberhalb der Kondensationsbasis der Cumuli liegen, damit diese überhaupt erst einmal

entstehen können. Zum anderen muß sie aber auch in einer Höhe liegen, in der sie die Entwicklung der Wolken noch vor Ausbildung der Cumulonimbus-Phase stoppen kann.
Zum Glück sind Inversionen in solchen Höhen recht häufig. Bei einer in England über längere Zeit hinweg ermittelten Statistik wurde festgestellt, daß nur bei 20 % der untersuchten Hochdrucklagen eine Absink-Inversion in 1000 m Höhe und darunter vorhanden war. In 65 % der Fälle lag sie zwischen 1000 und 2000 m und in 15 % der Fälle über 2000 m Höhe über Grund.
Eine Inversion in der Höhe tritt natürlich auch dann auf, wenn über einem Hochdruckgebiet in der Höhe Warmluft zuströmt und schließlich können auch noch Inversionen als Reste früherer Tiefdruckgebiete vorhanden sein. Wir wissen ja, daß das Ende einer Störung an der Polarfront eine Okklusion ist, von der schließlich nur noch Warmluft in der Höhe, eine Inversion, übrig bleibt. Der Temp gibt auf alle Fälle darüber Aufschluß, in welchen Höhen Inversionen vorhanden und wie kräftig sie ausgebildet sind.
Wenn im weiteren Verlauf einer sommerlichen Hochdruckwetterlage bei starker Sonneneinstrahlung und der damit gegebenen starken Thermik laufend immer mehr warme Luft nach oben transportiert wird, rückt der unter einer Inversion liegende Teil des Temps nach rechts. Die Inversion wird also immer kleiner, bis sie schließlich von den Cumuli durchbrochen werden kann. Falls keine weiteren Inversionen in größerer Höhe vorhanden sind, kann es jetzt zu Überentwicklungen kommen.

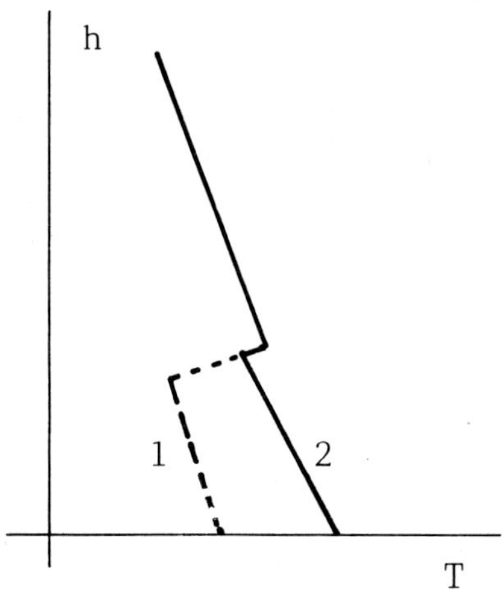

Wie wir im Kapitel »Der Temp« gesehen haben, treten Überentwicklungen natürlich auch dann nicht auf, wenn die Atmosphäre über dem Kondensationsniveau feuchtstabil bzw. nur über einen begrenzten Höhenbereich feuchtlabil geschichtet ist. Die Feuchtlabilität in der Höhe kann so z. B. auch durch Heranführen einer Warmluftmasse in der Höhe beendet werden.

Daß die Wettererscheinungen in einem Hochdruckgebiet während der kalten Jahreszeit, besonders bei feuchter Luft, ganz anders aussehen, wird in vielen Lehrbüchern beschrieben und ist mit unseren bisher erworbenen Kenntnissen leicht zu verstehen.

Aus den Kapiteln »Adiabatische Vorgänge in der Atmosphäre« und »Der Temp« wissen wir, daß bei aufsteigender Luft adiabatische Abkühlung, schließlich Kondensation und unter bestimmten Umständen auch Niederschlag auftritt. Liegt ein Tiefdruckgebiet, was bei uns im Bereich der subpolaren Tiefdruckrinne (s. Kapitel »Die globale Zirkulation in der Erdatmosphäre«) meist der Fall ist, an der Grenze zweier Luftmassen, so ergeben sich die in den gängigen Lehrbüchern beschriebenen Fronten (lateinisch: frons, frontis = Stirn, Vorderseite) mit dem je nach Schichtung der beteiligten Luftmassen charakteristischen Wettergeschehen.

Aber auch in Tiefdruckgebieten außerhalb von Luftmassengrenzen, also in einheitlichen Luftmassen, entsteht wegen der aufsteigenden Luft mehr oder weniger starke Bewölkung, die dann allerdings von der an Fronten auftretenden verschieden sein kann. Wir werden in späteren Kapiteln hierauf noch zurückkommen.

Wichtig ist nun noch, daß die Luft nicht nur im Zentrum eines Hochs absinkt, bzw. im Zentrum eines Tiefs aufsteigt, sondern daß diese Vorgänge großräumig im gesamten Einflußgebiet der Druckgebilde stattfinden. Diese Einflußgebiete sind an der entsprechenden Krümmung der Isobaren bzw. Isohypsen zu erkennen. Um festzustellen, ob wir Absinkbewegungen und damit eventuell Wolkenauflösung oder Aufsteigen von Luft und damit Bewölkung zu erwarten haben, müssen wir also feststellen, ob die Isobaren bzw. Isohypsen im zu beurteilenden Gebiet so wie um das Hoch herum (»antizyklonal«) oder so wie um das Tief herum (»zyklonal«) gekrümmt sind. Je stärker die Krümmung, umso kräftiger werden die Luftmassen in den unteren Schichten zum Zentrum eines Tiefs hin bzw. vom Zentrum eines Hochs weg bewegt, wodurch dann auch die entsprechenden vertikalen Luftbewegungen mit ihren Auswirkungen verstärkt werden.

Damit haben wir weitere wichtige Eigenschaften unserer Druckgebilde kennengelernt:

- Mit zunehmend antizyklonaler Krümmung der Isobaren bzw. Isohypsen kann zunehmend mit Wolkenauflösung gerechnet werden.
- Mit zunehmend zyklonaler Krümmung der Isobaren bzw. Isohypsen muß zunehmend mit Bewölkung gerechnet werden.

Auch hier ist einschränkend zu bemerken, daß während der kalten Jahreszeit auch bei antizyklonaler Krümmung der Isobaren Bewölkung vorhanden sein kann.

Es gibt noch einen weiteren wichtigen Unterschied zwischen Hoch- und Tiefdruckgebieten, den wir noch kurz besprechen wollen. Im Kapitel »Isobaren und Isohypsen« wurde ein Hochdruckgebiet mit der Darstellung eines

Berges, ein Tiefdruckgebiet mit der einer Senke auf einer topographischen Karte verglichen. Wie wir wissen, strömt die Luft oberhalb der Reibungsschicht als geostrophischer Wind parallel zu den Isohypsen um die Druckgebilde herum. Ein anschauliches Beispiel für ihre Bewegung ist also z.B. ein Motorradfahrer, der an den Abhängen den Berg bzw. die Senke umkreist. Jeder kann sich vorstellen, daß er dies bei einem steilen Berg nur mit geringer Geschwindigkeit tun kann. Sobald er zu schnell wird, wird er nach außen weggeschleudert.

In der Senke kann er dagegen so schnell wie nur möglich fahren, er wird ja durch die Fliehkraft nur gegen den Boden gepreßt. Wie wir aus Zirkusvorstellungen wissen, kann man auf diese Weise sogar an den Innenwänden einer senkrecht aufgestellten Röhre im Kreis herum fahren.

Dieser Effekt ist der Grund, warum sich nur bei Tiefdruckgebieten sehr große Druckgradienten und damit sehr starke Winde bis hin zum Tornado ausbilden können. Bei der Umkreisung eines Hochs wird die Luft schon sehr bald wie der Motorradfahrer nach außen »weggetragen«, große Druckgradienten, hohe Windgeschwindigkeiten können sich nicht ausbilden. Im Bereich eines Hochdruckgebietes sind also nur schwache, höchstens mäßige Windgeschwindigkeiten zu erwarten.

- Im Bereich eines Hochdruckgebietes sind nur schwache, höchstens mäßige Winde zu erwarten.
- Im Bereich eines Tiefdruckgebietes können sehr hohe Windgeschwindigkeiten auftreten.

Als praktisches Beispiel, an dem wir vieles des bisher Gelernten anwenden können, wollen wir noch kurz eine Wetterlage betrachten, die heute jedem Segelflieger in Deutschland bekannt ist. Es ist dies die Ost- bzw. Nord-Ost-Lage in Europa, die hauptsächlich im Frühling, gelegentlich aber – mit etwas weniger guten Bedingungen für sehr große Streckenflüge – auch im Herbst auftritt.

Um gute thermische Bedingungen zu erhalten, benötigen wir eine relativ kalte Luftmasse (siehe Kapitel »Die Luftmassen«), die dann über Land durch kräftige Sonneneinstrahlung, wie wir schon im Kapitel »Der Temp« gelernt haben, rasch labilisiert wird. Besonders im Frühjahr sind beide Bedingungen, kalte Luft und starke Einstrahlung, gegeben. Außerdem ist in dieser Jahreszeit auch eine lange Dauer der Einstrahlung gegeben, sodaß lang anhaltende Thermik zu erwarten ist.

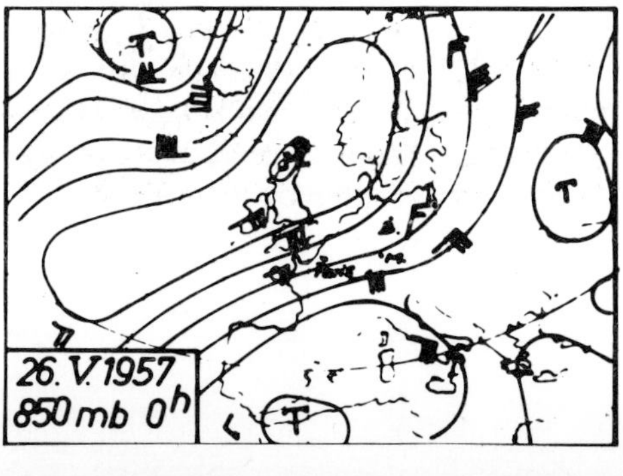

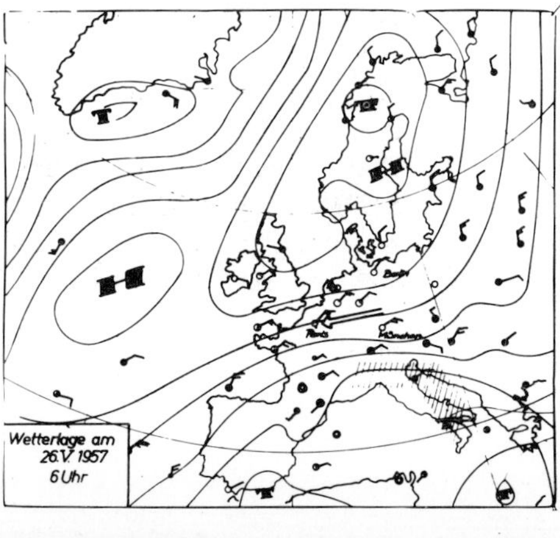

In den Höhenkarten erkennen wir die Zunahme der Windgeschwindigkeiten mit der Höhe und die wirkliche Richtung und Erstreckung des Strahles, die für eine exakte Flugvorbereitung benötigt werden.

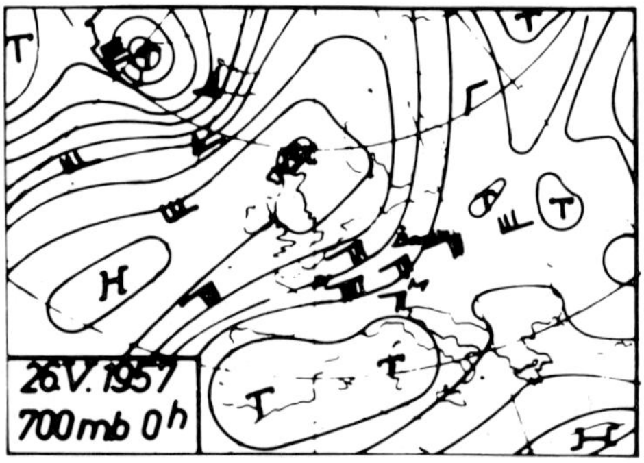

Aus politischen Gründen können wir heute leider noch nicht größere Strekken in Richtung Osten fliegen. Große Strecken in Nord-Süd- oder Süd-Nord-Richtung sind in unserem Gebiet aus geographischen und meteorologischen Gründen schlecht möglich. Gebirge und Wasser würden die thermischen Bedingungen dabei zu stark verändern. Zur Zeit ermöglicht es uns also nur eine Ost-West-Strömung, in dem uns zugänglichen Gebiet große Zielstrekkenflüge in gerader Richtung auszuführen.
Um die benötigte kalte Luftmasse aus dem Norden oder nach dem kalten Winter auch aus dem Osten in unser Gebiet zu leiten, müssen wir nun unsere atmosphärischen »Pumpen« an geeigneten Stellen installieren. Ein über Skandinavien angesiedeltes Hoch pumpt rechts herum und führt so trockene kalte Polarluft nach Mitteleuropa. Die für das Erreichen großer Strecken benötigten hohen Windgeschwindigkeiten kann aber das Hoch, wie wir eben gehört haben, nicht liefern. Die durch das Hoch gegebene Strömung muß also noch weiter beschleunigt werden und zwar am besten durch ein Tief, in dessen Bereich ja höhere Windgeschwindigkeiten möglich sind. Wir legen ein solches Tief über den Balkan oder über die Adria. Es pumpt links herum und beschleunigt damit tatsächlich die vom skandinavischen Hoch eingeleitete Strömung weiter. Dies ist die einfachste, aber nicht die beste Form der Nord-Ost-Lage oder auch, wenn sich das Hoch etwas nach Süden verlagert, der Ost-Lage.
Es müssen nun allerdings noch einige weitere Bedingungen erfüllt sein. Einmal muß weitgehend ungehinderte Einstrahlung möglich sein, damit gute Thermik entstehen und die erforderliche Labilisierung erfolgen kann. Dies bedeutet, daß sich unser Gebiet in der vom Hoch ausgehenden *antizyklonalen* Strömung, *nicht* in der vom Tief ausgehenden zyklonalen Strömung, befinden muß. Wir erkennen dies, wie schon besprochen, an der entspre-

chenden Krümmung der über unserem Gebiet liegenden Isobaren bzw. Isohypsen.
Die zur Ausbildung von Wolkenstraßen benötigten relativ hohen Windgeschwindigkeiten sind durch unsere beiden Pumpen gegeben. Eine weitere Bedingung zu ihrer Entstehung ist jedoch noch das Vorhandensein einer Inversion in der Höhe. Auch aus diesem Grund müssen wir uns im antizyklonalen Bereich der Strömung befinden, da die Inversion ja dann durch die dort vorhandene Absinkbewegung entstehen kann.
Noch bessere Bedingungen erhalten wir, wenn das skandinavische Hoch, wie es in unserer Abbildung der Fall ist, mit einem weiteren Hoch über den Britischen Inseln verbunden ist. Die Strömung, die schon nach Süden hin durch die hohen Berge der Alpen am Auffächern gehindert wird, kann sich dann auch nach Norden hin nicht ausweiten. Außerdem wird sie durch das zweite Hoch noch weiter beschleunigt. Zwischen den beiden seitlichen Begrenzungen und der als »Deckel« darüber liegenden Absink-Inversion kann sich dann ein sogenannter »Bodenstrahl« ausbilden.
Ob und wie weit alle diese Bedingungen erfüllt sind, können wir mit unseren bisher erworbenen Kenntnissen ohne weiteres aus Wetterkarten und Temps entnehmen. Steht kein Kartenschreiber zur Verfügung, so können wir, wie bereits besprochen, die notwendigen Daten bei der nächsten Flugwetterwarte erfragen. Wir wissen ja, daß wir auf vernünftige, durchdachte Fragen auch vernünftige Antworten erhalten.
Bei hervorragender Thermik mit bis zu 8–10 m/sec unterhalb der Wolkenstraßen und den durch den Bodenstrahl gegebenen starken Rückenwind mit bis zu mehr als 50 km/h können so bei richtiger Ausnutzung einer solchen Lage auch in Europa Strecken von 1000 km und mehr geflogen werden. Besonders vorteilhaft ist, daß solche Wetterlagen meist einige Tage anhalten, wobei die besten Bedingungen meist am zweiten Tag vorhanden sind.
Das richtige Ziel wählt man natürlich nicht entsprechend der Richtung des Bodenwindes, sondern anhand des Höhenwindes aus, der in Höhe der Wolkenstraßenbasis herrscht.
Wichtig für die Wahl der Flugstrecke ist noch, zu wissen, daß Wolkenstraßen aufhören, wenn sich der Untergrund stark ändert, wenn also z. B. Land von größeren Wasserflächen oder ebenes Gelände von Gebirge abgelöst wird. Wegen der unterschiedlichen thermischen Bedingungen über den verschiedenen Untergrundformen sind dann die Voraussetzungen für die Bildung geordneter Thermikwolken nicht mehr gegeben.
Bei einem Flug aus dem süddeutschen Raum in Richtung Frankreich ist es allerdings möglich, daß trotz des eventuellen Aufhörens der Wolkenstraßen an Schwarzwald und Vogesen ein Überqueren dieser Gebirge möglich ist, da sie bei Ostströmung ja senkrecht zum Wind liegen und sich so bei den vorhandenen hohen Windgeschwindigkeiten im Lee der Gebirge eventuell ausfliegbare Wellen bilden.

Bei den zu erwartenden großen Strecken sollten natürlich auch Informationen über die Thermik- und Windverhältnisse auf der Strecke und im Zielgebiet eingeholt werden, um die Wetterlage dann schließlich mit allen Hilfsmitteln, die wir bisher kennengelernt haben, optimal ausnutzen zu können. Wie dies im einzelnen gemacht wird, kann aus den immer wieder in der Fachpresse erscheinenden meteorologischen Berichten über bei solchen Lagen ausgeführte bemerkenswerte Flüge entnommen werden.
Das Grund-Handwerkszeug, um solche Vorbereitungen und Auswertungen zu verstehen und nach einiger Übung auch selbst vornehmen zu können, haben wir uns inzwischen angeeignet.
Obwohl wir eigentlich nur Grundlagen besprechen wollen, haben wir doch kurz ein grobes Bild ihrer Anwendungsmöglichkeiten kennengelernt. Das Beispiel soll zeigen, daß es sich lohnt, die bereits behandelten und die in den nächsten Kapiteln noch zu besprechenden Grundlagen zu erarbeiten und daß viele der zunächst recht theoretisch anmutenden Themen sehr rasch eine wichtige praktische Bedeutung erlangen.

Die Druckverhältnisse in kalter und warmer Luft, der Thermische Wind und die Relative Topographie

Aus dem Kapitel »Lufttemperatur« ist bekannt, daß bei gleichem Luftdruck warme Luft eine geringere Dichte besitzt als kältere. Eine kalte Luftschicht einer bestimmten Dicke ist also bei gleichbleibendem Luftdruck schwerer als eine aus wärmerer Luft bestehende Schicht derselben Dicke. Schneiden wir nun bei ebenfalls gleichbleibendem Bodenluftdruck zwei gleich schwere, aber verschieden warme Luftsäulen gleicher Grundfläche aus der Atmosphäre heraus, so ist natürlich die schwere, Kaltluft enthaltende Säule weniger hoch als die die leichtere Warmluft enthaltende. Als primitiven Vergleich können wir ein Stahlblech wählen, das selbstverständlich dünner sein muß, wenn es dasselbe Gewicht wie ein gleich großes Aluminiumblech besitzen soll.

Wir betrachten nun zwei nebeneinander aufgestellte Luftsäulen verschiedener Temperatur, in denen aber jeweils der gleiche Bodendruck herrschen soll. Wie ändert sich der Luftdruck in den beiden Säulen mit der Höhe?

Nach unseren bisherigen Überlegungen müssen wir in der warmen Luft höher hinaufsteigen als in der kälteren, um den Luftdruck 900 HPa zu erreichen. Die einer Druckänderung von 100 HPa (bzw. bei gegebener Grundfläche der Säulen einer entsprechenden Gewichtsänderung) entsprechende Schichtdicke ist ja in der leichteren Warmluft größer als in der schwereren Kaltluft. Aus unserer Abbildung erkennen wir, daß deshalb der Luftdruck in der warmen Luftsäule mit der Höhe wesentlich langsamer abnimmt als in der kalten. Während am Boden in beiden Luftsäulen der gleiche Luftdruck vorhanden war, herrscht in der warmen Luftsäule wegen der langsameren Druckabnahme in jeder Höhe ein höherer Druck als in der kalten.

Wie ebenfalls aus der Abbildung zu ersehen, nehmen die Druckunterschiede mit zunehmender Höhe zu.

Da die einer bestimmten Druckänderung entsprechende Dicke einer Luftschicht mit zunehmender Temperatur und damit abnehmender Dichte immer

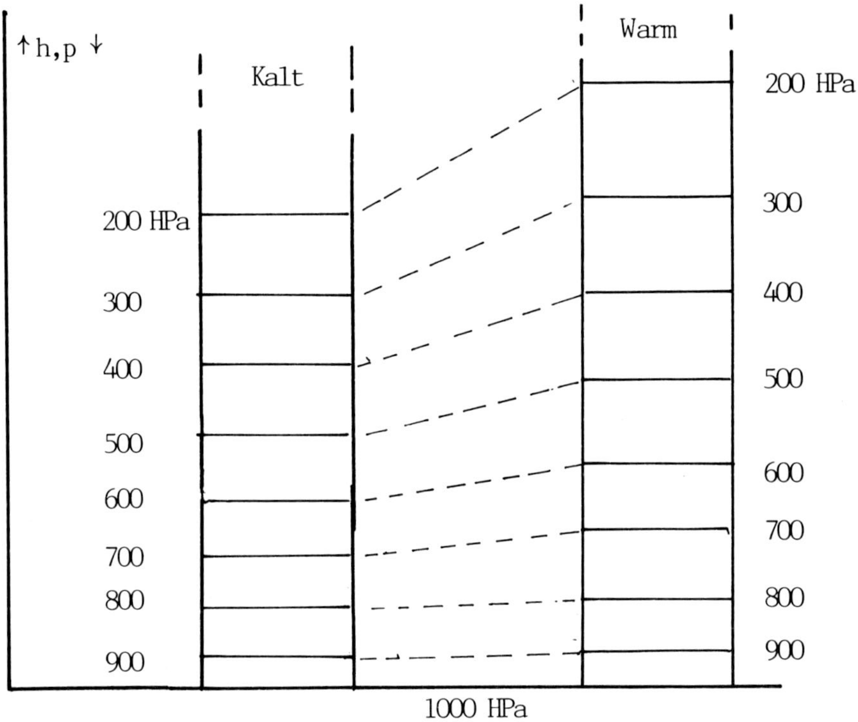

größer wird, wächst außerdem die Größe des Druckgefälles insgesamt, also in allen Höhenbereichen, mit dem Temperaturunterschied, dem Temperaturgefälle zwischen den beiden Luftmassen an.
So, wie ein Druckgefälle durch Isobaren oder Isohypsen dargestellt werden kann, kann ein Temperaturgefälle durch Linien gleicher Temperatur, die sogenannten »Isothermen« (griechisch: isos = gleich, thermos = warm) wiedergegeben werden. Diese verbinden in einer Karte alle Punkte, an denen die selben Temperaturen gemessen wurden.
Sowohl in der Bodenwetterkarte als auch in den Höhenkarten werden die von den verschiedenen Stationen gemessenen Temperaturen angegeben. Man könnte also in alle diese Karten neben den Isobaren bzw. Isohypsen auch Isothermen einzeichnen und daraus die Gebiete wärmerer und kälterer Luft erkennen. Dies würde die Karten jedoch sehr unübersichtlich machen. Wir werden am Ende dieses Kapitels sehen, daß es hierzu mit den ebenfalls über einen Wetterkartenschreiber zu empfangenden bzw. auf einer Wetterwarte einzusehenden »Relativen Topographien« eine einfachere Methode gibt.
In der nachstehenden Abbildung sind aber nun tatsächlich Isothermen eingezeichnet. Wir erkennen, daß sich links wärmere, rechts kältere Luft befindet. Infolge des Temperaturgefälles besteht, wie eben besprochen, in jeder Höhe über dem Erdboden ein diesem Temperaturgefälle entsprechendes Druckgefälle.
Ein solches ruft, wie wir aus dem Kapitel »Windrichtung und Windgeschwin-

digkeit« wissen, eine Ausgleichsströmung hervor, die in diesem Fall aufgrund ihrer Ursache mit »Thermischer Wind« bezeichnet wird.

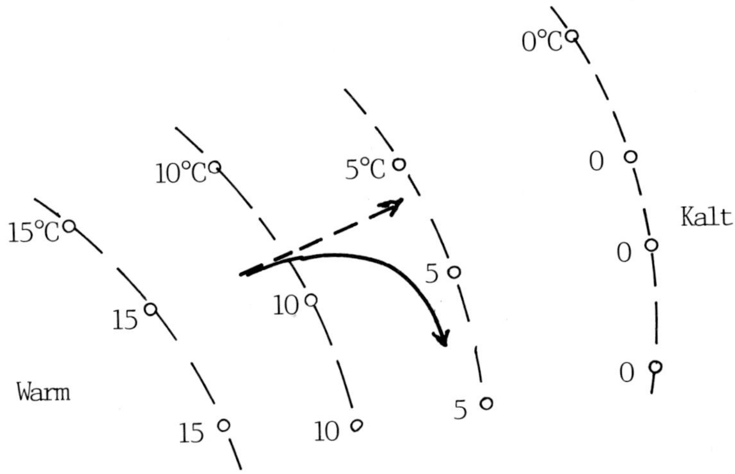

Auch hier setzt sich die Luft natürlich zunächst entsprechend dem Druckgradienten senkrecht zum Druckgefälle, also senkrecht zu den Isothermen in Bewegung, wie dies in unserer Abbildung durch den gestrichelten Pfeil dargestellt wird. Im weiteren Verlauf wird aber die Strömung durch die Corioliskraft abgelenkt, bis der Wind auch hier nicht mehr senkrecht, sondern parallel zum Druckgefälle, hier also parallel zu den Isothermen strömt. Der ausgezogene Pfeil in unserer Abbildung zeigt die Verhältnisse auf der Nordhalbkugel, also eine Ablenkung nach rechts.

Schematisch dargestellt ergibt sich das nebenstehende Bild. Schaut man von der warmen Luftsäule aus zur kalten, so weht der Thermische Wind von links nach rechts. Schaut man von der kalten zur warmen Luftsäule, so weht der Thermische Wind von rechts nach links.

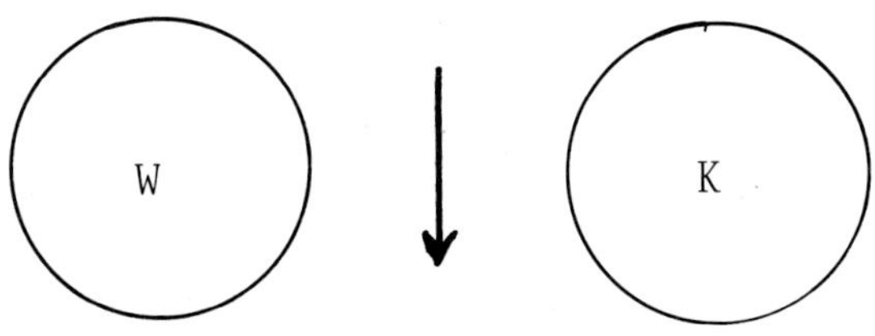

Der bisher angenommene Fall, daß warme und kalte Luftmassen den selben Bodendruck aufweisen, kommt allerdings in Wirklichkeit kaum vor. Die Grenzen verschieden warmer Luftmassen, die »Fronten« genannt werden (siehe die Kapitel »Die Luftmassen« und »Fronten, Konvergenzen und Divergenzen«,

sind fast immer auch am Boden mit deutlichen Druckunterschieden verbunden, die dann, wie wir ja schon besprochen haben, ebenfalls mit Ausgleichsströmungen, mit Wind verbunden sind. Der Thermische Wind ist also praktisch nie allein zu beobachten: Die Höhenwinde sind so nicht nur durch den Thermischen Wind und auch nicht allein durch den Geostrophischen Wind, sondern durch die Summe aus beiden gegeben.
Je nach Verlauf des durch Hoch- und Tiefdruckgebiete gegebenen Druckgefälles und des durch verschieden warme Luftmassen gegebenen Temperatur- (und damit auch wieder Druck-)Gefälles erhalten wir unterschiedliche Strömungsverhältnisse.
In den folgenden Abbildungen bedeuten

——— Isohypsen — — — — Isothermen

——→ Geostrophischer Wind - - → Thermischer Wind

⇒ Resultierender Höhenwind

Wie durch Pfeile dargestellte Geschwindigkeiten zusammengesetzt werden können, wurde bereits im Kapitel »Windrichtung und Windgeschwindigkeit« behandelt.

H = Hoher Druck T = Tiefer Druck
K = Kaltluft W = Warmluft

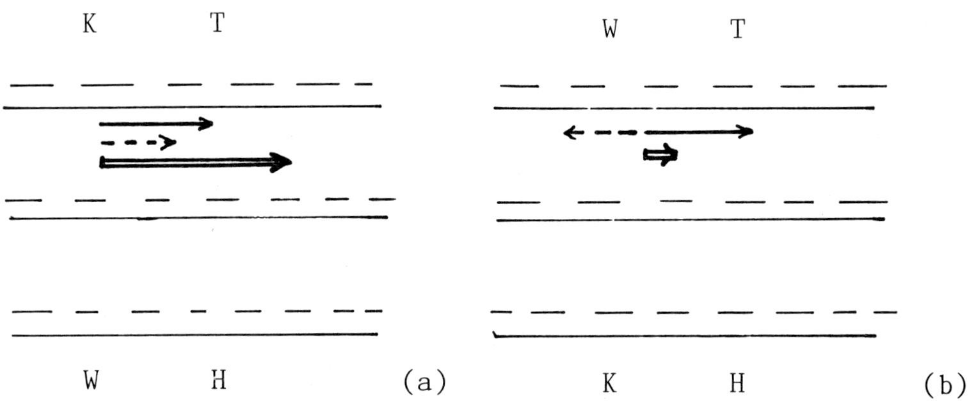

In den Fällen (a) und (b) wird keine Luftmasse anderer Temperatur herangeführt, Isohypsen und Isothermen und damit auch Geostrophischer und Thermischer Wind verlaufen parallel zueinander. Auch mit zunehmender Höhe ist keine Änderung der Richtung des Geostrophischen Windes zu erkennen.
Anders ist es in den Fällen (c) und (d). Wir erkennen deutlich, daß hier eine Änderung der Richtung des Geostrophischen Windes eintritt.

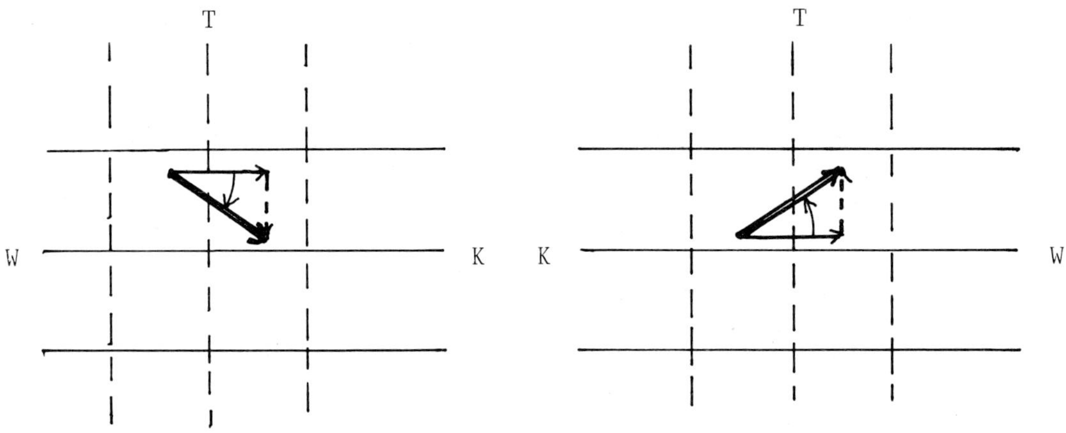

(c) (d)

Es ist leicht zu verstehen, daß dann, wenn mit zunehmender Höhe der den Thermischen Wind darstellenden Pfeil immer länger wird, die Richtung der Resultierenden aus Geostrophischem und Thermischem Wind auch immer stärker von der ursprünglichen Richtung des Geostrophischen Windes abweicht.

Aus dieser Tatsache ergibt sich eine einfache Methode, um eine Warmluft- oder Kaltluft-Advektion (siehe Kapitel »Der Temp«) zu erkennen. In Abb. (c) soll sich ein Beobachter auf der rechten Seite, also in der kalten Luft befinden. Durch den Geostrophischen Wind wird von links Warmluft in seine Richtung geführt. Der Höhenwind wird dabei, wie leicht zu erkennen, durch den mit der Höhe immer weiter zunehmenden Thermischen Wind mit zunehmender Höhe immer weiter von der ursprünglichen Richtung des Geostrophischen Windes nach rechts abgelenkt.

In Abb. (d) befindet sich der Beobachter ebenfalls auf der rechten Seite, diesmal jedoch in der warmen Luft. Von links wird in diesem Fall durch den Geostrophischen Wind Kaltluft herangeführt. Infolge des Thermischen Windes erfolgt jetzt mit zunehmender Höhe eine zunehmende Linksdrehung des Höhenwindes.

Diese Änderungen der Richtung des Höhenwindes haben nichts mit der Rechtsdrehung des Windes in der Bodenreibungsschicht zu tun, die wir im Kapitel »Windrichtung und Windgeschwindigkeit« kennengelernt haben und die ja eine ganz andere Ursache hat. Der Einfluß des Thermischen Windes ist am Boden noch gar nicht vorhanden, wie wir zu Beginn dieses Kapitels gesehen haben. Um ihn zu erkennen, müssen wir daher die Höhenwinde, z. B. im 700 HPa- und im 500 HPa-Niveau betrachten und vergleichen.

Wir merken uns also:

Dreht der Wind oberhalb der Bodenreibungsschicht mit zunehmender Höhe nach rechts, so erfolgt Warmluft-Advektion, dreht er nach links, so herrscht Kaltluft-Advektion.

Der Effekt ist nach dem, was wir anfangs besprochen haben, natürlich umso

größer, je größer die Temperaturunterschiede der Luftmassen sind und je größer ihre Höhenerstreckung ist.
Für die Berechnung des Thermischen Windes gibt es eine mathematische Formel, aus der zu entnehmen ist, daß seine Größe nicht nur vom horizontalen Temperaturgradienten, sondern wegen des bereits erwähnten Einflusses der Corioliskraft auch von der geographischen Breite abhängig ist. Setzt man in die Formel unsere geographische Breite ein, so erhält man als Faustregel für unser Gebiet, daß pro 1 °C/100 km horizontalem Temperaturgefälle sich pro km Schichtdicke einer Luftsäule ein Thermischer Wind von ca. 9 km/h ergibt.
Das Temperaturgefälle zwischen den beiden verschieden warmen Luftmassen wird dabei an der unteren Grenze der betrachteten Luftsäulen gemessen. Ändert sich z.B. am unteren Ende einer 3 km dicken Luftschicht an der Grenze zweier verschieden warmer Luftmassen die Temperatur um 2 °C/ 100 km, so ergibt sich für den Thermischen Wind am oberen Ende der 3 km dicken Luftschicht eine Geschwindigkeit von 3 x 2 x 9 = 54 km/h.
Betrachten wir eine von 1 km bis 11 km Höhe, also bis zur Tropopause reichende Luftschicht, die somit 10 km dick ist und nehmen wir an ihrem unteren Ende in 1 km Höhe einen im Bereich von Fronten durchaus vorkommenden horizontalen Temperaturgradienten von 3 °C/100 km an, so ergibt sich für den Thermischen Wind in Tropopausenhöhe eine Geschwindigkeit von 10 x 3 x 9 = 270 km/h.
Dazu muß dann noch, wie wir in unseren letzten Abbildungen gesehen haben, der Geostrophische Wind oder der Gradientwind addiert werden. Wir erhalten so über den Grenzen verschieden warmer Luftmassen in der Tropopause sehr hohe Windgeschwindigkeiten, die umso größer werden, je größer die horizontalen Temperaturunterschiede sind. Was darüber, in der Stratosphäre, geschieht, werden wir bei der Behandlung der globalen Zirkulation in der Atmosphäre erfahren. Wir werden dann auch verstehen, wie die hier besprochenen Vorgänge zur Ausbildung der bekannten Strahlströme führen.
Wie kann man nun erkennen, ob eine Luftmasse aus Warmluft oder aus Kaltluft besteht und wie können wir ihre mittleren Temperaturen für einen bestimmten Höhenbereich bestimmen?
Wir betrachten nochmals die erste Abbildung in diesem Kapitel und zeichnen nur die unterste, in Bodennähe liegende Druckfläche 1000 HPa und die in der Mitte der Troposphäre liegende Druckfläche 500 HPa ein.
Wie schon ausführlich erklärt, befindet sich das 500 HPa-Niveau in der Warmluft in einer größeren Höhe als in der Kaltluft. Berechnet man den Abstand beider Druckflächen für verschiedene mittlere Temperaturen der zwischen ihnen befindlichen Luft, so ergibt sich natürlich, daß der Abstand der beiden Flächen umso größer wird, je höher der Wert der mittleren Temperatur ist. Der Abstand der beiden Druckflächen ist also ein direktes Maß für die mittlere Temperatur einer Luftmasse in der unteren Troposphäre.

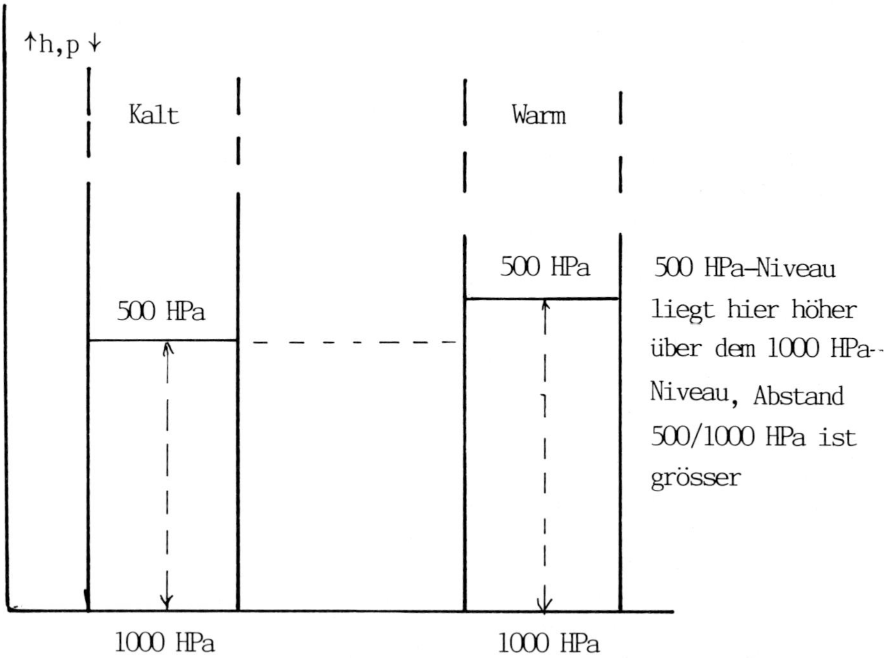

Da die Verhältnisse in den darüber befindlichen Luftschichten bis zur Tropopause meist ähnlich sind, ergibt der Abstand der beiden Druckflächen sogar ein brauchbares Gesamtbild der Warm- und Kaltluftverteilung in der gesamten Troposphäre.
Eigentlich ergibt sich dabei ein Maß für die mittlere »virtuelle Temperatur«, die im Kapitel »Der Wasserdampf in der Atmosphäre« erklärt wurde. Dies ist aber für unsere Überlegungen unwichtig und soll nur der Vollständigkeit wegen erwähnt werden.
Um die mittlere Temperatur von Luftmassen zu bestimmen, wird also festgestellt, wie hoch sich an den einzelnen Meßpunkten die 500 HPa-Fläche über der 1000 HPa-Fläche befindet. Die ermittelten Höhenwerte werden dann wieder in Form von Linien gleicher Höhe, also wieder von »Isohypsen«, in eine Karte eingetragen. Die Höhenangaben erfolgen in derselben Weise wie bei den Absoluten Topographien (siehe Kapitel »Isobaren und Isohypsen«). Je größer die an einem Punkt angegebene Höhe ist, umso höher ist die mittlere Temperatur der Luftmasse an diesem Punkt.
So entspricht z.B. die Höhenangabe 516, also ein Abstand der beiden Druckflächen von 5160 m, einer Temperatur von 258 K oder -15 °C. Ein Unterschied in den angegebenen Höhenwerten von jeweils ca. 20 m (eigentlich von 2 »geodynamischen Dekametern« – siehe Kapitel »Isobaren und Isohypsen« –) bedeutet dann einen Unterschied in den mittleren Temperaturen von 1 °C.
Die eingezeichneten Isohypsen geben also auch an, an welchen Orten gleiche Temperaturen herrschen; sie entsprechen Isothermen, obwohl sie mit Höhen-, nicht mit Temperaturwerten bezeichnet werden.
Die sich so ergebende Darstellung heißt im Gegensatz zu den bereits behan-

delten »Absoluten Topographien« einzelner Druckflächen jetzt »Relative Topographie 500/1000 HPa«. »relatio« bedeutet im Lateinischen »Gegenüberstellung, Verhältnis«. Es werden also die Höhenwerte zweier Druckflächen einander gegenübergestellt, miteinander verglichen.
Zusätzlich zu den Höhenangaben werden mit den Bezeichnungen K und W auch noch die Zentren kalter und warmer Luft angegeben, also die Stellen, an denen die mittleren Temperaturen Tiefst- bzw. Höchstwerte aufweisen.
Die manchmal ebenfalls angegebenen »Scherwinde« zeigen den Unterschied in Windrichtung und Windgeschwindigkeit zwischen den beiden Bezugsflächen an.
Ist kein horizontaler Temperaturunterschied vorhanden, so tritt oberhalb der Bodenreibungsschicht auch keine Änderung von Windrichtung und Windgeschwindigkeit mit der Höhe auf, es ist kein Scherwind vorhanden. Ist eine solche Änderung vorhanden, so wird sie dadurch verursacht, daß zum Geostrophischen Wind der sich mit der Höhe verstärkende Thermische Wind hinzukommt. Ein in der Relativen Topographie 500/1000 HPa eingezeichneter Scherwind, der *Unterschied* zwischen den Winden in den beiden Bezugsniveaus, ist also nichts anderes als der Thermische Wind allein.
Da der Thermische Wind parallel zu den Isothermen weht und die Isohypsen einer Relativen Topographie ja Isothermen entsprechen, kann man aus seiner Richtung, also der Richtung des Scherwindes, auf den Verlauf der Isothermen und damit der Isohypsen in der Relativen Topographie schließen. Der Scherwind ist also eine Hilfe beim Zeichnen der Isohypsen einer Relativen Topographie.
In bestimmten Fällen kann es allerdings vorkommen, daß der Thermische Wind, in unserer Darstellung also der Scherwind, nicht isohypsenparallel strömt. Wir werden im Kapitel »Die globale Zirkulation in der Erdatmosphäre« sehen, daß dies dann geschieht, wenn die Strömung Beschleunigungen oder Verzögerungen erfährt.
Ein praktisches Beispiel einer Relativen Topographie 500/1000 HPa zeigt die Abbildung auf der nächsten Seite.
Natürlich können auch andere Druckflächen miteinander verglichen, andere Relative Topographien gezeichnet werden, um die Temperaturverhältnisse in bestimmten Höhenbereichen zu ermitteln. Im allgemeinen wird jedoch nur die Relative Topographie 500/1000 HPa verwendet, da sie die meisten der die Meteorologen und auch uns interessierenden Fragen beantwortet.
Wie schon kurz erwähnt und wie in späteren Kapiteln noch ausführlicher besprochen werden wird, sind Luftmassengrenzen bei uns meist durch Fronten mit entsprechend deutlichen Wettererscheinungen gekennzeichnet. Da Fronten ja Luftmassen unterschiedlicher Temperatur trennen, müssen sie auch in der die Temperaturverhältnisse darstellenden Relativen Topographie zu finden sein.
Sie werden zwar in den mit Hilfe von Kartenschreibern zu empfangenden

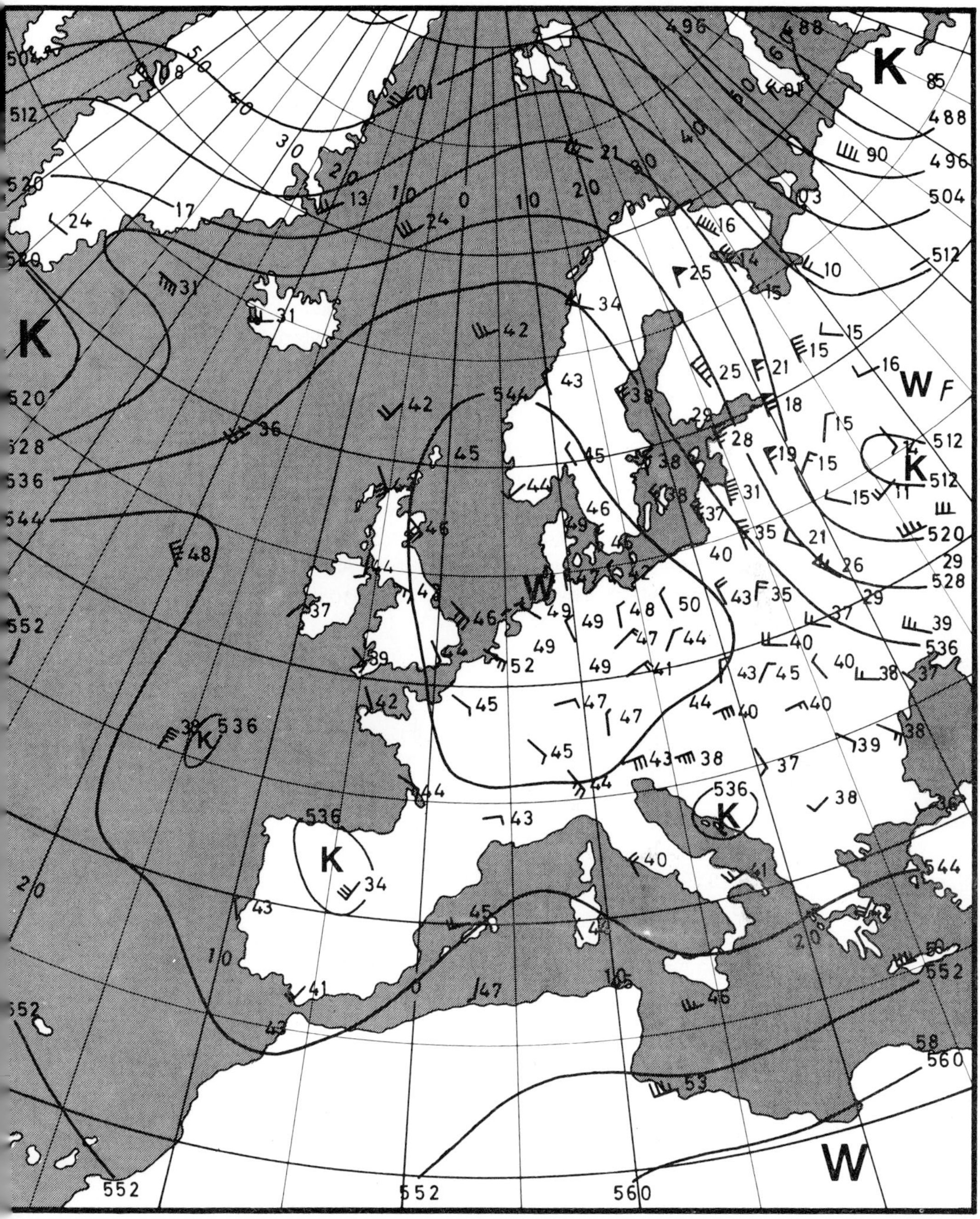

Beispiel einer Hochdrucklage

(Relative Topographie 500/1000 mb vom 8. April 1969, 00 GMT mit Scherwind- und Höhenwerten)

Relativen Topographien nicht dargestellt, können aber auf folgende Weise selbst ermittelt werden:
An Fronten müssen sich die Temperaturen auf sehr viel kleinerem Raum ändern als in einheitlichen Luftmassen. Man sucht daher in der Karte die Stellen auf, an denen die Isohypsen am engsten zusammengedrängt sind, an denen sich also die Temperatur in horizontaler Richtung auf kleinstem Raum ändert. Solche Drängungszonen der Isohypsen fallen immer nahezu mit den Luftmassengrenzen, den Fronten, zusammen. Das Hauptdrängungsgebiet, also das Gebiet, in dem die Isohypsen den geringsten Abstand voneinander haben, liegt dabei immer auf der Seite der Front, auf der sich die Kaltluft befindet. Dies hat seine Ursache darin, daß kalte Luft am Boden meist einen größeren Raum einnimmt als in größeren Höhen. Sie liegt meist als »Berg« da, auf den z.B. im Fall einer Warmfront die Warmluft aufgleitet. Erst nach Durchzug der mit einer Warmfront verbundenen Wettererscheinungen reicht die Warmluft vom Boden bis in große Höhen.
Erst *hinter* dem frontalen Geschehen sind also die größten Temperaturunterschiede vorhanden, die durch den geringsten Abstand der Isohypsen angezeigt werden. Das Warmfrontgeschehen muß also *vor* der größten Isohypsendrängung liegen.

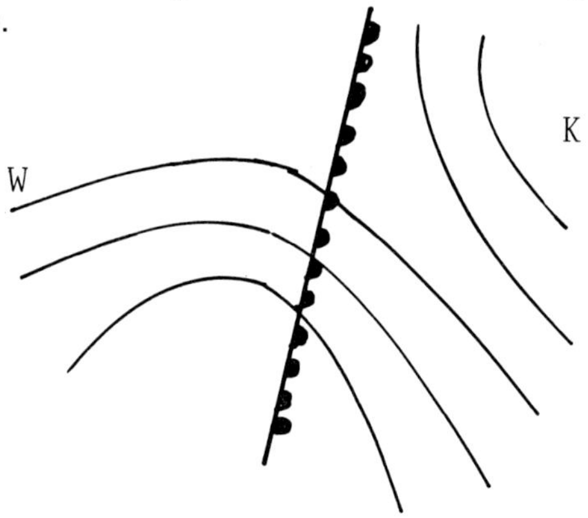

Bei einer Kaltfront ist die Warmluft nur *vor* der Front, bei sogenannten »aktiven Kaltfronten« (siehe Lehrbücher), bei denen die Kaltluft in der Höhe voreilt, sogar nur ziemlich weit vor der Bodenfront noch voll von unten bis oben vorhanden.
Außerdem ergeben sich durch adiabatische Abkühlung der schon *vor* der Bodenfront turbulent aufsteigenden Luft dort abnehmende Temperaturen.

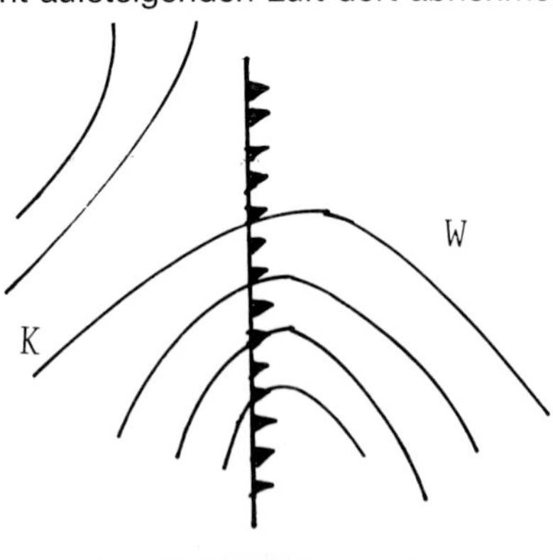

Die größten Unterschiede in der mittleren Temperatur und damit die geringsten Abstände der Isohypsen sind also *vor* der Bodenfront vorhanden. Die Kaltfront muß also *hinter* der engsten Isohypsendrängung liegen.
Bei Okklusionen und Tiefdruck- bzw. Kaltlufttrögen gibt es, wie leicht bei Betrachtung derartiger Erscheinungen in den üblichen Lehrbüchern zu erkennen ist, derartige Verschiebungen nicht. Okklusionen sind in der Relativen Topographie durch eine deutliche Warmluftzunge, Tröge durch eine deutliche Kaltluftzunge zu erkennen.

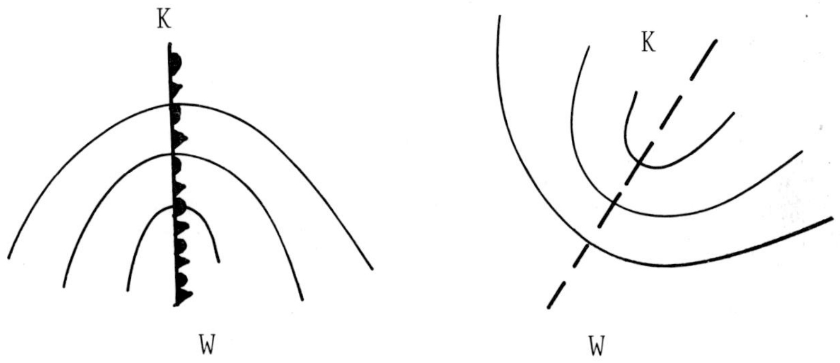

Dies alles aber nur der Vollständigkeit wegen. Normalerweise benötigen wir die Relative Topographie nur zur Bestimmung der Eigenschaften einer Luftmasse und zur Erkennung der Art eines Druckgebildes (siehe Kapitel »Thermische und Dynamische Hoch- und Tiefdruckgebiete«). Lediglich dann, wenn wir selbst eine Wetterkarte analysieren wollen oder dann, wenn festgestellt werden soll, ob Wettererscheinungen durch eine Front oder durch eine Konvergenz hervorgerufen werden, können wir auf die beschriebene Weise das Vorhandensein und die Lage von Fronten in der Bodenkarte besser beurteilen.
Zum Schluß noch ein Hinweis. Die zu Beginn dieses Kapitels beschriebene, in kalter und warmer Luft unterschiedliche Luftdruckabnahme mit der Höhe hat auch Auswirkungen auf die Anzeige eines nach der ICAO-Normalatmosphäre geeichten Höhenmessers. Er zeigt in Luft, die *wärmer* ist als die ICAO-Werte, erst in größerer Höhe den der Eichung entsprechenden Höhenwert an. Erst dort ist der Luftdruck entsprechend gering. Die tatsächliche Höhe ist also *größer* als die angezeigte. Ist die Luft gegenüber den Standardwerten *kälter*, so wird schon in einer geringeren Höhe der der Eichung entsprechende Höhenwert angezeigt. Die tatsächliche Höhe ist also *geringer* als die angezeigte.

Die Erde im Weltall

Unsere Erde ist nur einer der zur Zeit bekannten neun nach griechischen oder römischen Gottheiten benannten Planeten, die sich auf elliptischen Bahnen um unsere Sonne bewegen. Die meisten Planeten besitzen ihrerseits Monde, »Satelliten« oder »Trabanten« in verschiedener Zahl, von denen sie ebenfalls auf elliptischen Bahnen umlaufen werden.
(Griechisch: planetes = wandernd. Planeten verändern ja ihre Stellung am Himmel im Gegensatz zu den uns »feststehend« erscheinenden Fixsternen sehr viel rascher und deutlicher. Fixsterne verändern ihre Stellung zueinander nur über sehr lange Zeiträume hinweg. Änderungen sind somit für uns nicht unmittelbar wahrnehmbar. Griechisch: elleipsis = Das Zurückbleiben. Die Fläche einer Ellipse ist kleiner, »bleibt zurück« gegenüber der Fläche eines Kreises mit einem Durchmesser, der dem größten Durchmesser der Ellipse entspricht. Lateinisch: fixus = angeheftet, satelles = Leibwächter, Begleiter. Tschechisch: drabant = Fußsoldat, Begleiter).
Die großen Planeten (Jupiter, Saturn, Uranus und Neptun) besitzen außerdem jeweils noch ein aus verschiedenen Stoffen, hauptsächlich aber wohl aus Eisbrocken bestehendes System von Ringen, das beim Saturn am deutlichsten ausgeprägt ist. Die Ringe befinden sich dabei in einer Entfernung von den Planeten, in der deren Anziehungskraft so stark ist, daß sich dort keine Monde bilden bzw. Monde nicht als Ganzes bestehen bleiben konnten.
Daneben gibt es noch eine große Zahl von »Planetoiden« oder »Asteroiden« (griechisch: eides = ähnlich, also ähnlich den Planeten oder Sternen). Es handelt sich dabei um Kleinplaneten, die entweder Trümmer eines früheren Planeten sind, dessen Umlaufbahn zwischen Mars und Jupiter verlief, oder aber um Materie, der bei der Entstehung des Sonnensystems die Bildung eines Planeten nicht gelang.
Schließlich gehören zu unserem Sonnensystem noch eine Reihe von »Kometen« (griechisch: kometes = langhaarig, befiedert), die die Sonne meist in sehr langgestreckten Bahnen umlaufen. Im Gegensatz zu den Planeten, von denen die meisten wahrscheinlich zusammen mit der Sonne aus einem Wirbel kosmischer Materie entstanden sind und sich so alle (außer Pluto) fast in der gleichen Ebene um die Sonne bewegen, sind die Bahnen vieler Kometen zu der einheitlichen Bahnebene der Planeten geneigt. Diese Bahnebene heißt auch »Ekliptik«. »ekleipsis« ist das griechische Wort für »Ausbleiben, Ver-

schwinden«. Es wurde wohl deshalb gewählt, weil unser Mond beim Schneiden dieser Bahnebene während seines Umlaufes um die Erde unter bestimmten Bedingungen eine auch als »Eklipse« bezeichnete Sonnen- oder Mondfinsternis und damit das »Verschwinden« der Sonne oder des Mondes verursachen kann.

Die Kometen bestehen aus festen Teilen, aber auch aus Eis, Schnee und gefrorenen Gasen, die in Sonnennähe zum Teil verdampfen und (siehe Kapitel »Die Lufttemperatur«) zum Leuchten angeregt werden. Diese Leuchterscheinungen werden die »Koma« (griechisch: koma = Haupthaar) genannt; der Komet bekommt also »Haare«, wird zum »Haarstern«. Manche Kometen bilden darüber hinaus in Sonnennähe auch noch einen Schweif. Dabei werden die leuchtenden Moleküle der Koma vom Sonnenwind und vom Strahlungsdruck der Sonne (siehe Kapitel »Die Lufttemperatur«) von der Sonne weggedrückt. Die Dichte eines solchen Schweifes ist dabei sehr gering. Würde die Erde in den Schweif eines Kometen geraten, so würden wir außer einigen Leuchterscheinungen kaum etwas Besonderes wahrnehmen. Bei der Haar- und Schweifbildung verlieren die Kometen Masse, unter dem Einfluß der Sonne oder der großen Planeten können sie sich sogar auflösen. Es bleiben Meteoritenschwärme (griechisch: meteoros = in der Luft schwebend), die wir unter Umständen als Massierung von Sternschnuppen beobachten können, zurück.

Man nimmt heute an, daß die Kometen aus einer ausgedehnten, unser Sonnensystem weit außerhalb der Planeten in einer mittleren Entfernung von 9,5 Billionen, also 9500000000000 km umgebenden Materiewolke, der sogenannten Oort'schen Wolke (nach dem niederländischen Astronomen Jan Hendrik Oort, geb. 1900) stammen, aus der auch immer wieder neue Kometenkerne »nachgeliefert« werden. Diese Wolke wird als Überbleibsel des Urnebels betrachtet, aus dem sich vor etwa 4,6 Milliarden Jahren unser Sonnensystem gebildet hat.

Solange keine Störungen eintreten, verändern alle diese Himmelskörper ihre Bahnen nur in sehr geringem Maße, da sie ja, wie wir schon wissen, im weitgehend leeren Weltraum zumindest in von uns überschaubaren Zeiträumen nicht abgebremst werden. Durch Einflüsse anderer Himmelskörper könnten dagegen deutliche Veränderungen erfolgen. In geschichtlicher Zeit sind solche allerdings nur bei Kometenbahnen festgestellt worden. Infolge des Einflusses der großen Planeten wurden die Bahnen einzelner Kometen so verändert, daß sie andere Bahnen eingenommen oder sogar unser Sonnensystem endgültig verlassen haben. Ob in früheren Zeiten auch die Bahnen bestimmter Planeten sich gegenseitig beeinflußt und so unter anderem auf der Erde die in Sagen überlieferten großen Katastrophen verursacht haben, ist in der Wissenschaft noch umstritten.

Die Bahnen der Mitglieder des Sonnensystems ergeben sich aus ihrer Geschwindigkeit, ihrer Masse, der Masse anderer in der Nähe befindlicher

Himmelskörper und der Masse der Sonne, um die sich alle bewegen. Daß Körper eine »träge« Masse besitzen, haben wir bereits bei der Behandlung der Corioliskraft gelernt. Infolge dieser ihrer Trägheit müßten die Planeten eigentlich wie die losgelassene Kugel eines Hammerwerfers in den Weltraum hinausrasen. Dies wird jedoch vermieden durch eine andere Eigenschaft der Masse, die wir bereits bei der Behandlung des Luftdrucks erwähnt haben, nämlich ihre »Schwere«. Diese ist bestimmend für die bisher noch nicht theoretisch erklärbaren gegenseitigen Anziehungskräfte von materiellen (lateinisch: materia = Stoff) Körpern, die »Gravitation« (lateinisch: gravitas = Schwere).
Sonne und Planeten ziehen sich also infolge ihrer Schwere gegenseitig an, wobei natürlich die Sonne wegen ihrer sehr viel größeren Masse der bestimmende Teil ist. Damit das Sonnensystem im Gleichgewicht bleibt, muß sich dann der Planet mit einer solchen Geschwindigkeit um die Sonne bewegen, daß die infolge seiner Trägheit auf ihn wirkende Fliehkraft genau so groß ist wie die Anziehungskräfte.
Dieselben Kräfte bestimmen natürlich einmal auch die Bahnen der Monde, der Planetoiden und Kometen, zum anderen aber auch die Bewegung viel größerer Objekte, die wir im folgenden noch kennenlernen werden.
Es schadet sicher nicht, wenn wir uns als Piloten und auch als Bewohner unserer Erde wenigstens ein ungefähres Bild von den Größenverhältnissen machen, mit denen wir es in unserem Sonnensystem (griechisch: systema = ein aus Gliedern bestehendes Ganzes) und in unserem Weltall, im »Kosmos« (griechisch: kosmos = Weltordnung, Weltall), zu tun haben. Wir nehmen uns dann wahrscheinlich nicht mehr immer ganz so wichtig, wie wir dies doch wohl alle schon gelegentlich getan haben.
Die aus einem Büchlein des KOSMOS-Verlags entnommene Abbildung zeigt sehr anschaulich die Größenverhältnisse in unserem Sonnensystem.
Bei der Darstellung der Planeten ist den damaligen Kenntnissen entsprechend nur der Saturn mit seinem Ringsystem dargestellt.
Unsere Erde ist ca. 150 Millionen km von der Sonne entfernt. Das Licht, das sich ja als elektromagnetische Strahlung mit einer Geschwindigkeit von etwa 300000 km/s fortbewegt, braucht somit von der Sonne bis zu uns ca. 8 1/3 Minuten.
Der sonnennächste Planet, der Merkur, ist nur ca. 58 Millionen km von der Sonne entfernt. Ihr Licht ist zu ihm also »nur« etwa 3,2 Minuten unterwegs. Dagegen beträgt die Entfernung des sonnenfernsten der zur Zeit bekannten Planeten, des Pluto, zur Sonne bereits ca. 5900 Millionen km. Das Licht der Sonne benötigt also zu ihm etwa 328 Minuten oder 5,5 Stunden.
Unsere Erde ist keineswegs der größte der Planeten im Sonnensystem. Der größte, Jupiter, besitzt etwa den 10fachen Durchmesser der Erde. Seine Masse ist 318 Mal größer als die der Erde. Saturn besitzt eine Masse, die 96 Mal größer ist als die unserer Erde und auch die Massen von Uranus und

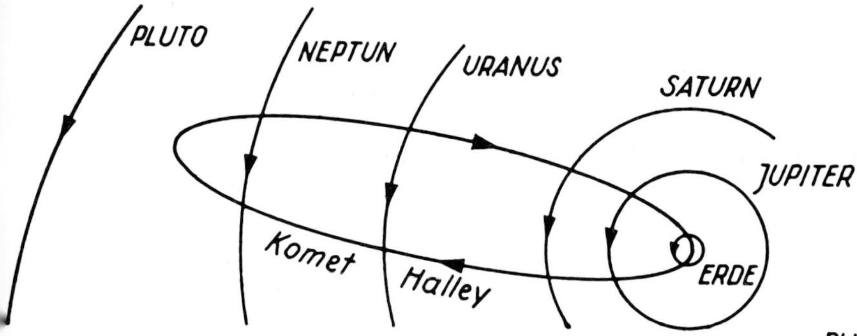

Bahn des Kometen Halley

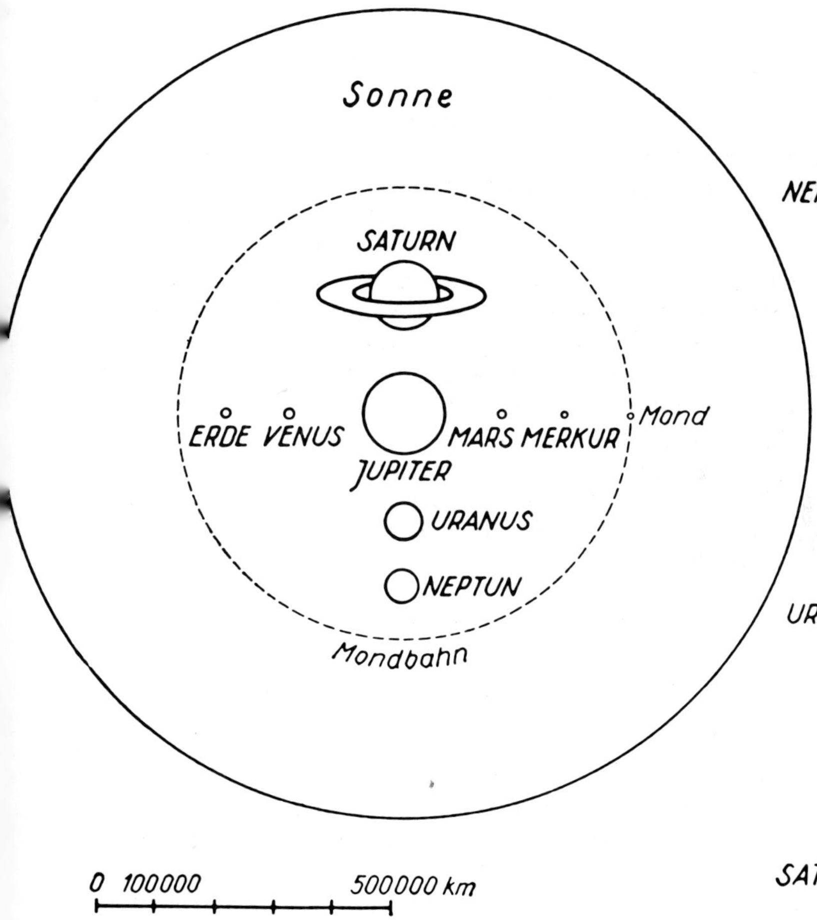

Größenverhältnisse von Sonne und Planeten

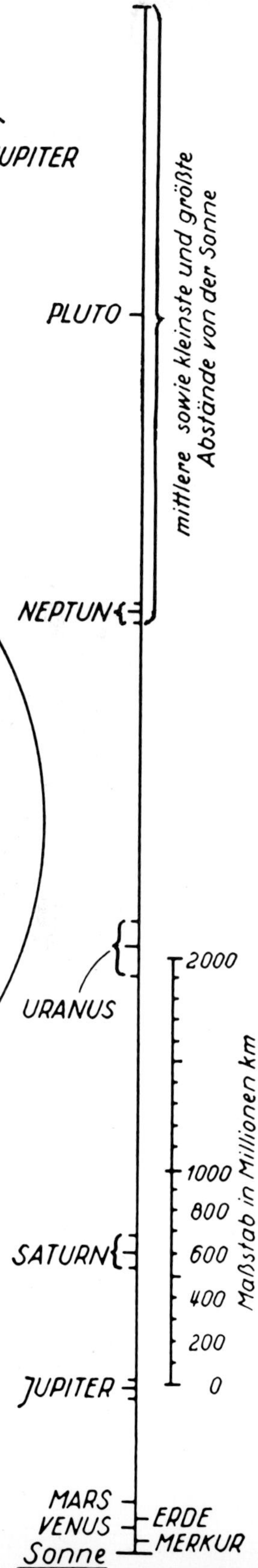

Abstände der Planeten von der Sonne

Neptun sind noch etwa 15 Mal größer als die Erdmasse.

Das Zentralgestirn unseres Systems, die Sonne, muß natürlich eine noch wesentlich größere Masse besitzen. Sie muß ja durch ihre Anziehungskraft die Planeten auf ihren Bahnen halten. So ist ihre Masse mehr als 330000 Mal größer als die der Erde. Sie besitzt einen Durchmesser von etwa 1,4 Millionen km, ein Wert, den man sich vielleicht besser vorstellen kann, wenn man bedenkt, daß die mittlere Entfernung zwischen der Erde und ihrem Mond nur ca. 380000 km beträgt.

Die uns nun bekannte ungeheure Größe und Masse eines Sterns läßt uns auch verstehen, weshalb Sterne über viele Jahrmillionen hinweg energiereiche Strahlung aussenden können, ohne daß ein merkliches Nachlassen dieser Strahlung eintritt. Nach dem Gesetz von der Erhaltung der Energie muß ja etwas verbraucht werden, wenn laufend Strahlung ausgesandt wird. Heute wissen wir, daß die Strahlung in den Sternen durch atomare Kernprozesse erzeugt wird, wobei laufend Masse in Strahlung umgewandelt wird. Erzeugung von Energie durch Kernprozesse ist also keine Erfindung der Menschen, sondern ein Grundprinzip der Natur, ohne das unser Leben auf der Erde gar nicht möglich wäre. Die bei diesen Prozessen verbrauchte Sternmasse ist dabei im Verhältnis zu der ungeheuren Gesamtmasse eines Sterns glücklicherweise so gering, daß sich im allgemeinen über viele Millionen Jahre hinweg keine merklichen Änderungen im Zustand des Sterns ergeben. Nach für unsere Begriffe sehr langen Zeiträumen erreichen Sterne jedoch kritische Zustände, in denen sie sich dann schließlich so verändern, daß ein Leben auf eventuell sie umkreisenden Planeten nicht mehr möglich wäre oder wobei Planeten sogar ganz vernichtet würden.

So ist unsere Sonne heute etwa 4,5 Milliarden Jahre alt und wird voraussichtlich noch einige Milliarden Jahre ohne große Veränderungen weiter existieren (lateinisch: ex = aus, sistere = fortbestehen), bis sie dann einen Zustand erreichen wird, der das Leben auf der Erde unmöglich macht.

Unsere Sonne ist kein besonders hervorragendes, sondern nur ein sehr durchschnittliches Exemplar (lateinisch: exemplum = Beispiel) unter ihresgleichen. Sie gehört zu einer »Welteninsel«, unserer »Milchstraße«, die etwa 100 Milliarden, ausgeschrieben also 100000000000 Sonnen enthält. Darunter gibt es Sterne, die sehr viel kleiner sind als unsere Sonne, aber auch Überriesen mit Durchmesser, die über 1000 Mal so groß sind wie der unserer Sonne. Weiter gibt es Sterne, die sehr viel kälter sind als die Sonne, aber auch solche mit sehr viel höheren Oberflächentemperaturen und schließlich existieren Sterne mit sehr viel kleinerer, aber auch solche mit sehr viel größerer Masse als sie die Sonne besitzt. Darunter befinden sich sehr alte, am Ende ihrer Entwicklung angelangte Sterne, die kein sichtbares Licht mehr aussenden, aber auch ganz »junge« und schließlich entstehen in den sehr viel gasförmige Materie enthaltenden Spiralarmen der Galaxien auch heute noch neue Sterne.

Wieviele dieser Sonnen Planetensysteme besitzen, kann leider mit den uns heute zur Verfügung stehenden Mitteln nicht festgestellt werden. Man nimmt aber heute an, daß praktisch alle Sterne, die nicht zu einem aus zwei umeinander kreisenden Sternen bestehenden Doppelsternsystem gehören (und das ist etwa die Hälfte aller Sterne) auch Planeten besitzen.
Bei den Entfernungen, mit denen wir es jetzt zu tun bekommen, können wir nicht mehr mit unseren gewohnten Maßeinheiten rechnen. Es würden sich sonst so große Zahlen ergeben, daß wir uns nichts mehr darunter vorstellen könnten. Wir wollen daher als Entfernungsmaß jetzt das »Lichtjahr« verwenden, das allerdings für die größten heute überschaubaren Entfernungen immer noch nicht mehr ist als der Bruchteil eines Millimeters bei unseren Messungen auf der Erde.
Ein Lichtjahr ist die Strecke, die das Licht in einem Jahr zurücklegt. Bei seiner Geschwindigkeit von 300 000 km pro Sekunde sind dies also 9,5 Billionen km oder ausgeschrieben rund 10 000 000 000 000 km.
Die Sterne unserer Milchstraße sind hauptsächlich in Spiralarmen angeordnet, die sich in etwa 200 Millionen Jahren einmal um den Mittelpunkt des Systems drehen.
Der Durchmesser der Spiralarme beträgt dabei etwa 100 000 Lichtjahre. Die Sterne der Milchstraße sind aber nicht ausschließlich auf die Spiralarme beschränkt. Geringere Mengen von Sternen und kugelförmig angehäufte Sterngruppen, sogenannte »Kugelsternhaufen«, befinden sich auch überall in einem kugelförmigen Gebiet, das um den Mittelpunkt des Milchstraßensystems herum angeordnet ist und einen Durchmesser von ca. 125 000 Lichtjahren besitzt. Es wird als »galaktischer Halo« (griechisch: galaktos = Milch, halo = Tenne, Hof) bezeichnet.
Die Sterne des Halo stammen wahrscheinlich aus der Frühzeit der Entwicklung unserer Milchstraße, als diese erst eine sehr geringe Drehbewegung ausführte und daher noch nicht abgeplattet, sondern noch kugelförmig war.
Unsere Sonne ist, wie schon erwähnt, nur ein unbedeutendes Mitglied dieser Sternenfamilie. Sie befindet sich auch nicht im Zentrum der Milchstraße, sondern etwa 30 000 Lichtjahre von diesem entfernt in einem der nicht sehr dicht mit Sternen besetzten Spiralarme. Unser nächster Nachbarstern ist dabei das System α Centauri, das aus drei Einzelsternen besteht. Das von ihm ausgesandte Licht benötigt bis zu uns etwa 4,3 Jahre; es ist also 40,6 Billionen km von uns entfernt.
Schon hieraus und noch mehr aus den folgenden Zahlen erkennen wir, was die Menschheit noch alles zu tun hat, um wirkliche Raumfahrt, wirkliche »Astronautik« (griechisch: astron = Stern, nautike = Schiffahrtskunst) oder gar wirkliche »Kosmonautik« zu betreiben. Bei den ersten wirklichen, zum Mond führenden Raumflügen wurden ja erst rund 380 000 km zurückgelegt, während alle übrigen Flüge ja noch nicht einmal aus den obersten Schichten unserer Atmosphäre hinausführten. So wichtig erdnahe Flüge und erdnahe

Stationen auch sind, es wäre für unser Wissen und für unsere Fähigkeit, die Wichtigkeit unserer irdischen Probleme zu beurteilen, von größter Bedeutung, die ferneren Ziele nicht aufzugeben, sondern mit der Beharrlichkeit weiter zu verfolgen, die Menschen einmal in kurzer Zeit immerhin bis zu unserem nächsten Nachbarn im All gebracht hat.

Der Ausdruck »Milchstraße« für unser heimatliches Sternensystem stammt daher, daß wir von unserer Position aus, von der Erde aus, die Spiralarme mit ihren unzähligen Sternen von der Seite her als milchiges Band am Himmel sehen. Die alten Griechen deuteten dieses Band als Milch, die von einer stillenden Sagengestalt verschüttet wurde. Da das griechische Wort für Milch »galaktos« ist, wird die Milchstraße auch als »Galaxis« bezeichnet. Ihr ähnliche Sternsysteme heißen »Galaxien«.

Die auf der vorherigen Seite zusammengefaßten Abbildungen zeigen Galaxien mit Strukturen, die der unserer Milchstraße ähnlich sind. Je nach Blickwinkel sind die Spiralarme mehr oder weniger deutlich zu erkennen.

Es gibt jedoch auch Galaxien, die keine Spiralarme besitzen und nicht rotieren. Sie enthalten auch kaum Gas- und Staubmassen und bilden so auch keine neuen Sterne. Wahrscheinlich handelt es sich dabei um sehr alte Galaxien, die bei ihrer Entstehung keinen Anstoß zu einer Drehbewegung erhielten.

Unser Weltall enthält viele Milliarden von Galaxien, die ihrerseits wieder in durch Gravitationskräfte zusammengehaltenen »Haufen« und »Superhaufen« angeordnet sind. Die uns in unserem lokalen Haufen, unserer »Lokalen Gruppe« nächsten »kleineren« Sternsysteme mit »nur« etwa 15 Milliarden Sternen sind die »Magellan'schen Wolken« (benannt nach dem portugiesischen Seefahrer Fernão de Magalhães, 1480–1521) in einer Entfernung von etwa 175000 Lichtjahren. Die nächste größere, ebenfalls zu unserer Lokalen Gruppe gehörende und unserer Milchstraße sehr ähnliche Galaxis ist der Andromedanebel. Wir sehen ihn von der Erde aus im Sternbild Andromeda, das nach der griechischen Sagengestalt gleichen Namens benannt wurde. Das Licht dieser Galaxie benötigt bereits 2,2 Millionen Jahre, um uns zu erreichen.

Mit den heutigen Fernrohren und photographischen Einrichtungen können die Astronomen (griechisch: astron = Stern, nomos = Ordnung, Gesetz) bis etwa 1,5 Milliarden Lichtjahre in den Raum hineinsehen und so etwa 100 Millionen Galaxien erkennen. Die letzten der weiteren Milliarden von Galaxien sind nach den heutigen Erkenntnissen etwa 13 Milliarden Lichtjahre von uns entfernt. Obwohl Fernrohre und Radio-Teleskope (griechisch: tele = in der Ferne, skopein = sehen) noch fernere Galaxien wahrnehmen könnten, sind bisher keine noch weiter entfernten festgestellt worden. Dagegen lassen sich mit den Radio-Teleskopen in größerer Entfernung andere, kleinere, aber sehr intensive Radiostrahlung aussendende Objekte, sogenannte »Quasare«(*Qua*sistellare *R*adioquellen von lateinisch: quasi = gleichsam, stella = Stern) erkennen. Die Natur dieser Objekte ist noch nicht völlig geklärt, jedoch ist es möglich, daß es sich um die Kerne von Galaxien im Geburts- oder frühen Jugend-Stadium (lateinisch: stadium von griechisch: stadion = bestimmte Länge einer Rennbahn = Abschnitt einer Entwicklung) handelt. Obwohl Radio-Teleskope noch weiter in den Raum »hineinsehen« können, konnte bisher kein Quasar beobachtet werden, der weiter als 18 Milliarden Lichtjahre entfernt ist.

Wir wissen heute ziemlich sicher, daß unser Weltall zusammen mit unserer Zeit vor etwa 20 Milliarden Jahren durch einen auf kleinstem Raum begrenzten »Urknall« oder »Big Bang« (englisch: großer Knall) entstand. Es ist nicht »statisch«, immer gleichbleibend, sondern dehnt sich seither laufend aus. Wie beim Aufblasen eines Luftballons sich jeder Punkt seiner Hülle von allen anderen Punkten immer mehr entfernt, so entfernen sich auch alle Galaxien von unserem Standort. Wie beim Luftballon werden dabei die »Fluchtgeschwindigkeiten« mit zunehmender Entfernung immer größer und nähern sich so bei den entferntesten Objekten der Lichtgeschwindigkeit.

Die Strahlung der entferntesten, also 18 Milliarden Lichtjahre entfernten Quasare hat für ihre Reise zu uns 18 Milliarden Jahre benötigt. Sie wurde von den Quasaren also vor 18 Milliarden Jahren ausgesandt. Zu dieser Zeit war somit unser Weltall erst 20 – 18 = 2 Milliarden Jahre alt. Wenn wir heute diese Strahlung empfangen, schauen wir also nicht nur in die fernen Tiefen unseres Raumes, sondern auch weit zurück in die Zeit, in die Jugend unseres Universums (lateinisch: universum = das Gesamte, das Ganze). Man vermutet daher heute, daß wir tatsächlich die »letzten« Galaxien und Quasare sehen und daß der Raum »hinter« den Quasaren nur noch junge, gasförmige Materie enthält, die noch keine Zeit hatte, Quasare und Galaxien zu bilden. Es ist also gar nicht möglich, das Weltall so zu sehen, wie es jetzt, in diesem Augenblick, aussieht. Den gegenwärtigen Zustand können wir nur in unserer unmittelbaren Umgebung erkennen. Je weiter Sterne, Galaxien und Quasare von uns entfernt sind, umso mehr zeigen sie uns nicht mehr ihren »gegenwärtigen« Zustand, sondern den, den sie zu dem vor wenigen Jahren bis zu vielen Milliarden Jahren in der Vergangenheit liegenden Zeitpunkt hatten, als das uns heute erreichende Licht von ihnen ausgesandt wurde.

Die Frage, wie unser Weltall einmal enden wird, ist noch nicht endgültig zu beantworten. Die Antwort hängt von der Gesamtmenge der in unserem aus Raum und Zeit bestehenden Universum enthaltenen Materie ab.

Wie wir schon wissen, zieht Materie andere Materie an. Darauf beruht ja zum Beispiel auch die Tatsache, daß ein von uns hochgehobener Gegenstand zum Boden, in Richtung zum Mittelpunkt der großen Masse Erde hin, hinunterfällt, wenn wir ihn loslassen. Dabei sind die Anziehungskräfte umso größer, je größer die Masse eines Körpers ist.

Um die Ausdehnung des seit dem Urknall auseinanderfliegenden Weltalls einmal abzustoppen, müßte dieses also eine so große Menge Materie enthal-

ten, daß die zum Abstoppen notwendigen Anziehungskräfte erreicht werden. Das Universum wäre dann »geschlossen«. Wie eine nach oben geschossene Gewehrkugel infolge der Anziehungskraft der großen Masse Erde schließlich wieder zum Boden zurückfällt, würde es in ferner Zukunft einmal seine Ausdehnung beenden und schließlich wieder auf kleinsten Raum zusammenstürzen. Die ganze Entwicklung könnte dann wieder von vorne beginnen.
Ist »zu wenig« Materie in unserem Universum enthalten, so ist es »offen« und wird sich laufend immer weiter ausdehnen, bis alle Sterne verlöscht oder zu »Schwarzen Löchern« zusammengestürzt sind. In letzteren ist so viel Masse auf engstem Raum konzentriert, ist die Materie so dicht gepackt, daß ungeheure Anziehungskräfte entstehen, durch die andere Materie angezogen wird und schließlich »aufgefressen« werden kann. Ihre Gravitationskräfte sind sogar so stark, daß ihnen nicht einmal mehr das Licht entkommen kann. Sie sind also nicht zu sehen, sind »schwarz«. Schließlich geben aber auch die Schwarzen Löcher ihre Energie vollends ab. Dann »geht nichts mehr«; das Universum stirbt den Kältetod.
Betrachtet man die in Form von Sternen, Galaxien usw. beobachtbare sichtbare Materie und berücksichtigt auch die Masse der Schwarzen Löcher, so würde unser Weltall auf alle Fälle über zu wenig Materie verfügen, um »geschlossen« zu sein; wir würden also in einer »offenen« Welt leben. Aufgrund von Beobachtungen nimmt man jedoch heute an, daß unser Universum auch noch für uns nicht sichtbare und auch noch nicht eindeutig identifizierbare Materie enthält, deren Masse die der sichtbaren Materie sogar noch übersteigt. Um wieviel, konnte aber noch nicht ermittelt werden. So ist bis heute noch nicht geklärt, in welcher Art Weltall wir leben.
Was war vor dem Urknall und was befindet sich außerhalb der sich laufend aufblähenden Blase unseres Raum-Zeit-Universums? Darauf versucht eine der heute dieses Thema behandelnden Theorien eine Antwort durch die Annahme zu geben, daß unser Universum keinen einmaligen Einzelfall darstellt, sondern daß es in ein von uns nicht wahrnehmbares und für uns wohl auch nur sehr schwer vorstellbares Über-Universum eingebettet ist, in dem wie in einem Schaumbad immer wieder neue Blasen, andere, unserem ähnliche, aber unter Umständen mit anderen Naturgesetzen und anders verlaufender Entwicklung ausgestattete Universen entstehen. Unser uns so unendlich groß und wichtig erscheinendes Weltall wäre dann nur noch ein kleines Schaumbläschen unter unvorstellbar vielen anderen.
Die Frage bleibt aber dann auch hier wieder, wie dieser Super-Kosmos entstanden oder geschaffen worden ist, ob und wie er einmal endet und was sich außerhalb von ihm befindet. Über die letzte Wirklichkeit und Wahrheit werden wir vielleicht immer bessere Vermutungen anstellen können, wissen werden wir sie wohl nie.

Die Klimazonen der Erde

Nach unserem kurzen Ausflug bis an die Grenzen unseres Weltalls kehren wir nun wieder zu unserem Sonnensystem zurück.
Bereits im Kapitel »Die Lufttemperatur« haben wir gehört, daß ein Stern elektromagnetische Strahlung aussendet, die umso kurzwelliger und damit umso energiereicher wird, je höher seine Oberflächentemperatur ist. Wie die von der Sonne mit ihrer Oberflächentemperatur von ca. 6000 °C ausgesandte Strahlung aussieht, haben wir ebenfalls schon erfahren.
Die Sonne sendet diese Strahlung gleichmäßig nach allen Richtungen aus. Auf die Erde, die ja 150 000 000 km von ihr entfernt ist, kann also nur ein sehr kleiner Teil der Sonnenstrahlung auftreffen, nämlich nur etwa ein halbes Milliardstel der Gesamtstrahlung.
Da, wie wir ebenfalls schon wissen, ein Teil der Strahlung in unserer Atmosphäre »verbraucht«, das heißt in Wärmeenergie umgewandelt wird, müssen wir am äußersten Rand der Atmosphäre messen, wenn wir die einfallende Energie exakt bestimmen wollen.
Stellen wir dort eine zur Strahlung senkrechte Fläche auf, so stellen wir fest, daß bei einer mittleren Entfernung Erde–Sonne auf 1 cm^2 dieser Fläche pro Minute 1,95 cal oder aufgerundet 2 cal auftreffen.
Eine mittlere Entfernung müssen wir wählen, weil sich die Erde ja nicht auf einer kreisförmigen, sondern auf einer elliptischen Bahn um die Sonne bewegt, also nicht immer dieselbe Entfernung zu ihr besitzt. Am sonnennächsten Punkt ihrer Bahn, dem »Perihel« (griechisch: peri = an etwas hin, helios = Sonne) ist die Entfernung Erde–Sonne um 5 Millionen km geringer als am sonnenfernsten Punkt, dem »Aphel« (griechisch: aph = weg, fort, helios = Sonne).
Die Energie der einfallenden Sonnenstrahlung ändert sich dabei allerdings nur um ca. ± 3,5 % gegenüber dem Mittelwert. Den Mittelwert selbst nennt man die »Solarkonstante« (lateinisch: sol = Sonne).

Wir merken uns also: $\text{Solarkonstante} = \text{ca. } 2 \frac{\text{cal}}{\text{cm}^2 \cdot \text{min}}$

Die Maßeinheit gibt an, wie viele cal pro Minute auf 1 cm^2 Fläche auftreffen. In uns vertrauteren Energieeinheiten bedeutet dies, daß auf eine dem Erddurchmesser entsprechende Fläche pro Jahr 1,5 Milliarden Milliarden kWh und pro

Tag immer noch 4 Millionen Milliarden kWh eingestrahlt werden. Dies ist etwa das 400000fache der zur Zeit täglich auf der ganzen Welt erzeugten elektrischen Energie.

Die 2 cal/cm^2 · min der Solarkonstante ergeben sich, wie wir gesehen haben, dann, wenn wir eine Fläche betrachten, die senkrecht zur einfallenden Strahlung aufgestellt ist. Schon während eines Tages ändert sich aber der Einfallswinkel der Strahlung an einem Punkt der Erdoberfläche laufend. Infolge der Erddrehung sehen wir die Sonne am Horizont, also mit einem Einfallswinkel von 0° aufgehen. Sie erreicht um die Mittagszeit einen maximalen Einfallswinkel und verschwindet schließlich am Abend wieder mit einem Einfallswinkel von 0° am Horizont.

Aber auch in den maximalen Einfallswinkeln ergeben sich große Unterschiede, wenn die verschiedenen Beobachtungsorte auf verschiedenen geographischen Breiten liegen. Aus der untenstehenden Abbildung ist dies leicht zu erkennen.

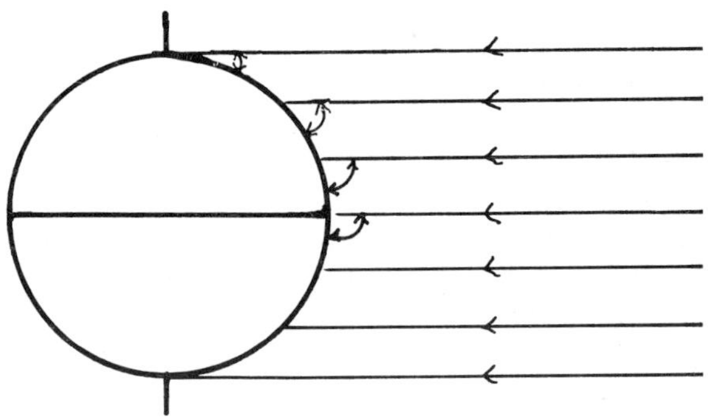

Wegen der großen Entfernung Erde–Sonne ist die Annahme zulässig, daß die auftreffende Sonnenstrahlung aus lauter parallel gerichteten Strahlen besteht. Außerdem nehmen wir zunächst einmal an, daß die Erdachse senkrecht zur Ebene der Erdbahn ausgerichtet ist. Wir erkennen aus unserer Abbildung, daß unter diesen Voraussetzungen nur am Äquator (lateinisch: aequator = Gleicher. Er teilt die Erde in zwei gleiche Hälften) die Sonne genau senkrecht einstrahlen kann. Mit zunehmender geographischer Breite werden die Einfallswinkel dann immer geringer.

Was bedeutet nun ein geringerer Einfallswinkel für die Größe der auftreffenden Energiemenge? Wir können hierzu leicht einen Versuch ausführen: Aus einem Karton schneiden wir eine runde Blende aus und halten diese so vor eine Lampe, daß ein paralleles Strahlenbündel entsteht. Halten wir nun eine ebene Fläche, am besten aus weiß beschichtetem Holz oder weißem Karton so, daß das Strahlenbündel senkrecht auftrifft, so wird eine runde Fläche bestimmter Größe beleuchtet. Den Rand dieser kreisförmigen Fläche umranden wir mit einem Bleistift oder Filzschreiber. Halten wir nun die Fläche, ohne die Entfernung zur Beleuchtungsvorrichtung zu verändern, schräg in das Strahlenbündel, sodaß dieses jetzt also unter einem kleineren Einfallswinkel auftrifft, so wird eine elliptische Fläche beleuchtet, die deutlich größer ist als die bei senkrechtem Lichteinfall beleuchtete Kreisfläche.

Das Strahlenbündel, die Menge der eingestrahlten Energie, haben wir bei unserem Versuch nicht verändert, lediglich den Einfallswinkel. Die selbe Energiemenge fällt also bei geringerem Einfallswinkel auf eine größere Fläche, pro cm^2 erhält diese größere Fläche somit weniger Energie als die kleinere Fläche bei senkrechtem Einfall. Dies ist auch aus der nachstehenden schematischen Darstellung leicht zu erkennen. F_α ist deutlich größer als $F_{90°}$.

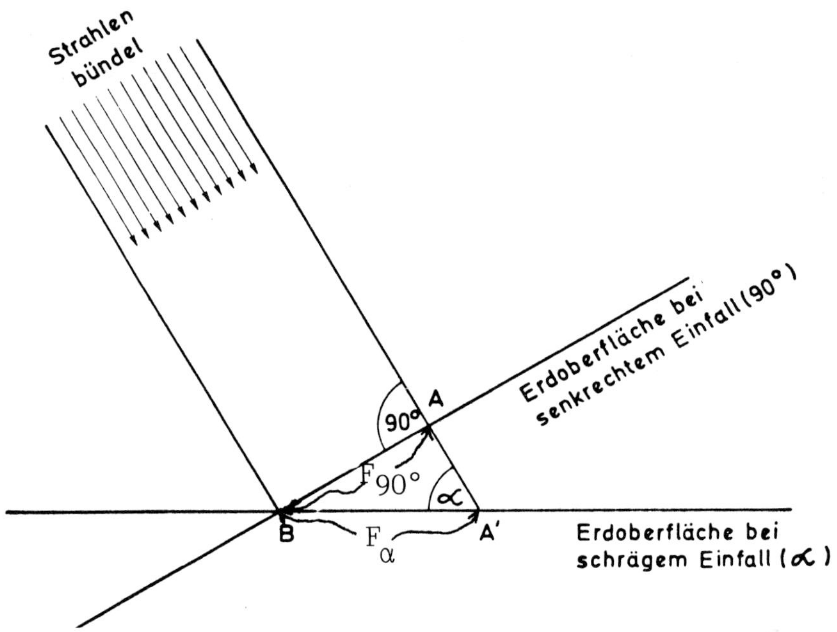

Derselbe Effekt tritt natürlich auch kleinräumig auf. So ist der Einfallswinkel der Sonnenstrahlung in bergigem Gelände an entsprechend gelegenen Berghängen steiler als im Flachland. Die Erwärmung erfolgt dort schneller, die Wolkenbildung setzt früher ein.

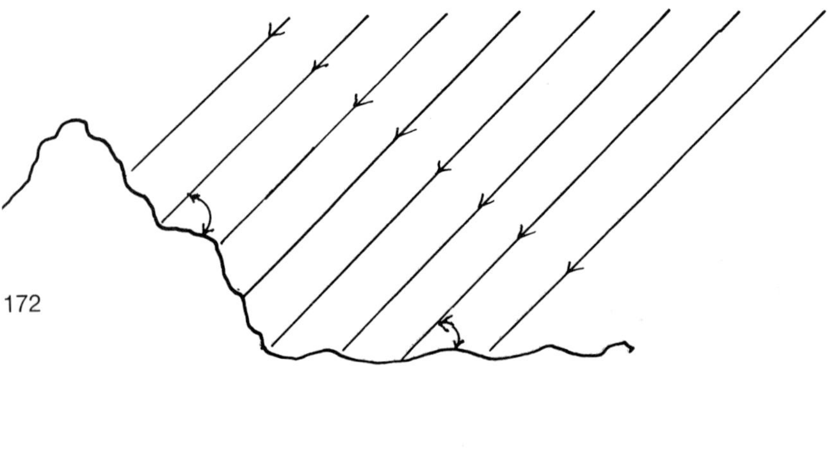

Im Laufe eines Jahres, der Dauer eines Umlaufes der Erde auf ihrer elliptischen Bahn um die Sonne, stellen wir aber auch fest, daß die Sonneneinstrahlung nicht nur auf verschiedenen Breitenkreisen unterschiedliche maximale Einfallswinkel erreicht, sondern daß sich diese maximal erreichten Winkel auch an einem bestimmten Punkt der Erdoberfläche mit den Jahreszeiten deutlich ändern. So ist der Höchststand der Sonne im Sommer deutlich höher als im Winter. Die sich so ergebenden jahreszeitlichen Änderungen der auftreffenden Strahlungsmenge werden also nicht etwa dadurch verursacht, daß die Erdbahn elliptisch ist und die Erde so einmal eine etwas größere und einmal eine etwas kleinere Entfernung zu Sonne hat. Dies geht auch schon daraus hervor, daß die Erde ihren sonnennächsten Punkt, das Perihel, im Januar, also in unserem Winter, den sonnenfernsten Punkt, das Aphel, dagegen im Juli, also in unserem Sommer, erreicht.
Die wirkliche Ursache der Jahreszeiten ist vielmehr die Tatsache, daß die Erdachse nicht, wie wir bisher angenommen haben, senkrecht auf der Erdbahnebene steht, sondern um 23° 26′ = ca. 23 ½° gegen die Senkrechte geneigt ist.

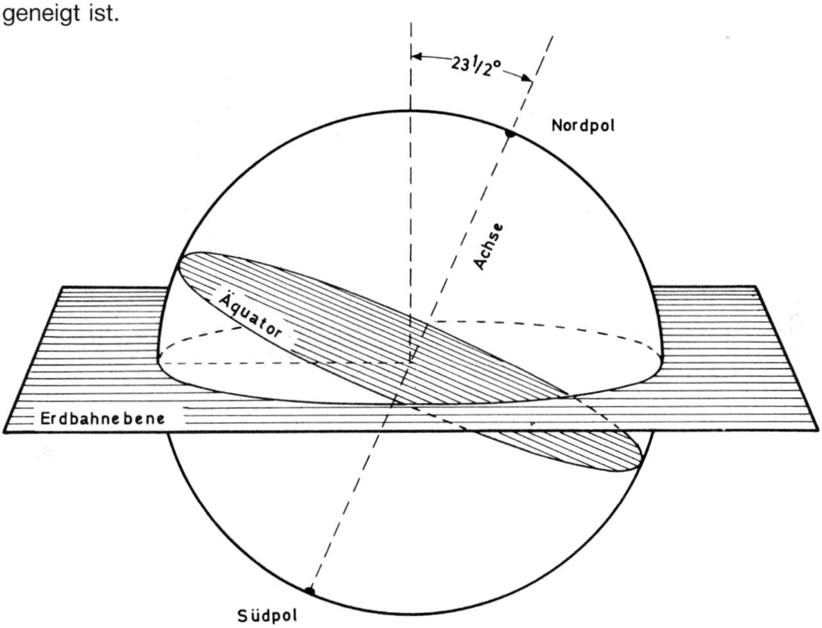

Solange keine Störungen auftreten, behält sie diese Stellung bis auf kleine Schwankungen bei, da die Erde sich ja dreht und sich so wie ein großer Kreisel verhält. Die Eigenschaften solcher Kreisel, die ja auch wieder eine Folge der Massenträgheit sind, kennen wir aus der Bordgerätekunde vom Künstlichen Horizont und vom Kurskreisel her.
Die erwähnten Schwankungen werden ebenfalls aufgrund der Kreiselgesetze

dadurch verursacht, daß die Erdachse schräg steht, daß die Erde keine vollkommene, sondern an den Polen abgeplattete Kugel ist und daß sie so unter dem Einfluß der Anziehungskraft der Sonne zu einer »Präzessionsbewegung« gezwungen wird, wie sie im Kapitel »Die globale Zirkulation in der Erdatmosphäre« für eine rotierende Luftsäule beschrieben wird (siehe dort!).
Die Erdachse beschreibt dabei einen Kreis, für dessen Durchlaufen sie allerdings einen Zeitraum von 26 000 Jahren benötigt. Durch diese Bewegung wird das Verhältnis der Jahreszeiten zueinander über lange Zeiträume hinweg verändert. Betrachten wir ihre Extremwerte, so ist alle 13 000 Jahre einmal die warme Jahreszeit um ca. 7 Tage länger als die kalte und umgekehrt.
Selbstverständlich wird dies nach dem, was wir anschließend besprechen wollen, dann auch Auswirkungen auf unser Klima haben. Bei unseren Betrachtungen können wir aber erst so langfristig wirksam werdende Änderungen sicher vernachlässigen.
Eine weitere Schwankung der Erdachse wird durch den Einfluß der Anziehungskraft des Mondes verursacht, da dieser nicht in derselben Ebene um die Erde läuft, in der sich diese um die Sonne bewegt. Seine Bahn ist zur Erdbahn um 5° geneigt. Die dadurch auf die Präzessionsbewegung der Erdachse ausgeübte Störung wirkt sich so aus, daß die Achse auf ihrer Kreisbahn »Nutation« (lateinisch: nutatio = Schwankung) genannte »Kräuselbewegungen«, kleine Wellenbewegungen, ausführt, wobei für eine Schwingung dieser Wellen 18,6 Jahre benötigt werden. Da die Amplituden der Schwingungen aber nur 9 Bogensekunden betragen, kann auch diese Bewegung trotz ihres schnelleren Ablaufs vernachlässigt werden.
Noch mehr zu vernachlässigen sind weitere kleine Schwankungen mit Amplituden unter 1 Bogensekunde, die durch die laufende Veränderung der Entfernungen Sonne – Erde und Erde – Mond infolge ihrer elliptischen Bahnen und durch Gravitationseinflüsse der übrigen Planeten unseres Sonnensystems verursacht werden.
Dies alles sei aber nur erwähnt, um wieder einmal zu zeigen, daß die meisten Vorgänge in der Natur viel komplizierter und vielseitiger sind als wir im allgemeinen annehmen. Ob sich die Erdachse in der ganzen Zeit der Erdgeschichte in ihrer heutigen Position befand oder ob durch andere Himmelskörper verursachte starke Veränderungen ihrer Lage und vielleicht sogar der Erdrotation und Erdbahn für große Katastrophen und Klimaänderungen auf der Erde gesorgt haben, ist in der Wissenschaft noch umstritten.
Nun zurück zu unserem Thema. Die nächste Abbildung zeigt die Erde an verschiedenen Punkten ihrer Bahn um die Sonne.
Um die Wirkung der Schrägstellung der Erdachse besser erkennen zu können, zeichnen wir die Extremstellungen 1 bis 4 nochmals groß heraus.
In den Stellungen 1 und 3 ist die Erdachse genau in Richtung der Erdbahn geneigt. Die Sonne scheint in unserer Darstellung von oben herab senkrecht auf die als Kreis gezeichnete Erde. In beiden Fällen trifft also wegen der

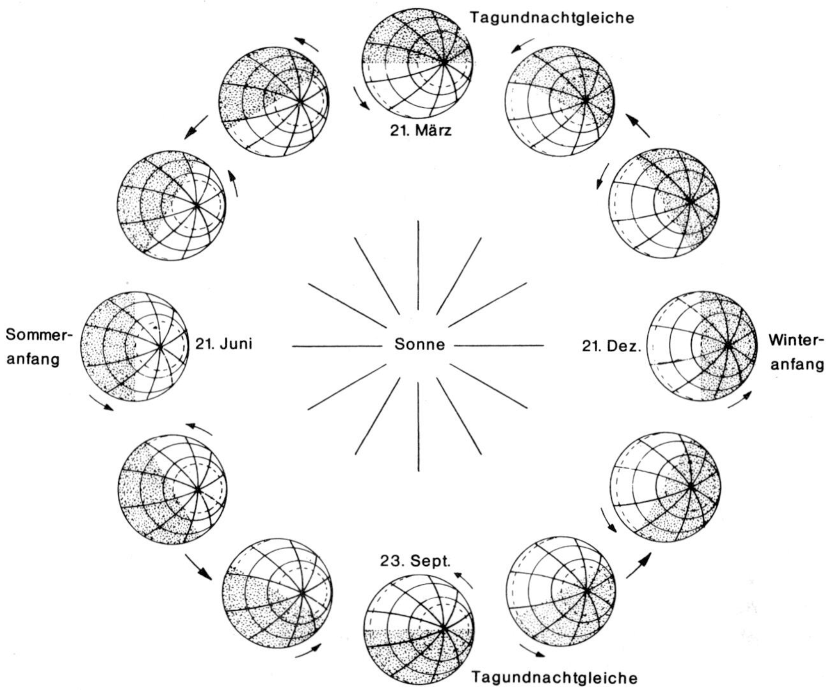

Kugelgestalt der Erde die Strahlung am Äquator senkrecht auf. Es herrschen also in diesen Fällen trotz der Schrägstellung der Erdachse dieselben Verhältnisse wie in dem bereits besprochenen Fall der Erde mit auf der Bahnebene senkrecht stehender Achse. Die Erd-»scheibe« ist bis zu den beiden Polen voll beleuchtet und genau die Hälfte des für unsere Gegend eingezeichneten Breitenkreises 50° N wird von der Sonne beschienen. Die andere, »hinten« liegende Hälfte erhält keine Strahlung, für sie ist Nacht. Da sich nun die Erde gleichmäßig um ihre Achse dreht, bedeutet dies, daß in diesen Positionen (lateinisch: positio = Stellung, Lage) Tag und Nacht gleich lang sind. Es handelt sich also bei den Stellungen 1 und 3 um die Zeitpunkte der Tag- und Nachtgleichen oder Äquinoktien (lateinisch: aequus = gleich, nox oder noctus = Nacht) am 21. März und 23. September.

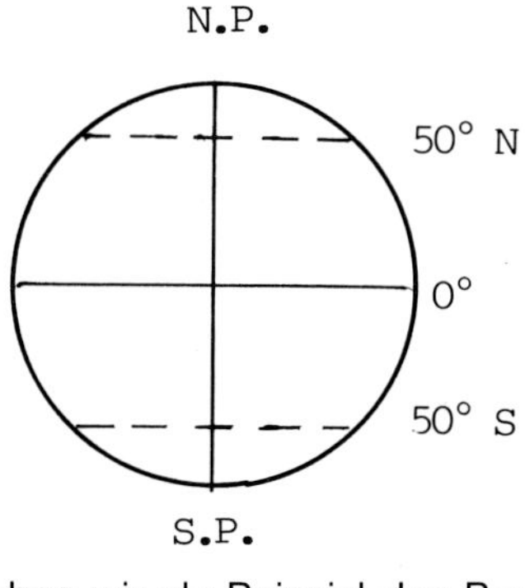

Für die Südhalbkugel haben wir als Beispiel den Breitenkreis 50° S einge-

zeichnet, der etwa der Südspitze des südamerikanischen Kontinents entspricht. Wir erkennen, daß in den Positionen 1 und 3 die Verhältnisse auf der Südhalbkugel dieselben sind wie auf der Nordhalbkugel.
In den Positionen 2 und 4 kommt die Strahlung in unseren Abbildungen genau von der Seite. Der schraffierte Teil der wieder als Kreis dargestellten Erde zeigt ihre Nachtseite an, die kein Licht erhält.
Zunächst zu Position 2. Hier ist die Erdachse genau in Richtung Sonne geneigt. Senkrechte maximale Einstrahlung tritt jetzt nicht mehr am Äquator auf, sondern wegen der Schrägstellung der Erdachse bei einer nördlichen Breite von 23 ½°. Nach Durchlaufen der Position 2 wandert, wie aus dem Gesamtbild zu entnehmen ist, die Erde weiter zu Position 3, bei der, wie wir eben gehört haben, die senkrechte Einstrahlung wieder am Äquator erfolgt. Der Bereich mit senkrechter Einstrahlung wendet also und wandert wieder zurück. Der Breitenkreis 23 ½° N heißt deshalb auch »Nördlicher Wendekreis«, die Position 2 »Sonnenwende«. Da die Sonne zu diesem Zeitpunkt im Sternbild des Krebses zu stehen scheint, wird der nördliche Wendekreis auch »Wendekreis des Krebses« genannt.

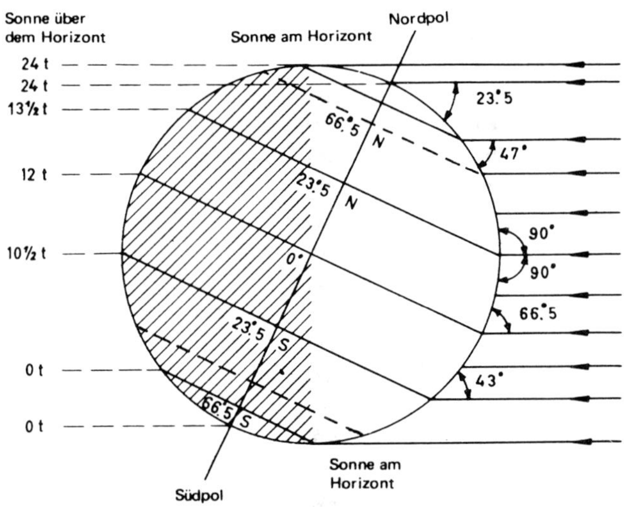

Der Einfallswinkel der Strahlung auf den für unsere Breiten als gestrichelte Linie eingezeichneten Breitenkreis 50° N ist in Position 2 relativ groß. Außerdem befindet sich ein wesentlich größerer Teil auf der Tagseite der Erde. Die Nachtseite ist deutlich kleiner. Dies bedeutet, daß in dieser Stellung der Erde die Tage bei uns deutlich länger sind als die Nächte. Wir befinden uns auf der Nordhalbkugel am Sommeranfang, der Sommersonnenwende. Das Datum ist der 21./22. Juni.
Betrachten wir den ebenfalls gestrichelt eingezeichneten Breitenkreis 50° S,

so erkennen wir, daß dort die Verhältnisse genau umgekehrt sind. Dort ist Winteranfang, Wintersonnenwende.
Betrachten wir nun den Äquator, so sehen wir, daß genau die Hälfte auf der Tagseite, die andere Hälfte auf der Nachtseite der Erde liegt. Tag und Nacht sind also am Äquator nach wie vor gleich lang.
Das Polargebiet (griechisch: polos = Wirbel, Achse) zwischen dem Nordpol und dem Breitenkreis 66 ½° N liegt bei Position 2 voll auf dem von der Sonne beschienenen Teil der Erde. Vom Pol bis zu 66 ½° N ist also an diesem Tag, auf weiter nördlich gelegenen Breitenkreisen an immer mehr Tagen, die Sonne dauernd zu sehen, sie geht nicht unter. Der Grenz-Breitenkreis 66 ½° N wird als »Nördlicher Polarkreis« bezeichnet.
Im Südpolarkreis sind die Verhältnisse umgekehrt. Wir sehen, daß hier bei Position 2 ein Gebiet vom Südpol bis zum Breitenkreis 66 ½° S, der hier »Südlicher Polarkreis« heißt, völlig im Dunkeln liegt. Es herrscht Polarnacht.
In Position 4 steht die Erde auf der entgegengesetzten Seite ihrer Bahn.
Die Verhältnisse sind jetzt genau umgekehrt wie in Position 2, die Erdachse ist genau von der Sonne weggeneigt. Senkrechter Einfall der Strahlung erfolgt

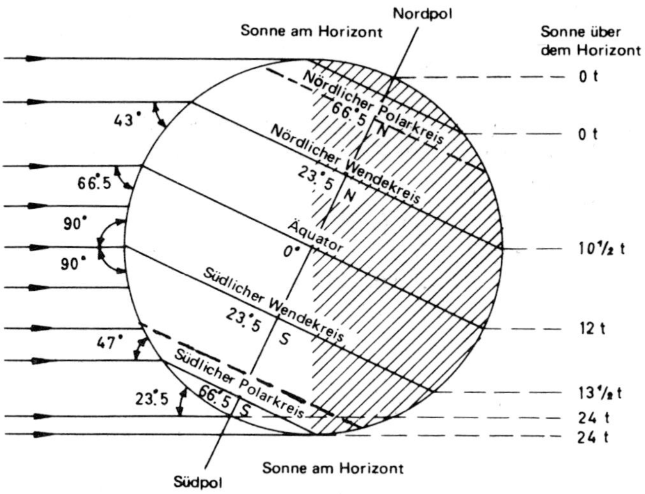

jetzt bei 23 ½° südlicher Breite, dem »Südlichen Wendekreis« oder dem »Wendekreis des Steinbocks«, da die Sonne in dieser Position im Sternbild des Steinbocks zu stehen scheint. Auch hier liegt wieder genau die Hälfte des Äquators auf der Tagseite, Tage und Nächte sind nach wie vor gleich lang. Dagegen befindet sich jetzt der nördliche Polarkreis ganz auf der Nachtseite, der südliche ganz auf der Tagseite der Erde.
Der Einfallswinkel der Sonnenstrahlung auf dem unsere Breiten kennzeichnenden Breitenkreis 50° N (gestrichelt eingezeichnet) ist deutlich kleiner als in

Position 2. Außerdem befindet sich ein deutlich größerer Teil auf der Nachtseite, die Nächte sind also länger als die Tage. Wir befinden uns auf der Nordhalbkugel am Winteranfang, an der Wintersonnenwende, das Datum ist der 21./22. Dezember.
Betrachten wir nun wieder den Breitenkreis 50° S (ebenfalls gestrichelt eingezeichnet), so erkennen wir dort wieder die umgekehrten Verhältnisse. Auf der Südhalbkugel ist Sommeranfang, Sommersonnenwende.
Nach diesen ausführlichen Überlegungen ergibt sich, daß die bestimmten Gebieten der Erde von der Sonne zugestrahlten Energiemengen abhängig sind

vom Einfallswinkel der Sonnenstrahlung und
von der Einstrahlungsdauer.

Diese beiden Größen ändern sich wie folgt:

Einfallswinkel	Änderung durch geographische Breite Tagesgang Jahreszeiten
Einstrahlungsdauer	Jahreszeiten (Tageslänge)

Aus dieser Übersicht ist leicht zu erkennen, daß es infolge der unterschiedlich starken Einstrahlung auf der Erde verschieden stark erwärmte Zonen, verschiedene Klimazonen, geben muß. Wir verstehen jetzt auch, warum für die Kennzeichnung dieser Zonen das griechische Wort »klima« = Neigung gewählt wurde. Für die verschieden starke Erwärmung sind ja hauptsächlich verschiedene Einfallswinkel, verschiedene »Neigungen« des Sonnenstandes, verantwortlich.
Die »Tropenzone« (griechisch: trope = Wendung) liegt zwischen dem nördlichen und südlichen Wendekreis. Mit »Tropen« wurden ursprünglich, wie schon der griechische Name sagt, nur die Wendekreise selbst bezeichnet. Heute bezeichnet man damit das gesamte Gebiet zwischen den beiden Wendekreisen.
Wie wir gesehen haben, erfolgt an den verschiedenen Punkten der Tropenzone zweimal im Jahr senkrechte Sonneneinstrahlung. Am Äquator scheint die Sonne jeden Tag etwa 12 Stunden. An den Wendekreisen schwanken die Tageslängen zwischen 10,5 und 13,5 Stunden.
Als »Gemäßigte Zonen« bezeichnet man die Gebiete zwischen den Wendekreisen und den Polarkreisen. Es gibt also eine nördliche und eine südliche Gemäßigte Zone. In diesen Zonen gibt es, wie wir gesehen haben, zu keinem Zeitpunkt senkrechte Sonneneinstrahlung. Zu den Polarkreisen hin ändern sich die Tageslängen immer mehr. Aus unseren Abbildungen ist zu ersehen,

daß zum Zeitpunkt der Sonnenwenden die Tageslänge am Polarkreis einmal 0 Stunden und einmal 24 Stunden beträgt. Bei uns schwanken die Tageslängen zwischen etwa 8 und etwa 16 ½ Stunden.
In den »Polarzonen« kann, wie wir aus den Abbildungen ersehen können, der Einfallswinkel der Sonnenstrahlung 23 ½° nie übersteigen. Ebenso erkennen wir aus den Abbildungen, daß an einem bestimmten Tag auch direkt an den Polarkreisen die Sonne nicht mehr auf- bzw. untergeht. Zu den Polen hin wird dann der Zeitraum immer länger, während dem dies der Fall ist. An den Polen selbst dauern Polartag und Polarnacht jeweils ein halbes Jahr.
An den Polen ist also über ein volles Jahr hin gesehen die *Dauer* der Sonnenstrahlung genau so lang wie am Äquator, wo ja auch Tag und Nacht immer gleich lang sind. Trotzdem ist natürlich die eingestrahlte Energiemenge sehr unterschiedlich, da der Einfallswinkel der Strahlung am Äquator ja maximal 90°, am Pol jedoch maximal nur 23 ½° betragen kann.
Wie stark die unterschiedliche Sonneneinstrahlung in den verschiedenen Klimazonen unserer Erde das Wetter beeinflußt, werden wir in den nächsten Kapiteln besprechen.

Wärmehaushalt der Erde

Im Kapitel »Die Lufttemperatur« wurde ausführlich besprochen, wie die von der Sonne her einfallende Strahlung zusammengesetzt ist und was mit ihr in der Atmosphäre unserer Erde geschieht.

Wir haben gesehen, daß der kurzwellige Strahlungsanteil fast völlig in der oberen Atmosphäre absorbiert wird und dort für die Vorgänge in der Thermosphäre verantwortlich ist. Kleinere Mengen der kurzwelligen Strahlung werden vom Wasserdampf in der Atmosphäre absorbiert. Wir haben ja an Beispielen gesehen, daß Wasser die sichtbare Strahlung schneller absorbiert als die Luft selbst.

Ein weiterer Teil der einfallenden Strahlung gelangt erst gar nicht zum Erdboden, weil er von den Wolken reflektiert oder durch »Streuung« in der Atmosphäre wieder in den Raum zurückgestrahlt wird.

Die nach allen Richtungen wirkende Streuung kann einmal durch Reflexionen an kleinen, unregelmäßig geformten Teilchen in der Atmosphäre verursacht werden. An noch kleineren Teilchen, deren Abmessungen mit der Wellenlänge der Strahlung vergleichbar sind, also z. B. auch an den Luftmolekülen, kann man die auch dort auftretende Streuung als »Beugungseffekte« deuten, die ebenfalls zu Richtungsänderungen der Strahlung führen. Nach dem sogenannten »Huygens'schen Prinzip« (Christian Huygens, niederländischer Physiker und Mathematiker, 1629–1695) wird ein solcher kleiner Körper, wenn er von einer Strahlung getroffen wird, zum Schwingen und damit zu eigener Strahlung angeregt, die er dann wieder gleichmäßig nach allen Richtungen hin aussendet.

Die blaue Farbe des wolkenlosen Himmels ist übrigens eine Folge dieser Streuung der Sonnenstrahlung an den hin- und her-rasenden Luftmolekülen. Die Streuung erfolgt dabei nach den Gesetzen der Optik umso stärker, je kürzer die Wellenlänge der Strahlung ist. Daher wird der kurzwellige, blaue Anteil des sichtbaren Lichtes stärker gestreut als die langwelligen Anteile. Wir sehen die nach allen Richtungen wirkende blaue Streustrahlung.

Dem direkt einfallenden Licht wird also dieser gestreute blaue Anteil weggenommen, seine Farbe erscheint gegenüber der an der Obergrenze der Atmosphäre ankommenden Strahlung nach Rot hin verschoben. Der Effekt ist umso stärker, je länger der Weg der Strahlung durch die Atmosphäre ist.

Daher erscheinen Sonne und Mond bei ihrem Auf- oder Untergang besonders stark rötlich gefärbt. Die folgende Abbildung zeigt, daß das Licht zu diesen Zeitpunkten einen wesentlich längeren Weg durch die Atmosphäre zurückzulegen hat, als wenn die Himmelskörper hoch über uns stehen. Der Effekt wird noch verstärkt, wenn sich besonders viel Staub oder Wasserdampf in der Atmosphäre befindet.

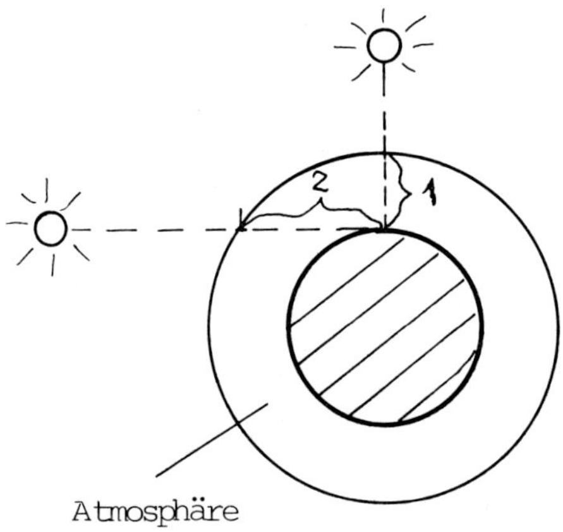

Die noch nicht absorbierte oder von Atmosphäre und Wolken zurückreflektierte Strahlung erreicht nun zusammen mit dem nach unten, zur Erde hin gerichteten Anteil der Streustrahlung (diese wirkt ja nach allen Richtungen) die Erdoberfläche.
In der folgenden Tabelle werden zunächst die Verluste nochmals zusammengefaßt:

Ursache des Verlustes	% der Gesamtstrahlung
Reflexion an der Atmosphäre	6
Reflexion an Wolken	24
Absorption in der Atmosphäre	14
Absorption in Wolken	3
zusammen	47

In den für die reflektierten Anteile genannten Zahlen sind auch die in den Weltraum zurück*gestreuten* Strahlungsmengen enthalten.
Am Erdboden kommen also noch 100 – 47 = 53 % der Gesamtstrahlung an. Davon erreicht aber auch nur ein Teil die Erdoberfläche als *direkte* Strahlung. 22 % der Gesamtstrahlung sind die zum Erdboden gerichteten Anteile der diffusen (lateinisch: diffundere = nach allen Richtungen zerstreuen) Streustrahlung, sodaß also nur 53 – 22 = 31 % der Gesamtstrahlung als *direkte* Strahlung auf den Erdboden auftreffen.

Am Erdboden kommen somit an:

Quelle	% der Gesamtstrahlung
Direkte Sonneneinstrahlung	31
Anteil der diffusen Streuung an Wolken	16
Anteil der diffusen Streuung in der Atmosphäre	6
	zusammen 53

Davon wird allerdings an der Erdoberfläche sofort wieder ein Anteil reflektiert, der 6 % der Gesamtstrahlung entspricht.
Die Gesamtheit der in den Weltraum zurückreflektierten Strahlung, also 6 + 24 + 6 = 36 % der einfallenden Strahlung, nennt man übrigens »Planetarische Albedo« (lateinisch: albedo = weiße Farbe). Je höher die Albedo eines Planeten, umso stärker reflektiert er das Sonnenlicht, umso besser ist er von außen her zu erkennen.
Zur Erwärmung der Erdoberfläche stehen also am Ende nur noch

53 – 6 = 47 % der Gesamtstrahlung

zur Verfügung. In uns vertrauten Energie-Maßeinheiten sind dies

ca. 700 Millionen Milliarden kWh pro Jahr oder
ca. 2 Millionen Milliarden kWh pro Tag.

Wie die Erdoberfläche durch diese noch verbleibende Strahlung erwärmt wird, haben wir im Kapitel »Die Lufttemperatur« ausführlich besprochen. Wir wissen, daß die Strahlung in der Erdoberfläche rasch absorbiert wird, deren Moleküle zum schnelleren Schwingen anregt und so ihre Temperatur erhöht. Im selben Kapitel wurde erklärt, was elektromagnetische Strahlung ist und wie die Strahlung eines Fixsternes, einer Sonne, entsteht. Um den Wärmehaushalt der Erde verstehen zu können, müssen wir nun aber auch wissen, daß die damals beschriebenen Vorgänge nicht nur bei hohen, sondern bei allen Temperaturen stattfinden. So strahlt nicht nur ein Stern, sondern jeder Körper, der eine Temperatur über dem absoluten Nullpunkt von -273 °C besitzt, elektromagnetische Strahlung, die sogenannte »Temperaturstrahlung«, ab. Je höher seine Temperatur, umso intensiver sind die Vorgänge, umso weitere, energiereichere Sprünge können die Elektronen seiner Atome ausführen, umso kürzer wird die Wellenlänge der ausgesandten Strahlung. Gleichzeitig verschiebt sich, wie wir schon wissen, die mit maximaler Intensität ausgestrahlte Wellenlänge mit zunehmender Temperatur zu kürzeren Wellenlängen hin.
Wir können diese Tatsache leicht beim Einschalten einer Heizplatte oder beim Erhitzen eines Eisenstückes beobachten. Zu Beginn können wir die Strahlung lediglich mit den wärmeempfindlichen Nerven unserer Haut spüren. Das Maximum der Strahlung liegt noch im infraroten Wellenlängenbereich. Wir sehen noch nichts. Mit zunehmender Erwärmung beginnen wir dann aber die

Strahlung auch mit unseren Augen wahrzunehmen. Bei etwas über 500 °C erscheint uns das Material grauweißlich, es ist im Zustand der Grauglut. Bei weiter steigenden Temperaturen geht es dann schließlich in Rotglut, in Gelbglut und am Ende in Weißglut über.
Auf diese Weise strahlen sich alle Körper gegenseitig Energie zu. Jeder Körper strahlt, jeder Körper absorbiert aber auch ganz oder teilweise die ihm von einem anderen zugestrahlte Energie, wie wir bereits im Kapitel »Die Lufttemperatur« besprochen haben. Der nicht absorbierte Teil der zugestrahlten Energie wird dabei entweder durchgelassen oder reflektiert.
Nach einem der Grundgesetze der Physik, das wir alle aus dem täglichen Leben kennen, kühlen sich bei diesem gegenseitigen Strahlungsaustausch die wärmeren Körper ab, strahlen also im Laufe der Zeit immer weniger Energie ab als zu Beginn des Vorgangs, während sich die kälteren erwärmen und so mehr Energie ausstrahlen als zu Beginn. Es besteht die Tendenz, unterschiedliche Temperaturen auszugleichen.
Wissenschaftler haben ausgerechnet, daß die auf den Erdboden auftretende Energie ausreicht, um ihn pro Tag um 425 °C zu erwärmen, wenn man annimmt, daß die ganze Erdoberfläche aus ebenem, festen Material besteht und die Strahlung im obersten Zentimeter absorbiert wird. Diese starke Erwärmung hat aber nun nach unserer Erkenntnis, daß jeder Körper strahlt und die Strahlung mit zunehmender Temperatur immer intensiver wird, natürlich die Folge, daß der Erdboden einen großen Teil der ihm zugestrahlten Energie sofort wieder abstrahlt.
Wie wir schon wissen, verschiebt sich das Maximum der Strahlung mit abnehmender Temperatur zu längeren Wellenlängen hin. Da die Temperatur des Erdbodens wegen der sofort einsetzenden Abstrahlung und der auf den folgenden Seiten behandelten Vorgänge die berechneten 425 °C nicht erreichen kann, sondern sich bei einem Gleichgewicht zwischen Ein- und Ausstrahlung bekanntlich auf einen Mittelwert von 15 °C einpendelt (siehe Kapitel »Die ICAO-Normalatmosphäre«), muß somit die abgestrahlte Energie wegen dieser niedrigen Temperatur, im Gegensatz zur eingestrahlten, langwelliger Natur sein. Der Erdboden gibt keine sichtbare, sondern infrarote Strahlung, Wärmestrahlung, ab.
Die nachfolgende Abbildung zeigt das Spektrum dieser Strahlung im Vergleich zu dem der Sonnenstrahlung, die wegen der uns bereits bekannten Oberflächentemperatur der Sonne von 5500 °C oder ca. 5800 °C kurzwelliger

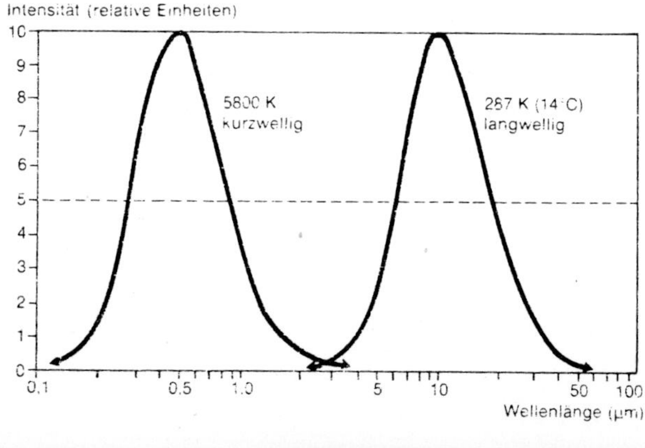

Natur ist. Da so ein sehr großer Wellenlängenbereich dargestellt werden muß, ist die Skala (lateinisch: scalae = Stufen, Treppe) für die Wellenlänge logarithmisch eingeteilt (siehe Kapitel »Der Luftdruck«).
Um keine zu großen Zahlen für die längeren Wellenlängen zu erhalten, wurde außerdem nicht das bereits bekannte Längenmaß Nanometer nm (= 1 Millionstel mm oder 1 Milliardstel m), sondern das Maß Mikrometer μm (= 1 Tausendstel mm oder 1 Millionstel m) gewählt. Die Intensitäten sind in relativen Einheiten angegeben. Absolut strahlt der Boden natürlich nach dem, was wir bereits besprochen haben, weniger Energie ab als am Rande der Atmosphäre von der Sonne einfällt.
Als langwellige Strahlung der in der Abbildung rechts dargestellten Art strahlt die Erde 98 % der den Boden erreichenden Sonnenstrahlung wieder zurück. Dabei handelt es sich nicht um eine Reflexion, diese haben wir schon behandelt. Die Strahlung erfolgt aufgrund der Erwärmung der Erde, die dadurch selbst zum Strahler wird.
Zum Glück für uns werden aber nur 7 % der ausgestrahlten Energie wieder direkt an den Weltraum abgegeben. Der Rest bleibt in unserer Atmosphäre hängen. Er wird dort hauptsächlich in den Wolken vom Wasser, außerhalb der Wolken vom Wasserdampf, aber auch vom Kohlendioxyd absorbiert, auf dessen Bedeutung ich ja bereits im Kapitel »Die Zusammensetzung der Erdatmosphäre« hingewiesen habe.
Auch andere Gase, wie Kohlenmonoxyd (Symbol CO) (griechisch: mono = allein; Verbindung mit nur einem Sauerstoff-Atom) und Ozon (O_3), sind an der Absorption beteiligt. Wir erkennen daraus, wie wichtig diese Stoffe für den Wärmehaushalt der Erde sind. Wäre zum Beispiel kein Wasserdampf in der Atmosphäre enthalten, würde die mittlere Temperatur in Bodennähe von +15 °C auf ca. -25 °C absinken.
Wie alle materiellen Körper strahlt nun aber auch die erwärmte Atmosphäre wieder Energie ab. Dabei werden 63 % der vom Boden her aufgenommenen Energie endgültig in den Raum zurückgestrahlt. Als »Gegenstrahlung« zum Boden hin könnte also eigentlich nur der Rest, nämlich 100 – 63 = 37 %, übrig bleiben. In Wirklichkeit strahlt aber die Atmosphäre 86 % der Energie zur Erde zurück, die sie von dieser zugestrahlt erhielt.
Da dies aufgrund unseres altbekannten Gesetzes von der Erhaltung der Energie nicht ohne weiteres möglich ist, muß die Atmosphäre noch auf andere Weise Energie zugeführt bekommen haben, damit sie so kräftig zurückstrahlen kann. Eine Möglichkeit wäre die Weitergabe von Wärme vom Boden an die Atmosphäre durch Wärmeleitung, die direkte Übertragung des Schwingens bzw. Rasens eines Moleküls an benachbarte Moleküle. Wärmeleitung vom Boden in höhere Schichten der Atmosphäre kann aber für die zusätzliche Energiezufuhr nicht verantwortlich sein. Luft ist im Gegensatz zum Beispiel zu Metallen, oder auch zum Erdboden, ein schlechter Wärmeleiter. Bei Sonneneinstrahlung wird immer nur eine sehr flache Luftschicht stark

erwärmt und schließlich »überhitzt«, da durch die aufsteigenden Thermikblasen nicht genügend Wärme abgeführt werden kann. Wie wir schon wissen, werden bei solchen Vorgängen schließlich trockenlabile, überadiabatische Schichtungsgradienten erzeugt, weshalb diese Schicht auch »überadiabatische Schicht« genannt wird.
Die wirklich für die zusätzliche Energiezufuhr verantwortlichen Vorgänge sind uns jedoch bereits bekannt. 19 % des »Überschusses« wird der Atmosphäre dadurch zugeführt, daß am Boden erwärmte Luft von selbst adiabatisch aufsteigt. Dabei dient ihr die eben erwähnte überadiabatische Schicht als Warmluft-Reservoir (französisch: reservoir = Vorratsbehälter). Da sich die aufsteigende Luft schon vor ihrem »Steckenbleiben« etwas mit der umgebenden Luft vermischt, wird dieser so Energie zugeführt.
Der größere Teil, 81 % des »Überschusses«, werden der Atmosphäre aber »latent« (lateinisch: latere = verborgen sein, latentus = verborgen) zugeführt, nämlich durch Verdunstung von Wasser an der Erdoberfläche. Bei der Kondensation, der Wolkenbildung, wird diese Wärme wieder frei und bewirkt somit eine Erwärmung der Atmosphäre. Diese Vorgänge wurden ja bereits ausführlich im Kapitel »Der Wasserdampf in der Atmosphäre« besprochen.
Insgesamt ergibt sich so in der Atmosphäre ein »Treibhaus-Effekt«. Die Glaswände eines Treibhauses lassen zwar das einfallende kurzwellige Sonnenlicht, nicht aber die vom erwärmten Boden ausgehende langwellige Wärmestrahlung durch. Diese steht somit voll zur Erwärmung der Luft im Innern des Treibhauses zur Verfügung.
Ebenso wird, wie wir gesehen haben, der größte Teil der von der Erde abgegebenen Wärmestrahlung von unserem Treibhaus, der Atmosphäre, infolge der verschiedenen Wirkungen des Wasserdampfes und der übrigen genannten Stoffe nicht durchgelassen. Der Glashaus-Effekt ist dabei allerdings in verschiedenen Gebieten der Erde unterschiedlich.
In den Polargebieten befindet sich wegen der niedrigen Temperaturen sehr wenig Wasserdampf in der Atmosphäre. Außerdem steigt kaum Luft auf, sodaß auch kaum Wasserdampf in höhere Schichten der Troposphäre transportiert wird. Die Wasserdampf in wesentlicher Menge enthaltende Luftschicht reicht daher in diesen Gebieten nur ca. 1000–3000 m hoch, während sie sich im äquatorialen Bereich bis zu einer Höhe von ca. 11 000 m erstrekken kann. Durch die dort sehr viel stärkere Einstrahlung wird viel Wasser verdunstet. Durch die starke Erwärmung der wasserdampfhaltigen Luft wird diese dann bis in große Höhen transportiert, die »Glaswände« unseres Treibhauses wirken hier somit wesentlich stärker. Die Wasserdampf in größerer Menge enthaltende und damit die von der Erde abgegeben Wärmestrahlung in großem Umfang absorbierende Schicht reicht jedoch auch am Äquator nur bis zu einer Höhe von ca. 6000 m.
Insgesamt ergibt sich, daß etwa 90 % der Absorption in den Höhen stattfindet, in denen die Temperatur über -10 °C liegt. Diese Schicht, die an den

Polen bis zu 3000 m, am Äquator bis zu 6000 m Höhe reicht, nennt man daher die »Heizschicht« der Atmosphäre. Hier wird sie durch die Absorptionsvorgänge aufgeheizt. Die darüberliegende Schicht, die hauptsächlich wieder Wärme in den Raum abstrahlt, heißt »Kühlschicht«.
Nach unseren bisherigen Betrachtungen haben wir nun eine grobe Vorstellung von der Energiebilanz (lateinisch: bilanx = doppelte Waagschale), vom Gleichgewicht im Wärmehaushalt der Erde gewonnen. Wie oft, sind jedoch auch hier die Zusammenhänge in Wirklichkeit noch wesentlich komplizierter als sie bisher dargestellt wurden. So werden zum Beispiel 0,2 % der einfallenden Sonnenenergie für die Aufrechterhaltung großräumiger Meeres- und Luftzirkulationen verbraucht. Weitere 0,1 % werden von den auf der Erde wachsenden Pflanzen gespeichert. Die von ihnen über Jahrtausende oder Jahrmillionen aufgenommene Energie wird übrigens heute beim Verbrennen von Kohle teilweise wieder freigesetzt. Diese beiden und noch weitere ähnlich kleine Posten in der Energiebilanz unserer Erde können wir jedoch bei unseren Betrachtungen vernachlässigen. Dafür und für das Verständnis der uns als Piloten interessierenden Literatur reicht das völlig aus, was wir ausführlich besprochen haben.
Wir verstehen jetzt, wie wichtig die Sonne und die einzelnen Bestandteile unserer Atmosphäre für das Gesamtklima auf der Erde sind und wir haben auch bereits gelernt, wie durch unterschiedliche Einfallswinkel und unterschiedliche Dauer der Sonnenstrahlung Klima-Unterschiede zustandekommen. Wenn wir uns darüber hinaus noch an die früher besprochenen Themen erinnern, besitzen wir alle Voraussetzungen, um die folgenden Kapitel verstehen zu können.

Die globale Zirkulation der Erdatmosphäre

Aufgrund der mit höherer geographischer Breite immer geringer werdenden Energieeinstrahlung ergibt sich für die Energiebilanz der Gebiete zwischen den Breitenkreisen 40° N und dem Nordpol, sowie 40° S und dem Südpol, daß dort insgesamt von der Erdoberfläche mehr Energie abgestrahlt wird, als von der Sonne her auftrifft. Diese Gebiete müßten sich also eigentlich laufend immer weiter abkühlen. Wir wissen aber, daß in Wirklichkeit auch dort konstante Durchschnittstemperaturen herrschen.
Berechnet man außerdem die Menge des vom Festland verdunstenden und das ihm durch Niederschläge wieder zugeführten Wassers, so stellt man fest, daß durch die Niederschläge wesentlich mehr Wasser zurückkommt als vorher verdunstet ist. Woher kommt die zusätzliche Menge?
Beide Tatsachen zeigen, daß in der Atmosphäre nicht nur die bereits behandelten vertikalen Vorgänge ablaufen können, sondern daß auch großräumige horizontale Bewegungen vorhanden sein müssen, die u. a. zu den beobachteten Erscheinungen führen
Diese horizontalen Strömungen ergeben zusammen mit den vertikalen, deren Ursachen wir bereits kennen und einigen anderen, die wir noch kennenlernen werden, globale Zirkulationssysteme, die unser großräumiges Wetter ganz wesentlich bestimmen.
In den meisten Lehrbüchern für die Ausbildung von Flugzeugführern finden wir heute noch eine einfache, leicht verständliche Erklärung für diese Zirkulationssysteme. Sie ist schon ziemlich alt und wurde viele Jahrzehnte lang für richtig gehalten, obwohl sie nicht alle im Lauf der Jahre erkannten Vorgänge in der Atmosphäre erklären kann. Die ihr zugrunde liegende Theorie ist jedoch in großen Teilen auch nicht ganz falsch und erklärt viele Vorgänge so einleuchtend, daß ich sie doch zunächst auch hier kurz besprechen will. Anschließend werden wir dann feststellen, wie wir sie aufgrund der heutigen Erkenntnisse verändern bzw. ergänzen müssen.
Welche Auswirkungen die Schrägstellung der Erdachse auf die Erwärmung der Erdoberfläche hat, wurde bereits ausführlich behandelt. Wir können daher für die nachfolgenden Überlegungen zunächst der Einfachheit halber wieder annehmen, daß die Erdachse senkrecht auf der Bahnebene steht.

Erst am Schluß wollen wir dann besprechen, wie die gewonnenen Ergebnisse durch die Schrägstellung der Erdachse verändert werden.
Zu Beginn unserer Überlegungen nehmen wir weiter an, daß die Erde aus einem einheitlichen Material besteht, also kein Unterschied zwischen Land und Meer vorhanden ist und daß sich die Erde außerdem nicht um ihre Achse dreht. Sie würde dann der Sonne immer dieselbe Seite zuwenden, wie dies unser Mond gegenüber der Erde tut.
Die auf der der Sonne zugewandten Seite der Erde liegenden Gebiete würden dann von der einfallenden Sonnenstrahlung je nach ihrer geographischen Breite unterschiedlich erwärmt, wie es im Kapitel »Die Klimazonen unserer Erde« ausführlich besprochen wurde.
Im Äquatorialgebiet ist dann also in Bodennähe sehr warme, im Polargebiet sehr kalte Luft vorhanden. Aus dem Kapitel »Die Lufttemperatur« wissen wir, daß warme Luft eine geringere Dichte besitzt und damit leichter ist als kalte Luft. Die stark erwärmte Luft am Äquator muß somit in der nach Norden und Süden zu kälteren umgebenden Luft hochsteigen.
Vom Boden wird also Luft nach oben wegtransportiert, es bleibt weniger Luft zurück, sodaß der Luftdruck absinkt. Wie wir ebenfalls schon gelernt haben, haben aber Luftdruckunterschiede wegen der freien Verschiebbarkeit der Luftteilchen sofort eine Ausgleichsströmung vom höheren zum niedrigeren Druck zur Folge. Es strömt also in Bodennähe kältere, schwerere Luft von Norden und Süden her zum Äquator nach. Diese »fehlt« dann wieder in den Ursprungsgebieten und muß dort durch eine vertikale Strömung von oben nach unten ersetzt werden. Dadurch ergibt sich über den Polargebieten in der Höhe ein Masseverlust, zu dessen Ausgleich die am Äquator hochgestiegene Luft in der Höhe zu den Polen fließt. Es ergibt sich so eine Zirkulationsströmung, wie sie in der untenstehenden Abbildung dargestellt ist.
Gewisse Schwierigkeiten könnten sich bei dieser theoretischen globalen Zirkulation allerdings dadurch ergeben, daß die große Menge der in der Höhe vom Äquator zu den Polen fließenden Luft in den Polargebieten gar keinen Platz finden kann, sich also vorher stauen müßte. Wie wir wissen, hat ja der Äquator einen gegenüber den zu den Polen hin gelegenen Breitenkreisen viel größeren Umfang.

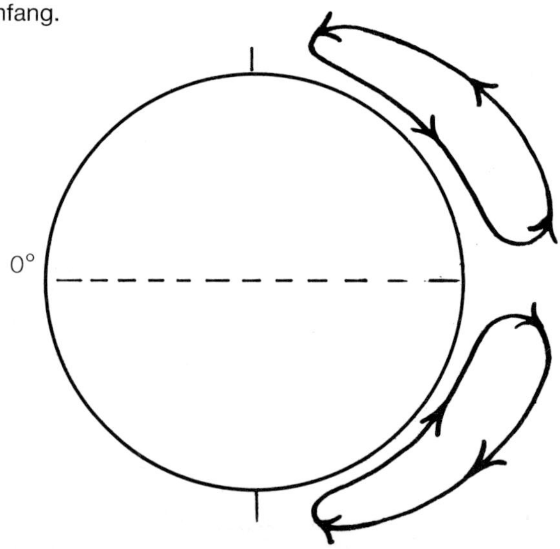

Der Hauptgrund dafür, daß sich die eben beschriebene Zirkulation nicht in dieser Weise ausbilden kann, ist aber die Tatsache, daß sich die Erde um ihre Achse dreht. Die Folge dieser Drehung, die Ablenkung horizontal strömender Luft auf der Nordhalbkugel nach rechts, auf der Südhalbkugel nach links, wurde ausführlich im Kapitel »Windrichtung und Windgeschwindigkeit« behandelt.

Im folgenden wollen wir hauptsächlich die Vorgänge auf der Nordhalbkugel der Erde betrachten. Wir wissen, daß dann auf der Südhalbkugel dasselbe geschieht, nur daß eben die Rechtsablenkungen der horizontalen Luftströmungen durch Linksablenkungen ersetzt werden.

Was geschieht nun bei sich drehender Erde? Die am Äquator stark erwärmte Luft steigt auf. Von nördlichen Breiten her strömt am Boden kalte Luft zum Äquator, wobei sie jetzt nach rechts abgelenkt wird und sich so schließlich als östlicher Wind von östlichen zu westlichen Richtungen bewegt. Die am Äquator hochgestiegene Luft fließt als Ausgleichsströmung nach Norden, wobei sie ebenfalls nach rechts, also in Richtung Osten, abgelenkt wird. Die Ablenkung wird dabei, wie wir wissen, zu höheren Breiten hin immer stärker. Die Luft gelangt so gar nicht zum Pol, sondern nur bis zu einer geographischen Breite von 30–35°, wo sie sich außerdem staut, da ja dort weniger Platz, weniger Erdumfang zur Verfügung steht als am Äquator. Deshalb, und weil ja am Boden Luft zum Äquator hin abströmt, weicht sie jetzt nach unten aus, sie sinkt ab. Dadurch erhöht sich der Luftdruck am Boden, wodurch das dort stattfindende Abfließen der Luft zu den Gebieten niedrigeren Druckes am Äquator noch verstärkt wird.

Es ergibt sich so, im Gegensatz zum Fall der ruhenden Erde, eine kleinere, auf das Gebiet zwischen 0° und ca. 35° geographischer Breite beschränkte Zirkulation, die nach dem englischen Physiker George Hadley (1685–1768) benannte »Hadley-Zelle«. Da diese Zirkulation unmittelbar durch die starke Erwärmung der äquatorialen Luft ausgelöst wird, nennt man sie eine »Direkte thermische Zirkulation« (lateinisch: directus = unmittelbar, ohne Umwege).

In der folgenden Abbildung, die das sich bei rotierender Erde (lateinisch: rotare = sich drehen) ergebende Zirkulationssystem zeigt, sind die Hadley-Zellen als die beidseitig des Äquators gelegenen Zirkulationen deutlich zu erkennen.

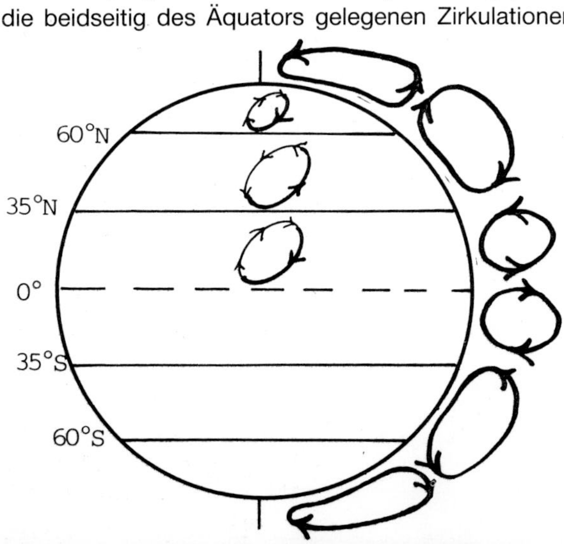

Wegen der starken Erwärmung und dem großräumigen Aufsteigen der sehr warmen Luft wird die Atmosphäre im äquatorialen Gebiet »aufgepumpt«. Die einfallende Energie reicht aus, um die aufsteigende Luft bis in große Höhen gelangen zu lassen. Die Hadley-Zelle und somit die Troposphäre reicht so, wie wir bereits im Kapitel »Die Lufttemperatur« gehört haben, hier bis in Höhen von 16–18 km hinauf.

Da die Luft bis in große Höhen aufsteigt und sich dabei laufend adiabatisch abkühlt, herrschen am Ende des Aufsteigens, in der Tropopause, sehr tiefe Temperaturen, nämlich ca. -80 °C.

Durch die Hadley-Zelle konnten schon sehr früh Erscheinungen erklärt werden, die im Laufe der Entwicklung der Segelschiffahrt bekannt und wichtig geworden waren. So ergeben die nordöstlichen Bodenwinde der Hadley-Zirkulation den bekannten »NO-Passat« (niederländisch: passaat = der in dem beschriebenen Gebiet herrschende Wind. Von spanisch: pasaje = Überfahrt. Der Passat ermöglichte den Segelschiffen, im Gegensatz zu der Windstille in den Calmen, eine gute »Überfahrt«), die entsprechenden Winde der südlichen Zelle den »SO-Passat«. Die SW- bzw. NW-Strömungen in der Höhe sind die »Antipassate«. Die östlichen Winde im Äquatorialbereich sind die »easterlies« (englisch: easterly = östlich). Da die Strömungen hier von Nordosten und Südosten zusammentreffen, konvergieren, entstehen hier häufig Störungen, die »easterly waves« (englisch: wave = Welle) mit starker, hochreichender und mit Gewittern verbundener Quellwolkenentwicklung.

Das Absinken der Luft bei 30–35° Breite hat zur Folge, daß dort nur geringe horizontale Luftbewegungen vorhanden sind. Dies ist das Gebiet der »Calmen« (englisch: calm = still, ruhig) oder der »Roßbreiten«. Dieser Name kommt daher, daß auf den wegen der Windstille festliegenden Segelschiffen gelegentlich der Proviant ausging und so die bei Eroberungszügen mitgeführten Pferde geschlachtet werden mußten. Wie wir wissen, erfolgt bei absinkender Luft Erwärmung und Wolkenauflösung. Im Calmen-Gürtel gibt es also wenig Wolken und Niederschlag. Deshalb liegen dort auch die großen Wüstengebiete, die »ariden« (lateinisch: aridus = trocken) Gebiete der Erde.

Eine weitere direkte thermische Zirkulation, jetzt allerdings nicht mehr durch starke Erwärmung, sondern durch starke Abkühlung der Luft verursacht, ergibt sich im Polargebiet. Wegen der geringen Einstrahlung ist dort die Erdoberfläche sehr kalt. Die bodennahe Luft wird also stark abgekühlt und sinkt ab. In der Höhe entsteht dadurch ein Verlust an Masse, ein Luftdruckfall, sodaß Luft von Süden nachströmen muß. Die am Pol absteigende Luft erhöht dort den Luftdruck am Boden, wodurch die bodennahe Luft nach Süden in Bewegung gesetzt wird. Beide Strömungen, Höhen- und Boden-Strömung, werden natürlich wieder nach rechts abgelenkt, sodaß am Boden östliche Winde herrschen.

Für die Polarzirkulation steht wegen des hier wesentlich geringeren Einfallswinkels der Sonnenstrahlung wesentlich weniger Energie zur Verfügung als für die Hadley-Zelle: Die Luft kann so nur etwa halb so hoch aufsteigen wie im Äquator-Bereich, kann sich also nur über eine kürzere Strecke hinweg abkühlen und erreicht so trotz der niedrigeren Ausgangstemperatur nicht die tiefen Temperaturen wie die am Äquator höher aufsteigende Luft. Die Zirkulation reicht nur bis zu den Höhen von 8–9 km und die Tropopausentemperatur erreicht nur Werte zwischen -50 °C und -55 °C. Die Zirkulation ist außerdem nicht nur wesentlich flacher als die der Hadley-Zelle, sondern reicht wegen der geringeren »Antriebs-Energie« auch nur bis zu einer geographischen Breite von 55 bis 60°.

Die nachstehende Abbildung zeigt die sich so für verschiedene geographische Breiten ergebenen mittleren Temperaturen, die natürlich für Sommer und Winter etwas unterschiedlich sind.

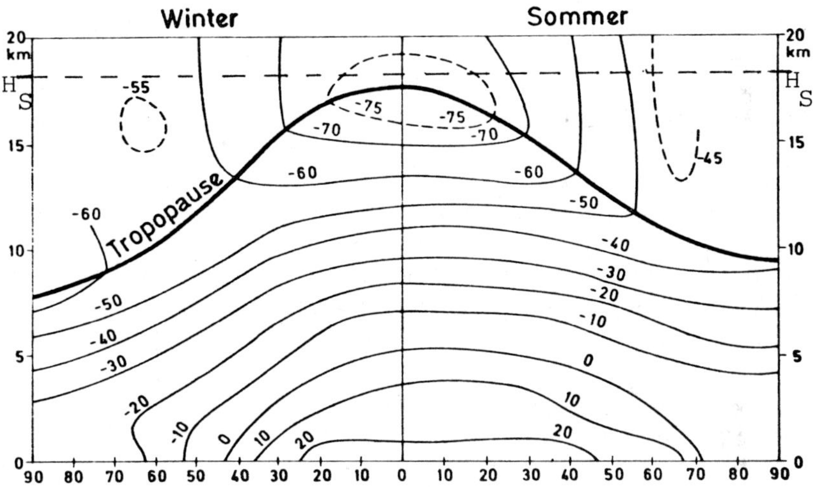

Wir erkennen, daß, wie wir das schon aus dem Kapitel »Die Lufttemperatur« wissen, ab der Tropopause Isothermie herrscht, sich die Temperaturen also mit der Höhe nicht mehr ändern. Da aber über den Polen die Tropopausentemperatur wesentlich höher ist als über dem Äquator, bedeutet dies, daß in der Stratosphäre in einer bestimmten Höhe H_S über der warmen Bodenluft am Äquator tiefere Temperaturen herrschen als in der gleichen Höhe über dem kalten Polargebiet. Wir werden auf diese Tatsache später noch zurückkommen.

Was geschieht nun zwischen den beiden beschriebenen Zirkulationszellen? Die in der vorletzten Abbildung eingezeichnete dritte Zirkulation hat keine direkte thermische Ursache. Schon ab 40° geographischer Breite ist wegen der dort schon relativ geringen Einstrahlung die Ausstrahlung der Erde im Mittel größer als die Einstrahlung. Die trotzdem vorhandene, sogenannte »indirekte« Zirkulation, die nach dem englischen Physiker William Ferrel

(1817–1891) »Ferrel-Zelle« genannt wird, wird dadurch erklärt, daß die Luft in diesem Bereich wie bei einem Zahnradgetriebe dadurch in Bewegung gesetzt wird, daß sie am südlichen Ende von der Strömung in der Hadley-Helle, am nördlichen Rand durch die Strömung der Polarzirkulation »mitgenommen« wird. Die in der sich so ergebenden Zirkulation am Boden nach Norden strömende Luft wird wieder nach rechts abgelenkt und trifft als westliche Strömung in ca. 55° bis 60° geographischer Breiter auf die östliche Bodenströmung der Polar-Zirkulation.
Die Grenze zwischen den beiden Strömungen wird »Polarfront« (lateinisch: frons, frontis = Stirn, Vorderseite) genannt. Aus der Hydrodynamik, der Lehre vom bewegten Wasser, wissen wir, daß Strömungen dieser Art, aneinandergrenzende gasförmige oder flüssige Stoffe verschiedener Temperatur und damit auch verschiedener Dichte, bei unterschiedlichen Bewegungsrichtungen bzw. Bewegungsgeschwindigkeiten unter bestimmten Bedingungen instabil sind. Die Grenzfläche kann nicht schön gerade bleiben und es genügen schon kleine Störungen, um an ihr Wellenbewegungen auszulösen. Wir kennen solche Vorgänge vom Wasser her. Wenn Wind über Wasser strömt, werden Wellen hervorgerufen.
Da die Luftmassen außerdem gegeneinander strömen, konvergieren, müssen sie, wie wir schon wissen, nach oben ausweichen, sich abkühlen und am Ende Wolken bilden. Es entstehen so schließlich die uns bekannten Störungen an der Polarfront mit ihren Frontsystemen und deren in jedem Lehrbuch mehr oder weniger ausführlich und vollständig beschriebenen Wettererscheinungen.
Aber selbst bei statischer Betrachtung, wenn die aneinander grenzenden Luftmassen verschiedener Temperatur nicht in Bewegung sind, sondern ruhen, ist ihr Zustand nicht stabil. Wir erinnern uns an das Kapitel »Die Zusammensetzung der Erdatmosphäre«. Dort haben wir gesehen, daß sich verschiedene dichte Gase dann, wenn nicht »umgerührt« wird, so anordnen, daß sich das leichtere Gas über dem schwereren ansammelt. Genau so ist es hier. Die im linken Teil der nachfolgenden Abbildung nebeneinander befindliche kalte und warme Luft, die hier in einem Modellversuch (lateinisch: modus = Maß, modulus = kleines Maß, Maßstab) durch kaltes und warmes Wasser dargestellt ist, kann in diesem Zustand nicht verbleiben. Es stellt sich der im rechten Teil der Abbildung dargestellte stabile Zustand ein. Die kalte Luft liegt unten, über ihr die warme Luft. Die zyklonalen Vorgänge an der Polarfront führen schließlich mit der Ausbildung einer Okklusion zu diesem Zustand. Bei einer Okklusion (lateinisch: occludere = abschnüren) ist ja die Warmluft völlig vom Boden abgeschnürt. Sie liegt in der Höhe über der Kaltluft.

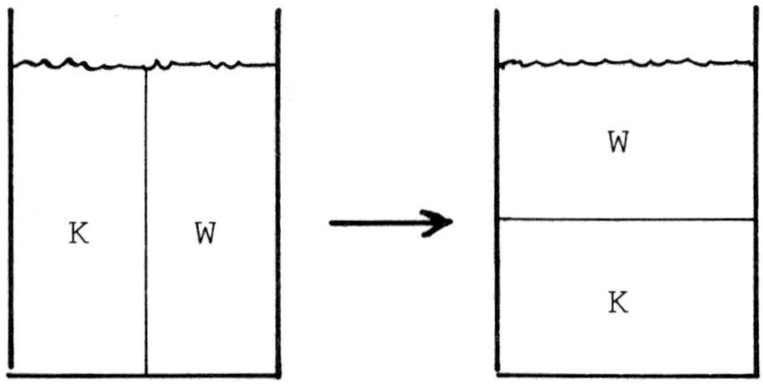

Die bisher wiedergegebene Erklärung der großräumigen Luftbewegungen ergibt sogenannte »zonale« (griechisch: zone = Gürtel) Zirkulationssysteme, das heißt Bewegungen, die sich in bestimmten Gebieten in Nord-Süd-Richtung abspielen, dort also unabhängig von der geographischen Länge sind. Auf einem Breitenkreis herrschen überall dieselben Bedingungen.
Besonders bei näherer Betrachtung der Erklärung für die Zirkulation der gemäßigten Breiten, die bis in Höhen von etwa 10–12 km reicht, zeigen sich jedoch zwei wesentliche Schwachstellen der bisherigen Dreizellen-Theorie. Wie wir aus der Abbildung auf Seite 189 erkennen können, müßte als Ausgleich für die bodennahe Weströmung im Bereich der Polarfront in der Höhe eine östliche Strömung vorhanden sein. In Wirklichkeit herrscht aber auch in der Höhe eine, zum Teil sogar außerordentlich starke Weströmung (Strahlströme!). Zum anderen ist nach unserem altbekannten Gesetz von der Erhaltung der Energie schwer zu begreifen, wo die Energie herkommt, die gerade in der nur indirekt »angetriebenen« Zirkulationszelle laufend derart intensive Wettererscheinungen hervorrufen kann, wie wir sie aus diesen Breiten kennen.
Bevor wir überlegen, wie diese Unstimmigkeiten erklärt werden können, soll jedoch noch dargestellt werden, wie sich aus der bisher beschriebenen Dreizellen-Theorie, aus der sich zusammen mit den Überlegungen im Kapitel »Die Klimazonen der Erde« ja bereits eine großräumige horizontale Temperaturverteilung ergeben hat, nun auch eine globale horizontale Druckverteilung abgeleitet werden kann.
Das Zusammentreffen der beiden Boden-Passat-Strömungen erfolgt nicht genau am Äquator, sondern im Gebiet zwischen ihm und der Breite 10° N, was wahrscheinlich darauf zurückzuführen ist, daß, wie die nachstehende Abbildung zeigt, die Verteilung von Land und Wasser auf den beiden Erdhalbkugeln nicht gleich ist. Die Nordhalbkugel besitzt sehr viel mehr der sich gegenüber dem Wasser sehr viel schneller erwärmenden Landmassen als die Südhalbkugel. Den Einfluß von Land und Wasser auf die großräumigen Wettererscheinungen werden wir später noch betrachten.

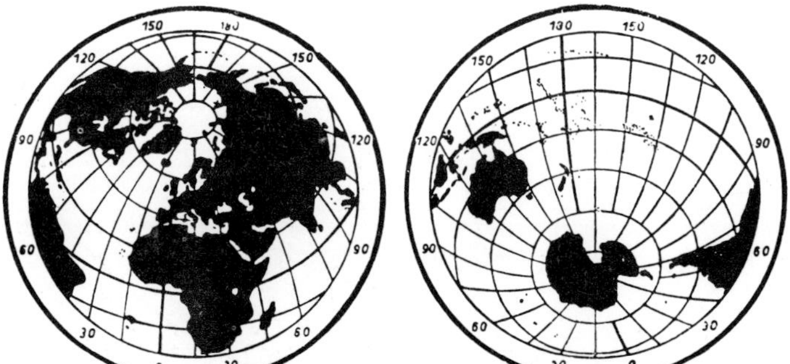

Land- und Wasserhalbkugel

Die Verteilung von Wasser und Land

Da sonst die sich nach der Dreizellen-Theorie auf der Nord- und Südhälfte der Erde ergebenden Zirkulationen weitgehend symmetrisch (griechisch: symmetros = übereinstimmend) sind, wird das Gebiet zwischen 0° und 10° N geographischer Breite oder dessen Mitte, also die Breite 5° N, auch als »Meteorologischer Äquator« bezeichnet.

Hier treffen also die beiden Passatströmungen zusammen, sie »konvergieren«, müssen also nach oben ausweichen. Es ergibt sich so ein Verlust an Masse. Gleichzeitig erfolgt am Boden sehr starke Erwärmung. Beides führt natürlich in der unteren Atmosphäre zur Ausbildung geringen Luftdrucks, es bildet sich die »Äquatoriale Tiefdruckrinne« oder, wegen des Zusammenströmens der Luft, die »Intertropische Konvergenzzone«.

Im Gebiet zwischen etwa 20° N und 35° N sowie zwischen ca. 18° S und 32° S befinden sich die absinkenden Äste der tropischen Zirkulation und der Zirkulation der Gemäßigten Zonen. Hier wird Masse zugeführt, es entsteht hoher Druck, es bilden sich die »Subtropischen Hochdruckgürtel« (lateinisch: sub = unter, also »unter« den Tropen gelegen), die, wie bereits erwähnt, früher auch »Calmen« oder »Roßbreiten« genannt wurden.

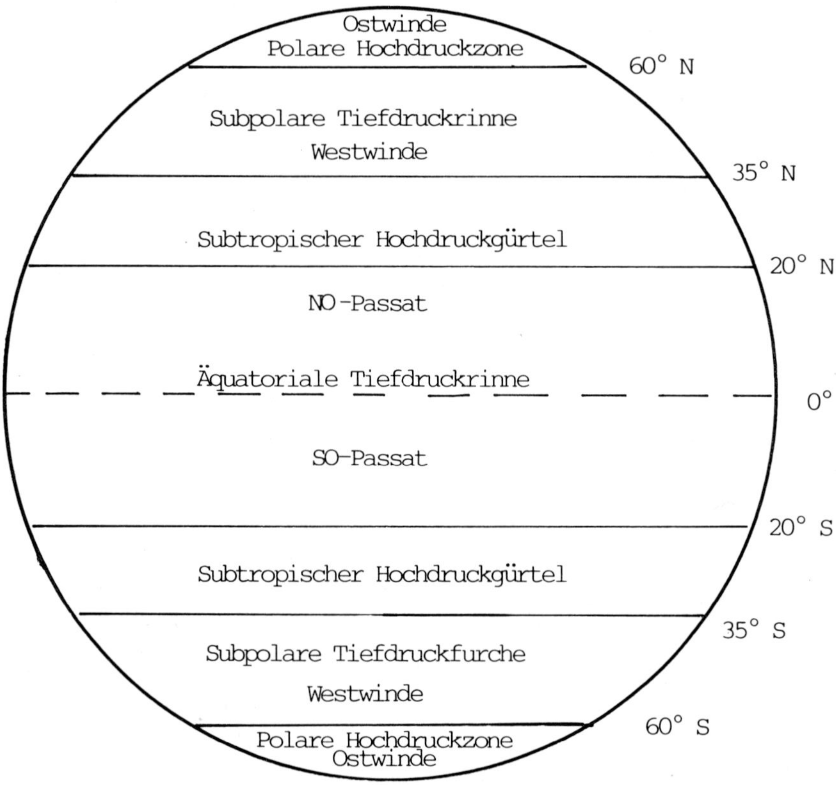

Zwischen 35° N und 60° N bzw. zwischen 32° S und 60° S wehen, wie wir schon wissen, westliche Winde. Diese Gebiete heißen deshalb auch »Westwindzonen«. Wegen des Zusammenströmens der warmen Luft mit der aus der Polarzirkulation stammenden kalten Luft an der Polarfront, also wieder einer konvergenten Strömung, ergibt sich hier wieder aufsteigende Luft, Verlust an Masse, und somit Ausbildung tiefen Drucks. Das Gebiet heißt deshalb auch »Subpolare Tiefdruckrinne«, im Süden auch »Subpolare Tiefdruckfurche«.

Die in den Polargebieten absteigende, also Masse zuführende und sich außerdem am Boden sehr stark abkühlende Luft führt dort zur Ausbildung von Hochdruckgebieten, den »Polaren Hochs«.

Wir haben somit aus der von Ferrel ausgearbeiteten Dreizellen-Theorie auch ein Bild der großräumigen Druckverteilung auf der Erde gewonnen. Die sich dabei ergebenden Hoch- und Tiefdruckgebiete heißen »Dynamische« Hochs und Tiefs, da sie durch die großräumigen Bewegungen in der Atmosphäre verursacht werden. Es handelt sich um hochreichende Druckgebilde, die sich bis hinauf zur Tropopause erstrecken. Mit ihren Eigenschaften werden wir uns im Kapitel »Thermische und Dynamische Hoch- und Tiefdruckgebiete« noch ausführlich befassen.

Zum Abschluß der Behandlung der Ferrelschen Dreizellen-Theorie wollen wir uns noch überlegen, welche Auswirkungen die Schrägstellung der Erdachse und damit die Jahreszeiten auf die verschiedenen Luftdruckzonen ausüben. Wie wir im Kapitel »Die Klimazonen der Erde« gesehen haben, ist die stärkste Erwärmung vom Äquator weg jeweils in Richtung zu der Erdhalbkugel hin verschoben, die gerade Sommer hat. Es ist deshalb leicht verständlich, daß sich auch die Zirkulationssysteme und damit die Druckgürtel jeweils in Richtung der Sommer-Halbkugel verlagern. Die Verlagerungen betragen im äquatorialen Bereich bis zu 10°, in höheren Breiten etwa 5° geographischer Breite. Dabei sind die Verschiebungen wegen der dort stärkeren Erwärmung über Land größer als über Meeresgebieten, die aus den uns bekannten Gründen keinen so großen jahreszeitlichen Temperaturschwankungen unterliegen.

Einer entsprechenden Verlagerung unterliegt natürlich auch die Polarfront als Grenze zweier Zirkulationssysteme. Sie ist die Ursache der bei uns zwischen Sommer und Winter zu beobachtenden Unterschiede in der Entwicklung der Großwetterlagen und damit auch der Zugstraßen von großräumigen Schlechtwettergebieten.

Die bisher behandelte Theorie erklärt in groben Zügen tatsächlich das, was in Bodennähe zu beobachten ist. Sie erklärt jedoch nicht eine ganze Reihe von Beobachtungen und Erkenntnissen, die erst durch die heute zur Verfügung stehenden Meßmittel gewonnen werden konnten.

Es wurde bereits erwähnt, daß die im Gebiet der Subpolaren Tiefdruckrinne auch in der Höhe vorhandene Westströmung nicht mit der Theorie überein-

stimmt. Ähnliches ergibt sich auch für die Äquatorialzone, wo in der Höhe nicht nur, wie nach der Theorie zu erwarten, westliche, sondern auch östliche Strömungen zu beobachten sind. Erwähnt wurde auch schon, daß es unverständlich ist, warum in der nur indirekt »angetriebenen« Zirkulationszelle der Gemäßigten Zonen besonders intensives Wettergeschehen zu beobachten ist. Hinzu kommt nun noch, daß bei über lange Zeit hinweg durchgeführten Beobachtungen und Messungen nicht festgestellt werden konnte, daß die Luft in den verschiedenen Gebieten tatsächlich dauernd in der von der Theorie geforderten Weise zirkuliert und schließlich ergaben Messungen, daß die in Wirklichkeit in der Atmosphäre vom Äquator in Richtung der Pole transportierte (lateinisch: transportare = hinübertragen) Wärme- bzw. Energiemenge nicht allein von den drei zonal arbeitenden Zirkulationszellen dorthin befördert worden sein kann. Es müssen also noch andere Vorgänge in der Atmosphäre an diesem Transport beteiligt sein. Zum selben Schluß kommt man auch noch durch andere Betrachtungen zur Energiebilanz der Atmosphäre, auf die wir hier aber nicht weiter eingehen wollen. Sie sind für das Verständnis der uns interessierenden Dinge nicht so wichtig.
Die heutige, von dem schwedischen Meteorologen Carl Gustav Rossby (1889–1958) erstmals angegebene Wirbel- und Wellentheorie nimmt an, daß diese zusätzlichen Transportmittel große, horizontal drehende Wirbel- und Wellensysteme sind. Mit den Ergebnissen dieser Theorie können auch die bisher unverständlichen Erscheinungen erklärt werden.
Leider ist sie aber nicht mehr so einfach und übersichtlich darzustellen wie die bisher behandelte Dreizellen-Theorie, da sie nicht allein aus Beobachtungen, sondern aus den physikalischen Gesetzen abgeleitet ist, die für hydrostatische (griechisch: hydro = Wasser, statos = stehend) und hydrodynamische (griechisch: dynamis = Bewegung hervorrufende Kraft) Vorgänge, also für die Vorgänge in ruhenden und bewegten Flüssigkeiten gelten.
Sie soll daher im folgenden nur sehr grob beschrieben werden, wobei wir anfangs einer Darstellung des deutschen Meteorologen Heinz Fortak (geboren 1926) folgen. Es ist für uns wichtig, zumindest die Grundzüge dieser Theorie zu kennen, da nur sie uns eine Vorstellung davon vermitteln kann, wie kompliziert die Vorgänge in unserer Atmosphäre und deren Steuerung wirklich sind.
Auch in der neuen Theorie gibt natürlich die in verschiedenen geographischen Breiten unterschiedlich starke Sonneneinstrahlung den Anstoß für die Ausbildung großräumiger Strömungen. Die Luft wird, wie ja schon ausführlich besprochen wurde, im äquatorialen Gebiet sehr stark, zu höheren geographischen Breiten hin immer weniger und in den Polargebieten sehr wenig erwärmt.
Im Kapitel »Die Druckverhältnisse in kalter und warmer Luft...« haben wir gesehen, daß der Luftdruck in warmer Luft mit der Höhe langsamer abnimmt als in kalter Luft. In einer bestimmten Höhe herrscht also in der warmen Luft

am Äquator ein höherer Druck als in der kälteren Luft höherer Breiten. Der Druckunterschied wird dabei, wie wir ebenfalls schon wissen, mit zunehmender Höhe größer. So entsteht, letztlich auch wieder infolge der unterschiedlichen Sonneneinstrahlung und Erwärmung verschiedener geographischer Breiten, ein mit der Höhe zunehmendes Druckgefälle vom Äquator zu den Polen hin, aufgrund dessen sich die äquatoriale Luft in der Höhe nach Norden und Süden in Bewegung setzt. Auf ihrem Weg wird sie natürlich wieder durch die Corioliskraft auf der Nordhalbkugel nach rechts, auf der Südhalbkugel nach links abgelehnt.

Um die nun eintretenden Vorgänge einfacher und übersichtlicher darstellen zu können, führt die Theorie zunächst folgende Vereinfachungen ein:

1. Es besteht kein Unterschied zwischen Land und Wasser. Somit herrschen auf der Nord- und Südhalbkugel der Erde gleiche Verhältnisse. Wir können uns also auf die Vorgänge auf der Nordhalbkugel beschränken. Diejenigen auf der Südhalbkugel laufen dann genau spiegelbildlich zu diesen ab.
2. Die Atmosphäre wird vertikal in zwei Bereiche eingeteilt, von denen jeder die Hälfte ihrer Gesamtmasse enthält.
   Aus dem Kapitel »Der Luftdruck« wissen wir, daß in einer Höhe von etwa 5500 m NN die Hälfte der Gesamtmasse der Atmosphäre unter uns liegt. Bei unseren theoretischen Überlegungen reicht die untere Luftschicht also bis zu einer Höhe von 5500 m NN. Die obere Luftschicht enthält dann vollends den Rest der Masse der Atmosphäre.
   Es wird jeweils die Strömung in einer mittleren Höhe als repräsentativ (lateinisch: repraesentare = vertreten) für die Strömung in der gesamten Schicht betrachtet. Diese mittleren Höhen sind 2500 m NN für die untere und 10000 m NN für die obere Schicht.
3. Es wird angenommen, daß sich die Grenze zwischen der Luft der Tropen und Subtropen und der Luft der Gemäßigten Breiten und der Polargebiete jeweils bei den geographischen Breiten 45° befindet.
   Die Breite 45° wird als Trennungslinie deshalb gewählt, weil dort in gleichen Höhen die größten Temperaturunterschiede vorhanden sind. Ein Grund hierfür ist, daß ab dieser Breite im Mittel der von der Erde abgestrahlte Energiebetrag größer ist als der von der Sonne her eingestrahlte. Siehe hierzu auch das Kapitel »Die Klimazonen der Erde«.
4. Es wird angenommen, daß sich aufgrund des durch das Temperaturgefälle verursachten Druckgefälles und der Corioliskraft zunächst eine einzige Zirkulationszelle ausbildet. Die Luft fließt in der Höhe in Linksspiralen vom Äquator zum Pol, in der unteren Luftschicht dagegen in Rechtsspiralen vom Pol zum Äquator. In der unteren Luftschicht herrscht also dauernd Westwind, in der oberen dauernd Ostwind.

Die folgenden Abbildungen zeigen die nach 4. angenommene, in Wirklichkeit aber nicht vorkommende theoretische Zirkulation in einer auf den amerikanischen Physiker Yale Mintz (geb. 1916) zurückgehenden Darstellung.

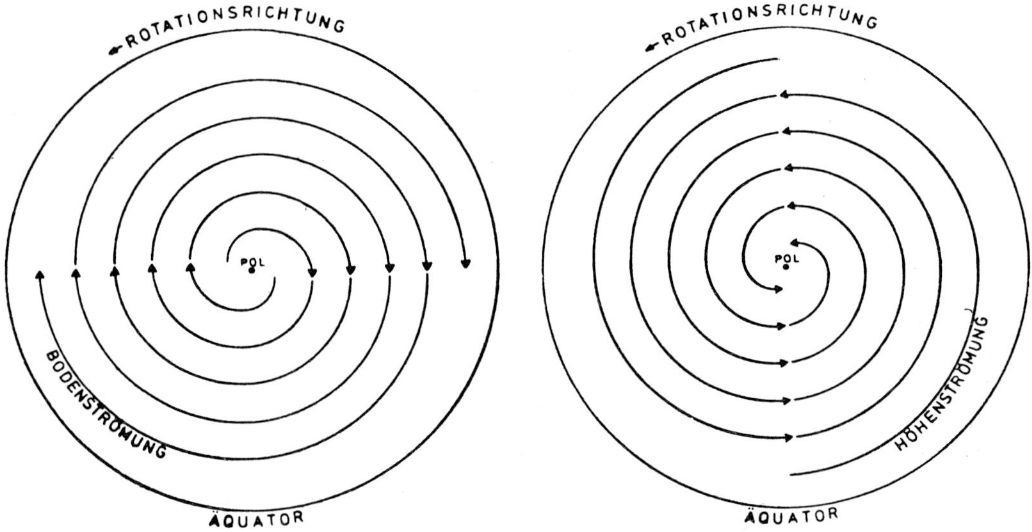

In der Seitenansicht sind die Gebiete, in denen Ostwinde herrschen, dunkel dargestellt.

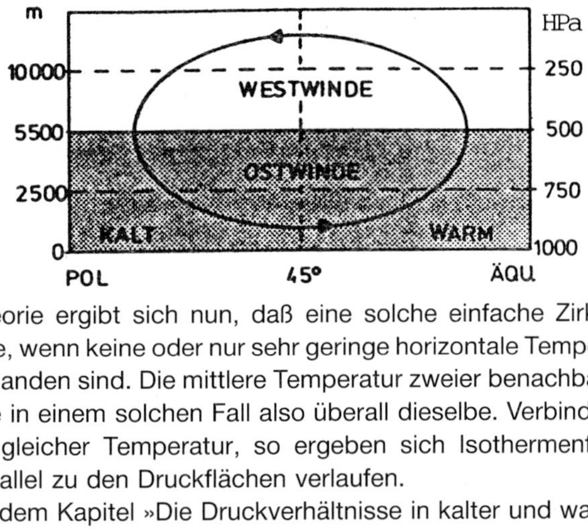

Aus der Theorie ergibt sich nun, daß eine solche einfache Zirkulation nur möglich wäre, wenn keine oder nur sehr geringe horizontale Temperaturunterschiede vorhanden sind. Die mittlere Temperatur zweier benachbarter Druckflächen wäre in einem solchen Fall also überall dieselbe. Verbindet man nun alle Punkte gleicher Temperatur, so ergeben sich Isothermenflächen, die natürlich parallel zu den Druckflächen verlaufen.

Wie wir aus dem Kapitel »Die Druckverhältnisse in kalter und warmer Luft..« wissen, nimmt der Luftdruck in kalter Luft mit der Höhe schneller ab als in warmer. Die so in einer bestimmten Höhe auftretenden Druckunterschiede werden mit zunehmender Höhe immer größer, die beiden Luftmassen verbindenden Druckflächen werden immer stärker geneigt.

Herrscht dagegen, wie hier angenommen wird, überall dieselbe Temperatur, so ändert sich auch die Neigung der Druckflächen mit der Höhe nicht. Ihre Neigung bleibt konstant und parallel zu den Isothermenflächen. Die nebenstehende Abbildung zeigt diesen Fall. Die Isobaren- oder Druckflächen P sind als ausgezogene, die Isothermenflächen als gestrichelte Linien dargestellt. Beide verlaufen parallel zueinander. Eine in diesem Zustand befindliche

Atmosphäre nennt man »barotrop« (griechisch: baros = Druck, tropos = Wendung, d. h. nach allen Seiten gewendet gleich).

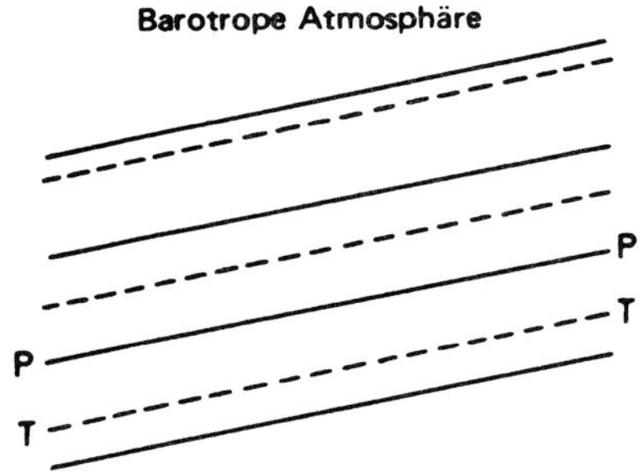

Sind dagegen horizontale Temperaturunterschiede vorhanden, so ergibt sich, wie wir schon besprochen haben, eine laufende Änderung der Neigung der Druckflächen. Sie verlaufen nicht mehr parallel zu den Isothermenflächen. Eine solche Atmosphäre heißt »baroklin« (griechisch: baros = Druck, klinein = sich neigen).

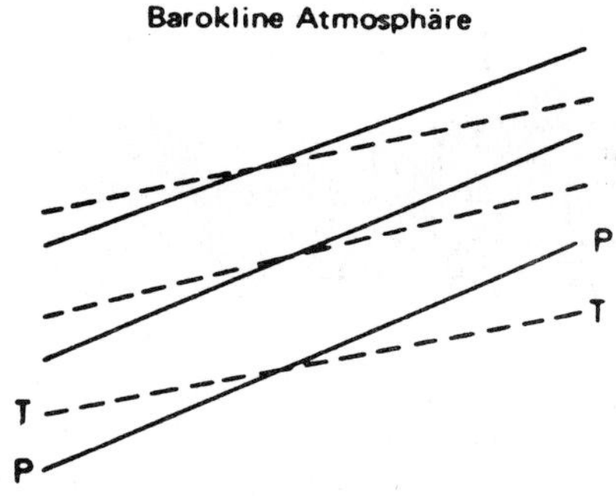

In einer baroklinen Atmosphäre kann sich die unter 4. beschriebene gleichmäßige Spiralströmung nicht halten. Mit zunehmenden horizontalen Temperaturunterschieden bilden sich in ihr, wie übrigens auch durch Modellversuche an Wasserströmungen eindeutig gezeigt werden konnte, horizontale Wellen und Wirbel aus.
Diese sind bei großen horizontalen Temperaturgradienten zunächst instabil. Sie schwingen immer stärker, die Amplitude der Schwingungen wird immer größer.
Durch die starken Wellen- und Wirbelbewegungen erfolgt eine kräftige Durchmischung von kalter und warmer Luft, wodurch natürlich das horizontale Temperaturgefälle an der Grenzfläche vermindert wird. Die Durchmischung erfolgt dabei nicht nur in horizontaler Richtung, sondern – wie wir ja wissen – an den bei diesen Vorgängen entstehenden Warm- und Kaltfronten durch Aufgleiten von Luft und durch Quellvorgänge auch in vertikaler Richtung.

Ab einem bestimmten, sich aus der Theorie ergebenden Wert des horizontalen Temperaturgradienten wird die Wellenbewegung dann schließlich stabil, Wellenlänge und Amplitude der Schwingung bleiben ab jetzt konstant.
In der oberen Luftschicht entsteht so im Gebiet des Breitenkreises 45°, an der Grenzfläche zwischen warmer und kalter Luft, also dem Gebiet mit dem größten horizontalen Temperaturgradienten, eine sogenannte »Planetarische Welle«, wie sie in der nächsten Abbildung für unser vereinfachtes Modell-Beispiel dargestellt ist.
Sie besitzt 4 »Tröge« mit zyklonaler und 4 Keile mit antizyklonaler Isohypsenkrümmung (siehe Kapitel »Die Grundeigenschaften von Hoch- und Tiefdruckgebieten«).

In Tropopausenhöhe ergeben sich aus der Theorie maximale Windgeschwindigkeiten, wie sie in Form der Strahlströme ja auch beobachtet und gemessen werden. Wir werden hierauf noch zurückkommen. Wie aus der vorstehenden Abbildung zu ersehen, herrschen in der Planetarischen Welle auch überall die der Wirklichkeit entsprechenden westlichen Strömungsrichtungen, die durch die bisherige Theorie nicht erklärt werden konnten.
Im Gegensatz zu der früheren Dreizellen-Theorie ist jetzt die globale Zirkulation nicht mehr nur von der geographischen Breite, sondern wegen der Ausbuchtungen der Planetarischen Welle, ihrer Tröge und Keile, sowie der sich in der unteren Luftschicht ergebenden Druckgebilde (siehe später) auch stark von der geographischen Länge abhängig. Man nennt eine solche Zirkulation deshalb auch »meridional«, da sie sich auf einem Breitenkreis von Längengrad zu Längengrad, also von »Meridian« (lateinisch: circulus meridianus = Mittagskreis) zu Meridian ändert.
Ein Längenkreis heißt Meridian, weil alle auf ihm gelegenen Punkte dieselbe

Ortszeit haben. An allen Punkten steht die Sonne zur gleichen Zeit am höchsten, ist also zum gleichen Zeitpunkt Mittag. Ein Meridian schneidet den Horizont im »Nordpunkt« und »Südpunkt« des Beobachters, verläuft also genau von Norden nach Süden und entspricht so einem Längenkreis.
Sind solche meridionalen Änderungen, wie zum Beispiel bei der Dreizellen-Theorie, nicht vorhanden, sind die Verhältnisse also auf einem Breitenkreis überall gleich und ändern sich nur in durch verschiedene Breitenkreise gegebenen Zonen (griechisch: zone = Gürtel), so heißt eine derartige Zirkulation »zonal«.
Stellt man nun in der sich nach der Theorie ergebenden meridionalen Zirkulation entlang jeden Breitenkreises für jede geographische Länge fest, wie dort die in dem komplizierten Wellen- und Wirbelsystem jeweils natürlich sehr unterschiedliche Strömung nach Richtung und Geschwindigkeit ist und bildet aus den so gewonnenen Werten für den jeweiligen gesamten Breitenkreis das Mittel, so ergeben sich, von der Seite gesehen, die in der nachstehenden Abbildung wiedergegebenen Verhältnisse. Die Gebiete mit östlichen Windrichtungen sind auch hier dunkel dargestellt.

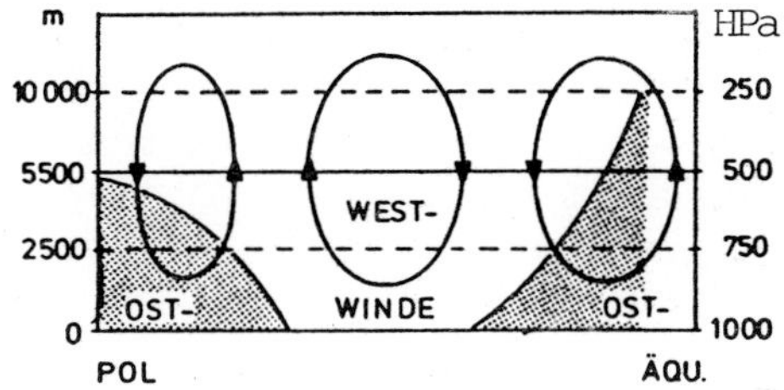

Die Strömungen haben dabei je nach Richtung sehr unterschiedliche Geschwindigkeiten. Diese sind in zonaler Richtung, also entlang eines Längenkreises, von der Größenordnung 10 m/sec, in meridionaler Richtung, also entlang eines Breitenkreises, von der Größenordnung 1 m/sec und in vertikaler Richtung von der Größenordnung mm/sec.
Wir erkennen, daß sich *im Mittel* wieder ein dreizelliges Zirkulationssystem ergibt, das der alten Theorie sehr ähnlich ist und daß auch jetzt wieder eine aufsteigende Strömung im Gebiet der Subpolaren Tiefdruckrinne und eine absteigende Strömung im Subtropischen Hochdruck-Gürtel vorhanden sind. Der wesentliche Unterschied ist jedoch, daß dieses System jetzt eine Folge der mit viel Energieaufwand ablaufenden Wellen- und Wirbelbewegungen ist, die in der alten Theorie eine völlig passive Rolle spielten.
Die neue Theorie erklärt auch, wie diese Wellen- und Wirbelsysteme entstehen, die wir ja benötigen, um das in den höheren Breiten tatsächlich herrschende Klima zu erklären. Sie bewirken eine kräftige Durchmischung von kalten und warmen Luftmassen und sorgen dafür, daß die Wärmemenge in Richtung zu den Polen transportiert wird, die notwendig ist, um in den

Gebieten mit höheren Breiten als 45°, in denen ja die Ausstrahlung größer ist als die Einstrahlung, ein konstantes Klima zu erhalten.

Sobald größere horizontale Temperaturunterschiede auftreten, kann also ein der alten Theorie entsprechendes einfaches zonales Zirkulationssystem nicht mehr weiterbestehen, es bildet sich ein der neuen Theorie entsprechendes Wellensystem. Nur dann, wenn durch das mit diesem verbundene kräftige »Umrühren« der horizontalen Temperaturgradient unter einen bestimmten kritischen Wert absinkt, kann das Wellensystem verschwinden und sich die ursprüngliche einfache Zirkulation wieder aufbauen. Dieser Fall kann aber höchstens für sehr kurze Zeit wieder eintreten, da ja die Luft in den äquatorialen Breiten laufend weiter aufgeheizt wird. Das zonale Zirkulationssystem kann aber, wie schon erwähnt, nicht genug Wärme in Richtung zu den Polen transportieren, wo ja die Ausstrahlung größer ist als die Einstrahlung. Es entstehen deshalb sehr rasch wieder größere, »überkritische« horizontale Temperaturgradienten, die dann erneut zur Ausbildung eines Wellensystems führen. Das zonale Zirkulationssystem der alten Theorie stellt also lediglich einen sehr selten und nur kurzzeitig auftretenden Sonderfall der wirklichen Verhältnisse dar.

Bevor wir uns über weitere Ergebnisse der Wellen- und Wirbeltheorie unterhalten, die besonders auch für die Wettervorhersage sehr wichtig sind, müssen wir uns aber noch damit beschäftigen, was in der unteren Luftschicht geschieht, welcher Zusammenhang zwischen dem oberen Wellensystem und unserem alltäglichen Wetter besteht.

Nach der Theorie ergeben sich für die untere Luftschicht Druckgebilde mit geschlossenen Isohypsen bzw. Isobaren, also Hoch- und Tiefdruckgebiete der uns bereits bekannten Form und mit den uns aus den Lehrbüchern bekannten Wettererscheinungen. Ihre Position zu den Trögen und Keilen der Planetarischen Welle zeigt die folgende Abbildung: Aus der Abbildung ist zu erkennen, daß die Tiefs tatsächlich im Gebiet der Subpolaren Tiefdruckrinne liegen, wo sie ja auch in Wirklichkeit auftreten. Die Hochdruckgebiete liegen

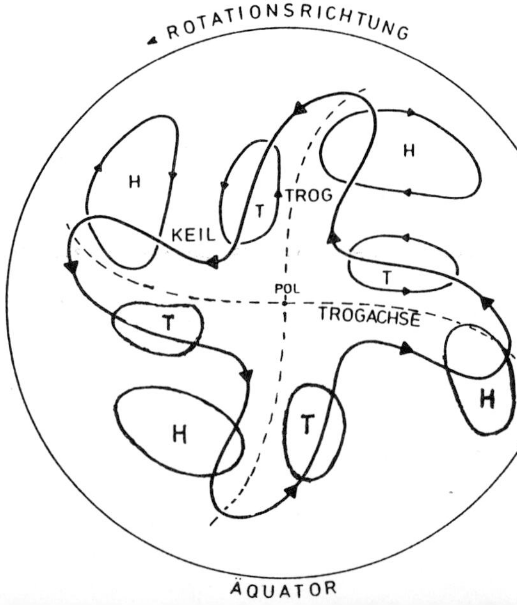

ebenfalls dort, wo sie tatsächlich vorhanden sind, im Bereich der subtropischen Hochdruckgürtel. Allerdings handelt es sich jetzt nicht mehr um zusammenhängende zonale, ganze Breitenkreise umschließende Gürtel, sondern um einzelne, mit der Form der Planetarischen Welle zusammenhängende Hoch- und Tiefdruckzellen.
Im unteren Teil der nachfolgenden Abbildung sind noch zusätzlich die Bodenströmungen und die sich ergebenden Fronten eingezeichnet.

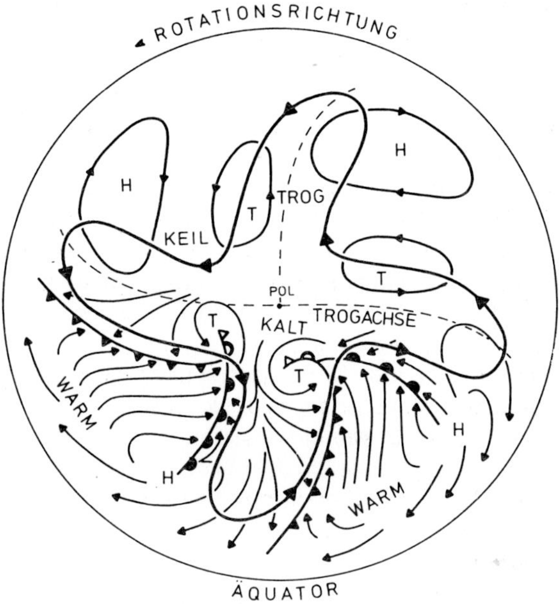

Die jetzt folgende Abbildung (nach dem deutschen Meteorologen Hermann Flohn, geboren 1912) zeigt, wie *im Mittel* die wirklichen Verhältnisse in der unteren Schicht aussehen. Die sehr gute Übereinstimmung mit der Theorie ist deutlich zu erkennen. Gebiete mit östlichen Winden (E) sind schraffiert dargestellt.

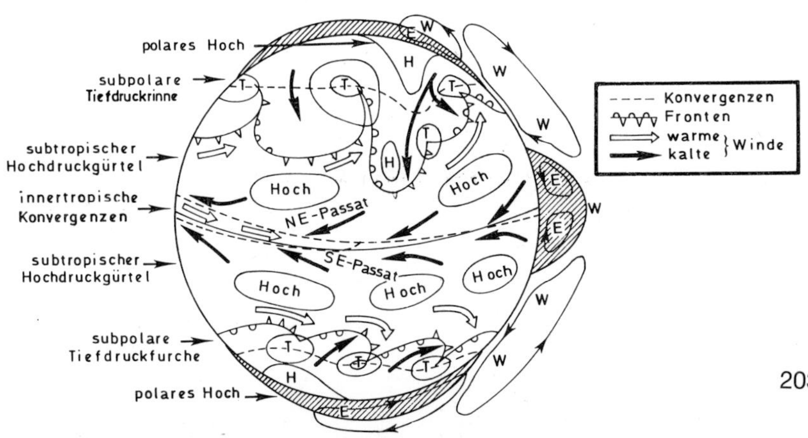

Welcher Zusammenhang besteht nun zwischen den Trögen und Rücken der Planetarischen Welle und den Hoch- und Tiefdruckgebieten, die wir am Boden wahrnehmen?
Eine diese Zusammenhänge stark vereinfachende Erklärung benötigt zu ihrem Verständnis lediglich die Kenntnis der bereits besprochenen Grundeigenschaften von Hoch- und Tiefdruckgebieten.
Verfolgt man nämlich die Strömung entlang einer Planetarischen Welle von einem Trog bis zum nächsten Keil (siehe Abb. auf Seite 202), so ist zu erkennen, daß dieser Teil der Welle entgegen dem Uhrzeigersinn, also *zyklonal*, gekrümmt ist. Daraus wird geschlossen, daß die sich so in der Höhe ergebende zyklonale Strömung in diesem Gebiet auch zyklonale Strömungen in der unteren Atmosphäre unterstützt bzw. verstärkt. Es entstehen so Gebiete tiefen Drucks.
Umgekehrt erkennt man, daß die Welle im Gebiet zwischen einem Keil und dem nächsten Trog im Uhrzeigersinn, also *antizyklonal*, gekrümmt ist. Die antizyklonale Strömung in Höhe der Welle beeinflußt dann wieder im entsprechenden Gebiet die Strömung in der unteren Atmosphäre. Dort vorhandene oder auftretende zyklonale Strömungen werden verlangsamt und schließlich ganz zum Verschwinden gebracht.
Diese einfache Erklärung der Vorgänge erscheint zwar sehr einleuchtend, jedoch beschreibt die nachfolgende ausführliche Darstellung der Zusammenhänge diese doch wohl richtiger und detaillierter.
Wie wir wissen, grenzen im Bereich der Polarfront kalte und warme Luftmassen aneinander. In der nachfolgenden Abbildung wird angenommen, daß der Grenzbereich an einer Stelle besonders eng ist. Aus dem Kapitel »Die Druckverhältnisse in kalter und warmer Luft« wissen wir, daß dann in der Höhe ein besonders starkes Druckgefälle vorhanden ist. Die Isohypsen sind dort also eng gedrängt, es wirkt eine große Gradientkraft, durch die die Strömung beschleunigt wird. Dies ist einleuchtend, da uns die Abbildung ja an eine von der Aerodynamik oder Bordgerätekunde her bekannte Düse erinnert, bei der dieselbe Wirkung eintritt.

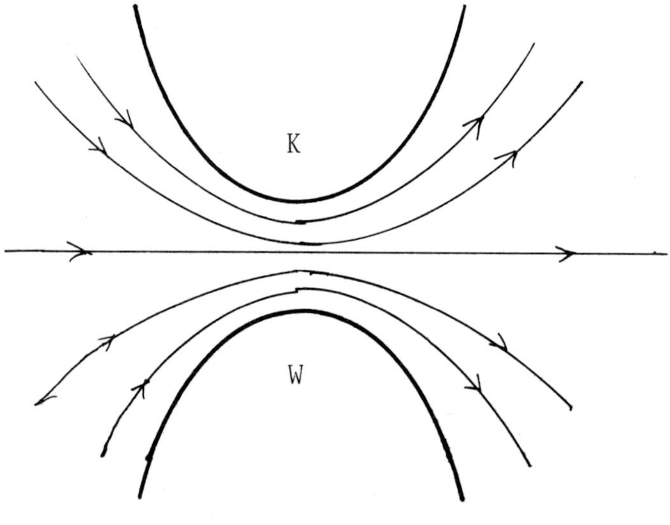

Im Gegensatz zur *ruhenden* Luft, von der wir im Kapitel »Der Luftdruck« gehört haben, daß sie zusammendrückbar, »kompressibel« ist, verhält sich *bewegte* Luft, solange sie die Schallgeschwindigkeit nicht erreicht, wie eine Flüssigkeit. Sie ist im Unterschall-Bereich als nicht zusammendrückbar, als »inkompressibel« zu betrachten.
Bei einer Düsenströmung der in der vorhergehenden Abbildung dargestellten Form muß also auf der rechten Seit genau so viel Luft herausströmen, wie auf der linken Seite hineinströmt, wenn die Luft im Bereich der Verengung nicht zusammengedrückt werden kann. Da aber im Bereich der Verengung weniger »Platz« ist als vor und hinter der Düse, muß die Luft dort schneller fließen, damit auf der rechten Seite wieder die richtige Menge ausfließen kann; sie wird also in der Düse beschleunigt. Man nennt diesen bei inkompressiblen Strömungen auftretenden Effekt das »Kontinuitätsprinzip« (lateinisch: continuatio = ununterbrochene Fortdauer), da eben unabhängig vom Strömungsquerschnitt pro Zeiteinheit immer gleiche Mengen durchfließen müssen, wenn kein Zusammendrücken des strömenden Stoffes möglich ist.
Am einfachsten ist dieses Prinzip anhand der nachstehenden Abbildung zu verstehen. Auf einer Straße fahren Autos in Viererreihen mit konstanter Geschwindigkeit. Hinter einer Baustelle, in deren Bereich nur zwei Autos nebeneinander Platz haben, sollen sie wieder in Viererreihen mit der ursprünglichen Geschwindigkeit weiterfahren. Es soll also kein Stau entstehen.

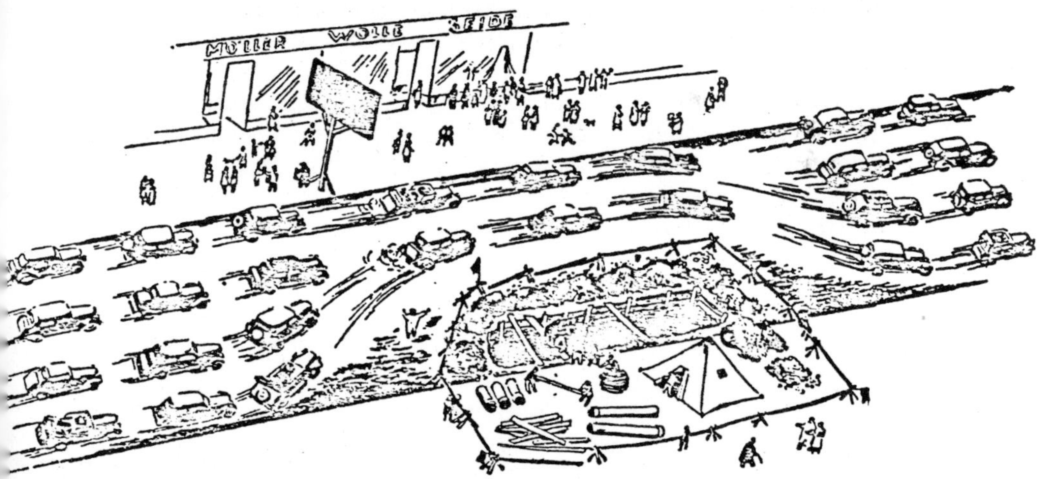

Dies ist aber nur dann möglich, wenn die Autos dort, wo nur zwei von ihnen nebeneinander Platz haben, doppelt so schnell fahren. Tun sie das nicht, sondern verringern ihre Geschwindigkeit, weil ein Schild an der Autobahn-Baustelle eine Geschwindigkeit von 30 km/h vorschreibt, kommt es zu Staus

und Auffahrunfällen. Das Kontinuitätsprinzip ist nicht mehr gewahrt, der Verkehrsfluß kann nicht mehr aufrechterhalten werden.
Da die Luft nicht menschlichen Gesetzen, sondern Naturgesetzen unterliegt, kann sie nicht abbremsen. Als inkompressible Strömung muß sie schneller fließen.
Wir haben es aber nun hier bei unserer »Düse« mit großräumigen Vorgängen zu tun, bei denen noch andere Effekte auftreten.
Da in der »Düse« höhere Strömungsgeschwindigkeiten herrschen müssen, muß, wie wir eben gehört haben, die von links heranströmende, sich zusammendrängende, also konvergierende Luft beschleunigt werden. Wegen ihrer Trägheit dauert es aber einige Zeit, bis sie die der neuen, größeren Gradientkraft entsprechende höhere Geschwindigkeit angenommen hat. Sie besitzt also im Einzugsgebiet der »Düse« eine für die Größe der Gradientkraft zu geringe Geschwindigkeit. Da nun, wie schon ausführlich besprochen, die Größe der Corioliskraft von der Geschwindigkeit der Luft abhängt, ist auch die Corioliskraft zu klein. Sie ist kleiner als die Gradientkraft. Beide Kräfte sind nicht mehr im Gleichgewicht und das bedeutet nach dem, was wir im Kapitel »Windrichtung und Windgeschwindigkeit« gelernt haben, daß die Strömung jetzt nicht mehr wie zuvor voll isohypsenparallel verläuft, nicht um volle 90°, sondern nur um einen geringeren Betrag nach rechts abgelenkt wird.
Dies bedeutet umgekehrt natürlich, daß die Strömung im »Einzugsbereich«, im Konvergenzbereich, nach links abgelenkt *erscheint*, wie dies in der nächsten Abbildung mit einem gestrichelten Pfeil dargestellt ist. Weiter bedeutet es, daß Masse von unten, von der Seite der warmen Luft wegtransportiert und nach oben, zur kalten Seite, hingeführt wirt. Unten trifft also ein mit – bezeichneter Masseverlust, oben ein mit + bezeichneter Massegewinn ein. Masseverlust bedeutet natürlich auch Druckfall, also das Entstehen eines Gebietes tiefen Drucks, Massegewinn Druckanstieg, also das Entstehen eines Hochdruckgebietes.

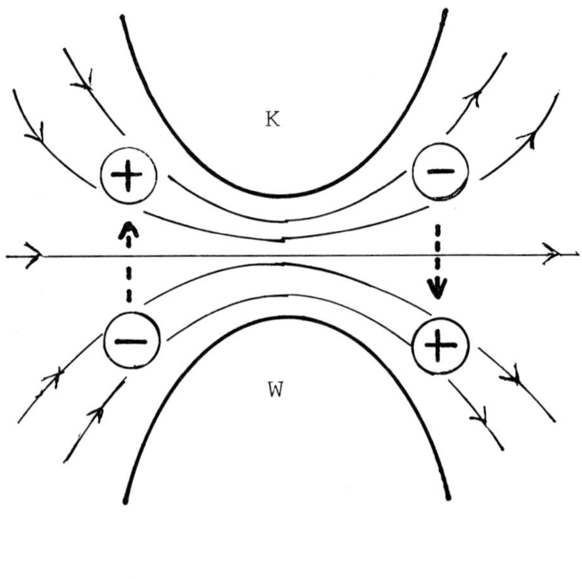

Umgekehrt sind die Vorgänge auf der rechten Seite, im Divergenzbereich der Strömung, in dem diese auffächert und der wegen seiner Ähnlichkeit mit dem griechischen Buchstaben Delta (= Δ) auch Delta-Bereich genannt wird.
Die Isohypsen fächern auf, ihre Abstände werden größer, die Gradientkraft damit geringer. Die aus der »Düse« mit großer Geschwindigkeit ausströmende Luft behält infolge ihrer Trägheit diese höhere Geschwindigkeit zunächst noch bei; sie geht nur langsam auf die der geringeren Gradientkraft entsprechende geringere Geschwindigkeit zurück.
Infolge der für die vorhandene Gradientkraft zu hohen Geschwindigkeit ist jetzt aber auch eine zu große Corioliskraft wirksam. Die Luft strömt wieder nicht isobarenparallel, sondern wird jetzt um mehr als 90° nach rechts abgelenkt, wie dies in der Abbildung wieder durch einen gestrichelten Pfeil dargestellt ist. Die Luft wird also jetzt von oben, von der kalten Seite weg nach unten, zur warmen Seite hin transportiert. Oben entsteht also ein Masseverlust und somit Druckfall, unten ein Massegewinn und somit Druckanstieg.
Die Druckänderungen treten also nicht an der engsten Stelle der »Düse«, sondern in ihrem Einzugs- bzw. Deltabereich auf und zwar schon, bzw. erst an den Stellen, an denen die Isohypsen beginnen, zusammen- bzw. wieder auseinanderzurücken. Schon, bzw. erst dort beginnt wegen der Trägheit der Luftströmung das Ungleichgewicht zwischen Gradientkraft und Corioliskraft und damit der beschriebene Masse-Transport.
Im Kapitel »Die Grundeigenschaften von Hoch- und Tiefdruckgebieten« haben wir festgestellt, daß diese Druckgebilde über der Bodengrenzschicht genau isobaren- bzw. isohypsenparallel umströmt werden. Wäre dies tatsächlich bis in große Höhen hinauf immer der Fall, so wäre es gar nicht möglich, daß sich Hochs langsam verstärken oder langsam abbauen und Tiefs sich langsam vertiefen oder langsam auffüllen. Läßt man zum Beispiel Wasser in einen verschlossenen Behälter hineinlaufen, so ist er sehr bald voll. Mehr kann man nicht hineinfüllen. Ein Tiefdruckgebiet wäre durch das Einströmen von Luft in Bodennähe ebenso rasch aufgefüllt, wenn oben tatsächlich keine Luft ausströmen könnte. Nur wenn Luft oben und unten, auch in unterschiedlichen Mengen, ein- und ausströmen kann, sind die Erscheinungen möglich, die an den verschiedenen Druckgebilden zu beobachten sind. Am Boden ergibt sich, wie wir schon wissen, ein Aus- bzw. Einströmen von Luft durch die Wirkung der Bodenreibung; der Wind strömt dort tatsächlich nicht isobarenparallel. Hier haben wir jetzt einen Effekt kennengelernt, der auch in der Höhe wirkt. Im Bereich von Beschleunigungen und Verzögerungen weht der Wind nicht mehr isohypsenparallel, nicht mehr geostrophisch; er erhält eine »ageostrophische« (griechisch: a = un-) Komponente.
Die nachstehende Abbildung zeigt eine »zirkumpolare« (lateinisch: circum = um, herum) Höhenkarte im 500 HPa-Niveau, auf der deutlich die Planetarische Welle zu erkennen ist. Die Tröge und Rücken sind genauso gekrümmt wie die Wände der eben beschriebenen »Düse«; die Luft muß also den selben

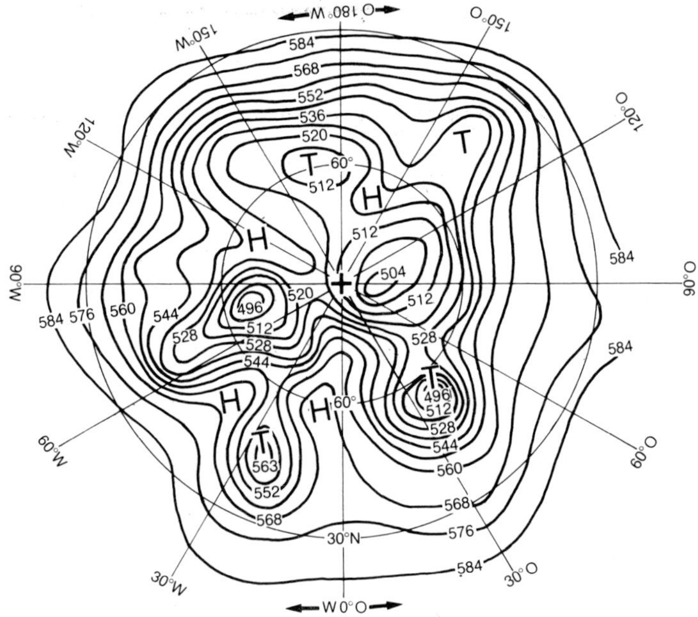

Bahnen folgen wie vorhin im Bereich der »Düse«.

Betrachtet man außerdem die »Spitzen« der Tröge und Rücken der Welle, so ist deutlich zu sehen, daß dort die Isohypsen genauso zusammenrücken wie bei der eben beschriebenen »Düsenströmung«. Dies ist auch leicht zu verstehen, da bei der Wellenbewegung an diesen ausgebuchteten Stellen die beiden verschieden warmen Luftmassen besonders kräftig und »direkt« gegeneinander geführt werden. Es herrscht daher dort ein besonders starkes Temperatur- und Druckgefälle.

Das starke Temperaturgefälle zeigt die nachfolgende Abbildung, auf der Isothermen für dasselbe Niveau dargestellt sind.

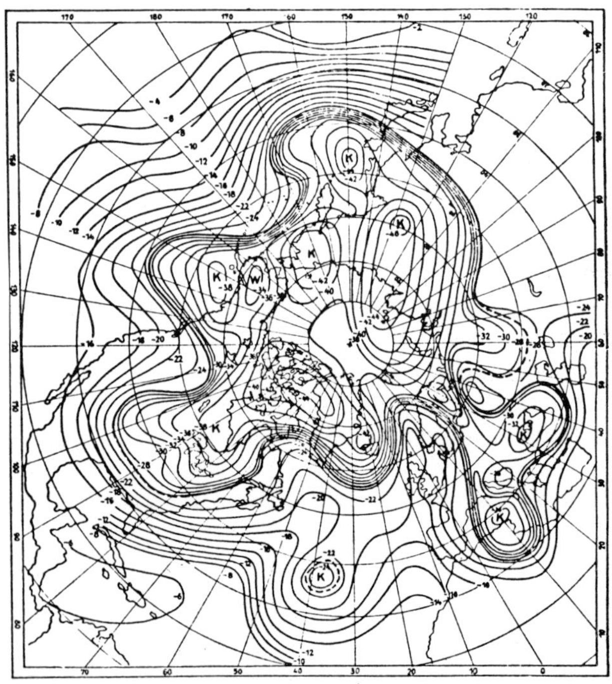

Wir können also die bei der Betrachtung der »Düsenströmung« gewonnenen Erkenntnisse ohne weiteres auf die bei der Wellenströmung herrschenden Verhältnisse übertragen. Auch hier wird wieder Luft beschleunigt und verzögert, auch hier wird wieder Masse transportiert, sodaß, wie die folgenden Abbildungen zeigen, auch hier wieder Gebiete entstehen, in denen der Druck steigt, bzw. fällt.

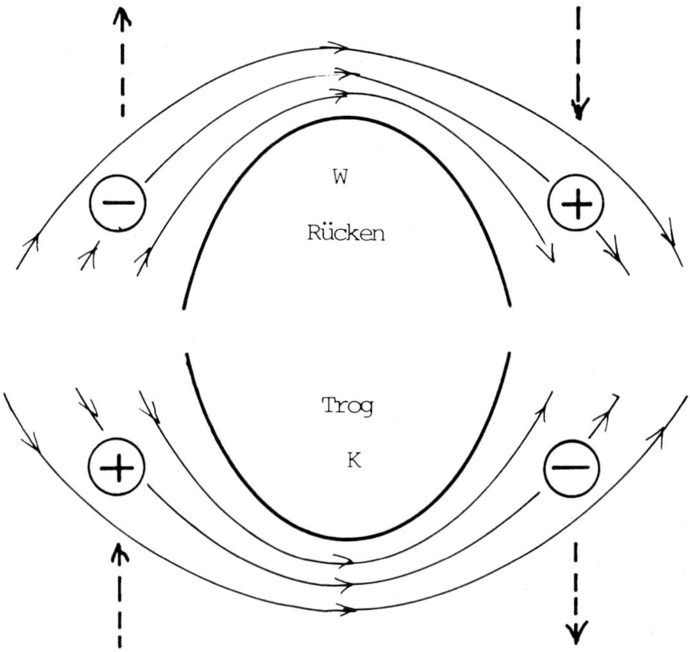

Die hier beschriebenen Vorgänge finden am intensivsten etwa in der Höhe der Tropopause, im Mittel also in einer Höhe von 10 km, statt. Dort ist die Planetarische Welle am ausgeprägtesten, dort herrschen, wie wir im Kapitel »Die Druckverhältnisse in kalter und warmer Luft...« gelernt haben, die größten Druckunterschiede, also auch die höchsten Windgeschwindigkeiten und somit auch die stärksten Beschleunigungen und Verzögerungen bei Konvergenz- und Divergenz-Vorgängen.

Die nachstehende, einem Buch des deutschen Meteorologen Hans Häckel (geb. 1942) entnommene Abbildung zeigt nun, wie sich die Vorgänge in der Höhe bis zum Boden hin auswirken und was darüber, in der unteren Stratosphäre, geschieht. Der linke Teil der Abbildung zeigt den Fall des Masse-Verlustes. Masse strömt weg, auseinander, wir haben eine divergente Strömung in dem von uns angenommenen Niveau von 10 km Höhe. Infolge des Masse-Verlustes ist ein Gebiet tieferen Druckes entstanden, das, wie wir im

Kapitel »Windrichtung und Windgeschwindigkeit« gesehen haben, die Tendenz hat, sich wieder aufzufüllen. Von der Seite her kann es dazu keine Luft in Richtung seines Zentrums in Bewegung setzen, da es ja gerade durch das *Weg*-strömen von Luft entstanden ist. Somit saugt es wie ein Staubsauger Luft von unten und oben an. In der Troposphäre entsteht eine aufsteigende Luftströmung in der in der Abbildung dargestellten Weise, die dann eine adiabatische Abkühlung der Luft mit den uns bereits bekannten Erscheinungen zur Folge hat. Die aufsteigende Luft bewirkt am Boden wieder einen Masseverlust, der wiederum Druckfall bedeutet; es entsteht ein Bodentief.

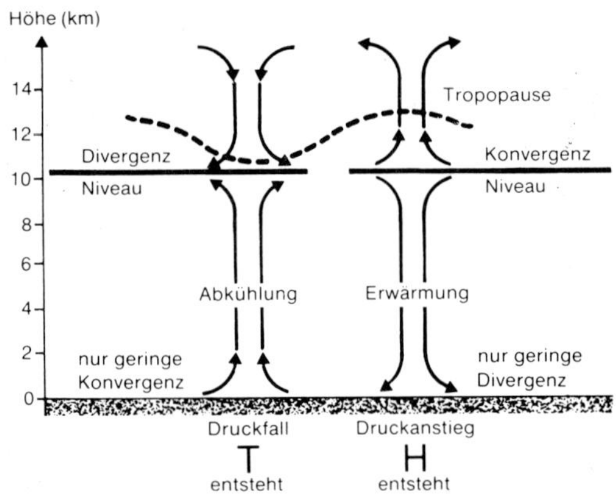

Außerdem bildet sich nun am Boden eine konvergente Strömung aus, da die Luft ja entsprechend dem entstandenen Druckgefälle von außen in der uns bekannten Weise in das Tief hineinströmt. Die Konvergenz ist jedoch nur schwach, da die Luft, wie wir wissen, ja nicht senkrecht zu den Isobaren strömt, sondern durch die Corioliskraft auf der Nordhalbkugel nach rechts abgelenkt wird. Über Wasser ist sie wegen der dort geringeren Reibung und damit stärkeren Rechtsablenkung noch schwächer. Über der Bodenreibungsschicht kann dann zunächst überhaupt kein Druckausgleich mehr stattfinden, da dort der geostrophische Wind isohypsenparallel weht.

Die nur geringe Konvergenz der Bodenströmung ist der Grund dafür, daß die bei anhaltendem Masse-Verlust in der Höhe laufend nachgesaugte Luft unten von der Seite her nicht schnell genug ersetzt werden kann. So sinkt der Bodendruck laufend weiter, das Tief »vertieft« sich, bis es zu einem ausgewachsenen Tiefdruckgebiet geworden ist.

Da die Reibung und damit die Konvergenz über Meeren noch geringer ist, strömt dort unten noch weniger Luft ein, während dadurch der Masse-Verlust und damit das Absaugen in der Höhe nicht beeinflußt wird. Der »Staubsauger« saugt also über Meeresgebieten stärker, so, wie man es spürt, wenn man den Schlauch eines wirklichen Staubsaugers mit der Hand verschließt. Aus diesem Grund sind Tiefdruckgebiete über Meeren kräftiger als über Landgebieten. Zieht ein Tiefdruckgebiet vom Meer zu einem Kontinent, erfolgt dort wegen der stärkeren Reibung und damit geringeren Rechtsablenkung schnelleres Einströmen von Luft am Boden; das Tief schwächt sich über dem Land ab.

Das Divergenzgebiet in der Höhe saugt Luft aber auch von oben an, sodaß sich in der unteren Stratosphäre eine absteigende Strömung ergibt, bei der sich die Luft adiabatisch erwärmt. Unsere Höhe von ca. 10 km, in der die Divergenz stattfindet und die nach unseren jetzt gewonnenen Erkenntnissen auch die darunter aufsteigende von der darüber absteigenden Luft trennt, wird als »Nullschicht« bezeichnet. Wie aus der Abbildung zu erkennen, findet in diesem Niveau keine vertikale Luftbewegung statt.

Das am Boden entstandene Tiefdruckgebiet heißt »Dynamisches Tief« (griechisch: dynamis = die Bewegung erzeugende Kraft), da es durch mit den großräumigen Zirkulationsbewegungen zusammenhängende Vorgänge entstanden ist. Da sich die in seinem Einflußgebiet bis zur Tropopause aufsteigende Luft bei diesem Aufsteigen laufend adiabatisch abkühlt, besteht es aus hochreichender kalter Luft. Die in der Abbildung als gestrichelte Linie eingezeichnete Tropopause liegt also entsprechend dem, was wir im Kapitel »Die Druckverhältnisse in kalter und warmer Luft...« gelernt haben, niedriger als über hochreichend warmer Luft; sie ist nach unten ausgebeult. Dafür befindet sich darüber in der unteren Stratosphäre durch Absteigen erwärmte Luft. Über dem kalten Tief ist die Stratosphäre »warm«.

Nun aber zum rechten Teil der Abbildung. Hier ist der Fall des Masse-Gewinns in der Höhe dargestellt. Jetzt fließt Masse von den Seiten zu, die Strömung in unserem Wellen-Niveau von ca. 10 km Höhe ist konvergent. Mehr Masse bedeutet mehr Gewicht, es bildet sich also in der genannten Höhe ein Gebiet höheren Druckes und somit wieder ein Druckgefälle gegenüber der Umgebung aus, das sich durch entsprechende Luftströmungen auszugleichen versucht.

Nach der Seite hin ist auch hier wieder kein Ausgleich durch Abfließen von Luft möglich, da der Druckanstieg ja gerade durch *Zu*strömen der Luft von der Seite her entsteht. Die Luft kann somit nur vertikal nach unten und nach oben abfließen.

In der Troposphäre sinkt die Luft also ab und erwärmt sich dabei in der uns bekannten Weise. Da das Ausfließen nach den Seiten am Boden wieder durch die Bodenreibung behindert wird, strömt von oben zunächst mehr Luft nach als unten abfließen kann. In Bodennähe sammelt sich so Masse an, der Druck steigt, das Hochdruckgebiet verstärkt sich. Wegen seiner Entstehung durch die beschriebenen Strömungsvorgänge wird es als »Dynamisches Hoch« bezeichnet.

Da sich die Luft beim Absteigen in der Troposphäre erwärmt, besteht ein Dynamisches Hoch aus hochreichender warmer Luft. Die als gestrichelte

Linie eingezeichnete Tropopause liegt also höher als in kälterer Luft; sie ist nach oben ausgebeult. Dies kann sogar zur Folge haben, daß sich in Tropopausenhöhe, wo noch etwas Wasserdampf zur Kondensation zur Verfügung steht, mitten über dem Zentrum eines Hochdruckgebietes leichte Cirren-Bewölkung bildet.
Die Nullschicht trennt auch hier wieder zwei entgegengesetzt verlaufende vertikale Strömungen. Unterhalb der Nullschicht steigt die Luft ab, darüber wird sie nach oben gedrängt und kühlt sich beim Aufsteigen adiabatisch ab. Über einem warmen Hoch in der Troposphäre liegt also eine »kalte« Stratosphäre.
Da sich über dem aus *Kalt*luft bestehenden Dynamischen Tief eine *warme* Tropopause und über dem aus *Warm*luft bestehenden Dynamischen Hoch eine *kalte* Tropopause befindet, verringern sich in der Troposphäre vorhandene horizontale Temperaturgradienten in Tropopausenhöhe rasch und kehren sich in der unteren Stratosphäre schließlich sogar um. Wir haben ja gesehen, daß sich über dem kalten Tief in der Troposphäre die Luft in der Stratosphäre durch Absinken erwärmt, während sie sich über dem warmen troposphärischen Hoch durch Aufsteigen abkühlt.
Im Kapitel »Die Druckverhältnisse in kalter und warmer Luft...« haben wir gesehen, daß an den Grenzflächen zweier verschieden warmer Luftmassen, zum Beispiel an der Polarfront, die Windgeschwindigkeiten mit zunehmender Höhe immer größer werden. Jetzt wissen wir, daß ab der Höhe der Tropopause die für diese hohen Geschwindigkeiten verantwortlichen Temperaturgradienten wieder abnehmen. Die maximalen Windgeschwindigkeiten, die wir als Strahlströme kennen, treten also kurz unterhalb der Tropopause auf. Aus ähnlichen Gründen gibt es im übrigen weitere Starkwindbänder auch in der oberen Atmosphäre. Während die Windgeschwindigkeiten in den eben besprochenen Strahlströmen normalerweise 600 km/h nicht übersteigen, können sie in der Stratopause, also in etwa 50 km Höhe, Werte bis ca. 1100 km/h, in ca. 200 km am Temperaturknick in der Ionosphäre ebenfalls solche bis ca. 1000 km/h erreichen.
Betrachten wir nun die Abbildung als Ganzes, als die Darstellung eines neben einem Tiefdruckgebiet liegenden Hochdruckgebietes, so ist zu erkennen, daß die Luft in Höhe der Nullschicht vom Tief zum Hoch fließt und sich so ein weiteres großes »Rührwerk« ergibt, das die Luft in der Atmosphäre durchmischt. Dasselbe gilt auch für die Strömung in der unteren Stratosphäre oberhalb der Nullschicht. Auch dort strömt die über dem Troposphärentief absteigende Luft in Höhe der Nullschicht zum Gebiet der über dem Troposphärenhoch aufsteigenden Luft. Die vertikalen Geschwindigkeiten dieser Luftströmungen betragen jedoch in beiden Fällen nur wenige Prozent der horizontalen.
Im folgenden beschränken wir uns wieder auf die Vorgänge in der Troposphäre, also unterhalb der Nullschicht.

Vergleicht man Höhenkarten, zum Beispiel die 300 HPa-Karte (= ca. 9000 m NN) mit der Bodenkarte, so erkennt man, daß das Zentrum eines Tiefdruckgebietes in der Höhe, das »Höhen-Tief«, meist stark gegenüber dem Zentrum des Tiefdruckgebietes am Boden, dem »Boden-Tief«, verschoben ist. Einen Grund hierfür kennen wir bereits aus dem, was wir im Kapitel »Die Druckverhältnisse in kalter und warmer Luft...« gelernt haben.
Betrachten wir ein an der Polarfront entlang wanderndes Tief in der Bodenkarte, so erkennen wir, daß sich das Gebiet tiefsten Druckes dort befindet, wo sich Warmfront und Kaltfront treffen. Südlich des Tief-Kerns befindet sich der aus Warmluft bestehende Warme Sektor, während hinter der Kaltfront besonders kalte Luft herangeführt wird. (Siehe nachstehende Abbildung).

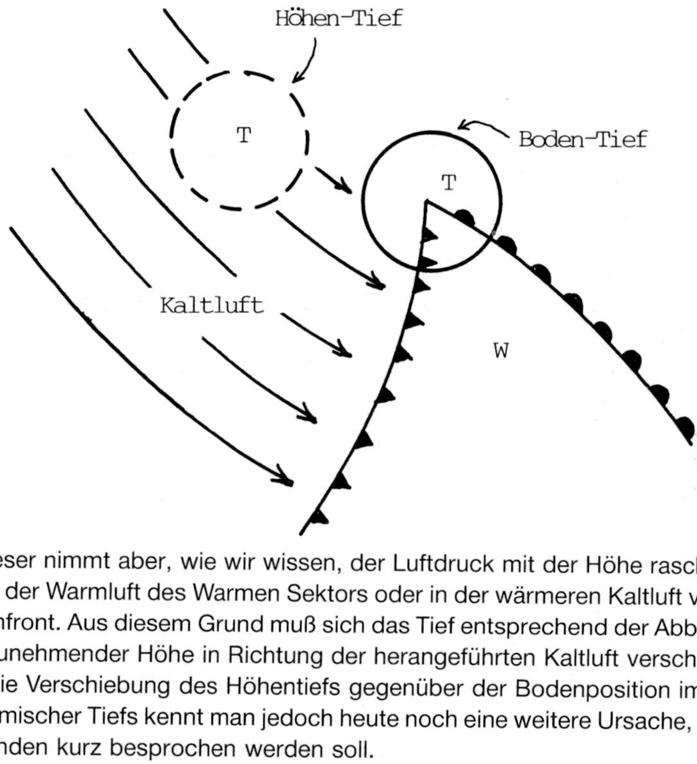

In dieser nimmt aber, wie wir wissen, der Luftdruck mit der Höhe rascher ab als in der Warmluft des Warmen Sektors oder in der wärmeren Kaltluft vor der Warmfront. Aus diesem Grund muß sich das Tief entsprechend der Abbildung mit zunehmender Höhe in Richtung der herangeführten Kaltluft verschieben. Für die Verschiebung des Höhentiefs gegenüber der Bodenposition im Falle Dynamischer Tiefs kennt man jedoch heute noch eine weitere Ursache, die im folgenden kurz besprochen werden soll.
Schneiden wir am Pol eine runde Luftsäule aus der Atmosphäre heraus, so rotiert diese, da sie ja infolge der Anziehungskraft der Erde mit dieser verbunden ist, wie die Erde in 24 Stunden einmal im Gegenzeigersinn um ihre Mittelachse. Da sie sich dabei ebenso links herum dreht wie die Luft in einem Tiefdruckgebiet, in einer Zyklone, sagt man, daß sie eine »zyklonale Eigendrehung« besitzt. Da, wie wir wissen, auch Luft aus Materie besteht, also Masse besitzt, verhält sich die rotierende Luftsäule wie ein Kreisel,

dessen Eigenschaften wir ja bereits von der Betrachtung der Kreiselinstrumente in der Bordgerätekunde her kennen.
Der schwedische Meteorologe Carl Gustaf Rossby (1898–1957) hat dieses Kreiselverhalten von Luftwirbeln zum ersten Mal beschrieben und dafür das englische Wort »vorticity« (von Lateinisch: vortex = Wirbel) eingeführt, das heute in der Meteorologie allgemein benutzt wird und am besten mit »Kreiselhaftigkeit« oder »Kreiseleigenschaft« übersetzt werden kann.
Wird die Luftsäule jetzt durch die Polarzirkulation nach Süden, zu geringeren Breiten hin in Bewegung gesetzt, so hat sie als Kreisel das Bestreben, ihre Rotation und die ursprüngliche Richtung ihrer Kreiselachse beizubehalten. Dieses Bestreben ist im übrigen wieder nichts anderes als eine andere Form unseres altbekannten Gesetzes von der Erhaltung der Energie.
Gerät die Luftsäule auf ihrem Weg von Nord nach Süd in die westliche Strömung der Subpolaren Tiefdruckrinne, so wird ihre Drehgeschwindigkeit, ihr zyklonales Drehen, noch verstärkt und kann so die Ausbildung eines Tiefdruckgebietes erleichtern. Gerät polare Luft auf ihrem Weg nach Süden dagegen in östliche Luftströmungen, so wirken diese der West-Ost-Drehung der Luftsäule entgegen, die zyklonale Drehung wird vermindert, es bildet sich meist kein Tiefdruckwirbel aus.

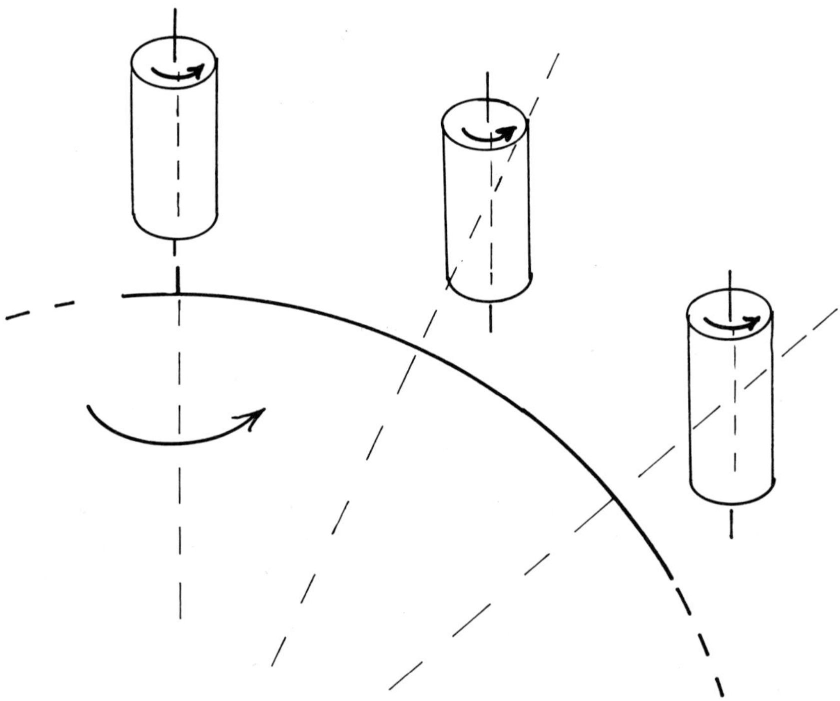

Wie wir aus der obenstehenden Abbildung erkennen, steht beim Transport

der Luftsäule nach Süden ihre Achse nun aber nicht mehr senkrecht zum Erdboden. Mit abnehmender geographischer Breite nimmt der Winkel zwischen Drehachse und der Senkrechten immer weiter zu. Die Drehachse der Luftsäule ist jetzt zum Pol hin geneigt. Das Höhentief ist damit ebenso gegenüber dem Bodentief zum Pol hin verschoben.
Durch das Schrägstehen der Drehachse ergibt sich aber auch noch ein weiterer Effekt, den wir uns auf sehr vereinfachte Weise etwa so erklären können:
Das untere Ende der schrägstehenden Luftsäule wird durch die Reibung an der Erdoberfläche etwa so »festgehalten« wie die Spitze eines sich auf dem Boden drehenden Kinderkreisels. Das vom Schwerpunkt S zum Erdmittelpunkt, also senkrecht zur Erdoberfläche wirkende Gewicht G greift somit an einem Hebelarm l an und versucht so, die ganze Luftsäule in Richtung Erdoberfläche zu kippen.

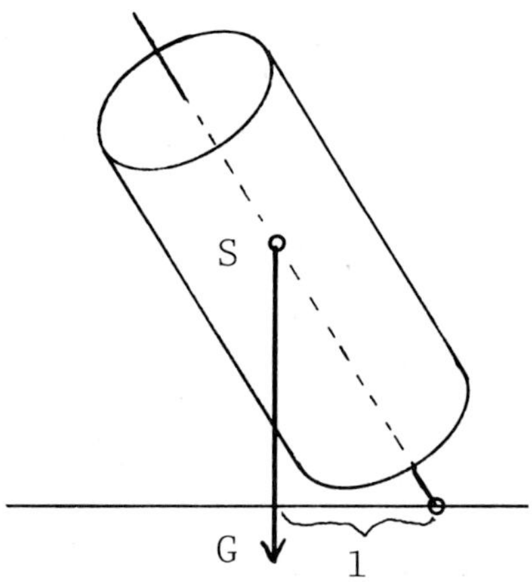

Was jetzt geschieht, wissen wir wieder von der Bordgerätekunde her. Der Kreisel möchte infolge seiner Trägheit seine Stellung im Raum beibehalten. Er folgt daher nicht den Kräften, die ihn kippen wollen, sondern weicht aus. Seine Achse kann dabei ihre ursprüngliche Richtung nicht mehr beibehalten, sondern fängt an zu wandern, »voranzugehen«, zu »präzedieren« (lateinisch: praecedere = vorangehen).
Der Vorgang selbst heißt »Präzession«. Wie es zu dieser Erscheinung kommt, ist in Physikbüchern und auch in manchen Büchern über Bordgerätekunde ausführlich erklärt, kann also dort nachgelesen werden.
Wir wollen uns daher hier darauf beschränken, einige Beispiele aus dem täglichen Leben zu betrachten, an denen wir die Vorgänge selbst beobachten können.
Am einfachsten geschieht das bei einem Kinderkreisel, den man durch Antippen stört. Man erkennt dann deutlich, daß die vorher stillstehende

Kreiselachse nach dem durch das Antippen erfolgten Auslenken eine kreisförmige Präzessionsbewegung ausführt, die in der untenstehenden Abbildung dargestellt ist. Die Kreiselachse beschreibt nun ebenfalls einen Kreis, den sie in derselben Drehrichtung durchläuft, die der Kreisel selbst besitzt. Rotiert also der Kreisel links herum, so erfolgt auch die Präzessionsbewegung der Achse links herum.

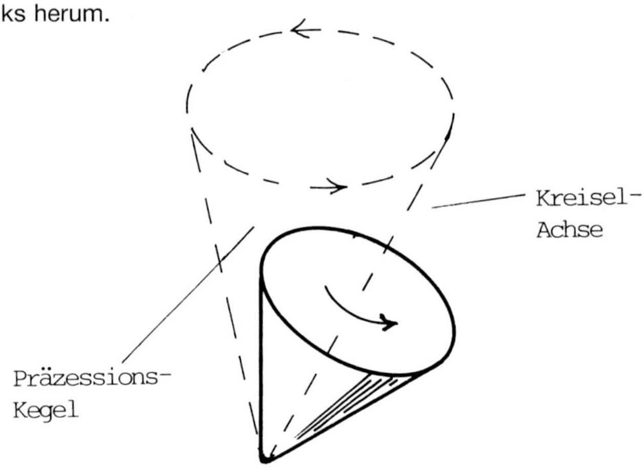

Den Vorgang kann man sich auch sehr gut mit Hilfe eines einem Fahrrad entnommenen Rades veranschaulichen. Dabei kann man auch deutlich feststellen, wie groß die dabei auftretenden Kräfte sind. Man schiebt eine längere Achse durch die Nabe des Rades, hält die Achse an beiden Enden fest und versetzt dann das Rad in Umdrehung. Versucht man nun die Achse zu kippen, so weicht das Rad aus und die Achse will die besprochene Präzessionsbewegung ausführen.

Die nächste Abbildung zeigt die Präzessionsbewegung unserer von Norden

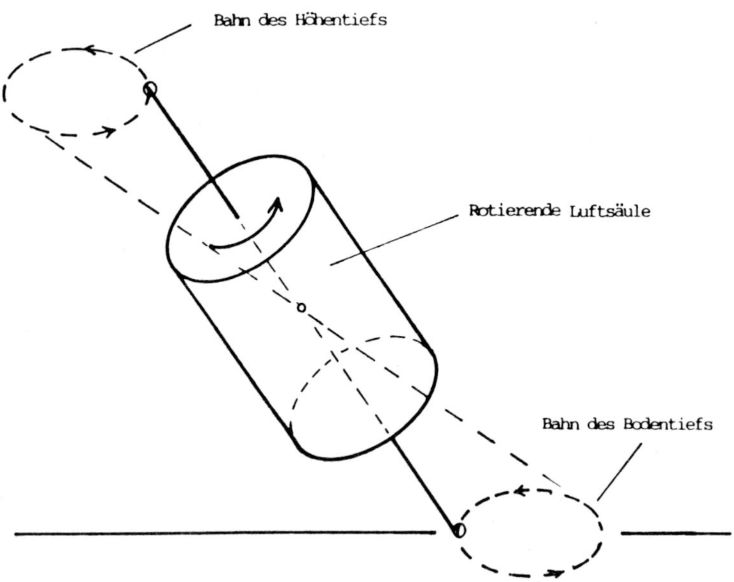

nach Süden wandernden Luftsäule, wobei ihre Achse das Zentrum des zyklonalen Wirbels darstellt. Es ist deutlich zu erkennen, daß das Zentrum des Höhentiefs um das des Bodentiefs und das Zentrum des Bodentiefs um das des Höhentiefs kreisförmig herumwandern. Sie ändern laufend ihre Lage zueinander.

Der Effekt ist natürlich einmal um so größer, je weiter die Luftsäule zu geringeren Breiten hin vorgestoßen ist, je schräger also ihre Achse zur Senkrechten steht. l_2 und damit das Kippmoment (lateinisch: momentum = bewegende Kraft) ist deutlich größer als l_1. Zum anderen ist er aber auch umso kräftiger, je länger die sich drehende Luftsäule ist, je höher sie hinaufreicht. Je länger sie ist, umso größer sind Hebelarm und Gewicht, umso stärker ist die Kipp- und damit auch die Präzessionsbewegung. In unserer Abbildung ist l_3 größer als l_1 und G_2 größer als G_1.

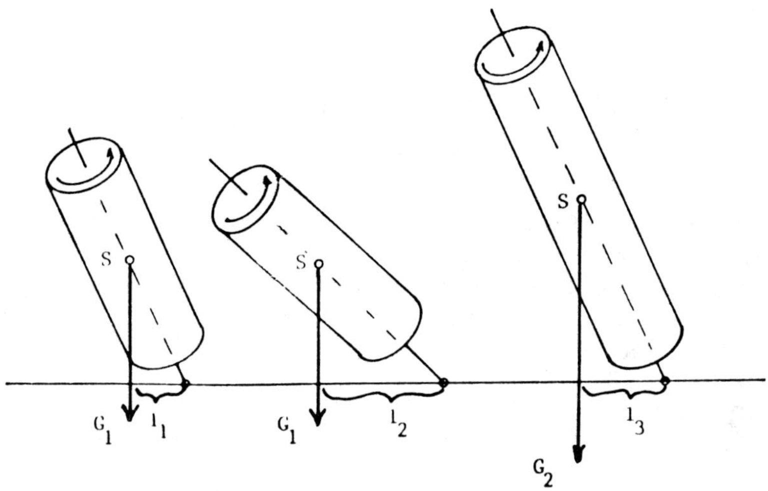

Die Tiefdruckgebiete beschreiben bei ihrer Wanderung infolge ihrer Kreiseleigenschaften eine Bahn, die in der folgenden Abbildung schematisch dargestellt ist. Infolge der beschriebenen Präzessionsbewegung bewegt sich das Bodentief links herum um das Höhentief, seine Bahn ändert sich auf seinem Weg von West nach Ost nach links, nach Norden. Eine solche Änderung der Bahnrichtung kann man ebenfalls deutlich bei einem zum Präzedieren angeregten Kinderkreisel beobachten.

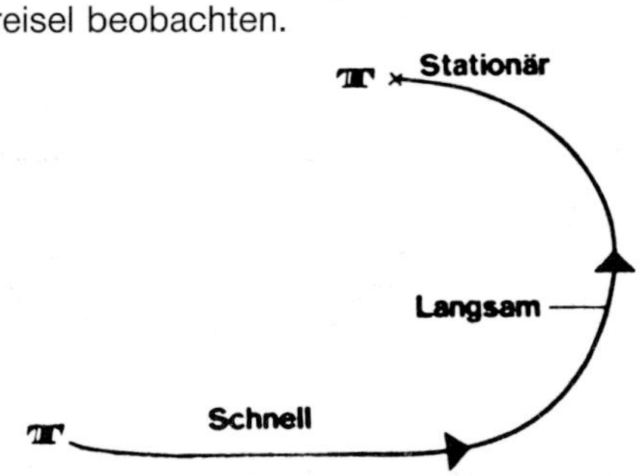

Im anfänglichen, geraden Teil ihrer Bahn wandern die Tiefs dabei relativ schnell, bei Beginn der zyklonalen Krümmung langsamer. Bei der starken Krümmung am Ende ihrer Bahn, bei der aus dem ausgeprägten Tief eine Okklusion (was das ist, wissen wir aus den üblichen Lehrbüchern) geworden ist, hört nach den hydrodynamischen Gesetzen seine Wanderung auf, es wird schließlich ortsfest oder »stationär« (lateinisch: statio = das Stillstehen).

Über dem Festland wird die Energie eines Polarluftwirbels schließlich durch Reibung am rauhen Boden oder durch größere Änderungen der Strömungsverhältnisse in seiner Umgebung aufgezehrt. Über den »glatten« Weltmeeren kann dagegen gelegentlich ein solcher Wirbel bis weit nach Süden vordringen. Schließlich, spätestens bei einer geographischen Breite von ca. 30°, steht dann seine Achse so schräg zur Senkrechten, daß sie nicht mehr nur präzediert, sondern umkippt. Sie verläuft dann also nicht wie am Pol, ihrem Ausgangspunkt, senkrecht, sondern parallel zur Erdoberfläche. Ist die Rotationsenergie des Kreisels noch nicht aufgezehrt, bewegt er jetzt Luft in vertikaler Richtung nach oben und nach unten, tut also jetzt dasselbe wie die Vorgänge, die durch Erwärmung des Bodens entstehen.

Insgesamt stellen wir also fest, daß für die am Wettergeschehen beteiligten Luftmassen nicht nur deren Temperatur, sondern auch ihre mechanischen Eigenschaften, ihre Kreiseleigenschaften, wichtig sind. Auch sie haben einen deutlichen Einfluß auf die Entwicklung und die Zugrichtung von Tiefdruckgebieten.

Es gibt jedoch auch noch einen anderen Effekt, der die Bewegungsrichtung sowohl von Tiefdruckgebieten als auch die von Hochdruckgebieten beeinflußt.

Im Kapitel »Windrichtung und Windgeschwindigkeit« haben wir gelernt, daß die Corioliskraft am Äquator ganz verschwindet, mit zunehmender geographischer Breite aber immer stärker wird. In höheren Breiten werden die Unterschiede in der Umfangsgeschwindigkeit verschiedener Breitenkreise und damit die Größe der Corioliskraft besonders groß.

Hoch- und Tiefdruckgebiete können Durchmesser von mehreren 1000 km annehmen. Aus dem Navigations-Unterricht wissen wir, daß auf einem Längenkreis eine Breitenänderung von 1° einer Strecke von 111,1 km entspricht. Einer Ausdehnung eines Druckgebildes von ca. 1500 km entspricht also bereits eine Breitenänderung von ca. 15°, also einem Betrag, der nach unseren damaligen Überlegungen einen ganz beträchtlichen Unterschied in der Größe der Corioliskraft bedeutet. Es wirkt also auf den nördlichen Teil eines solchen Druckgebildes bei seiner Bewegung eine wesentlich größere Corioliskraft als auf seinen südlichen Teil.

In der nachfolgenden Abbildung sind ein Hoch- und ein Tiefdruckgebiet als Kreise eingezeichnet. Senkrecht zu den als kräftige Pfeile eingetragenen Strömungsrichtungen v_T und v_H in den Druckgebilden wirkt auf der Nordhalbkugel nach rechts die Corioliskraft, im Norden als größere Pfeile C_N, im Süden

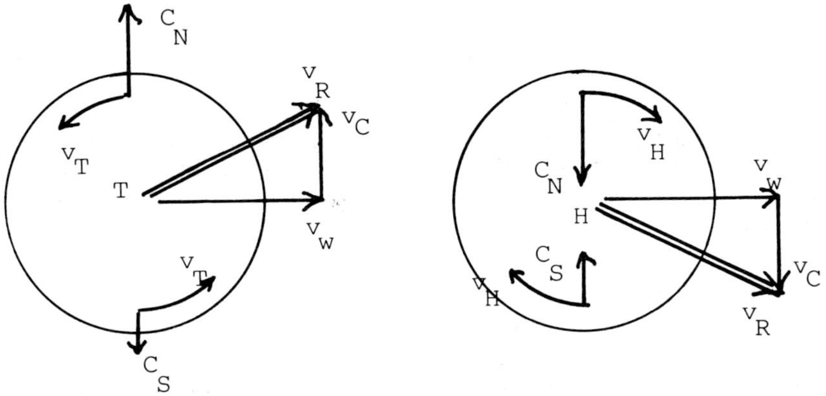

als kleinere Pfeile C_S eingezeichnet.
Beim Hoch ergibt sich, wie zu sehen, eine nach Süden, beim Tief eine nach Norden gerichtete resultierende Kraft, die mit der Geschwindigkeit v_C das Hoch nach Süden, das Tief nach Norden in Bewegung setzen möchte. Zusammen mit der allgemeinen westlichen Strömung v_W im Gebiet der Polarfront ergibt sich eine resultierende Geschwindigkeit v_R, die das Tief aus der Frontalzone heraus nach links, nach Norden, das Hoch dagegen nach rechts, nach Süden, ablenkt.
Die Folge ist, daß es verschiedene Gebiete gibt, in denen sich einmal bevorzugt Tiefs und zum anderen bevorzugt Hochdruckgebiete ansammeln. Wir kennen diese Zonen schon. Es sind für die Tiefdruckgebiete die Subpolaren Tiefdruckrinnen, für die Hochdruckgebiete die Subtropischen Hochdruckgürtel. Diese Gebiete bilden sich jedoch natürlich nicht nur durch den hier geschilderten Effekt, sondern auch durch die übrigen bereits behandelten Vorgänge.
Sowohl der vorticity-Effekt, als auch der eben beschriebene, durch Unterschiede in der Corioliskraft verursachte Effekt, sind natürlich auf der Südhalbkugel der Erde genauso vorhanden und genau so zu erklären. Lediglich die Dreh- und Ablenkrichtungen bei den durch die Corioliskraft verursachten Vorgängen sind dort wieder umgekehrt und die Höhentiefs sind gegenüber den Bodentiefs nicht nach Norden, sondern nach Süden verlagert.
Obwohl nur die wichtigsten Einflüsse besprochen wurden, die die großräumigen Vorgänge in unserer Atmosphäre bestimmen, haben wir doch gesehen, wie viel komplizierter diese gegenüber den früheren einfachen Vorstellungen in Wirklichkeit sind.
Die neuen Erkenntnisse ermöglichen uns aber nicht nur ein besseres Verständnis des gesamten meteorologischen Geschehens, sondern auch der uns hauptsächlich interessierenden kleinräumigen Vorgänge. Es ist daher sicher sehr wertvoll, sich auch mit diesen zunächst theoretisch erscheinenden Dingen näher zu befassen. Schließlich ist es ja nicht nur interessant, sondern auch sehr befriedigend, den Dingen auf den Grund zu gehen und die wirklichen Ursachen für das kennenzulernen, was wir jeden Tag an unserem Himmel beobachten können.
Nun aber zurück zu der Wirbel- und Wellentheorie, deren Ergebnisse wir

bisher nur teilweise behandelt haben. Die nachstehende Abbildung zeigt nochmals das unseren zu Beginn gemachten vereinfachten Annahmen entsprechende Wellensystem. Wichtig für die Steuerung unseres Wetters ist nun, daß nach der Theorie, die auch in diesem Punkt wieder durch die Wirklichkeit bestätigt wird, das ganze Wellensystem sich langsam um den Pol herumbewegt. Die Drehgeschwindigkeit und auch die Drehrichtung hängen dabei von der Zahl der Schwingungen, der sogenannten »Wellenzahl« ab, die die Planetarische Welle besitzt. Bei kleinen Wellenzahlen ergibt sich aus der Theorie, daß sich das Wellensystem »retrograd« (lateinisch: retro = zurück, rückwärts, gradus = Schritt), also von Ost nach West bewegt. Bei größeren Wellenzahlen dreht es sich von West nach Ost um den Pol. Dazwischen ist auch, allerdings nur sehr kurzzeitig, der Fall möglich, daß das Wellensystem praktisch ortsfest bleibt. Die Strömung in der Welle selbst bleibt jedoch in allen Fällen gleich. Sie verläuft immer von Westen nach Osten. Nur die Bewegungsrichtung des Wellensystems, das Wandern der Tröge und Rükken, kann sich ändern.

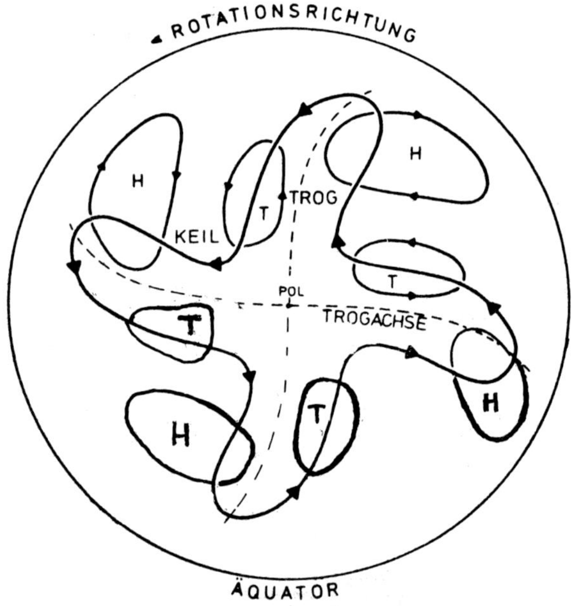

In unserem vereinfachten Beispiel, in dem die Welle 4 »Bäuche« und 4 »Täler« aufweist, also vier volle Schwingungen ausführt, ergibt sich für eine volle Umdrehung nach der Theorie eine Zeit von 62 Tagen. Für einen ortsfesten Beobachter auf der Erde, der sich zum Beispiel auf dem Breitenkreis 45° befindet, bedeutet dies, daß infolge der Drehung der Planetarischen Welle auch die mit ihr in der unteren Atmosphäre verbundenen Gebiete tiefen und hohen Druckes in laufendem Wechsel über ihn hinwegziehen. Jede Schwingung der Welle besteht aus einem Trog und einem Keil und bewirkt damit am Boden zweimal einen Wechsel von tiefem zu hohem Druck und umgekehrt. Bei einer vollständigen Drehung der aus vier Schwingungen bestehenden Welle um den Pol ziehen also über den ortsfesten Beobachter 4 × 2 = 8 Tiefdruckgebiete und 4 × 2 = 8 Hochdruckgebiete hinweg. Es ergibt sich also in diesen Breiten das uns bei westlicher Strömung ausreichend bekannte wechselhafte Wetter.

Daß die sich aus der Theorie ergebenden planetarischen Wellensysteme in der Wirklichkeit tatsächlich vorhanden sind, zeigt nochmals die nächste Abbildung. Sie gibt eine tatsächlich gemessene Zirkulation in der Mitte zwischen den beiden in unserem Beispiel angenommenen Schichten, also in 5500 m NN wieder. Zählt man nach, wie viele Schwingungen die Welle um die Erde herum ausführt, so stellt man fest, daß sie die Wellenzahl 6 besitzt.

In diesem Fall ergibt sich, wenn man in die mathematischen Formeln der Theorie die der Wirklichkeit entsprechenden Werte einsetzt, als Zeit für eine vollständige Drehung um den Pol 53 Tage.

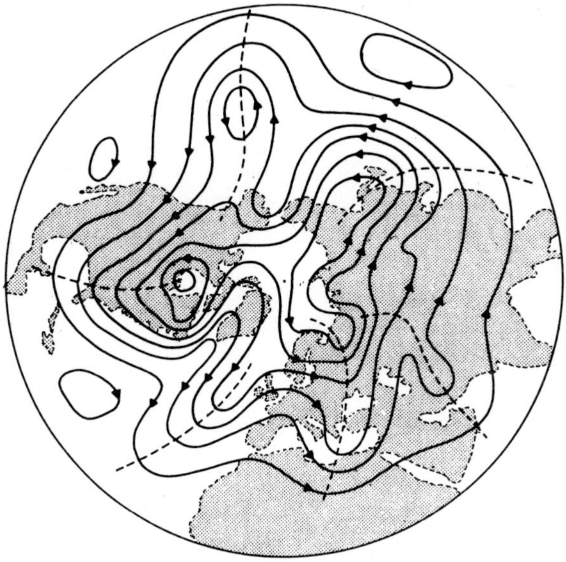

Da, wie wir bereits festgestellt haben, das Wetter sich in jeder Schwingung zweimal ändert, beobachtet ein ortsfester Beobachter also bei einer vollen Umdrehung des Wellenzuges um den Pol, also in 53 Tagen, 2 × 6 = 12 Wetteränderungen. Dies bedeutet, daß eine Wetterlage jeweils 53:12 = 4,5 Tage dauert. Wären also nur die Planetarischen Wellen für unser Wetter verantwortlich, könnte man die Dauer einer bestimmten Wetterperiode recht genau vorhersagen. Wir werden jedoch später noch feststellen, daß es leider oder zum Glück noch andere Einflüsse auf das Wettergeschehen gibt, daß keine unserer sehr vereinfachten Theorie entsprechenden völlig gleichmäßigen Wellensysteme entstehen und daß so das Problem der Wettervorhersage nicht so einfach ist, wie man nach den eben durchgeführten Betrachtungen annehmen könnte. Trotzdem wissen wir alle aus der Erfahrung heraus, daß es Zeiten gibt, in denen tatsächlich ein derartiger, ziemlich regelmäßiger Wechsel der Wetterlagen erfolgt.

Wir haben bereits früher gehört, daß sich die Planetarische Welle erst bildet, wenn ein gewisser horizontaler Temperaturunterschied vorhanden ist und daß sie dann zunächst auch instabil sein kann, also nicht mit konstanter Amplitude schwingt. So, wie wir bei der vertikalen Schichtung der Atmosphäre gesehen haben, daß es einen kritischen (griechisch: krisis = Scheidung, Trennung) Wert, nämlich zum Beispiel den vertikalen Gradienten 1 °C/100 m gibt, bei dessen Überschreitung eine Luftmasse vom trocken*stabilen* Zustand in den trocken*labilen* übergeht, gibt es nach der Wellentheorie auch für den horizontalen Temperaturgradienten einen kritischen Bereich, der, je nachdem, ob es sich um Luft mit oder ohne kondensiertem Wasserdampf handelt, zwischen 3,5 und 6 °C/1000 km liegt. Überschreitet eine gleichmäßige, zonale Strömung irgendwo diesen kritischen Wert, so wird sie »baroklin instabil«. Geringste Störungen, zum Beispiel an Gebirgen o. ä., führen zur Ausbildung einer Wellen- und Wirbelströmung, deren Amplituden zunächst instabil anwachsen, sich dann aber später durch die nachfolgenden Durchmischungsvorgänge stabilisieren. Statistische Untersuchungen zeigen, daß zum Beispiel der Ural und die Anden, die beide quer zu den westlichen Strömungen liegen, solche »Auslöser« von planetarischen Wellen sind.

Aus der Theorie ergibt sich nun, daß zwischen dem horizontalen Temperaturgradienten und dem uns aus dem Kapitel »Die Stabilitätszustände in der Atmosphäre« wohlbekannten vertikalen Temperaturgradienten ein linearer Zusammenhang (was dies bedeutet, wurde im Kapitel »Der Luftdruck« erklärt) besteht. Dies ist leicht verständlich, denn in einer Luftmasse mit großem vertikalem Temperaturgradienten – die Temperatur nimmt mit der Höhe um große Beträge ab – ergeben sich in einer bestimmten Höhe große Temperaturunterschiede gegenüber einer Luftmasse mit kleinem vertikalem Gradienten, in der die Temperatur mit der Höhe nur langsam abnimmt. Erhöht sich also der vertikale Temperaturgradient, so erhöht sich der horizontale Gradient in der Höhe ebenfalls und umgekehrt.

Treten zum Beispiel bei den Vorgängen an den mit den Tiefdruckgebieten verbundenen Fronten großräumig starke Kondensationsvorgänge auf, so wird der Atmosphäre im Wolkenniveau Kondensationswärme zugeführt, sie wird in der Höhe wärmer. Die Temperaturabnahme mit der Höhe, also der vertikale Temperaturgradient, wird geringer. Dadurch ändert sich dann sofort auch der horizontale Temperaturgradient gegenüber angrenzenden, nicht von den Kondensationsvorgängen erfaßten Luftmassen.

Weiter oben haben wir gehört, daß die Planetarische Welle unter gewissen Bedingungen instabil wird, also mit immer größer werdenden Amplituden schwingt. Schließlich kann sie dann auch in eine Schwingung mit anderer Wellenzahl übergehen. Dieser Vorgang kann durch einen plötzlich kleiner werdenden vertikalen Temperaturgradienten ausgelöst werden, der wegen der eben beschriebenen Abhängigkeit zu einer Verkleinerung des horizontalen Temperaturgradienten führt. Es bildet sich eine völlig andere Schwingung aus, die sich dann durch neue Durchmischungsvorgänge wieder stabilisiert. So kann zum Beispiel aus der in unserem praktischen Beispiel gezeigten Welle mit der Wellenzahl 6 eine Welle mit der Wellenzahl 7 entstehen. Bei einer solchen Welle würde ein ortsfester Beobachter nach der Theorie einen Wetterwechsel nicht mehr alle 4,5 Tage, sondern alle 2,7 Tage feststellen. Eine auf der ursprünglichen Wellenzahl aufgebaute Vorhersage würde also jetzt völlig falsch sein.
Ebenso kann bei anderen Vorgängen ein größerer vertikaler und damit auch größerer horizontaler Temperaturgradient aufgebaut werden. Werden dabei wieder die kritischen Werte überschritten, so bildet sich umgekehrt aus der Welle mit höherer eine solche mit geringerer Wellenzahl.
Es ist einzusehen, daß es sehr schwierig ist, genau vorherzusagen, wann und wo in der Atmosphäre solche Grenzwerte erreicht werden, wann also die unser Wetter wesentlich mitbestimmende Planetarische Welle ihre Form ändert und so andere Witterungsabläufe bewirkt.
Bei einer bestimmten Wellenzahl der Planetarischen Welle besteht aber immerhin die Tendenz (lateinisch: tendere = zu etwas hinneigen) zu einer der Anzahl der Schwingungen entsprechenden Dauer bestimmter Wettererscheinungen. Die Wellenzahl kann leicht aus den zirkumpolaren Höhen-Wetterkarten entnommen werden, die auf den Wetterwarten vorhanden sind und die auch mit einem Wetterkartenschreiber empfangen werden können. Setzt man in die mathematischen Beziehungen der Theorie realistische (lateinisch: res = Sache), also den wirklichen Verhältnissen entsprechende Werte ein, so erhält man die Zahlen der folgenden Tabelle. Sie geben an, nach wieviel Tagen bei einer bestimmten Wellenzahl ein Wetterwechsel zu erwarten ist und in welcher Richtung die Planetarische Welle dreht.

Wellenzahl der Planetarischen Welle	4	5	6	7	8
Wetterwechsel zu erwarten nach Tagen	8	15	4,5	2,7	2
Drehung des Wellensystems	O → W	W → O	W → O	W → O	W → O

Wie schon erwähnt, können aber aus diesen Zahlen wegen der auf das Wetter einwirkenden übrigen Einflußgrößen und der eventuell möglichen Umkippvorgänge keine sicheren Prognosen abgeleitet werden.
Wichtig ist jedoch auf alle Fälle die auch durch meteorologische Messungen

bestätigte Tatsache, daß unser Wetter ganz wesentlich durch die Art der Strömung in der mittleren Höhe von 5500 m NN und damit von der Art der globalen Zirkulation und dem Verlauf der Planetarischen Welle gesteuert wird. Wir haben gesehen, daß die Wellen- und Wirbeltheorie tatsächlich eine ganze Reihe der globalen Wettererscheinungen verständlich machen kann, die durch die alte Dreizellen-Theorie nicht erklärt werden konnten. Trotzdem erhebt sie nicht den Anspruch, die allein richtigen Erklärungen für alle Vorgänge in der Atmosphäre zu liefern. So wird nach wie vor angenommen, daß die aus der Dreizellen-Theorie stammenden aktiven Zellen, die Hadley-Zelle und auch die Polarzirkulation doch in gewissem Umfang eigenständig vorhanden sind, das Wetter in den Tropen- und Polargebieten mitbestimmen und so auch mit für die subtropischen und polaren Hochdruckgürtel verantwortlich sind. Für uns war es jedoch sehr wichtig, die Entstehung und die Funktion der Planetarischen Welle kennenzulernen, die auf alle Fälle für das Wetter in unseren Breiten von wesentlicher Bedeutung ist.
Schließlich haben wir gesehen, wie schwierig es ist, längerfristige Wetterentwicklungen wirklich genau vorherzusagen und wie es durch plötzliches Über- oder Unterschreiten kritischer Werte zu plötzlichen Änderungen einer solchen Entwicklung kommen kann.
Eine eben erst diskutierte neue Theorie zur Beschreibung solcher Umkipp-Erscheinungen, die sogenannte »Chaos«-Theorie (griechisch: chaos = wüstes Durcheinander), behauptet sogar, daß solche spontan (lateinisch: sponte = von selbst, ohne Hilfe) eintretende Vorgänge unter gewissen Umständen zu einem Chaos führen, das durch unsere physikalischen und mathematischen Gesetze nicht mehr erfaßt, auf keinen Fall aber berechnet werden kann. Überspitzt wird dies so ausgedrückt, daß der Flügelschlag eines Schmetterlings irgendwo in Deutschland darüber entscheidet, ob ein Gewitter über Hamburg oder über München ausgelöst wird.
Wenn wir dies alles berücksichtigen, müssen wir den Meteorologen bei ihren kurzfristigen Vorhersagen doch eine recht gute Trefferquote zubilligen, insbesondere dann, wenn wir diese Vorhersagen nicht nur auf unseren eigenen Standort beziehen., sondern sie etwas großräumiger betrachten. Dies ist ja heute anhand der im Fernsehen gezeigten Satelliten-Aufnahmen leicht möglich.

Der Einfluß der Verteilung von Land und Wasser auf die großräumige Temperatur- und Druckverteilung

Bereits im Kapitel »Die Lufttemperatur« haben wir gesehen, daß und warum sich fester Boden schneller erwärmt als Wasser. Wir haben dabei auch die »Spezifische Wärme«, ein Maß dafür kennengelernt, wieviel Energie benötigt wird, um 1 Gramm eines Körpers um 1 °C zu erwärmen. Bei Wasser war dies in den von uns verwendeten alten Maßeinheiten 1 cal pro Gramm und °C. Zur Erwärmung der festen Stoffe des Erdbodens um denselben Betrag wird dagegen wesentlich weniger Energie benötigt. Die fester aneinander gebundenen Atome dieser Stoffe können mit weniger Aufwand zum schnelleren Schwingen um ihre Ruhelagen angeregt werden. Die nachfolgende Tabelle zeigt für einige der auf der festen Erdoberfläche vorkommenden Stoffe, wie sehr sich ihre jeweilige spezifische Wärme von der des Wassers unterscheidet.

Stoff	Spezifische Wärme (cal/Gramm · °C)
Wasser	1,00
Quarz	0,19
Sandstein	0,17
Marmor	0,21
Sand	0,19
Granit	0,20

Zur Erwärmung von 1 Gramm des Erdbodens wird also gegenüber Wasser etwa fünfmal weniger Energie benötigt. Dies bedeutet natürlich, daß bei Einstrahlung der selben Energiemenge auf Land und Wasser sich das Land wesentlich schneller erwärmt als das Wasser.
Sehr wichtig ist nun die ebenfalls schon besprochene Tatsache, daß Stoffe,

die sich rasch erwärmen, die aufgenommene Energie auch rasch wieder abgeben. Wir erinnern uns an das Bild von den beiden Pendeln. Das schwere Pendel benötigt mehr Energie als das leichte, um in Bewegung gesetzt zu werden. Es schwingt dafür aber auch wesentlich länger als das leichte, bevor es wieder zur Ruhe kommt. Eine weitere Verlangsamung der Erwärmung des Wassers erfolgt noch dadurch, daß nach unserem altbekannten Gesetz von der Erhaltung der Energie zum Verdunsten von einzelnen Wassermolekülen laufend Energie benötigt wird, die dann nicht mehr zur Erwärmung des zurückbleibenden flüssigen Wassers zur Verfügung steht.

Erwärmtes Land kühlt sich also nach Aufhören der Einstrahlung rasch wieder ab, während einmal erwärmtes Wasser seine Temperatur nur langsam wieder vermindert. Unterstützt wird dieser Effekt noch dadurch, daß der feste Erdboden nur eine geringe Wärmeleitfähigkeit besitzt. Sie ist ca. 150–200 Mal geringer als zum Beispiel die des Kupfers und immer noch 30–50 Mal geringer als die des Eisens. Die obersten, durch die Strahlung zu stärkerem Schwingen angeregten, also erwärmten Teilchen, geben diese Energie nur sehr zögernd an die weiter unten befindlichen Teilchen weiter. Es wird also, wie wir in dem Beispiel von der Maus und dem Maulwurf gesehen haben, hauptsächlich nur eine dünne Schicht der Erdoberfläche erwärmt. Die durch die Strahlung aufgenommene Energie steht an der Oberfläche bereit, um nach Aufhören der Einstrahlung gleich wieder als langwellige Wärmestrahlung abgestrahlt zu werden.

Auch das Wasser besitzt eine geringere Wärmeleitfähigkeit. Da es aber nicht fest, sondern flüssig ist, seine Moleküle also frei verschiebbar sind, tritt hier ein Effekt auf, der die infolge der hohen spezifischen Wärme ohnedies gegebene langsame Abkühlung noch weiter verlangsamt. Infolge der Wasserströmungen und der infolge von Luftbewegungen auftretenden Wellen wird das Wasser durchmischt, wodurch auch tiefere Schichten erwärmt werden. Kühlt sich bei Verringerung oder Aufhören der Einstrahlung das Oberflächenwasser ab, so wird es, wie wir wissen, dichter, wird schwerer und sinkt ab. Das weiter unten befindliche, noch wärmere Wasser steigt auf und bewirkt also, daß die Oberflächentemperatur noch langsamer absinkt als es ohne diesen Effekt der Fall wäre.

Da auf der Nordhalbkugel der Erde der Wechsel zwischen Land und Wasser wesentlich häufiger erfolgt als auf der wesentlich mehr von Meeren bedeckten Südhalbkugel, ist dort die Wirkung der durch diese unterschiedliche Erwärmung von Land und Wasser verursachten Vorgänge deutlich stärker.

Während des Sommers erwärmt sich das Land sehr viel rascher als das Wasser. Kältere Luft, die über das erwärmte Land hinwegzieht und die über dem erwärmten Land lagernde Luft werden ebenfalls erwärmt. Die Luft ist trocken, da sie als warme Luft eine hohe maximale Feuchte besitzt und über dem trockenen Land wenig Feuchte aufnimmt.

Umgekehrt bleibt im Sommer das Wasser im Vergleich zum Land relativ kühl,

da seine Erwärmung nur sehr langsam erfolgt. Die über den Ozeanen (griechisch: okeanus = Weltmeer) lagernde oder längere Zeit über sie hinweg transportierte Luft bleibt kühler als die vom Land erwärmte oder über erwärmtes Land herangeführte Luft. Da sie über dem Meer viel Wasserdampf aufnehmen kann, ist sie feucht.
Im Winter sind die Verhältnisse umgekehrt. Das Land kühlt sich rasch ab, während die Ozeane die aufgenommene Wärme nur langsam wieder abgeben; sie bleiben also relativ warm.
Durch die Speicherwirkung des Wassers ändert sich also dessen Temperatur zwischen Sommer und Winter weit weniger als dies bei den Kontinenten der Fall ist. Dort ist die Erwärmung im Sommer so stark, daß sich durch die Erwärmung bodennaher Luftschichten, bei der sich ja deren Dichte vermindert, Gebiete tiefen Druckes, sogenannte »Thermische Tiefs«, bilden können. Im Winter kann sich dagegen eine Landmasse so stark abkühlen, daß infolge der damit dichter, schwerer werdenden Luft der unteren Luftschichten ein »Thermisches Hoch« entsteht. Hierauf wird im nächsten Kapitel noch ausführlich eingegangen werden.
Neben den dynamischen, durch die großräumige Zirkulation verursachten Druckgebilden, sind an der Gestaltung unseres Wetters also auch noch die Thermischen Hochs und Tiefs beteiligt; die Verhältnisse und damit natürlich auch die langfristigen Wetter-Prognosen werden noch schwieriger.
Die Verteilung von Land und Wasser auf der Erdoberfläche beeinflußt unser Wetter aber auch noch auf andere Weise.
Im Winter kühlen sich die Landmassen rasch ab, während die Ozeane zunächst relativ warm bleiben. Es entstehen also wesentlich größere Temperaturunterschiede als im Sommer, wo sich das Wasser ja längst nicht so stark abkühlt, wie dies beim Land im Winter der Fall ist. Große horizontale Temperaturunterschiede bedeuten aber, wie wir gehört haben, auch die Ausbildung besonders kräftiger Planetarischer Wellen und damit eine besonders kräftige Wirbeltätigkeit im Gebiet der Subpolaren Tiefdruckrinne. Die dort ablaufenden Vorgänge sind im Winter also wesentlich intensiver als im Sommer.
Die Fähigkeit der Meere, besonders viel Wärme zu speichern und damit auch wieder viel Wärme an die darüberliegende Luft abzugeben, die Tatsache, daß die Bodenreibung über ihnen sehr gering, die Ablenkung durch die Corioliskraft somit sehr stark ist und schließlich die große Menge Wasser, die zum Verdunsten zur Verfügung steht, sind die Ursache dafür, daß die besonders energiereichen Wirbel der Hurrikane und ihrer östlichen »Kollegen«, der Taifune, nur über dem Meer entstehen.
Ein weiterer langfristiger Einfluß großer Wassermassen auf das großräumige Wettergeschehen ist folgender:
Das Wasser gibt Wärme an die darüber befindliche Luft ab. Gleichzeitig wird Wasser verdunstet, die erwärmte Luft steigt auf und es erfolgt schließlich Kondensation und Wolkenbildung. Durch die Wärmeabgabe kühlt sich das

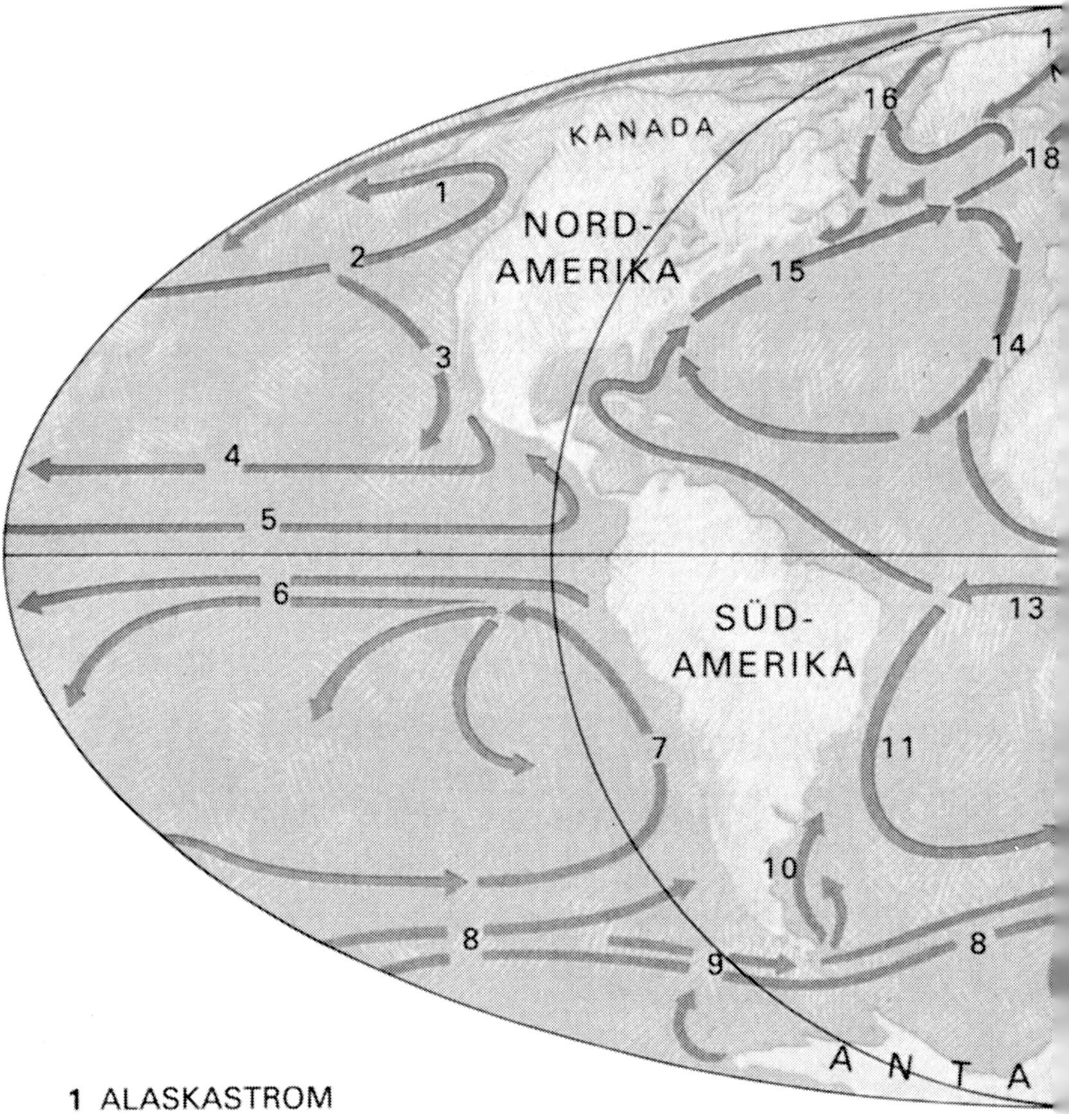

1 ALASKASTROM
2 NORDPAZIFISCHER STROM
3 KALIFORNISCHER STROM
4 NORDÄQUATORIALSTROM
5 ÄQUATORIALER GEGENSTROM
6 SÜDÄQUATORIALSTROM
7 HUMBOLDTSTROM
8 WESTWINDDRIFT
9 KAP-HOORN-STROM
10 FALKLANDSTROM
11 BRASILSTROM
12 BENGUELASTROM
13 GUINEASTROM
14 KANARENSTROM
15 GOLFSTROM
16 LABRADORSTROM
17 OSTGRÖNLANDSTRO
18 GOLFSTROMDRIFT
19 MONSUNSTROM

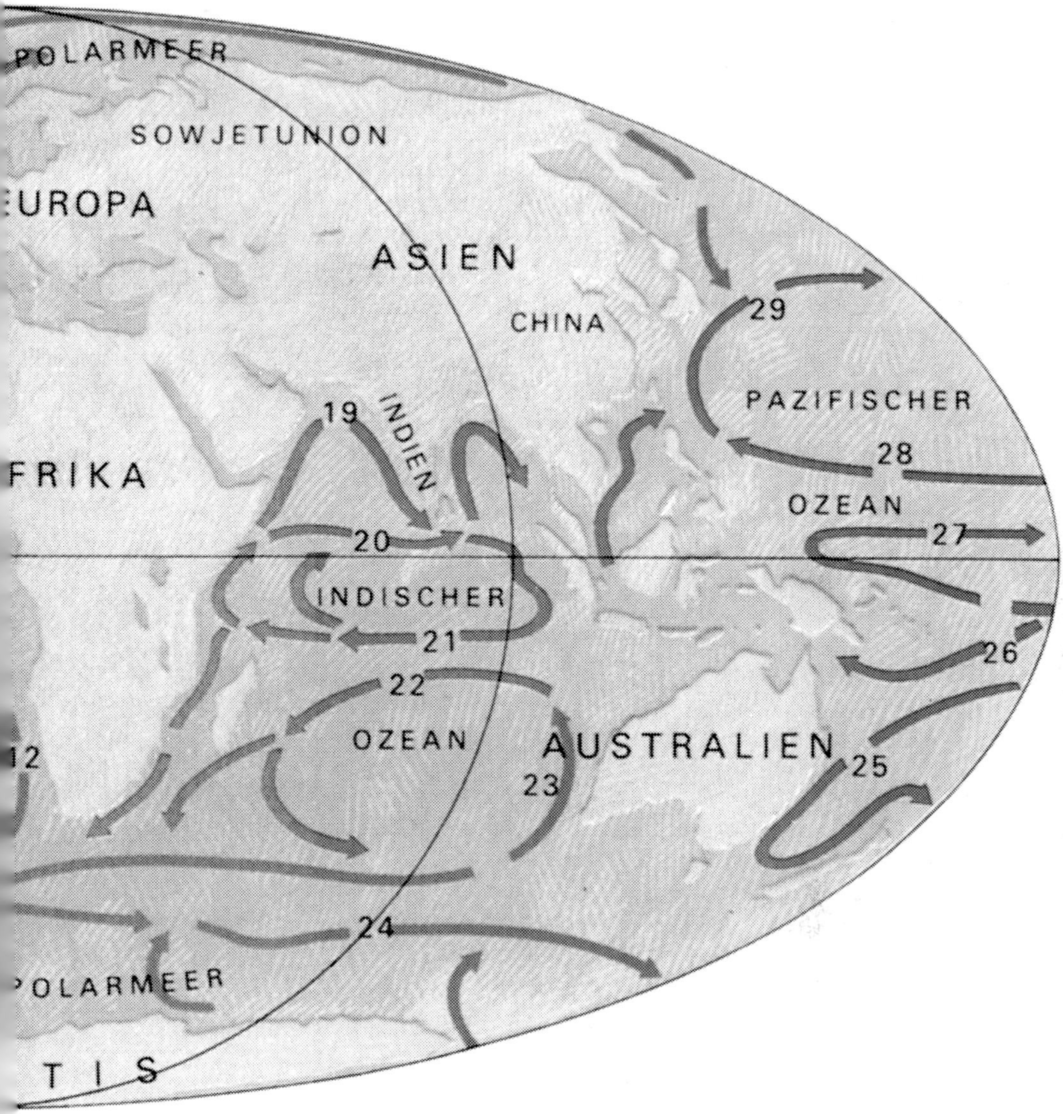

20 INDISCHER GEGENSTROM
21 NORDÄQUATORIALSTROM
22 SÜDÄQUATORIALSTROM
23 WESTAUSTRALSTROM
24 WESTWINDDRIFT
25 OSTAUSTRALSTROM
26 SÜDÄQUATORIALSTROM
27 ÄQUATORIALER GEGENSTROM
28 NORDÄQUATORIALSTROM
29 KUROSCHIO

Wasser langsam ab. Nach längerer Zeit ist es schließlich kälter geworden als die Luft, sodaß sich auch die Luft an der kälteren Wasseroberfläche wieder abkühlt. Dadurch wird sie schwerer und sinkt langsam wieder ab. Dabei wird sie, wie wir wissen, adiabatisch erwärmt, sodaß sich die Wolken schließlich wieder auflösen. Die an der Meeresoberfläche ankommende Luft ist am längsten adiabatisch abgestiegen und hat sich somit am stärksten erwärmt. Sie kann so schließlich sogar wieder Wärme an die Wasseroberfläche abgeben. Dadurch erfolgt erneut stärkeres Verdunsten, erneutes Aufsteigen von Luft, erneute Wolkenbildung und der ganze Vorgang beginnt von Neuem. Solche Vorgänge wechseln sich ab mit einer Periode (griechisch: periodos = Umlauf, regelmäßige Wiederkehr) von einigen Monaten.
Alle diese Vorgänge wirken sich natürlich auch wieder auf den horizontalen Temperaturgradienten und damit auf Form und Intensität der Planetarischen Welle aus.
Die über den Ozeanen vorhandenen, mit der globalen Zirkulation in der Atmosphäre verbundenen Windsysteme rufen in den Meeren aber auch »Driften« (englisch: drift = Dahintreiben, Lauf), über große Entfernung hinweg feststellbare, deutliche Meeresströmungen hervor. So wird zum Beispiel mit dem bekannten Golfstrom warmes Wasser über große Entfernungen hinweg nach Norden transportiert, wo es wieder Wärme an die dort vorhandene kältere Luft abgibt und so natürlich einen deutlichen Einfluß auf das Klima in diesen Breiten ausübt. So liegt die mittlere Jahrestemperatur der westeuropäischen Küsten, deren Klima durch den Golfstrom beeinfluß wird, um 5–8 °C höher als es ihrer geographischen Breite entspricht. Die aus einem geographischen (griechisch: geo = Erde, graphein = schreiben, bildlich darstellen) Lexikon des Verlags Das Beste, Stuttgart, entnommene Abbildung zeigt einige dieser für das Klima der Erde sehr bedeutsamen Meeresströmungen. Da sie sich über große Bereiche erstrecken, werden sie natürlich auch von der bereits besprochenen Coriolis-»Kraft« beeinflußt. Sie werden also auf der Nordhalbkugel der Erde nach rechts, auf der Südhalbkugel nach links abgelenkt, wobei die Ablenkungen wegen der dort schwächeren Wirkung der Corioliskraft im Äquatorbereich wieder geringer sind als zu den Polen hin. Aus dem Verlauf der Strömungen ist aber auch zu ersehen, daß dieser nicht nur durch die Corioliskraft, sondern selbstverständlich auch durch die Form der Küstenlinien beeinflußt wird.
Großen Einfluß auf das globale Wettergeschehen haben auch noch die großen Eis- und Schneeflächen, wie sie besonders im Gebiet der Antarktis vorhanden sind. An den hellen Eis- und Schneeflächen wird die Sonnenstrahlung besonders stark, nämlich zwischen ca. 50 % und 85 %, reflektiert. Es erfolgt so eine noch geringere Erwärmung, als sie wegen des geringen Einfallwinkels der Strahlung zu erwarten ist.
Die Folge sind auf der Südhalbkugel besonders große horizontale Temperaturgradienten und daher auch besonders starke Wirbel- und Wellenbildungen.

Die Energie der Zirkulation auf der Südhalbkugel ist so drei- bis viermal größer als auf der Nordhalbkugel. Dies ist auch mit der Grund dafür, daß die Zirkulationssysteme auf der Nord- und Südhalbkugel der Erde nicht symmetrisch, nicht spiegelbildlich zueinander sind, sondern daß, wie schon früher erwähnt, der meteorologische Äquator gegenüber dem geographischen etwas nach Norden verschoben ist.
Besonders dann, wenn in der Antarktis Winter herrscht, das heißt also im Sommer auf der Nordhalbkugel, greift die dann besonders kräftige Zirkulation der Südhalbkugel auf die Nordhalbkugel über. Die horizontalen Temperaturgradienten sind zu dieser Zeit besonders groß, da ja auf der Nordhalbkugel Sommer herrscht, während im antarktischen Winter die tiefsten Temperaturen erreicht werden.
Schon aus dieser kurzen und längst noch nicht vollständigen Übersicht über die Vielzahl der von der Verteilung von Land und Wasser auf unser Wetter ausgehenden Einflüsse erkennen wir, wie kompliziert das ganze Geschehen in Wirklichkeit ist. Erst durch das vielfältige Zusammenspiel einer großen Zahl von Faktoren kommt schließlich unser Wetter und unser Klima zustande.

Thermische und Dynamische Hoch- und Tiefdruckgebiete

In den Kapiteln »Der Luftdruck« und »Die Lufttemperatur« haben wir gelernt, daß warme Luft weniger dicht und damit leichter ist als die dichtere kalte Luft. Wenn wir uns überlegen, wie Gebiete höheren und niedrigeren Luftdrucks entstehen und wie sie aufgebaut sind, so liegt die Annahme nahe, daß Hochdruckgebiete aus kalter schwerer und Tiefdruckgebiete aus leichter warmer Luft bestehen.

Tatsächlich gibt es auch derartige Druckgebilde, deren Entstehung wir uns nach den Überlegungen im letzten Kapitel leicht erklären können. Im Winter kühlt sich, wie wir wissen, ein Kontinent verhältnismäßig rasch ab, während er sich im Sommer relativ schnell erwärmt hat. Die Sonneneinstrahlung ist im Winter gering, das Land strahlt merklich mehr Wärme ab als Energie zugeführt wird; es wird sehr kalt. Am kalten Erdboden kühlt sich auch die darüber lagernde Luft ab, sie wird somit dichter und schwerer; es entsteht ein Gebiet hohen Druckes. Da es aufgrund von Temperaturänderungen entsteht, wird es als »Thermisches Hoch«, da es aus Kaltluft besteht, auch als »Kaltes Hoch« bezeichnet. Ein Beispiel für ein derartiges Druckgebilde ist das bekannte »Russische Festlandhoch«, das im Winter häufig über Zentralrußland beobachtet werden kann. Besonders kräftige Hochdruckgebiete entwickeln sich dort deshalb, weil die sehr kalte Luft durch Gebirge am Abfließen gehindert wird und sich so immer weiter abkühlen kann. So wurden in Sibirien maximale Luftdrücke (qff) bis beinahe 1070 HPa gemessen.

Auf ähnliche Weise entstehen im Sommer über den gegenüber den angrenzenden kühleren Meeresgebieten stark erwärmten Landmassen Gebiete tiefen Druckes. Die über dem stark erwärmten Land lagernde Luft wird erwärmt, ihre Dichte und damit auch ihr Gewicht wird geringer, es entsteht ein »Thermisches Tief« oder, da es aus Warmluft aufgebaut ist, ein »Warmes Tief«.

Solche Thermischen Tiefdruckgebiete sind in der warmen Jahreszeit zum Beispiel häufig über der Iberischen Halbinsel zu beobachten. Auch die bei hohen Temperaturen und entsprechender Schichtung der Luft im Sommer meist über Westeuropa entstehenden Gewitter-Tiefs sind solche Thermischen Tiefdruckgebiete, die auch oft als »Hitze-Tiefs« bezeichnet werden.

Eine weitere Unterart der Thermischen Tiefdruckgebiete sind die im Lee von Gebirgen bei Föhn zu beobachtenden Gebiete tiefen Druckes, die sich infolge der adiabatischen Erwärmung der dort absteigenden Luft bilden. Sie werden »Lee-Tiefs« oder, weil sie an Gebirgen entstehen, auch »Orographische Tiefs« genannt.
Alle diese Thermischen Tiefs sind im Gegensatz zu den Dynamischen Tiefs, die später noch ausführlicher besprochen werden, fast nie mit Fronten verbunden. Sie entstehen ja normalerweise nicht an Luftmassengrenzen, sondern in einheitlichen Luftmassen (siehe Kapitel »Fronten, Konvergenzen und Divergenzen«).
Wie sind nun derartige Thermische Hochs und Tiefs aufgebaut? Wir wollen dies anhand einer sehr instruktiven (lateinisch: instruere = unterrichten) Abbildung betrachten, die aus einem Buch des deutschen Meteorologen Heinz Fortak (geb. 1926) entnommen ist.
Die in der Abbildung waagerecht verlaufenden gestrichelten Linien zeigen den ursprünglichen Verlauf der Druckflächen. Zu Beginn der Bildung eines Thermischen Hochs wird die Luft am Boden und in den unteren Luftschichten abgekühlt.

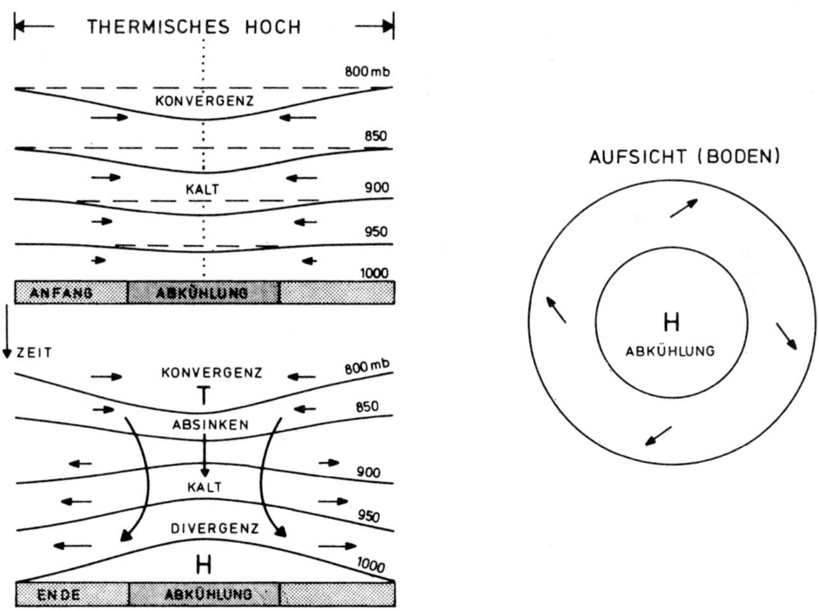

Aus dem Kapitel »Druckverhältnisse in kalter und warmer Luft...« wissen wir, daß in kalter Luft der Druck mit der Höhe rascher abnimmt als in warmer Luft. Der Abstand der Druckflächen voneinander wird als im Gebiet der abgekühlten Luft geringer. Wie aus dem obersten Teil der Abbildung zu ersehen ist,

bedeutet dies, daß in jeder Höhe über dem nicht abgekühlten Gebiet der Luftdruck höher ist als in der abgekühlten Luftsäule und daß die Druckunterschiede mit zunehmender Höhe immer größer werden.
Natürlich setzt sich die Luft infolge des entstandenen Druckgefälles vom höheren zum niedrigeren Druck in Bewegung. Es ergibt sich also eine Strömung nach innen, eine nach oben zunehmende konvergente Strömung, eine Konvergenz. Auf diese Weise wird nun dem Abkühlungsgebiet Masse und damit Gewicht zugeführt, während von den weiter außen gelegenen Gebieten Masse abfließt.
Dies hat schließlich zur Folge, daß sich, wie im unteren Teil der Abbildung dargestellt, im Abkühlungsgebiet der Luftdruck erhöht, während er außerhalb dieses Gebietes geringer wird.
Dadurch ergeben sich in den unteren Luftschichten, in der vorstehenden Abbildung bis zur Druckfläche 900 HPa, gegenüber den ursprünglich entstandenen nun umgekehrt gerichtete Druckunterschiede, die jetzt in diesem Gebiet ein Abfließen der Luft nach außen, eine divergente Strömung, eine Divergenz, zur Folge haben.
Da wir uns immer noch im Abkühlungsgebiet, also in kalter Luft befinden, nimmt der Luftdruck nach oben auch immer noch schneller ab als in der umgebenden Luft, wie wir dies auch aus dem Abstand der Druckflächen erkennen. Dies hat zur Folge, daß in der Höhe der anfängliche Zustand, das die Luft nach innen in Bewegung setzende Druckgefälle, die konvergente Strömung, erhalten bleibt.
Der Endzustand ist also Divergenz in den unteren Schichten und Konvergenz in den oberen Schichten. Da unten Luft ab- und oben Luft zufließt, ist klar, daß sich daraus eine absteigende Strömung ergibt, also eine der Eigenschaften eines Hochdruckgebietes, die wir mit ihren Auswirkungen bereits im Kapitel »Die Grundeigenschaften von Hoch- und Tiefdruckgebieten« kennengelernt haben.
Da sich die Vorgänge über genügend große Räume hinweg abspielen, wird bei den Luftbewegungen auch wieder die Corioliskraft, auf der Nordhalbkugel also mit einer Rechtsablenkung, wirksam. Es ergibt sich somit in den unteren Luftschichten das im rechten Teil der Abbildung dargestellte Bild. Die Luft strömt in Rechtsspiralen aus dem Hoch heraus. Oberhalb der Reibungsschicht ergibt sich eine isohypsenparallele Umströmung im Uhrzeigersinn, also eine weitere der Grundeigenschaften eines Hochs, die bereits besprochen wurden.
Wie wir aus dem unteren Teil der Abbildung ebenfalls noch ersehen können, befindet sich wegen der raschen Abnahme des Luftdrucks in der kalten Luft über dem Bodenhoch schon in relativ geringer Höhe ein Gebiet tiefen Luftdrucks. Meist ist so über einem Thermischen Bodenhoch schon im 700 HPa-Niveau, also in ca. 3000 m NN, eine Zunge tiefen Luftdrucks zu erkennen, manchmal sogar bereits bei 850 HPa, also in ca. 1500 m NN. in

einem solchen Fall ist es sogar möglich, daß infolge des Überwiegens des Bereiches mit konvergenter Strömung am Boden nicht genügend Luft abfließen kann. Sie kann also im Konvergenzbereich nicht mehr nach unten absinken, sondern muß anderswohin, nämlich nach oben ausweichen. Besonders kann dieser Fall natürlich dann eintreten, wenn bei sehr unebenem Gelände die Bodenreibung sehr stark und damit das Ausströmen noch mehr behindert ist. Es kann so über einem Bodenhoch sogar zu einem mit diesem Aufsteigen der Luft verbundenen zyklonalen Wettergeschehen kommen.
Die nächste Abbildung zeigt die Entstehung und den Aufbau eines Thermischen Tiefs. Hier laufen lediglich die eben beschriebenen Vorgänge umgekehrt ab. Der obere Teil der nachstehenden linken Abbildung zeigt wieder die Anfangsphase (griechisch: phasis = Erscheinungsform). Die unteren, zunächst überall gleich warmen Luftschichten werden über erwärmtem Boden erwärmt. Da, wie wir wissen, der Luftdruck in warmer Luft mit der Höhe langsamer abnimmt als in kälterer, ist der Abstand der Druckflächen in jeder Höhe über dem Erwärmungsgebiet größer als in der umgebenden Luft. Daraus ergibt sich ein Druckgefälle von innen nach außen, also eine divergente Strömung. Dies bedeutet, daß aus dem Erwärmungsgebiet Luft und damit Masse abtransportiert wird und die dort befindliche Luftsäule somit leichter wird.
Entsprechend dem unteren Teil der linken Abbildung bildet sich so in den unteren Luftschichten ein Gebiet mit tiefem Luftdruck. Das entstehende Druckgefälle setzt jetzt die Luft von außen nach innen in Bewegung, es entsteht eine konvergente Strömung.
In der gegenüber der umgebenden Luft nach wie vor wärmeren Luftsäule nimmt der Druck mit der Höhe langsamer ab als in der umgebenden kälteren Luft. Dies hat, wie ebenfalls aus dem unteren Teil der linken Abbildung zu ersehen, zur Folge, daß in der Höhe das ursprüngliche Druckgefälle und damit die divergente Strömung erhalten bleibt. Über dem Bodentief befindet sich in

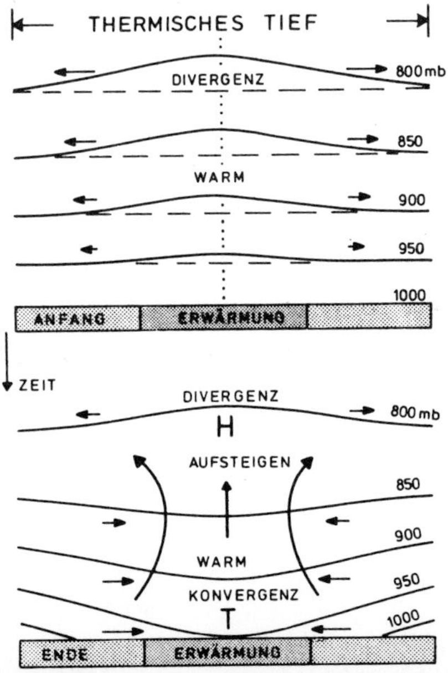

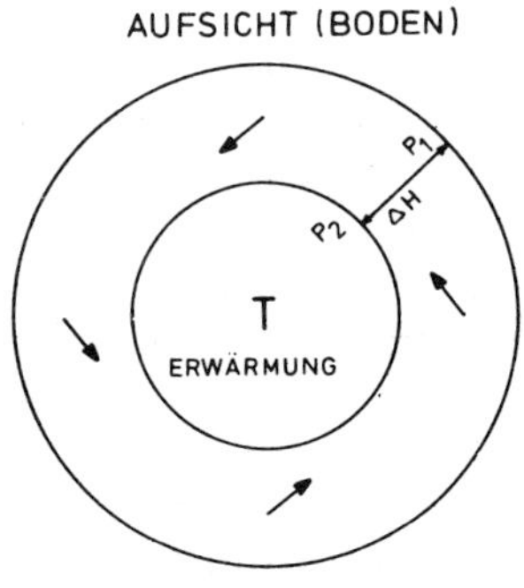

der Höhe somit ein Hochdruckgebiet. Auch das Thermische Tief ist also normalerweise keine hochreichende Erscheinung. Wie das Thermische Hoch wird es durch Temperaturgegensätze am Boden erzeugt und ist so zunächst auf die untere Troposphäre beschränkt.
Die in Bodennähe in das Tief einfließende Luft wird entsprechend der rechten Abbildung wieder nach rechts abgelenkt, bewegt sich also in Linksspiralen in das Tief hinein. Oberhalb der Reibungsschicht umkreist sie das Tiefdruckgebiet dann wieder als geostrophischer Wind parallel zu den Isohypsen, jetzt aber im Gegenzeigersinn, wie das bereits im Kapitel »Die Grundeigenschaften von Hoch- und Tiefdruckgebieten« besprochen wurde. Die konvergente Strömung in Bodennähe führt dazu, daß die Luft nach oben ausweichen muß. Es ergibt sich eine aufsteigende Strömung mit den schon wiederholt erwähnten typischen Wettererscheinungen.
Im Kapitel »Die Grundeigenschaften von Hoch- und Tiefdruckgebieten« haben wir gesehen, daß Hoch- und Tiefdruckgebiete »Pumpen« sind, die in der Atmosphäre horizontal umrühren. Im Kapitel »Die globale Zirkulation in der Erdatmosphäre« ergab sich dann, daß die hochreichenden Dynamischen Hochs und Tiefs auch vertikale Rührwerke darstellen. Betrachten wir jetzt ein Thermisches Hoch und ein Thermisches Tief nebeneinander, so ergibt sich das in der untenstehenden Abbildung wiedergegebene Bild. Wir erkennen, daß sich über dem Bodentief ein Höhenhoch, über dem Bodenhoch ein Höhentief befindet und daß die Luft im Gebiet des Bodenhochs ab-, im Gebiet des Bodentiefs dagegen aufsteigt. Da sich die Luft, wie wir wissen,

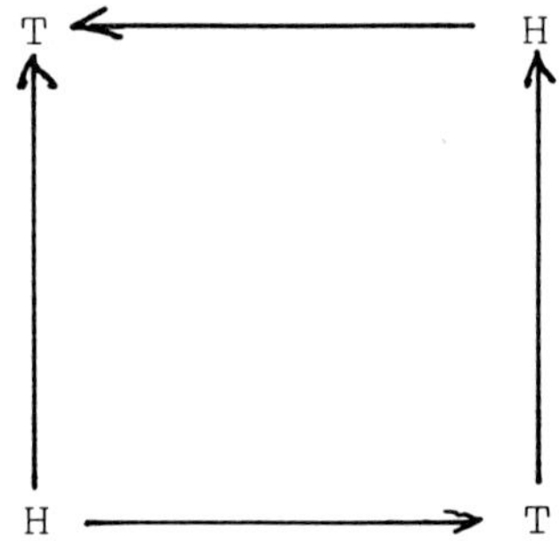

vom höheren zum tieferen Druck hin in Bewegung setzt, ergeben sich jetzt sowohl am Boden als auch in der Höhe Strömungen von den Hochs zu den Tiefs. Insgesamt ergibt sich also eine großräumige Zirkulation, aus der zu ersehen ist, daß auch Thermische Hoch- und Tiefdruckgebiete zusammen in der Atmosphäre nicht nur horizontal, sondern auch vertikal »umrühren« und so mit zu der Durchmischung beitragen, die dafür sorgt, daß die Zusammensetzung unserer Lufthülle in der Homosphäre (siehe Kapitel »Die Lufttemperatur«) praktisch gleich bleibt. Die sich ergebenden vertikalen Geschwindigkeiten sind auch hier wieder wesentlich kleiner als die horizontalen.

Weitere thermisch verursachte Druckgebilde treten in Zusammenhang mit einem dynamischen Vorgang, den Zyklonenfamilien an der Polarfront, auf. Hierauf wird später noch zurückgekommen.
Über die Entstehung und den Aufbau der für die Steuerung unseres Wetters noch wichtigeren Dynamischen Hoch- und Tiefdruckgebiete haben wir im Kapitel »Die globale Zirkulation in der Erdatmosphäre« bereits ausführlich gesprochen. Wir haben dort gesehen, daß sie im Gegensatz zu den thermischen Druckgebilden bis zur Tropopause reichen, nicht durch auf einzelne Erdteile begrenzte, sondern durch die Erde umspannende großräumige Vorgänge entstehen und so meist auch wesentlich langlebiger sind. Außerdem haben wir gesehen, wie es durch Masse-Zufluß und Masse-Abfluß dazu kommt, daß – im Gegensatz zu den thermischen Druckgebilden – Dynamische Hochs aus Warmluft, Dynamische Tiefs dagegen aus Kaltluft aufgebaut sind.
Eigentlich widerspricht dies dem »gesunden Menschenverstand«, der sich schlecht vorstellen kann, daß leichte warme Luft einen höheren Druck verursachen kann als schwere kalte Luft. Wenn wir uns jedoch vergegenwärtigen, daß die Atmosphäre ja nicht mit der Tropopause aufhört und daß, wie im Kapitel »Die globale Zirkulation in der Atmosphäre« besprochen wurde, über dem warmen Hoch wie ein großer schwerer Stempel eine kalte, über dem kalten Tief dagegen eine warme, »leichte« Stratosphäre liegt, so können wir uns selbst bei einer sehr statischen Betrachtung der Verhältnisse, also bei der Annahme einer Atmosphäre ohne dynamische Bewegungsvorgänge, vielleicht doch leichter vorstellen, daß das Gesamtgewicht einer bis zum Ende der Atmosphäre reichenden Luftsäule eben doch die beobachteten Bodendruckwerte hervorrufen kann. Daß nur warme Hochs und kalte Tiefs auch noch in größerer Höhe Hochs und Tiefs sein können, ergibt sich aus dem, was im Kapitel »Die Druckverhältnisse in kalter und warmer Luft...« ausführlich besprochen wurde.
Im Gegensatz zu den Dynamischen Tiefs, die nach ihrer Bildung infolge der für Grenzflächen geltenden hydrodynamischen Gesetze an der Polarfront von West nach Ost entlangwandern, wandern die Dynamischen Hochdruckgebiete weniger, sind oft stationär und wirken dann als »Steuernde Hochdruckgebiete« auf die großräumige Strömung in ihrer Umgebung ein, steuern also zum Beispiel Tiefdruckgebiete um sich herum. Ihre Lebensdauer ist dabei unter anderem davon abhängig, von welcher Anzahl jüngerer Tiefdruckgebiete sie umkreist werden. Aus den Tiefdruckgebieten fließt ja, wie wir gesehen haben, Luft in der Höhe ageostrophisch hin zum Hochdruckgebiet, dessen Strömung und Funktion dadurch aufrechterhalten wird. Je mehr »Lieferanten« vorhanden sind, um so intensiver und wirkungsvoller ist dieser Vorgang. Die Lebensdauer Dynamischer Hochdruckgebiete beträgt normalerweise drei bis vier Wochen, kann sich aber gelegentlich bis zu Monaten ausdehnen.

Es ist allerdings auch möglich, daß aus einem kräftigen Thermischen Hoch schließlich ein hochreichendes, sich bis zur Tropopause ausweitendes Druckgebilde entsteht. Besonders gilt dies für ein kontinentales winterliches Hoch, wie wir es im Russischen Festlandhoch bereits kennengelernt haben. Bei den sehr hohen Luftdrücken in den unteren Luftschichten setzt dort eine besonders kräftige Absinkbewegung der Luft (siehe Kapitel »Die Grundeigenschaften von Hoch- und Tiefdruckgebieten«) ein, die schließlich immer höhere Luftschichten erfaßt. Da sich diese dann beim Absinken auch wieder adiabatisch erwärmen, wird die Luft in größerer Höhe schließlich auch wieder wärmer als die Umgebung. Dies bedeutet nach dem, was wir im Kapitel »Die Druckverhältnisse in kalter und warmer Luft...« gelernt haben, auch langsamere Druckabnahme mit der Höhe und damit höheren Druck gegenüber der kälteren Umgebung. Es bildet sich über dem Kältehoch am Boden ein hochreichendes Hochdruckgebiet aus »Warmluft«.
Auf ähnliche Weise können auch sich abschwächende Hochs wieder verstärkt, gekräftigt werden. Fließt zum Beispiel über einem über Mitteleuropa liegenden Hoch in der Höhe Warmluft aus Süden ein, so ergibt sich derselbe Effekt, der eben beschrieben wurde. Das Hoch kräftigt sich und weitet sich zu größeren Höhen hin aus.
Es gibt jedoch auch den umgekehrten Vorgang. So kann ein alterndes, sich abschwächendes Dynamisches Hoch, zum Beispiel das Azorenhoch, durch den Vorstoß von arktischer Polarluft, also sehr kalter, schwerer Luft, in seinem unteren Bereich gekräftigt werden. Die nun weit nach Süden vorgedrungene Luft wird jedoch bald durch die dort sehr viel stärkere Sonneneinstrahlung und die Absinkvorgänge im Hoch erwärmt, sodaß das Hoch schließlich wieder zu einem warmen, hochreichenden Hoch wird; es hat sich regeneriert (lateinisch: regenerare = wieder erzeugen).
Da für Sportflieger und besonders für Segelflieger das Vorhandensein eines lang anhaltenden Hochdruckgebietes sehr erwünscht ist, ist es auch wichtig, ein solches erkennen zu können. Nachdem wir nun wissen, daß nur die aus Warmluft aufgebauten Hochs sehr hochreichend sind und so eine lange Lebensdauer besitzen können, brauchen wir neben der Bodenwetterkarte lediglich die 500 HPa-Karte und die Relative Topographie 500/1000 HPa zu Rate zu ziehen, um sofort feststellen zu können, ob es sich wirklich um ein hochreichendes und warmes Hochdruckgebiet handelt. Erkennen wir auf den Karten noch eine Menge junger Tiefdruckgebiete, die um das Hoch herumgesteuert werden, so können wir annehmen, daß es besonders lange anhalten wird.
Die drei auf der nächsten Seite folgenden Abbildungen zeigen, wie deutlich so der Charakter eines Dynamischen Hochs festgestellt werden kann.
Natürlich kann auf dieselbe Weise ermittelt werden, ob ein in der Bodenkarte eingezeichnetes Tiefdruckgebiet ein Dynamisches Tief ist, ob es hoch hinaufreicht und aus kalter Luft besteht. Diese Kenntnis ist für uns als Sportflieger

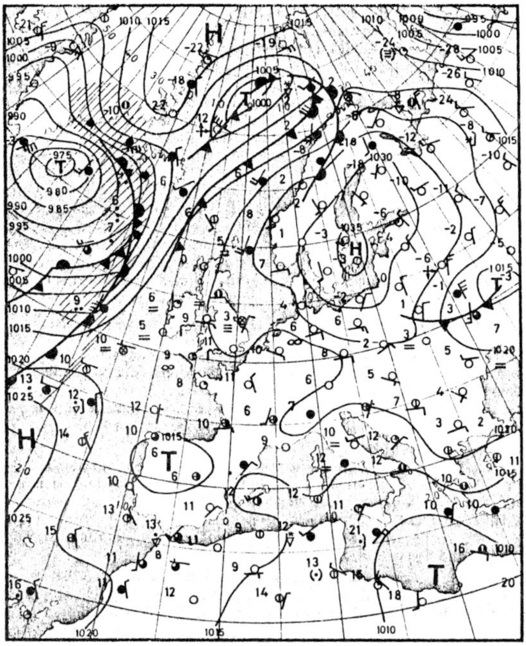

Bodenwetterkarte

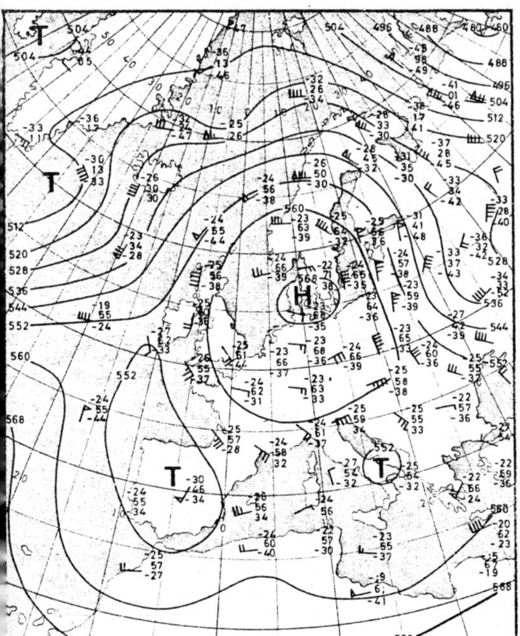

Absolute Topographie 500 HPa

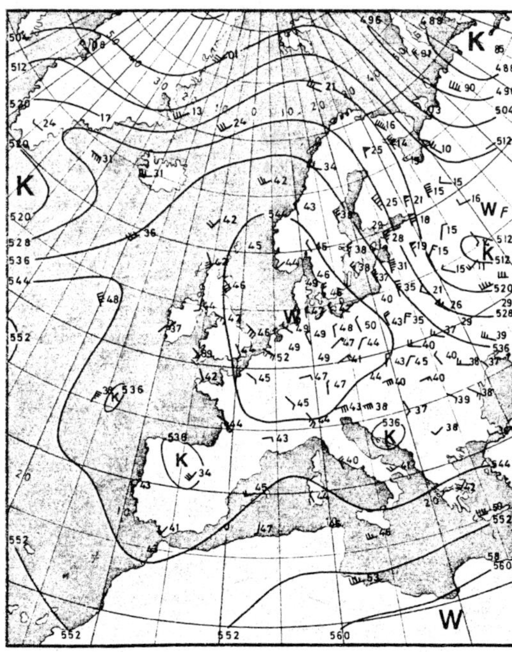

Relative Topographie 500/1000 HPa

jedoch nicht so wichtig.
Die durch die Planetarische Welle ausgelösten Dynamischen Tiefdruckgebiete treten oft in zusammenhängenden »Familien« von bis zu zehn Zyklonen auf. Über ihre durch verschiedene Effekte bestimmte Bahn entlang der Polarfront wurde schon im Kapitel »Die globale Zirkulation in der Erdatmosphäre« gesprochen. In den Lehrbüchern wird auch meist ausführlich auf ihre Lebensgeschichte und auf das mit ihnen zusammenhängende Wettergeschehen eingegangen, sodaß ich mich hier auf einen kurzen Abriß beschränken kann.
Aufgrund der für sie wie für eine Wasserwelle geltenden hydrodynamischen Gesetze bildet sich aus einem kleinen »Wellentief« (a) ein ausgeprägtes »Junges Tief« (b) und schließlich ein »Mittelaltes Tief«, das eventuell bereits einen okkludierten Teil besitzt. Im weiteren Verlauf bildet sich hieraus das Reifestadium des »Alten Tiefs« (c) mit einem größeren okkludierten Bereich und schließlich als Endstadium ein »Resttief« (d), das schon »aufgefüllt« und voll okkludiert ist.

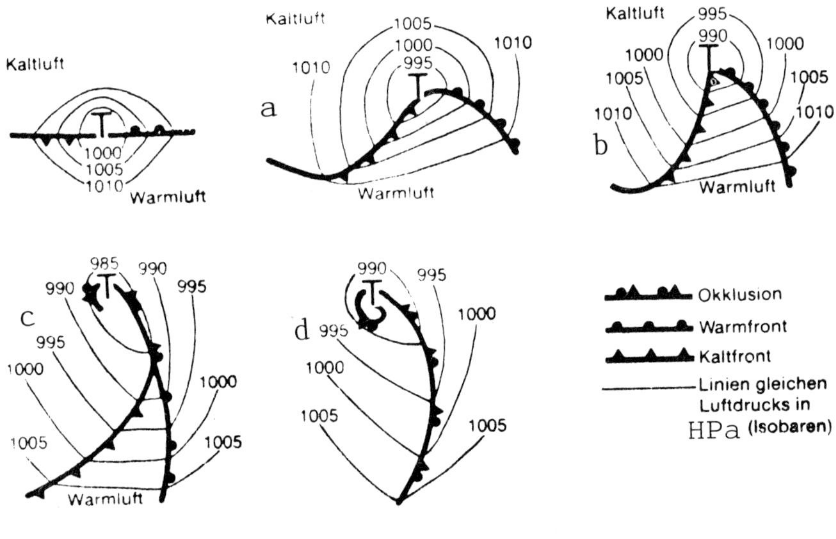

Die aus einem Buch des deutschen Meteorologen Hans Häckel (geb. 1942) entnommene nachstehende Abbildung zeigt eine solche Familie mit vier Zyklonen in verschiedenen Phasen ihrer Entwicklung.
Schon bald, nachdem in der Mitte des letzten Jahrhunderts die ersten Wetterkarten gezeichnet wurden, wurden diese auch statistisch (lateinisch: status = Zustand, Beschaffenheit. Statistik bedeutet also Erfassung der jeweiligen Zustände) ausgewertet. Der deutsche Meteorologe Wilhelm Jacob van Bebber (1841–1909) und der deutsch-russische Meteorologe Wladimir Köppen (1846–1940) stellten dabei fest, daß Tiefdruckgebiete auf ihrer Wan-

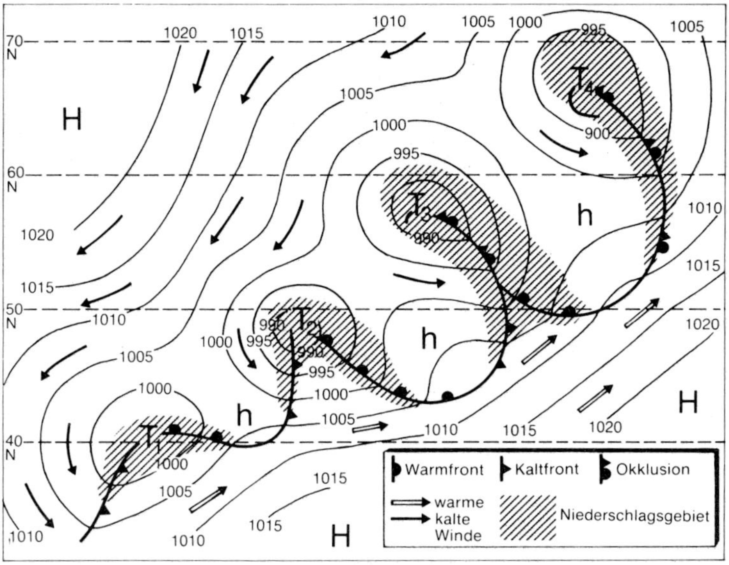

derung entlang der Polarfront gewisse Zugstraßen bevorzugen. Die nachstehende Abbildung zeigt diese Zugstraßen, die aus Beobachtungen während der Jahre 1876 bis 1880 ermittelt wurden, wobei die Breite der dargestellten Bahnen ein Maß für die Häufigkeit ihres Auftretens darstellt. Als Bezeichnungen für die Hauptbahnen der Tiefs wählten die beiden Meteorologen römische Zahlen, die Abzweigungen wurden noch mit zusätzlichen Buchstaben gekennzeichnet. Die in der Abbildung verwendeten Ausdrücke »Depression« (lateinisch: depressio = das Niederdrücken) und Minima (lateinisch: minimum = das Kleinste) sind heute nicht mehr so häufig gebrauchte Bezeichnungen für Tiefdruckgebiete.

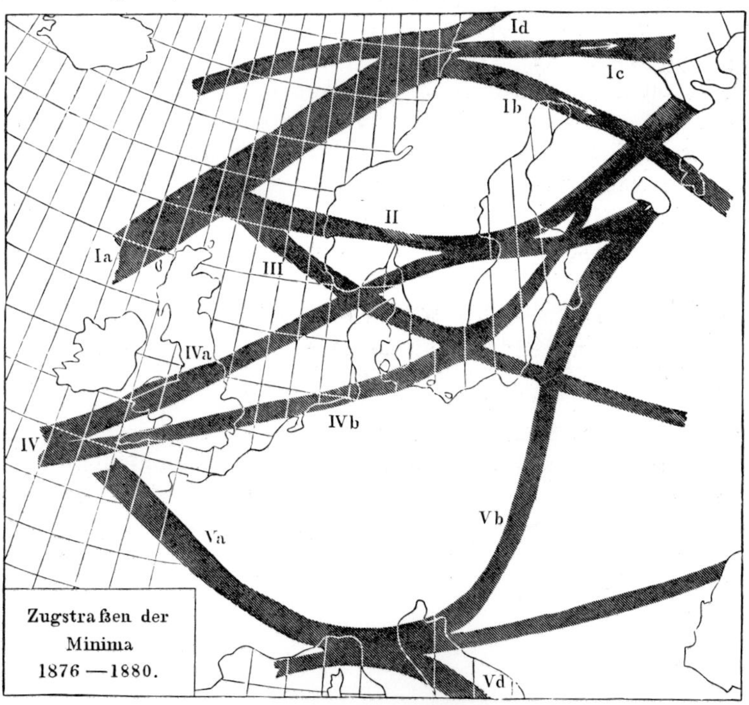

Depressionsbahnen nach Köppen und van Bebber.

Heute wissen wir im Gegensatz zu damals, wie kompliziert das Wettergeschehen wirklich ist und wie vielgestaltig die Einflüsse auf Form und Bewegung der Planetarischen Welle und der durch sie verursachten Tiefdruckgebiete sind. So weiß man heute auch, daß die Wanderung der Tiefs nicht nur auf wenige, einfach vorherzubestimmende Bahnen beschränkt ist. In Wirklichkeit weichen sie oft weit von dem damals ermittelten Schema ab, sodaß dieses heute im praktischen Wetterdienst keine Bedeutung mehr hat.
Lediglich eine Bahn ist tatsächlich immer wieder zu beobachten und wird dann, wenn ein Tief auf sie eingebogen ist, meist auch bei dessen weiterer Bewegung eingehalten. Diese Lage, die Vb-Lage, spielt daher heute noch eine Rolle und wird immer wieder in Wetterberichten erwähnt. Besonders geschieht dies auch deshalb, weil mit ihr sehr typische Wettererscheinungen verbunden sind.
Die größte Häufigkeit ihres Auftretens liegt in den Monaten April, Mai, Juli und Oktober, wobei sich die der Vb-Bahn folgenden Tiefdruckgebiete im Sommer und bis in den Herbst hinein oft zu kräftigen Sturm-Tiefs entwickeln.
An der Vorderseite eines solchen Vb-Tiefs strömt aus dem Mittelmeerraum feuchte Warmluft zu, die dann in der warmen Jahreszeit über dem warmen Festland noch weiter erwärmt wird. Bei ihrer Bewegung nach Nordosten wird sie beim Aufgleiten auf die vor ihr liegende kältere Luft durch die Berge des südöstlichen Teils der Alpen und der jugoslawischen Gebirge noch weiter angehoben, abgekühlt und damit labilisiert. Die Folge sind starke, lang anhaltende Schauer und Gewitter. Auch auf der Rückseite einer solchen Störung herrschen sehr schlechte Wetterbedingungen. Da ja auch auf der Rückseite feuchte Luft aus dem Mittelmeerraum herangeführt wird, sind beim Abziehen des Tiefs nach Norden im Stau unserer Mittelgebirge langanhaltende starke Niederschläge und schlechte Sicht zu erwarten.
Nun aber zurück zum Lebenslauf der Tiefdruckgebiete an der Polarfront.
Schon aus dem Mittelalten Tief, besonders aber aus dem Stadium des reifen Alten Tiefs und auch aus dem Resttief kann sich durch Ausweitung und Verstärkung, zum Beispiel durch Kaltluftzufuhr in der Höhe mit den aus dem Kapitel »Die Druckverteilung in kalter und warmer Luft...« bekannten Folgen, ein schließlich stationär werdendes »Zentraltief« bilden, das dann zu einem Steuerungszentrum, zu einem »Steuerungstief«, werden kann, als das es jüngere Teiltiefs um sich herumsteuert. Solche Wetterlagen sind oft auf der Fernseh-Wetterkarte zu sehen.
Bevorzugt bilden sich solche Steuerungstiefs über ausgedehnten Meeresflächen (Raum Irland, Nordpazifik). Dort können sich die Tiefs verstärken, weil wegen der geringen Bodenreibung wenig Luft am Boden einströmen kann, während das »Saugen« der Planetarischen Welle unverändert weitergeht. Solche Zentraltiefs leben normalerweise ca. eine Woche, können aber bis zu drei Wochen alt werden.
Ein ähnlicher Effekt führt zur Abschwächung, zur »Auffüllung« von Tiefdruck-

gebieten. Tiefs werden über unebenem Boden, also bei großer Bodenreibung, leichter, schneller aufgefüllt als über einer glatten Meeresoberfläche. Die Rechtsablenkung ist nicht so stark, es strömt mehr Luft von unten ein als in der Höhe abfließen kann: das Tief schwächt sich ab.
Im Zusammenhang mit den Zyklonenfamilien treten noch einige Druckgebilde auf, die ebenfalls in den üblichen Lehrbüchern beschrieben werden. Sie sollen daher auch nur kurz erwähnt werden.
Bei kräftigen Polarluftausbrüchen stößt die Kaltluft hinter einer Kaltfront häufig nach Süden vor; es bildet sich hinter der Front eine durch die entsprechende Isobarenkrümmung deutlich erkennbare trogartige »Kaltluftzunge«. Da diese auf drei Seiten, vorne, unten und hinten, von Warmluft umgeben ist, erscheint auch sie wegen der in der Kaltluft rascheren Temperaturabnahme mit der Höhe wieder als Tiefdruckgebiet, als »Trogtief«, das jedoch trotz des an ihm auftretenden frontartigen Wettergeschehens keine Fronten besitzt.

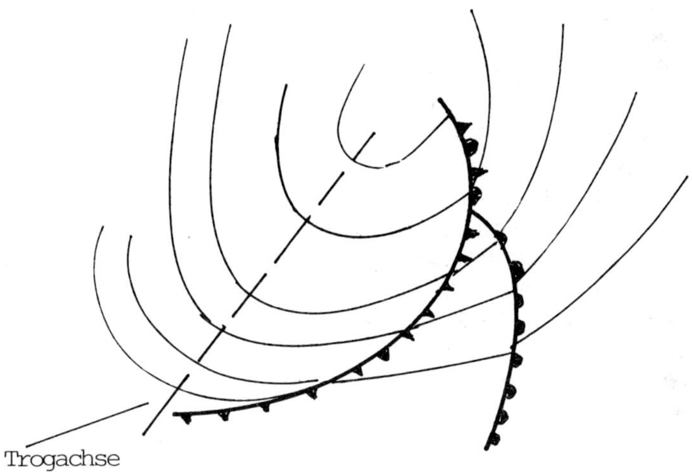

Wird nun um das vorauslaufende »normale« Tief im Kreis Warmluft herumtransportiert, so kann die Kaltluftzunge »abgeschnitten« werden. In der Warmluft nimmt der Druck ja nach oben langsamer ab als in der Kaltluft der Zunge. Ab einer bestimmten Höhe ist daher der Druck in der Warmluft höher als in der Kaltluftzunge, die Zufuhr weiterer Kaltluft aus dem Norden wird abgeschnitten. Die abgeschnürte Kaltluft beginnt danach ein Eigenleben als »Kaltlufttropfen«, der aus dem polaren Kaltluftreservoir »abgetropft« ist, wobei er sich in der Bodenkarte oft kaum bemerkbar macht, während er in den Höhenkarten deutlich als »Höhen-Tief« und in der Relativen Topographie deutlich als ein Zentrum kalter Luft zu erkennen ist.
Zwischen den einzelnen Tiefdruckgebieten einer Zyklonenfamilie wandern schließlich noch Hochdruckkeile, die sogenannten »Zwischenhochs« mit, die

fast völlig aus bodennaher Kaltluft bestehen, also Thermische Hochs sind und in den Höhenkarten meist nicht zu bemerken sind. In der auf Seite 241 gezeigten Abbildung einer Zyklonenfamilie sind sie dagegen zwischen den einzelnen Tiefs leicht zu erkennen, da hier eine Bodenkarte dargestellt ist.
Ein länger andauerndes Thermisches Hoch bildet sich oft nach dem Durchzug der letzten Zyklone einer Familie. Das sich hier durch kräftige Kaltluftzufuhr aufbauende Hoch besitzt einen deutlich größeren Umfang als ein Zwischenhoch. Es bildet sich am häufigsten dort, wo ohnedies die Bedingungen für die Entstehung eines Thermischen Hochs gegeben sind, wie zum Beispiel im Winter über kaltem Land.
Ein weiteres Hochdruckgebiet, das allerdings meist nicht sehr ausgedehnt ist und das weder im eigentlichen Sinne ein Dynamisches, noch ein Thermisches Hoch darstellt, kann sich bei bestimmten Wetterlagen und kräftiger Strömung auf der Luvseite von Gebirgen bilden. Die Luft wird dort »komprimiert«, es wird also Masse zugeführt, sodaß sich ein höherer Luftdruck ausbildet.
Da das sich so ergebende Hochdruckgebiet an einem Gebirge entsteht, wird es als »Orographisches Hoch« bezeichnet.
Zum Schluß soll noch ein Thermisches Tief besprochen werden, mit dem wir in Mitteleuropa zwar nicht unmittelbar zu tun haben, das aber mit für die sommerliche Verlagerung der Intertropischen Konvergenzzone verantwortlich ist, die bereits in den Kapiteln »Die globale Zirkulation in der Erdatmosphäre« und »Der Einfluß der Verteilung von Land und Wasser...« erwähnt wurde.
Diese Verlagerung ist besonders stark im Bereich des Indischen Subkontinents. Durch die starke Erwärmung des Landes im Sommer bildet sich dort ein ausgedehntes, sehr kräftiges Thermisches Tief, das die Intertropische Konvergenzzone, in deren Bereich ja auch tiefer Druck herrscht, in sich »hineinzieht« und sie so in diesem Gebiet bis zu einer Breite von 35° N verschieben kann. Auf der anderen Seite kann durch denselben Effekt die Subpolare Tiefdruckrinne bis zu einer Breite von etwa 55° N nach Süden »gesaugt« werden.
Die so entstehenden »gemischten«, aus thermischen und dynamischen Anteilen bestehenden großen innerasiatischen Tiefdruckgebiete, saugen dann Luft vom Meer zum Kontinent, sodaß der sonst in dieser Region vom Land nach Süd-Westen, zum Meer hin wehende NO-Passat (siehe Kapitel »Die globale Zirkulation in der Erdatmosphäre«) durch eine andere, sich in umgekehrter Richtung bewegende Strömung, den »Monsun« (von arabisch: mausim = Jahreszeit. Er ist ja jahreszeitlich bedingt!), abgelöst wird. Dieser führt wegen des Aufsteigens der feuchten tropischen Luft, einmal an der verlagerten Intertropischen Konvergenzzone, zum anderen aber auch noch zusätzlich an den innerasiatischen Gebirgen, zu den lang anhaltenden und große Gebiete erfassenden starken Monsunregenfällen. Die Vorgänge sind dabei so intensiv, daß dieser *westliche* Monsunwind über Indien bis in Höhen von ca. 6000 m hinaufreicht.

Obwohl der Monsun also nicht nur eine Folge der unterschiedlichen Erwärmung von Land und Wasser ist, sondern wesentlich auch durch die Verlagerung der Intertropischen Konvergenzzone mit verursacht wird, nennt man das Auftreten einer Tendenz zu einem großräumigen Seewind (vom Meer zum Land!) infolge der starken Erwärmung der Landmassen im Sommer auch in Europa gelegentlich »Monsun«. So sind im Sommer ab etwa Mitte Juni die mit starker Bewölkung und Niederschlägen verbundenen NW-Lagen mit Winden, die von nördlichen nach südlichen Richtungen wehen, wesentlich häufiger als im Winter. Man spricht daher in diesem Zeitraum sogar von einer »Sommer-Regenzeit« in Mitteleuropa.

Die Luftmassen

Von einer Luftmasse spricht man dann, wenn Luft über einen großen horizontalen Bereich hinweg keine oder nur geringe, keinesfalls aber abrupt (lateinisch: abruptus = abgerissen) auftretende Unterschiede in ihren physikalischen Eigenschaften aufweist.

Der deutsche Meteorologe Richard Scherhag (1907–1970) hat die für Europa wetterbestimmenden Luftmassen besonders übersichtlich beschrieben. Wir wollen daher bei unseren Betrachtungen seiner Darstellung folgen.

In früheren Kapiteln haben wir gesehen, daß sich die Erdoberfläche infolge unterschiedlicher Einfallswinkel der Sonnenstrahlung und infolge des Vorhandenseins großer Wasser- und Landflächen unterschiedlich erwärmt. Über diesen unterschiedlich erwärmten Flächen wird auch die darüber lagernde Luft unterschiedlich erwärmt. Besonders deutliche Temperaturunterschiede ergeben sich dabei natürlich dort, wo sich die Luft nicht in rascher Bewegung befindet, sondern sich längere Zeit über einem bestimmten Gebiet aufhält und so Zeit hat, die Temperatur der Unterlage anzunehmen. Diese Vorbedingung ist nach dem, was wir inzwischen über Hoch- und Tiefdruckgebiete gelernt haben, am besten in den Absinkgebieten ausgedehnter, weitgehend ortsfester, stationärer oder quasistationärer (lateinisch: quasi = gleich wie, fast) Hochdruckgebiete, also im Bereich der großen Dynamischen Hochs, gegeben.

Es ergeben sich so zwei Hauptluftmassen, die »Tropikluft« aus dem Gebiet der subtropischen Hochdruckzellen und die »Polarluft«, deren Ursprung die polaren Hochdruckgebiete sind.

Infolge der ausführlich besprochenen globalen Zirkulation bleiben diese Luftmassen jedoch nicht über ihrem Ursprungsgebiet liegen, sondern werden entsprechend dieser Zirkulation in Bewegung gesetzt. Eine Luftmasse wird also nicht nur durch ihr Ursprungsgebiet und die dort angenommene Temperatur, sondern auch durch die Umweltbedingungen gekennzeichnet, die sie bei ihrer anschließenden Wanderung angetroffen hat und durch die sie bei dieser Wanderung verändert wurde. Wichtig ist dabei besonders, ob ihr Weg über Land oder Wasser führte, ob der Untergrund dort gegenüber dem Ursprungsgebiet stark verschiedene Temperaturen aufwies, ob sie viel Feuchtigkeit und Kondensationskerne aufnehmen konnte usw. Wegen der verschiedenartigen Erwärmung und Abkühlung von Land und Wasser ist es

dabei natürlich auch von wesentlicher Bedeutung, ob die Bewegung der Luftmasse in der warmen oder in der kalten Jahreszeit erfolgt.
Eine Luftmasse ist also charakterisiert (griechisch: charakter = das Eingeprägte, das Merkmal) durch ihren Ursprung und durch den Weg, den sie in einer bestimmten Jahreszeit bis zum Beobachtungsort genommen hat.
Die Polarluft entstammt, wie schon erwähnt, dem polaren Hochdruckgebiet. Sie ist also kalt und kann daher nicht viel Feuchtigkeit aufnehmen. Andererseits wird aus dem kalten Wasser und dem Eis, über denen sie hauptsächlich lagert, auch nicht sehr viel Feuchtigkeit verdunstet. Ebenso kann sie dort

Die grundlegenden Unterschiede zwischen kalten und warmen Luftmassen sind nachfolgend nochmals kurz zusammengefaßt:

Kalte Luftmassen	Warme Luftmassen
Temperatur	Temperatur
Die kalte Luft wird von unten her erwärmt. Ausnahme: im Winter, wenn sich der Boden bereits stark abgekühlt hat.	Die warme Luft wird von unten her abgekühlt. Ausnahme: im Sommer, wenn der Boden sich schon stark erwärmt hat.
Schichtung	Schichtung
Tendenz zu Labilität	Tendenz zu Stabilität
maximale Feuchte	maximale Feuchte
gering	groß
Bodensicht	Bodensicht
Immer $>$ 8 km in kontinentaler Polarluft (siehe später) $>$ 50 km	$<$ 12 km in maritimer Tropikluft (s. später) $<$ 4 km
Bewölkung	Bewölkung
Quellbewölkung über Land am Tag zunehmend, in der Nacht abnehmend über Meer umgekehrt Wolkenuntergrenzen hoch, außer in Niederschlagsgebieten	Schichtbewölkung Bildung bei Nacht, Auflösung am Tag, im Sommer tagsüber örtlich auch Quellbewölkung Wolkenuntergrenzen niedrig
Niederschlag	Niederschlag
Schauer, auch Gewitter möglich	Sprühregen, Regen

nicht viele Kondensationskerne aufnehmen. Polarluft besitzt daher nur eine geringe Feuchtigkeit, es herrscht in ihr also gute Sicht. Als kalte Luft hat sie außerdem das Bestreben, abzusinken, was, wie wir wissen, zur Wolkenauflösung führt. Sie ist also zunächst wolkenarm. Bewegt sie sich aber längere Zeit über einem Meer, nimmt sie Feuchtigkeit auf und es kann Wolkenbildung auftreten. Strömt sie über wärmeren Untergrund, wird sie, wie im Kapitel »Die Stabilitätszustände der Atmosphäre« ausführlich besprochen wurde, infolge der Erwärmung von unten her labilisiert. Es entsteht die mit dieser Schichtung verbundene Quellbewölkung.

Die aus dem subtropischen Hochdruckgürtel stammende warme Tropikluft kann infolge ihrer höheren Temperatur mehr Feuchtigkeit aufnehmen als die kalte Polarluft. Die in ihrem Ursprungsgebiet warmen Meere verdunsten auch relativ viel Wasser, sodaß Tropikluft im allgemeinen eine hohe Feuchte besitzt. Daher herrscht in ihr meist auch eine nur mäßige Sicht. Aus demselben Grund ist sie auch wesentlich wolkenreicher als die Polarluft. Bewegt sie sich über einen kälteren Untergrund, so wird sie von unten her abgekühlt und somit stabilisiert. Tropikluft neigt daher meist zu Schichtbewölkung und dem damit verbundenen Niederschlag (siehe Tabelle auf Seite 247).

Um die unterschiedliche Herkunft der Luftmassen, ihre unterschiedlichen Wege und somit ihre unterschiedlichen Eigenschaften charakterisieren zu können, wurden die Hauptluftmassen Polarluft und Tropikluft von Scherhag in eine Reihe von Untergruppen eingeteilt, die in der Tabelle auf der nächsten Seite zusammengestellt sind.

In der Zusammenstellung bedeutet der Buchstabe c, daß es sich um »kontinentale« (lateinisch: terra continens = zusammenhängendes Land, Festland) Luft, um »Festlandsluft« handelt, das heißt also um Luft, deren Weg vorwiegend über Land geführt hat.

Der Buchstabe m bedeutet, daß es sich um »maritime« (lateinisch: maritimus = zum Meer gehörig) Luft, um »Meeresluft« handelt, das heißt also um Luft, deren Weg vorwiegend über Meer geführt hat.

Außerdem sind Luftmassen aufgeführt, die durch längeren Aufenthalt über anderem Untergrund ihre ursprünglichen Eigenschaften geändert haben. Solche Luftmassen erscheinen uns dann als eigenständige Luftmassen mit eigenen Eigenschaften. So hat sich zum Beispiel »Gealterte Polarluft«, wie schon der Name sagt, nach ihrem Transport in südlichere Breiten längere Zeit dort aufgehalten, ist »gealtert« und hat so andere, mehr einer wärmeren Luftmasse ähnliche Eigenschaften angenommen. »Gemäßigte Tropikluft« entsteht dann, wenn sich das Hochdruckgebiet, zum Beispiel das Azorenhoch, in dessen Bereich sie sich bildet, gegenüber seiner »üblichen« Position mehr nach Norden verlagert hat.

Als Ursprungsort für solche Luftmassen wird dann jeweils das Gebiet angegeben, in dem sie die neuen Eigenschaften angenommen haben.

Die auf Seite 250 wiedergegebene Karte zeigt schematisiert die Ursprungs-

Übersicht über die Hauptluftmassen Europas (Nach R. Scherhag)

Gattung	Bezeichnung	Benennung	Luftmasse	Ursprungsgebiet	Weg	Grundeigenschaften
T	T_s	Afrikanische Tropikluft	cT_s	Afrika (Sahara)	Balkan	heiß, trocken
			mT_s		Mittelmeer	heiß, feucht (schwül)
	T	Tropikluft	cT	Südlicher Balkan	Südosteuropa	warm, trocken
			mT	Azorenhoch	Atlantik	warm, feucht
	T_p	Gemäßigte Tropikluft	cT_p	Zentraleuropa	–	mild
			mT_p	Nordatlantik	Britische Inseln	mild, feucht
P	P_T	Gealterte Polarluft	cP_T	Polargebiet	Südosteuropa	trocken
			mP_T		Atlantik südl. 50° Breite	feucht
	P	Polarluft	cP		Osteuropa	kalt, trocken
			mP		Grönländische Meere	kalt, feucht
	P_A	Arktische Polarluft	cP_A		Nordosteuropa	extrem kalt, trocken
			mP_A		Nordmeer	sehr kalt, feucht

orte und Wege der einzelnen für das Wetter in Europa bestimmenden Luftmassen.

Anhand dieser Karte kann man sich leicht ein Bild über die Verteilung von Land und Wasser und die Temperaturen machen, die schließlich zu den speziellen Eigenschaften der einzelnen Luftmassen führen.

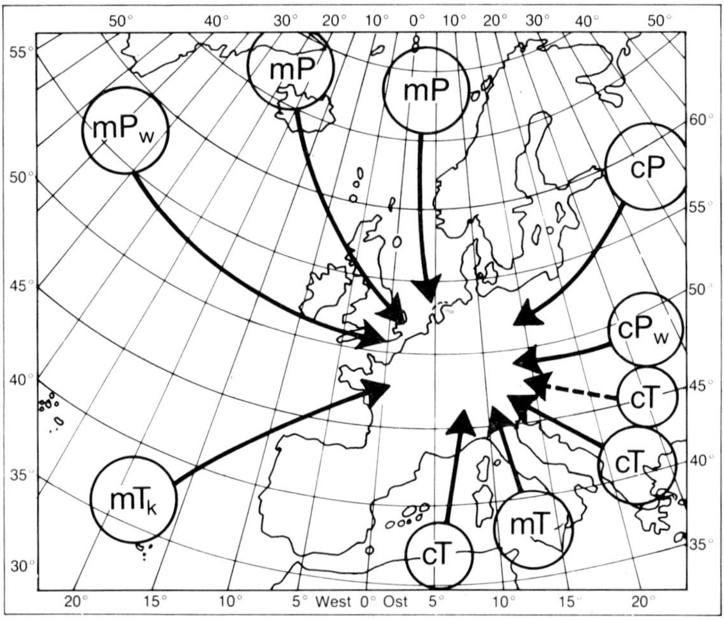

Scherhag hat außerdem angegeben, welche besonderen Wettererscheinungen im allgemeinen mit den einzelnen Luftmassen verbunden sind. Da die zu einer der angegebenen Klassen gehörenden Luftmassen unter sich natürlich nicht immer ganz genau gleich, identisch (lateinisch: idem = derselbe, der gleiche, identidem = mehrfach, mehrmals) sind, ermöglichen diese Angaben allerdings nur eine grobe Übersicht. Es können durchaus auch Abweichungen auftreten.

Trotzdem sind die Scherhag'schen Angaben, die in den folgenden Tabellen vereinfacht zusammengefaßt sind, eine gute Hilfe für die Abschätzung der mit einer herannahenden Luftmasse zu erwartenden Wettererscheinungen. Näheres über deren Eigenschaften können wir dann natürlich aus den Wetterkarten und auch aus den Temps erfahren, aus denen Temperaturen und Taupunkte und somit die Feuchte in verschiedenen Höhen zu entnehmen sind. Mit unseren Kenntnissen darüber, wann Labilisierung, wann Stabilisierung eintritt, welche Wirkungen zyklonale bzw. antizyklonale Strömungen haben und wie sich derartige Druckgebilde bewegen, lassen sich die in den Tabellen zusammengestellten Scherhag'schen Angaben verstehen und die Ursachen für die geschilderten Vorgänge erkennen.

Luftmasse	Besondere Wettererscheinungen bei zyklonaler Strömung im Sommer	im Winter	Besondere Wettererscheinungen bei antizyklonaler Strömung im Sommer	im Winter
cT_s mT_s	Erreicht unser Gebiet nur in der Höhe und bei sogenannten Vb-Lagen. Die trockene und heiße Wüstenluft nimmt über dem Mittelmeer viel Feuchtigkeit auf und wird so zur maritimen Luft mT_s. An den europäischen Küsten weht der »Scirocco«. Im Stau der Berge starke Niederschläge und somit im Lee geringer werdende Feuchte. Bei uns dann trockenere »kontinentale« Luft.			
cT	Wenn starke Bodenerwärmung, erfolgt Labilisierung. Dann beim Aufgleiten auf kühlere Luftmasse starke Gewitter	bei östlicher Strömung Tauwetter mit Regen.	Da *trockene* warme Luft, auch bei Labilisierung nur orographische Gewitter.	Nachts starke Abkühlung. Stratusschicht an Inversion.
mT	Strömt auf dem Weg zu uns über kältere Meeresgebiete. Wird in zyklonaler Strömung angehoben, die Inversion steigt an und wird schwächer, weil gesättigte Luft unterhalb der Inversion sich dabei feuchtadiabatisch, also weniger abkühlt als die trockene Luft oberhalb der Inversion.		Abkühlung von unten, Bildung einer Inversion. Luftmasse sinkt ab, Höhenluft gelangt bis zum Boden.	
	Starke Erwärmung am Boden, Konvektion. Cumuli durchbrechen Inversion, Bildung von Cb.	Besonders bei Aufgleiten auf kältere Luft Ns-Bewölkung bis in große Höhen. Anhaltender Regen, kaum Schnee.	Vom Meer herangeführte St-Decken werden über erwärmtem Land aufgelöst. Schwülwarmes Wetter. Orographische Cu und Cb sind möglich.	Vom Meer herangeführte St-Decken werden verstärkt und können u. U. aufliegen. An Küsten anhaltender Sprühregen.

Luftmasse	Besondere Wettererscheinungen bei zyklonaler Strömung		Besondere Wettererscheinungen bei antizyklonaler Strömung	
	im Sommer	im Winter	im Sommer	im Winter
cT_P	wie cT	wie cT	Tagsüber flache Cu, gute Bodensicht. Örtliche Gewitter nur über sehr feuchtem Untergrund.	Nachts starke Abkühlung. Niedrige St-Schicht an Inversion.
mT_P	Am Ursprungsort Abkühlung über kühlem Meer. Inversion und an ihr vorhandene St-Decke werden verstärkt. Über Inversion durch Absinken erwärmte Luft. Auf Weg zu uns Erwärmung über wieder wärmeren Meeresgebieten. Dabei unten Labilisierung und Bildung von Cu, die sich an Inversion ausbreiten und St-Decke verstärken. Meist keine Auflösung der Wolkendecke. In Küstennähe trüb und naßkalt. Wetterlage kann lang anhalten.			
cP_T	Neigung zu häufigen schwächeren Schauern	Da die niedrige Temperatur der Luftmasse am Boden nicht erhöht wird, gleitet Warmluft kräftig auf.	Ähnlich cT_P, da ja über Boden erwärmt und so dem Charakter von cT_P angenähert.	Am Morgen flacher Bodennebel.
mP_T	Wird cP_A auf der Rückseite eines Tiefs noch weiter nach Süden bis in den Azorenraum geführt, so erreicht sie Europa mit Temperaturen bis zu 10 °C. Durch diese starke Erwärmung der unteren Schichten erfolgt Labilisierung. Starke Quellbewölkung.			
	Weitere Erwärmung und Labilisierung. Verstärkung der Gewittertätigkeit.	Nachts Gewitter möglich.	Erreicht bei Hochdruckeinfluß Europa normalerweise nicht.	

Luftmasse	Besondere Wettererscheinungen bei zyklonaler Strömung – im Sommer	Besondere Wettererscheinungen bei zyklonaler Strömung – im Winter	Besondere Wettererscheinungen bei antizyklonaler Strömung – im Sommer	Besondere Wettererscheinungen bei antizyklonaler Strömung – im Winter
cP	Gelangt bei Steuerung durch ein *Hoch* im Norden zu uns.		wolkenlos, kühl, tagsüber böig, sehr gute Sicht nach flachen Morgennebeln	wolkenlos, sehr kalt
mP	Bewegt sich cP_A von westlichen Ursprungsgebieten auf dem Weg nach Europa längere Zeit über den Atlantik, werden ihre Eigenschaften stark verändert. Die Temperaturen steigen bis zum Erreichen des Kontinents auf > 0 °C. Bereits in geringer Höhe ist die Temperatur wegen des polaren Ursprungs der Luftmasse jedoch wesentlich geringer.			
	wie mP_A	wie cP_A oder mP_A statt Schneeschauer Graupelschauer	wie mP_A	wie mP_A
cp_A	Gelangt im Sommer normalerweise nicht zu uns.	Hochreichende Kaltluft, trokken, sehr kalt, an Küstengebieten evtl. Schneeschauer.	Gelangt bei antizyklonaler Strömung normalerweise nicht bis nach Europa.	
mP_A	cP_A wird bei Weg über Meer zu mP_A. Bei kurzem Weg über Wasser Erwärmung nur in den unteren Schichten.			
	naßkalt, Regenschauer, starke Böigkeit, gute Sicht.	An den Küstengebirgen kräftige Schneeschauer. Bei stärkerer Erwärmung Cb mit kräftigen Schnee- und Graupelschauern.	Gelangt bei antizyklonaler Strömung normalerweise nicht bis Europa.	Gerät sie bei uns unter Hochdruck-Einfluß, Auflösung der während der Heranführung unter zyklonalem Einfluß gebildeten Cu

Fronten, Konvergenzen und Divergenzen

Als Fronten bezeichnet man die Grenzflächen zwischen zwei verschiedenen Luftmassen. In den Wetterkarten und in den üblichen Darstellungen werden sie als scharfe Trennflächen bzw. Trennlinien eingezeichnet, so, als wenn an ihnen die eine Luftmasse abrupt von der anderen abgelöst würde. Diese Darstellungsweise ist für unsere Betrachtung der Vorgänge völlig ausreichend.

In Wirklichkeit besteht jedoch zwischen den beiden Luftmassen eine mehr oder weniger ausgedehnte Übergangszone; die Grenzen sind also meistens nicht ganz so scharf, was bei weitergehenden wissenschaftlichen Überlegungen berücksichtigt werden muß.

Betrachtet man die meteorologischen Daten auf beiden Seiten einer Front zum Beispiel auf einer Wetterkarte oder mit Hilfe von Wettermeldungen, so ist an den Temperatur- und besonders auch an den Taupunktswerten deutlich der Unterschied zwischen den beiden aneinandergrenzenden Luftmassen zu erkennen. Allerdings sind diese Unterschiede in der Bodengrenzschicht wegen der dort wirksamen Bodeneinflüsse nicht so eindeutig und nicht so charakteristisch wie in der Höhe. Zu ihrer Bestimmung sollte also eine Höhenkarte, nicht die Bodenwetterkarte, benutzt werden. Am besten eignen sich hierzu die 850 HPa-Karte und die Relative Topographie 500/1000 HPa, aus deren Eintragungen, wie wir ja wissen, deutlich die Temperatur einer Luftmasse zu ersehen ist.

Da in verschiedenen Luftmassen meist auch sehr unterschiedliche Sichten vorhanden sind, werden sich auch diese vor und hinter der Front meist deutlich unterscheiden. Die Sichtweiten können aus den Stationseintragungen der Bodenwetterkarte entnommen werden.

Schließlich läßt natürlich auch das Vorhandensein typischer Niederschläge bzw. von Gewittern, was ebenfalls aus den Stationseintragungen der Bodenkarte zu ersehen ist, auf die ungefähre Lage einer Front schließen.

Wie wir aus den üblichen Lehrbüchern wissen, ergibt sich beim Durchgang von Fronten ein ganz typischer Luftdruckverlauf. Deshalb ist auch die bei den Stationskreisen der Bodenwetterkarte angegebene Luftdrucktendenz ein weiteres Mittel, um die Lage einer Front zu bestimmen.

Ebenso wissen wir, daß sich beim Durchzug einer Front die Windrichtung ändert. An den Fronten eines Tiefdruckgebietes herrscht, wie wir schon gehört haben, eine konvergierende Strömung. Die verschiedenen Luftmassen strömen aufeinander zu, werden zum Aufsteigen gezwungen und bewirken dann die uns bekannten Vorgänge an den Fronten. Diese Konvergenz der Strömungen ist aus den Windpfeilen der Wetterkarte und am Verlauf, an Knicken der Isobaren bzw. Isohypsen, zu erkennen.
Konvergente Strömungen treten aber nicht nur an Fronten auf. Wir haben bereits im Kapitel »Windrichtung und Windgeschwindigkeit« gehört, daß bei einer deutlichen Änderung der Beschaffenheit der Erdoberfläche und damit der Reibungsverhältnisse auch eine deutliche Änderung der Richtung der Bodenströmung eintritt. Bei starker Reibung kann die Corioliskraft die Strömung nicht so weit ablenken wie das bei geringerer Reibung möglich ist.

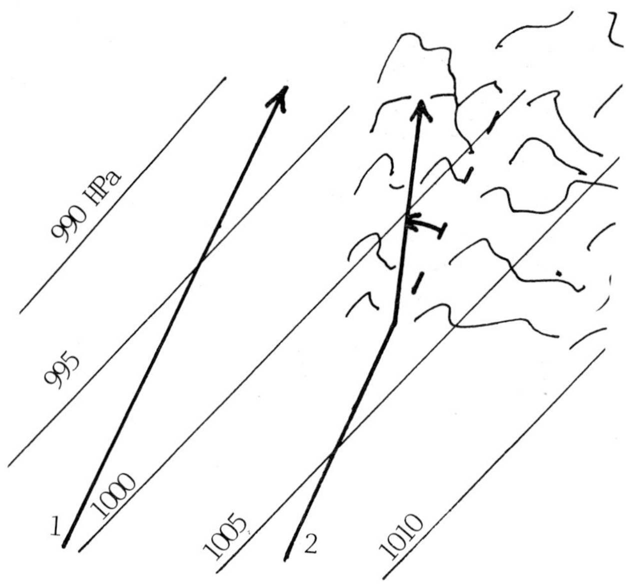

In der voranstehenden Abbildung verläuft die links eingezeichnete Strömung 1 über glattem Untergrund mit geringer, gleichbleibender Richtung. Wie wir wissen, ist die Strömung am Boden noch nicht isobarenparallel, jedoch erfolgt wegen der geringen Reibung bereits eine beträchtliche Ablenkung nach rechts (auf der Nordhalbkugel). Die Strömung 2 bewegt sich zunächst über demselben Untergrund, wird also um denselben Betrag abgelenkt wie Strömung 1 und fließt so parallel zu dieser. Dann ändert sich jedoch in ihrem Bereich der Untergrund. Durch Berge oder Hügel erhöht sich die Bodenreibung deutlich. Stärkere Reibung bedeutet aber, wie wir gelernt haben, eine

geringere Rechtsdrehung der Strömungsrichtung gegenüber dem Isobarenverlauf. Die Folge ist, wie wir in der Abbildung erkennen können, daß sich jetzt Strömung 2 auf Strömung 1 zubewegt, sich also eine konvergente Strömung ergibt. Konvergenz bedeutet aber, wie wir ebenfalls gelernt haben, immer aufsteigende Luft und damit schließlich Bewölkung, die je nach Schichtung der Luft verschieden sein und sogar zu Niederschlag führen kann. Eine derartige Erscheinung, die also *nicht* an der Grenze *zweier* Luftmassen, sondern in einer *einheitlichen* Luftmasse auftritt, nennt man »Konvergenz«.
Mit dem Auftreten der hier beschriebenen Erscheinungen ist natürlich kaum bei sehr geringen Windgeschwindigkeiten zu rechnen und auch dann nicht, wenn sich das Fluggelände bzw. der zu betrachtende Raum in einem weiträumig ebenen, keine großen Seen enthaltenden Gebiet befindet, innerhalb dem dann ja auch keine starken Änderungen der Reibungsverhältnisse auftreten.
In der warmen Jahreszeit können Konvergenzen jedoch auch aufgrund thermischer Vorgänge entstehen. In diesem Fall sind sie nicht unbedingt an unterschiedliche Eigenschaften des Untergrundes gebunden. Bestehen z. B. über einem bestimmten, in einer einheitlichen Luftmasse liegenden Gebiet deutliche Unterschiede in der Bewölkung, so werden der Erdboden und damit schließlich auch die unteren Luftschichten im wolkenlosen bzw. wolkenarmen Bereich deutlich stärker erwärmt als dort, wo bedeckter Himmel vorhanden ist. Sind die sich so ergebenden Temperaturunterschiede groß genug, können die sich daraus ergebenden Druckunterschiede in dem betreffenden Gebiet zu Vorgängen führen, wie sie sonst nur an Fronten zu beobachten sind.
Treten im Zusammenhang mit der Großwetterlage deutliche Druckänderungen und damit deutliche Druckgefälle auf, so kann eine solche Konvergenz aber ähnlich wie eine Front in der Strömung mitwandern, bleibt dann also nicht mehr auf das Gebiet beschränkt, in dem sie sich gebildet hat.
Konvergenzen können relativ großräumig, aber auch kleinräumig auftreten. Sich in größerem Umfang bemerkbar machende Konvergenzen sind meist als gestrichelte Linien in den Bodenwetterkarten eingetragen. Treten bei labiler Schichtung entlang einer Konvergenzlinie hauptsächlich größere Quellwolken auf, kann auch eine strichpunktierte Linie, eine sogenannte »Instabilitätslinie«, eingezeichnet sein.
Die Lage von Fronten und größeren Konvergenzen kann so aus bereits analysierten (griechisch: analysis = Zergliederung) Bodenwetterkarten, in die also die Isobaren, Fronten und Konvergenzen bereits eingezeichnet sind, entnommen werden. Daß dann, wenn eine Wetterkarte selbst analysiert werden soll, die Relative Topographie 500/1000 HPa ein wichtiges Hilfsmittel ist, wurde bereits im Kapitel »Die Druckverhältnisse in kalter und warmer Luft...« besprochen. Dort ist angegeben, wie anhand dieser Karte festgestellt werden kann, ob Wettererscheinungen durch eine Front oder eine Konvergenz hervorgerufen werden und wie mit ihrer Hilfe eventuell vorhandene

Fronten lokalisiert (lateinisch: locus = Ort, Stelle) werden können.
Die auch in den analysierten Karten nicht eingezeichneten kleinräumigeren Konvergenzen sind für die Gesamtbeurteilung von Wetterlagen und meist auch für den Motorflieger uninteressant. Sie können aber für den Segelflieger, der aufgrund der Großwetterlage mit einheitlich guten Bedingungen gerechnet hat, zu einer bösen Überraschung werden. Besonders gilt dies für Wettbewerbe, bei denen zum Beispiel für den Start- und Abflugvorgang über einige Zeit hinweg ungestörte, gleichbleibende Bedingungen erwünscht sind. In solchen Fällen ist es daher zweckmäßig, die mit einem Kartenschreiber ebenfalls zu empfangenden nicht analysierten, aber mit allen Stationsmeldungen versehenen Bodenwetterkarten für das in Frage kommende Gebiet selbst zu analysieren. Man nimmt dabei eine Fein-Analyse vor, das heißt, man zeichnet die Isobaren nicht im üblichen Abstand von 5 HPa, sondern in Abständen von jeweils 1 HPa. Da der Luftdruck an den Stationskreisen in 1/10 HPa angegeben ist, ist dies nach einiger Übung leicht möglich. Ergeben sich dabei im Verlauf der Isobaren die von den Fronten her bekannten Knicke, so muß dort mit dem Vorhandensein einer örtlichen Konvergenz und mit Bewölkung gerechnet werden, die nach der Großwetterlage nicht zu erwarten gewesen wäre. Eine wesentliche Hilfe beim Zeichnen der Isobaren und damit beim Erkennen von Konvergenzen sind dabei auch die sich im Gebiet einer Konvergenz deutlich ändernden Richtungen der Windpfeile.
Aber nicht nur Konvergenzen, auch Divergenzen können kleinräumig auftreten, wie die nachstehende Abbildung zeigt:

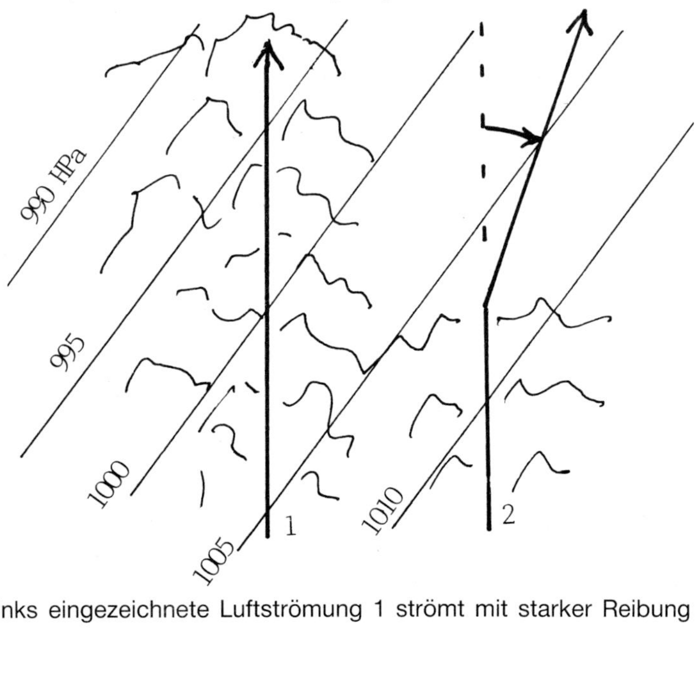

Die links eingezeichnete Luftströmung 1 strömt mit starker Reibung in der

Bodenschicht über bergiges Gelände. Strömung 2 bewegt sich zunächst parallel dazu ebenfalls über ähnlichem Untergrund, gelangt dann aber über ebenes Gelände mit geringerer Reibung. Dort wird sie, wie wir wissen, von der Corioliskraft stärker nach rechts abgelenkt, es ergibt sich eine divergente Strömung, die die Luft zum Absteigen bringt und so unter Umständen zu Wolkenauflösung führen kann. Natürlich kann dabei in unserer Abbildung bei entsprechenden Bedingungen ein Föhneffekt den Vorgang noch verstärken. Insgesamt ist jedoch das Auffinden von Divergenzen für uns als Sportflieger nicht so wichtig, da sie uns ja keine Verschlechterung, sondern höchstens eine Verbesserung unserer Flugbedingungen bringen.

Wetterbeurteilung und Wettervorhersage

Besonders in den Kapiteln »Die globale Zirkulation in der Erdatmosphäre« und »Der Einfluß der Verteilung von Land und Wasser..« haben wir gesehen, wie vielfältig die Einflüsse auf das großräumige Wettergeschehen in unserer Atmosphäre sind.

Manche dieser Einflüsse sind so kompliziert und vielgestaltig, daß man sie bis heute mit mathematischen Gleichungen noch nicht erfassen kann. Auf der anderen Seite sind einige der bereits vorhandenen mathematischen Rechenansätze so kompliziert, daß sie mathematisch gar nicht zu lösen sind und schließlich besteht heute vielfach die Meinung, daß selbst dann, wenn alle benötigten Gleichungen bekannt wären, es nicht möglich wäre, alle die Anfangsbedingungen, alle die Eingabewerte zu ermitteln, die nötig sind, um selbst mit den besten Rechnern und den besten Programmen wirklich zutreffende langfristige Prognosen (griechisch: prognosis = das Vorhersagen) errechnen zu können. Das Problem der langfristigen Wettervorhersage scheint also nach den heutigen Erkenntnissen weder exakt (lateinisch: exactus = genau) mathematisch zu formulieren (lateinisch: formula = Regel, Vorschrift), noch exakt mathematisch zu lösen sein.

Man muß sich daher mit stark vereinfachten Rechenmodellen, mit Näherungsverfahren und Erfahrungen der Vergangenheit, besonders aber aus den seit Mitte des letzten Jahrhunderts systematisch durchgeführten meteorologischen Beobachtungen begnügen.

Es ist selbstverständlich, daß auf diese Weise ausgearbeitete Vorhersagen keine Treffer-Wahrscheinlichkeit von 100 % haben können. Fehlprognosen sollte man deshalb oft nicht den Meteorologen, sondern der Natur anlasten, die genaue Vorhersagen durch ihre Kompliziertheit verhindert.

Schon seit vielen Jahrhunderten haben mit der Natur verbundene Menschen das Wettergeschehen beobachtet und aus ihren Beobachtungen Regeln, zum Beispiel die bekannten »Bauernregeln«, abgeleitet. Manche dieser Regeln beruhen, wie man heute aufgrund der seit 30–60 Jahren geführten umfassenden Statistiken weiß, auf Irrtümern. Andere dagegen werden durch die Ergebnisse exakter Beobachtungen mit einer Wahrscheinlichkeit von deutlich mehr als 50 % bestätigt. Es scheint eine Art »Weichen« in der Wetterentwick-

lung zu geben, das heißt, daß das während eines bestimmten Zeitraumes bestehende Wetter mit einer Wahrscheinlichkeit von mehr als 50 % für das Wetter eines nachfolgenden Zeitraumes bestimmend ist.
An dieser Stelle soll kurz besprochen werden, was eine Wahrscheinlichkeit von 50 % bedeutet. Wirft man eine Münze in ruhiger Luft immer mit demselben Kraftaufwand und immer genau derselben Ausgangslage in die Höhe, so kann nicht vorhergesagt werden, ob nach dem Zurückfallen die Vorder- oder die Rückseite oben liegt. Führt man den Versuch sehr oft durch und stellt dabei fest, wie oft die Vorderseite und wie oft die Rückseite oben liegt, so ergibt sich, daß beide Fälle gleich oft vorkommen. Bei einem einzigen Wurf ist dann die Wahrscheinlichkeit für jede der beiden Möglichkeiten 50 %; entweder tritt der eine oder der andere Fall ein.
Bei einer Wahrscheinlichkeit von 50 % gibt es also kein Gesetz, keine Regel, keine Tendenz (lateinisch: tendere = zu etwas hinneigen) für das Eintreten eines bestimmten Vorganges, es regiert allein der Zufall.
Wetterregeln, für die sich nach den Statistiken eine Wahrscheinlichkeit von etwa 50 % ergibt, sind also keine wirklichen Regeln, sondern beruhen auf Wunschdenken, auf Vergessen der Fälle, in denen die »Regel« nicht eingetreten ist; alles in allem eben auf nicht ausreichend systematischen Beobachtungen. Erst wenn nach der Statistik das von der Regel vorhergesagte Wetter in deutlich mehr als 50 % der Fälle wirklich eintritt, hat die Regel wohl einen realen Hintergrund und kann uns bei dem Versuch einer Vorhersage helfen. Aber auch dann eben nur mit einer bestimmten Wahrscheinlichkeit, niemals mit Sicherheit.
Eine Zusammenstellung auf solche Weise »geprüfter« Regeln existiert heute in Form des sogenannten »Singularitäten-Kalenders« (lateinisch: singularis = vereinzelt, calendae = der 1. Tag im Monat). Singularitäten sind meteorologische Einzelfälle, Besonderheiten, die nach den statistischen Erfahrungen mit einer Wahrscheinlichkeit von mehr als 50 % auftreten oder durch ihr Auftreten zu einem bestimmten Zeitpunkt das nachfolgende Wetter bestimmen.
Die nachstehend wiedergegebene Form des Singularitäten-Kalenders wurde von dem deutschen Meteorologen Reinhard Süring (1866–1950) aufgrund der Vorarbeiten anderer zusammengestellt und zeigt den sich danach ergebenden idealen Jahresablauf des Wetters im mitteleuropäischen Binnenland. Er wird hier so wiedergegeben, wie er in einem Buch des bereits erwähnten deutschen Meteorologen Heinz Fortak nachzulesen ist.
»Vollherbst: 1. – 10. 10.: Zufuhr von Meeresluft, stark wechselhafte, oft stürmische Witterung mit Regen. Ausgeglichene Temperaturen.
11. – 22. 10.: Trockene, herbstliche Schönwetterlage, oft mit Morgennebel und mit starken Temperaturschwankungen zwischen Tag und Nacht. Auftreten von erstem stärkeren Nachtfrost.
23. – 31. 10.: In manchen Jahren erster winterlicher Kaltluftvorstoß aus Osten oder Nordosten mit eisigen Winden und Frost am Tage. Selten Schneefall.

Dauer nur einige Tage und keine Vorbedeutung für den kommenden Winter.
30. 10. – 6. 11.: Trockene, herbstliche Schönwetterlage mit später Auflösung der Morgennebel. Mäßig kalt, vielfach Nachtfrost.
9. – 12. 11.: Wechselhafte, windige und regnerische Witterung ohne Nachtfrost.
13. – 22. 11.: Niederschlagsfreie, spätherbstliche Schönwetterlage, hauptsächlich in den Höhenlagen der Mittelgebirge, mit geringer Bewölkung und tagsüber milden Temperaturen. In den Niederungen oft tagelang Nebel oder Hochnebel mit Rauhreif und Frost.
Vorwinter: 27. 11. – 10. 12.: Zufuhr von milder Meeresluft, regnerisch-trübe, nun auch in den Höhenlagen. Vorwiegend frostfrei.
12. – 14. 12.: Trockene, kalte Witterung mit leichtem bis mäßigem Frost.
15. –19. 12.: Zufuhr von milder Meeresluft, regnerisch-trübe. Frostfrei, bzw. Milderung des Frostes.
20. –23. 12.: Winterlicher Kaltluft-Einbruch aus Osten mit starkem Frost und mit Schneefall. In vielen Jahren auch in den Niederungen Süd- und Mitteldeutschlands Ausbildung der ersten, längere Zeit haltbaren Schneedecke.
24. – 31. 12.: Weihnachtstauwetter. Zufuhr von milder Meeresluft und Beseitigung der vorher gebildeten Schneedecke oft bis in die höchsten Lagen der Mittelgebirge. «Grüne Weihnachten» die Regel, «Weiße Weihnachten» die Ausnahme, besonders in West- und Norddeutschland.
Hochwinter: 31. 12. – 3. 1.: Häufig Kälterückfall mit Frost und Schnee.
5. –15. 1.: Mild und regnerisch-trübe. Nur nachts seltener und leichter Frost.
16. –26. 1.: Überwiegend trockenes Frostwetter. Besonders starker Frost, falls vorher eine Schneedecke gebildet wurde. Tiefste Temperatur des Jahres tritt häufig in dieser Periode auf.
27. 1 – 5. 2.: Zufuhr von milder Meeresluft, regnerisch-trübe, Wegtauen einer vorher vorhandenen Schneedecke. Selten schwacher Frost.
6. – 12 .2. und 19. – 24. 2.: Überwiegend trockenes Frostwetter. In strengen Wintern mit schwach ausgebildeten oder fehlenden milden Zwischenzeiten bei geschlossener Schneedecke tiefste Temperaturen des Jahres in diesen Perioden.
Erstfrühling: 3. – 8. 3.: Neigung zu kaltem Regen- oder Schneeschauerwetter. Letzte Winterwetterlage, bei der noch tagelang eine Schneedecke, besonders am Ende eines strengen Hochwinters, auftreten kann.
13. – 22. 3.: Heiteres bis wolkenloses Wetter mit starker Sonneneinstrahlung. Große Temperaturschwankungen zwischen Tag und Nacht und vielfach noch Nachtfrost. Besonders in Südwestdeutschland erstmalig Tageshöchsttemperaturen von 20 °C, in Norddeutschland oft noch winterlich-kühl.
Vollfrühling: 23. 3. – 30. 4.: Starker Witterungswechsel zwischen Schönwetterlagen mit Warmluftzufuhr und Kälteeinbrüchen mit Schnee- und Regenschauern. Im Aufklaren nach Kälteeinbrüchen Nachtfrostgefahr. In der Zeit um den 16. – 20. 4.: größte Neigung zu heiterem und trockenem Wetter.

1. – 20. 5.: Stabilisierung des Witterungsverlaufes. Letzter Nachtfrost mit Häufung um den 9. und 17. 5. (im vorigen Jahrhundert in der Zeit vom 12. – 15. 5., den sog. «Eisheiligen»).
22. 5. – 2. 6.: Erste ziemlich regelmäßig auftretende Schönwetterperiode. Heiter, trocken und warm mit Tageshöchsttemperaturen bis zu 30 °C. Erste Gewitter.
Frühsommer: 2. – 5. 6., 12. – 14. 6. und 24. – 26. 6.: Vorstöße von kühler Meeresluft, von Gewittern eingeleitet, bringen empfindliche Abkühlung und häufige Regenschauer. Die zwischen den einzelnen Vorstößen liegenden Schönwetterzeiten sind von kurzer Dauer. Stärke und Zeitpunkt des ersten Auftretens der Vorstöße sind oft entscheidend für den Charakter des Hochsommers («Siebenschläfer»-Regel: Regnet es am Siebenschläfertag, dem 27. 6., so regnet es noch 7 Wochen!).
27. 6. – 1. 7.: Relativ häufig sonnige und trockene Witterung, insbesondere im norddeutschen Binnenland.
Hochsommer: 2. – 7. 7.: Zufuhr von kühler Meeresluft, wechselhafte Witterung mit Regenschauern und Gewittern.
12. – 15. 7.: Größere Neigung zu heiterer, trockener und warmer Witterung.
18. – 31. 7.: Größte Häufigkeit von wechselhafter Witterung mit häufigen Regenfällen. Relativ selten jedoch sonnenlose und ganz verregnete Tage.
4. – 11. 8.: Neigung zu Schönwetterlagen (Hundstage). Trocken, warm (Temperaturen können noch Rekordwerte erreichen) und oft schwül.
18. – 23. 8.: Neigung zu unbeständiger Witterung, besonders im Küstengebiet. Im Binnenland oft schon frühherbstlich mit recht kühlen Nächten.
Spätsommer: 1. – 10. 9.: Letzte spätsommerliche trockene und warme Schönwetterperiode, oft noch mit hochsommerlichen Temperaturen.
11. – 20. 9.: Häufig kühl, trübe und regnerisch.
22. – 30. 9.: Herbstliche Schönwetterlage (Altweibersommer). Vielfach Morgennebel, tagsüber sommerlich anmutende Temperaturen. Diese Wetterlage tritt manchmal im Anschluß an einen letzten sommerlichen Kaltluftvorstoß auf.«

Fortak gibt anschließend noch einige Hinweise auf Abweichungen von dem eben beschriebenen Idealverlauf des Wetters, die dann Auswirkungen auf das nachfolgende Wetter haben. So »deutet Niederschlag am Siebenschläfertag (27. 6.), aber auch um den 24. 6. und um den 10. 7. auf nachfolgenden regnerischen Witterungsverlauf hin. Es ist festgestellt worden, daß sich die mitteleuropäische Hochsommerwitterung nach der Sommersonnenwende bis spätestens nach der 1. Juliwoche meist nicht mehr wesentlich ändert. Aber auch durch den Witterungsablauf vor der Sommersonnenwende kann man Hinweise auf den Charakter des Hochsommers bekommen. Bei Verspätung der Schönwetterperiode vom 22. 5. – 2. 6. oder bei deren Verlängerung bis Mitte Juli, mit anomal heißer und trockener erster Julihälfte, ist ein nasser Hochsommer sehr wahrscheinlich.

Auch für Herbst und Winter existieren derartige «Weichen», in denen sich der Charakter des weiteren Witterungsablaufs entscheidet. Eine extrem milde Witterung zwischen 21. und 25. 11. deutet darauf hin, daß vor dem 10. 12. nicht mit einem größeren Kälteeinbruch gerechnet werden muß.
Bei pünktlichem Auftreten des Weihnachtstauwetters und milder Witterung um Neujahr hat sich der Charakter des Hochwinters entschieden: es gibt höchstens noch einen kurzen Nachwinter Ende Februar bis Anfang März.«
Ein noch wichtigeres Hilfsmittel für den Versuch von langfristigen Vorhersagen als das, was wir eben kennengelernt haben, wurde ebenfalls aus über viele Jahre hinweg ermittelten statistischen Werten gewonnen. Es sind dies die für Mitteleuropa zusammengestellten Standard-Großwetterlagen, die hauptsächlich auf die Arbeiten des deutschen Meteorologen Franz Baur (1887–1977) zurückgehen. Zeigen die Wetterkarten eine dieser Lagen, so kann auf einen der Standardlage entsprechenden, zumindest aber ihr nicht völlig entgegengesetzten Wetterablauf geschlossen werden.
Baur hat außerdem aus den statistischen Unterlagen ermittelt, zu welchen Zeitpunkten die einzelnen Wetterlagen bevorzugt auftreten. Als Beispiel sind in den folgenden beiden Abbildungen seine Angaben zu der uns bereits gut bekannten Ostlage und zu einer großräumigen Hochdrucklage über Mitteleuropa wiedergegeben.
Die Abbildungen auf den danach folgenden Seiten zeigen, allerdings in sehr viel kleinerem Format, Beispiele für die wichtigsten der von Baur angegebenen Standard-Großwetterlagen.

Abgeschlossenes Hoch über Fennoskandien in Mitteleuropa antizyklonal
(mittl. Luftdruckvertlg. v. 17.–20. Febr. 1929)

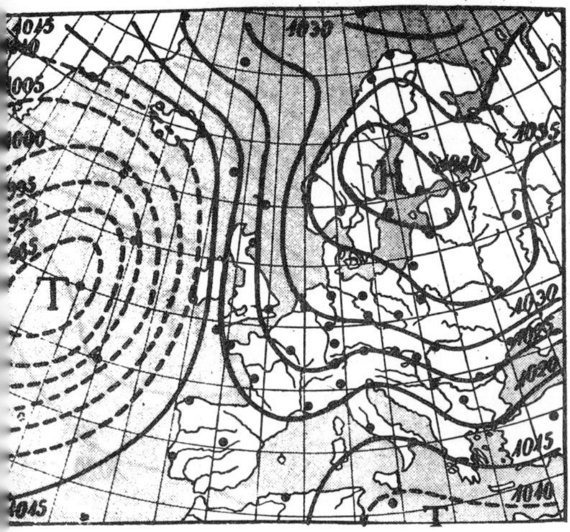

Abkürzung: HFa
Größte Häufigkeit: 21. bis 24. Januar, 4. bis 7. Mai, 15. bis 22. September, 5. bis 7. Oktober, 18. bis 24. Oktober, 15. bis 21. November, 9. bis 15. Dezember.
Sehr selten vom 28. Juni bis 21. August.
Kein Vorkommen: 13. bis 21. August.
Witterung in Mitteleuropa: heiter bis wolkenlos, auch im Winter selten Nebel. Ostwind, überwiegend trocken. Im Herbst und Frühjahr kalt, im Winter strenger Frost durch Advektion und Ausstrahlung, selbst im März noch im nördlichen Mitteleuropa an mehr als 80% aller Tage Temp.-Min. unter 0°. Ende Mai und im September sehr warm.

Ausgedehntes Hochdruckgebiet über (fast ganz) Europa mit Kern über Mitteleuropa oder dem westlichen Rußland
(mittl. Luftdruckvertlg. v. 24.–30. Sept. 1929)

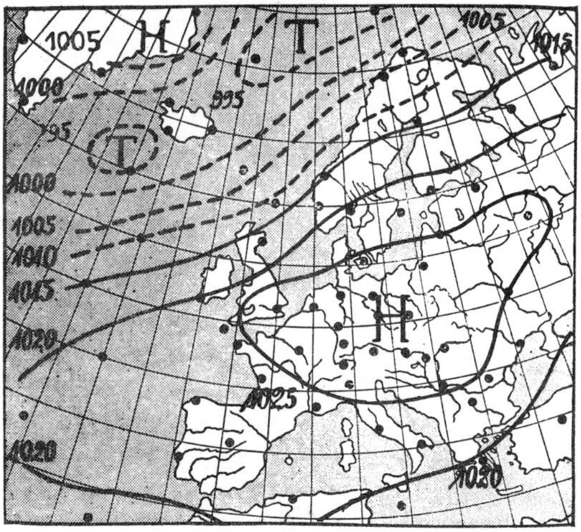

Abkürzung: HE
Größte Häufigkeit: im Januar und September, besonders 20. bis 24. Januar, 27. bis 30. September (»Altweibersommer«) und 21. bis 24. Dezember:
Verhältnismäßig selten vom 12. April bis 1. Mai.
Kein Vorkommen: 25. bis 27. Juli.
Witterung in Mitteleuropa: Strahlungswetter, überwiegend heiter und trocken, im Winter Frost und stellenweise Bodennebel, im Sommer sehr warm, aber nur selten Wärmegewitter.

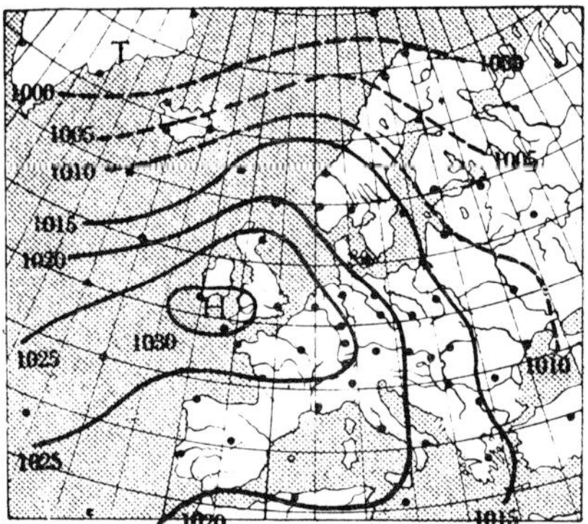

Abb. 1
ML 1.—4. Juli 1933. Hoch am Westrand Europas: HW

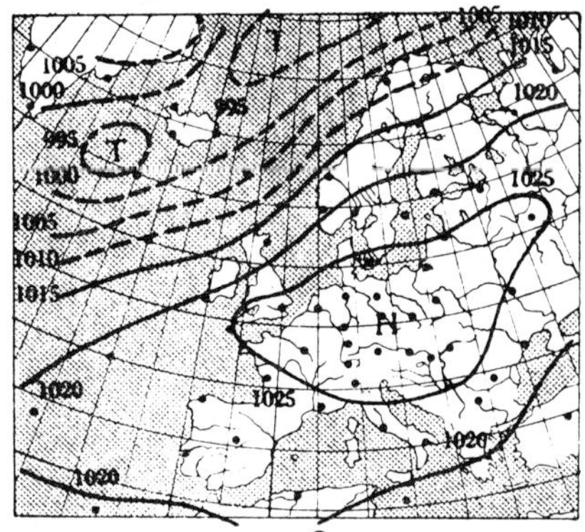

Abb. 2
ML 24.—30. September 1929. Hoch über dem Festland mit Schwerpunkt über Mitteleuropa: HE

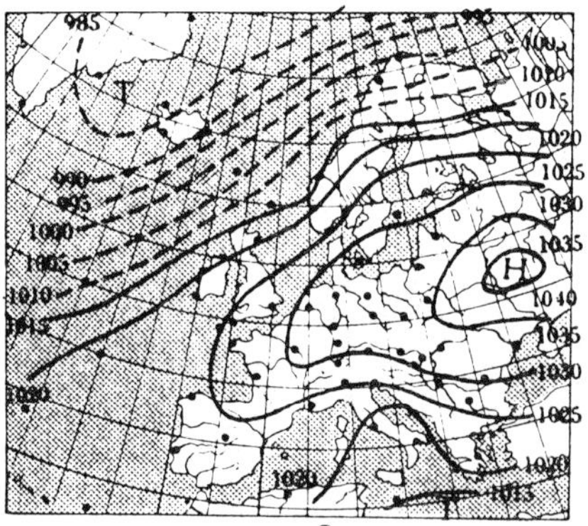

Abb. 3
ML 7.—12. Dezember 1924. Hoch über dem Festland mit Schwerpunkt über Mittel- oder Südrußland: HO

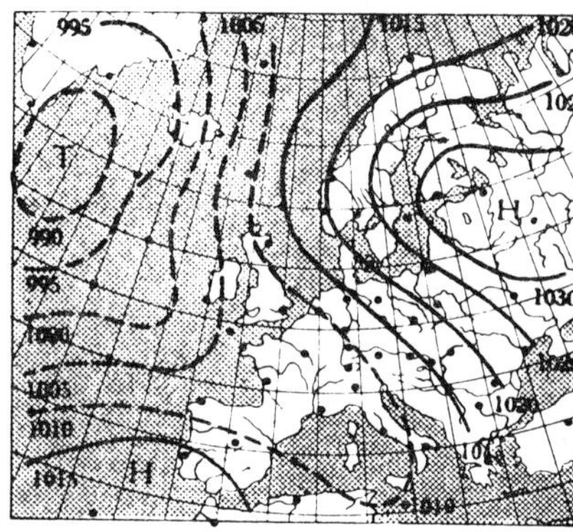

Abb. 4
ML 31. März—4. April 1937. Zentraltief im Raum von Island: TI

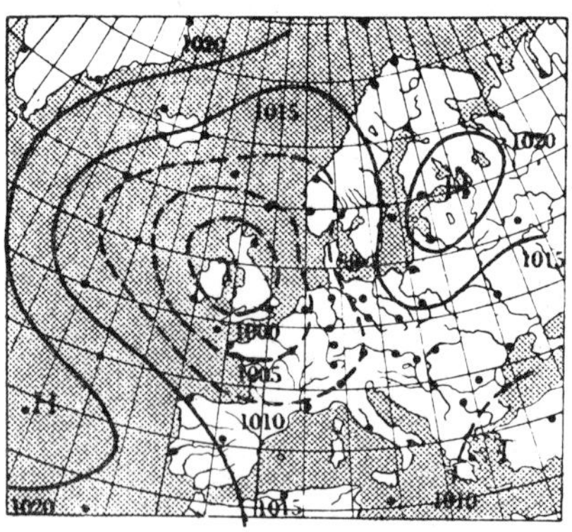

Abb. 5
ML 16.—22. April 1935. Zentraltief bei den Britischen Inseln: TB

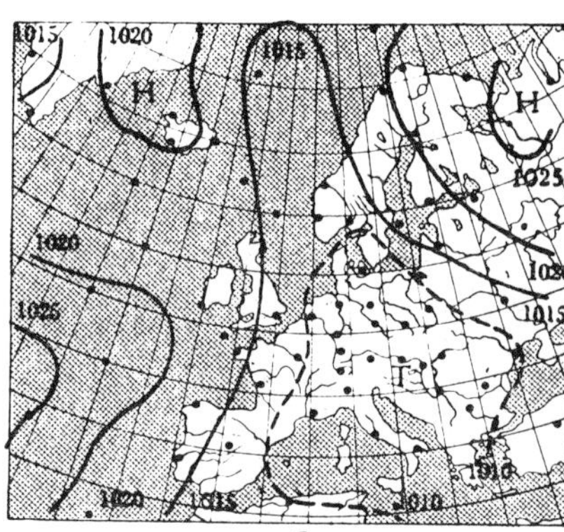

Abb. 6
ML 29.—31. August 1938. Zentraltief über Mitteleuropa: TK

ML = Mittlere Luftdruckverteilung im Meeresspiegel in
Abb. 1 bis 3: Beispiele von zentralhoch-gesteuerten Lagen
Abb. 4 bis 6: Beispiele von zentraltief-gesteuerten Lagen

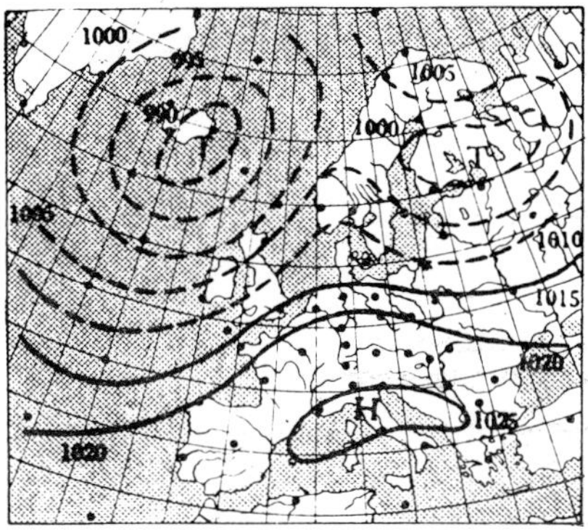

Abb. 7
ML 14.—24. März 1938. Nördliche Westlage: Wn

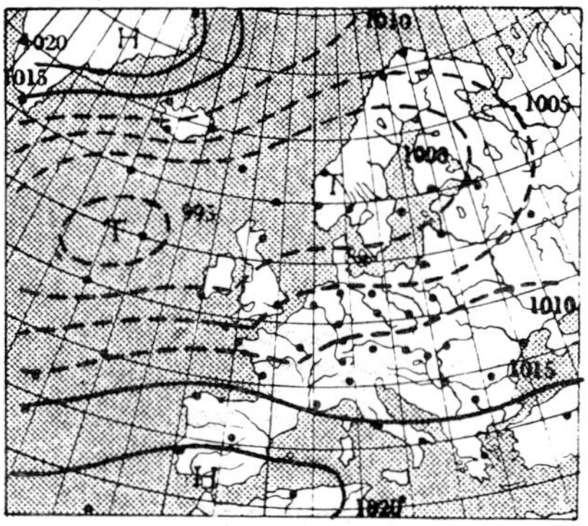

Abb. 8
ML 6.—15. April 1935. Regelrechte Westlage: Wr

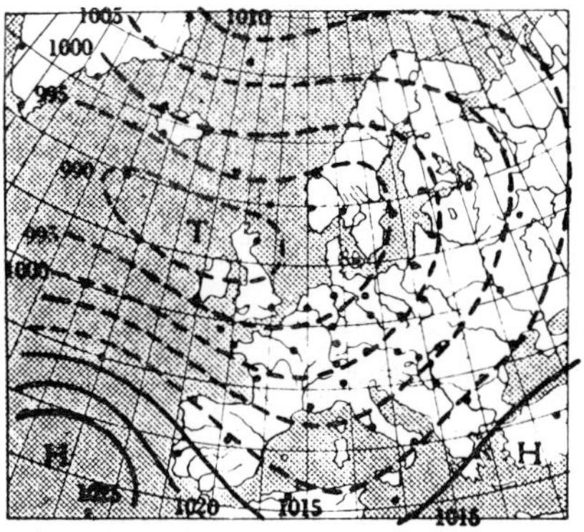

Abb. 9
ML 7.—20. März 1934. Südliche Westlage: Ws

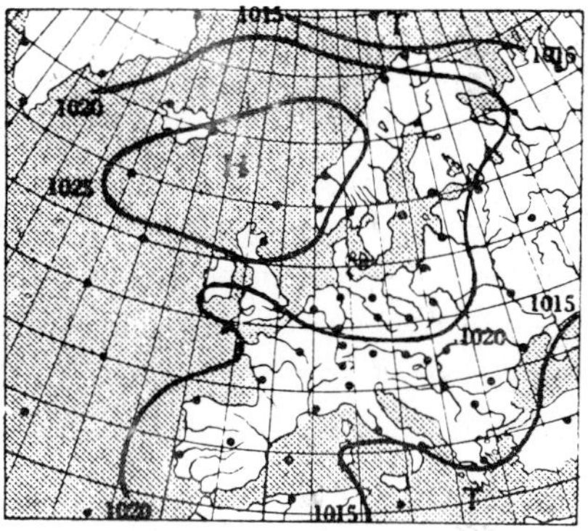

Abb. 10
ML 11.—14. August 1911. Ostlage mit Zentralhoch über dem Nordmeer, in Mitteleuropa antizyklonal: HNa

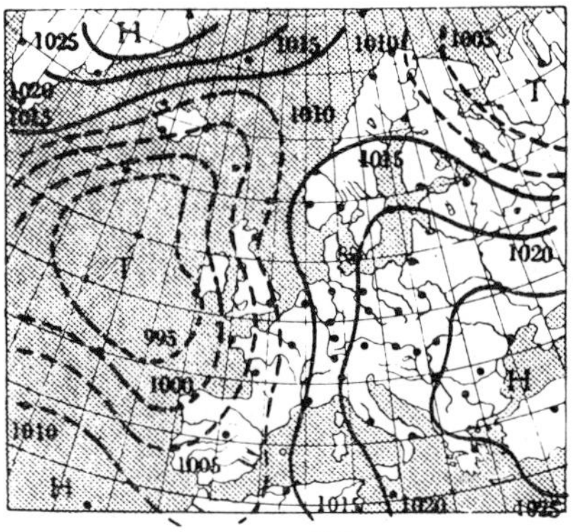

Abb. 11
ML 19.—22. März 1936. Südlage: S

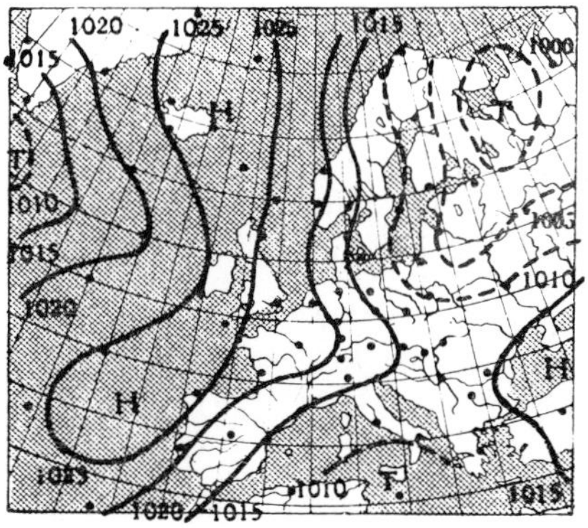

Abb. 12
ML 9.—13. Mai 1927. Nordlage: N

ML = Mittlere Luftdruckverteilung im Meeresspiegel in

Abb. 7 bis 9 : Beispiele von Westlagen

Abb. 11 u. 12: Beispiele weiterer linien-gesteuerter Großwetterlagen

Der bekannte Segelflug-Meteorologe Walter Georgii (1888–1968) hat aus den Baur'schen Unterlagen in der nachstehenden Tabelle die Häufigkeit der Wetterlagen zusammengestellt, die für Piloten besonders interessant sind.

Häufigkeit der Großwetterlagen in %:

Monat	1.	2.	3.	4.	5.	6.	7.	8.	9.	10.	11.	12.	J
E- und NE-Lage	11	13	16	20	23	25	15	13	17	15	12	9	16
Zentrales Hoch	19	20	14	12	13	14	16	17	24	19	17	20	17
SW-Lage	6	5	3	2	1	1	1	1	1	4	6	4	3
S- und SE-Lage	12	11	13	13	11	4	6	8	9	14	17	14	11
W-Lage	24	24	23	20	17	23	30	35	25	26	24	28	25
NW-Lage	8	9	8	8	7	12	17	14	7	6	9	8	9

Auf der rechten Seite ist in der Spalte J angegeben, mit welcher Häufigkeit die jeweilige Lage im Jahresmittel auftritt. Die in den übrigen Spalten eingerahmten Werte zeigen an, in welchen Monaten eine Lage mit einer Häufigkeit auftritt, die *geringer* ist als das Jahresmittel. Die nicht eingerahmten Werte zeigen also, in welchen Monaten eine Wetterlage mit verstärkter Häufigkeit zu erwartet werden kann.
Die Ergebnisse seiner Untersuchungen hat Baur außerdem in einem Kalendarium zusammengefaßt, das einen jährlichen, zum Teil recht detailliert beschriebenen Witterungsablauf für Mitteleuropa angibt, dessen Eintreten nach seinen Ermittlungen mit einer Wahrscheinlichkeit von über 60 % zu erwarten ist.

Nachstehend ein Auszug aus diesem Kalendarium, wobei allerdings die von Baur ausführlich dargestellten Wetterlagen nur kurz charakterisiert werden. Ein Vergleich mit dem auf den Seiten 107 bis 109 wiedergegebenen Singularitäten-Kalender nach Süring zeigt, daß dieser durch die sehr eingehenden Untersuchungen Baurs weitgehend bestätigt wird. Die Übereinstimmung zwischen beiden Kalendern ist recht gut.

20. bis 23. Januar	Vorwiegend trockenes, in Höhen über 1400 m heiteres Frostwetter.
27. bis 30. Januar	In Norddeutschland häufige Niederschläge.
1. bis 16. Februar	Größte Wahrscheinlichkeit des Vorhandenseins einer für den Wintersport geeigneten Schneedecke im Schwarzwald und in den Nordalpen in Höhen zwischen 800 m und 1500 m.

12. bis 22. März	Im Süden verhältnismäßig niederschlagsarm.
1. bis 16. Mai	Kälterückfälle.
20. bis 23. Mai	Verhältnismäßig niederschlagsarm.
28. Mai bis 1. Juni	Schönwetterperiode.
2. bis 20. Juni	»Schafskälte«.
27. Juni bis 1. Juli	Im norddeutschen Binnenland verhältnismäßig niederschlagsarm.
18. bis 23. August	Neigung zu unbeständiger Witterung, besonders im Küstengebiet.
5. bis 10. September	Im Binnenland schöne, warme Nachsommerlage.
16. bis 21. September	Vorwiegend heiter und trocken im südöstlichen Mitteleuropa.
23. Sept. bis 1. Okt.	»Altweibersommer«, überwiegend heiter und trocken.
1. bis 3. Okt.	Neigung zu Witterungsumschlag nach vorausgegangenem schönen Spätsommer-Wetter.
27. bis 30. Dezember	»Weihnachtstauwetter«.

Langfristige Vorhersagen sind aber nach allem, was wir besprochen haben, trotz der eben behandelten einfachen Hilfsmittel, aber auch trotz aller heutigen Erkenntnisse und aller heute vorhandenen Rechner und Rechenverfahren nach wie vor sehr schwierig. Die langfristige Festlegung von Terminen, zum Beispiel für Segelflug-Wettbewerbe oder für Lehrgänge, bei denen ganz bestimmte Wetterlagen doch zumindest wünschenswert, wenn nicht Vorbedingung sind, ist also auch für diejenigen, die sich näher mit Meteorologie befaßt haben oder auch für die Meteorologen selbst nach wie vor eine äußerst unsichere Angelegenheit. Auf alle Fälle ist es aber dann, wenn eine Veranstaltung in jedem Jahr zum selben Zeitpunkt stattfinden soll, sehr empfehlenswert, einen Termin (griechisch: terma = Ziel, lateinisch: terminatio = Grenzbestimmung) zu wählen, an dem nach dem Singularitäten-Kalender und nach dem Baur'schen Kalendarium nicht gerade »schlechtes« Wetter vorhergesagt wird.

Anders ist es mit den kurzfristigen Vorhersagen, die mit den heute zur Verfügung stehenden Mitteln wesentlich höhere Treffergenauigkeiten haben. Wichtig für die Beurteilung dieser Vorhersagen, zum Beispiel der Fernseh-Wettervorhersage oder der im Segelflug-Wetterbericht gemachten Angaben ist jedoch, daß diese ja für größere Räume und nicht speziell für die nähere Umgebung unseres Flugplatzes ausgearbeitet werden. So kommt es häufig vor, daß das vorhergesagte Wetter in 20, 50 oder 100 km Entfernung tatsächlich vorhanden ist, während wir uns über eine »falsche« Vorhersage ärgern. Solche Abweichungen können schon durch relativ kleine, oft nicht vorhersehbare Druckänderungen verursacht werden. Die Auswirkung örtlicher Einflüsse, zum Beispiel von Bergen, Seen usw. können wir durch laufende Beobachtungen selbst feststellen. Durch laufenden nachträglichen Vergleich

von Beobachtungen, die bei eigenen Flügen oder Flügen von Kameraden gemacht wurden, mit den zugehörigen Wetterkarten und Temps kann man sich dann im Laufe der Zeit ein Gefühl dafür erwerben, wie aus derartigen Unterlagen in Zukunft eigene Prognosen erarbeitet werden können, um so bei künftigen Flügen als Segelflieger die jeweilige Wetterlage optimal ausnutzen oder als Motorflieger den Flug so vorbereiten zu können, daß gefährliche Wetterlagen unter allen Umständen vermieden werden.
Wetterkarten, die für uns besonders bei der Beurteilung der großräumigen Wetter-Situation und zur Abschätzung der Wetterentwicklung bis zum nächsten Tag wichtig sind, sind dann, wenn sie gesendet und empfangen werden, immer einige Stunden alt, zeigen also nicht die im Augenblick herrschende Situation. Die aus ihnen gewonnenen Informationen können daher hervorragend durch von einem Satelliten-Empfänger gelieferte Bilder ergänzt werden, die maximal eine halbe Stunde alt sind und die laufend die besonders für den Segelflug wichtigen Bewölkungsverhältnisse zeigen. Verfügt das Gerät über Speichermöglichkeiten, so können die letzten Bilder gespeichert und dann mit einer Zeitrafferschaltung wieder abgerufen werden. Die Entwicklung und Zugrichtung der Bewölkung während der letzten Stunden läßt sich so hervorragend erkennen und verfolgen.
Diese für eine Beurteilung von Wetterlagen benötigten Informationen stehen bei Flugwetterwarten zur Verfügung und können dort nach vernünftigen Absprachen eingesehen oder abgerufen werden. Dasselbe gilt für Temps. Ein örtlicher Temp kann jedoch, wie wir besprochen haben, zumindest bis zur voraussichtlichen Kondensationsbasis auch selbst erflogen werden. In zunehmendem Maß verfügen Landeplätze oder größere Segelfluggelände aber auch über eigene Wetterkartenschreiber, Satelliten-Empfänger und andere Geräte zum Empfang meteorologischer Informationen. Man muß diese Einrichtungen dann nur auch benutzen und die von ihnen gelieferten Informationen verstehen und anwenden können.
Diese Fähigkeit gewinnt man durch Übung, durch laufenden Vergleich von Karten, Temps und Satellitenbildern mit der beobachteten Wirklichkeit. Jeder, der sich die Mühe macht, dies zu tun, wird bald Spaß daran gewinnen, besonders dann, wenn er zum ersten Mal festgestellt hat, daß er eine Wetterlage richtig beurteilt hat, sie mit einem Flug so gut wie möglich ausgenutzt und so Leistungen nicht nur zufällig, sondern durch bestmögliche Vorbereitung des Fluges erreicht hat.
Dasselbe gilt für den Motorflieger, der seine Reise statt mit dem Flugzeug mit dem Pkw ausführt und der dabei feststellt, daß das Wetter auf der Strecke tatsächlich, wie von ihm erwartet, so schlecht geworden ist, daß ein Flug ihn zumindest in größte Gefahr gebracht hätte.
Aber auch für den Nichtflieger, dem es Spaß macht, mehr über das Wettergeschehen zu wissen, wird es immer einfacher, die eben aufgeführten Informationen zu erhalten. So gibt es bereits recht preiswerte Zusatzgeräte zu den ja

bereits in vielen Haushalten vorhandenen Heim-Computern, um mit diesen die bisher nur mit teuren Wetterkartenschreibern zu erhaltenden Karten und Temps empfangen und, falls auch ein Drucker vorhanden ist, sogar ausdrukken zu können. Ebenso sind bereits Zusatzgeräte erhältlich, mit deren Hilfe ein Heim-Computer für den Empfang von Satellitenbildern verwendet werden kann.

Meteorologische Informationen und ihre Entschlüsselung

Im vorhergehenden Kapitel haben wir uns über einige Hilfsmittel unterhalten, die uns helfen können, Wetterlagen und Wetterentwicklungen zu erkennen. Viele der für uns wichtigen Informationen, die wir bei Flugwetterwarten einsehen oder über Telefon, Fernschreiber und vielleicht auch über einen Wetterkartenschreiber erhalten können, sind verschlüsselt und müssen daher erst in den Klartext (lateinisch: textus = Gewebe, Geflecht, also das Verflechten von Worten zu einer Gesamtheit) »übersetzt« werden. Wir wollen daher zum Schluß noch kurz auf die Entschlüsselung der für uns wichtigsten meteorologischen Meldungen und der Eintragungen in Wetterkarten eingehen und schließlich auch noch einige wenige für uns wichtige Eigenschaften von Satellitenaufnahmen behandeln.

1. SEGELFLUG-WETTERVORHERSAGE

Das nachstehend wiedergegebene Musterblatt für eine solche Vorhersage versteht sich von selbst. Wo aus dem Formular nicht direkt zu ersehen ist, welche Informationen im einzelnen gegeben werden, sind in die entsprechenden Spalten Erklärungen eingetragen. Zeitangaben erfolgen hier und bei allen folgenden Informationen in UTC = Universal Time Coordinated = Abgestimmte (Koordinierte) Weltzeit.
Diese Koordinierte Weltzeit wird durch den Mittelwert der Angaben von 100 besonders ausgewählten, sich in verschiedenen Ländern befindlichen und äußerst genau arbeitenden Atomuhren festgelegt. Die früher verwendete GMT = Greenwich Mean Time = Mittlere Greenwichzeit beruht dagegen auf astronomischen Daten, nämlich dem Durchgang der »mittleren« Sonne durch den durch die englische Sternwarte Greenwich verlaufenden 0°-Meridian. Eine »mittlere« Sonnenzeit mußte deshalb festgelegt werden, weil die Zeitdauer zwischen zwei Sonnendurchgängen infolge von Schwankungen in der Bewegung der Erde nicht immer exakt gleich ist. Da jedoch beim derzeitigen Zustand der Erde und unseres Sonnensystems die Differenz zwischen UTC und GMT maximal etwa auf 1 s während eines Jahres anwachsen kann und

Deutscher Wetterdienst

Für Fernsprechansagestelle: Segelflugwettervorhersage für Baden-Württemberg) ausgegeben von der
Für Süddeutschen Rundfunk: Segelflugwettervorhersage für Baden-Württemberg) Flugwetterwarte Stuttgart
Für Südwestfunk: Segelflugwettervorhersage für Südwestdeutschland) um .... Uhr

Gültig für (Wochentag) ...., den ....

(Wetterlage, ggf. mit Niederschlag)..

....

....

....

....

(Wolken) keine........................Achtel..................... Quellbewölkung mit Untergrenze

zunächst bei........................ m, ansteigend auf........................ m.

(Übrige Bewölkung, ggf. mit Niederschlag)... "gering" = ≦ 4/8 "stark" = ≧ 4/8 ....

....

....

(Thermik)... "gering" = ≦ 0,5, "mässig" = 0,5 - 1,5 , "gut" = 1,5 - 2,5, "sehr gut" = ≧2,5m/s

... Die Maxima betragen jeweils etwa das Doppelte des angegebenen Mittelwertes

Beginn der Thermik um............................ Uhr) Angaben für den Zeitpunkt, an dem
gegen............................ Uhr) Thermik bis zu 600m GND reicht!
zwischen.........und.......... Uhr) bei................. Grad Celsius.
Ende der Thermik voraussichtlich gegen.......... Uhr) Temperaturangabe ist also nicht die Auslösetemperatur

Wetterwirksame Sperrschichten in/zwischen.................. m, und...................... m.

... Boden-Inversionen werden nicht angegeben ! ...

Bodensicht.. km.

Nullgradgrenze.. m.

Bodenwind aus. nach 8-teiliger Windrosen - Skala ..mit.............km/h, Böen bis...............km/h.

Höhenwinde in 1000 m: ... nach der 360° - Skala ...Grad mit.....................km/h.

in 2000 m: ....Grad mit.....................km/h.

in 3000 m: ....Grad mit.....................km/h.

Besondere Hinweise: z.B. Föhn,Leewellen, Stau-Lagen, Wolkenstrassen, Überentwicklungen, Wetterwarnungen, Vereisung, Turbulenz

....

QNH in Stuttgart um 0900 Uhr/1200 Uhr..................Hektopascal.

Tendenz...

Aussichten für (Wochentag)........................... : ....

....

*der jeweilig zutreffende Kopf ist zu verwenden!

Abgabe an FMD................UTC, Sig. ....

an SWF................UTC, Sig. .... Telex: 7878125) samstags, sonntags u.feiertags

an SDR................UTC, Sig. .... Telex: 723458) bis 0500 UTC

an Fernsprechansagestelle........ , Sig. .... Telex: 722170 täglich 0520 UTC u. 0820 UTC

in dringenden Fällen
(z.B.Korrekturen) Tel.: 20115805

dann wieder korrigiert wird, besteht für uns praktisch kein Unterschied zwischen den beiden Zeiten. Für uns gilt: UTC = GMT.
Die über automatische (griechisch: automatos = von selbst, selbsttätig) Anrufbeantworter telefonisch abrufbare Vorhersage gibt sehr wertvolle Informationen über die segelfliegerischen Möglichkeiten in einem bestimmten Gebiet. Welche Fragen bei weiterführenden Flügen an den Meteorologen einer Flugwetterwarte zu richten sind und wie zusätzliche Informationen über die Verhältnisse am eigenen Platz gewonnen werden können, haben wir in verschiedenen Kapiteln besprochen.

2. GAFOR

GAFOR = *G*eneral *A*viation *For*ecast. Die Wetterberatung für die Allgemeine Luftfahrt über automatische Anrufbeantworter ist eine Wettervorhersage mit Angabe der voraussichtlichen Wetterentwicklung für verschiedene, nach orographischen Gesichtspunkten unterteilte Gebiete der Bundesrepublik Deutschland. Es gibt sie übrigens auch in einigen Nachbarstaaten. Sie gibt keine detaillierten Informationen über das in diesen Gebieten zu erwartende Wetter, sondern gibt mit Schlüsselbuchstaben an, in welchen Grenzen sich Sicht und Bewölkung in etwa bewegen werden. GAFOR gibt uns also die Mindest-Informationen, die wir zur Durchführung eines Überlandfluges nach Sichtflugregeln benötigen.
Für die einzelnen Vorhersagegebiete ist jeweils eine Bezugshöhe in ft MSL angegeben, auf die sich die Angaben der Wolkenuntergrenzen über GND und der Bodensichten beziehen. Diese Bezugshöhe ist *nicht* die höchste im Vorhersagegebiet vorkommende Geländehöhe. Zwar liegen über 90 % des Gebietes nicht höher bzw. sogar niedriger als die Bezugshöhe, die höchste Erhebung kann jedoch bis zu 400 ft höher liegen. Die höheren Gebietsteile sind in der hier wiedergegebenen GAFOR-Karte schwarz eingezeichnet. Im Original sind sie rot gedruckt. Es muß also damit gerechnet werden, daß die gegebene Einstufung für die Umgebung der höchsten Hindernisse nicht zutrifft und daß so eventuell Umwege notwendig werden. Eine dies berücksichtigende *sorgfältige* Flugvorbereitung ist also bei schlechteren Wetterbedingungen besonders wichtig.
Wichtig ist, nie zu vergessen, daß bei Überlandflügen innerhalb der letzten Stunde vor dem Start zumindest GAFOR abgefragt werden muß und daß der Flug innerhalb der Gültigkeitsdauer der Vorhersage beendet sein muß. Bei einem eventuellen Schlechtwetterunfall wird von Behörden und Gerichten vorausgesetzt, daß zumindest die GAFOR-Vorhersage bekannt war. Wurde in nach GAFOR geschlossene Gebiete trotzdem eingeflogen, so ist dies eine grobfahrlässige Handlung. Dies hat zur Folge, daß Versicherungen nicht bezahlen bzw. Regreß-Ansprüche (lateinisch: regressus = Rückzug, Rück-

Automatische Flugwetteransage für die Allgemeine Luftfahrt

gültig für den ....UTC bis ....UTC

Sichtflugmöglichkeiten nach GAFOR-Kriterien in drei 2-Stunden-Perioden für die Gebiete

Bereich

NORD				SÜD		
Vorhersageperioden						
1.	2.	3.		1.	2.	3.
			31			
			32			
			33			
			34			
			35			
			36			
			37			
			38			
			39			
			41			
			42			
			43			
			44			
			45			
			46			
			47			
			51			
			52			
			53			
			54			
			55			
			56			
			57			
			61			
			62			
			63			
			64			
Segelflug:			71			
			72			
			73			
			74			
			75			
			76			
			81			
			82			
			83			
			84			

Wetterlage:

Höhenwinde	NORD	SÜD
1500 ft		
3000 ft		
5000 ft		
10000 ft		
0°-Grenze		

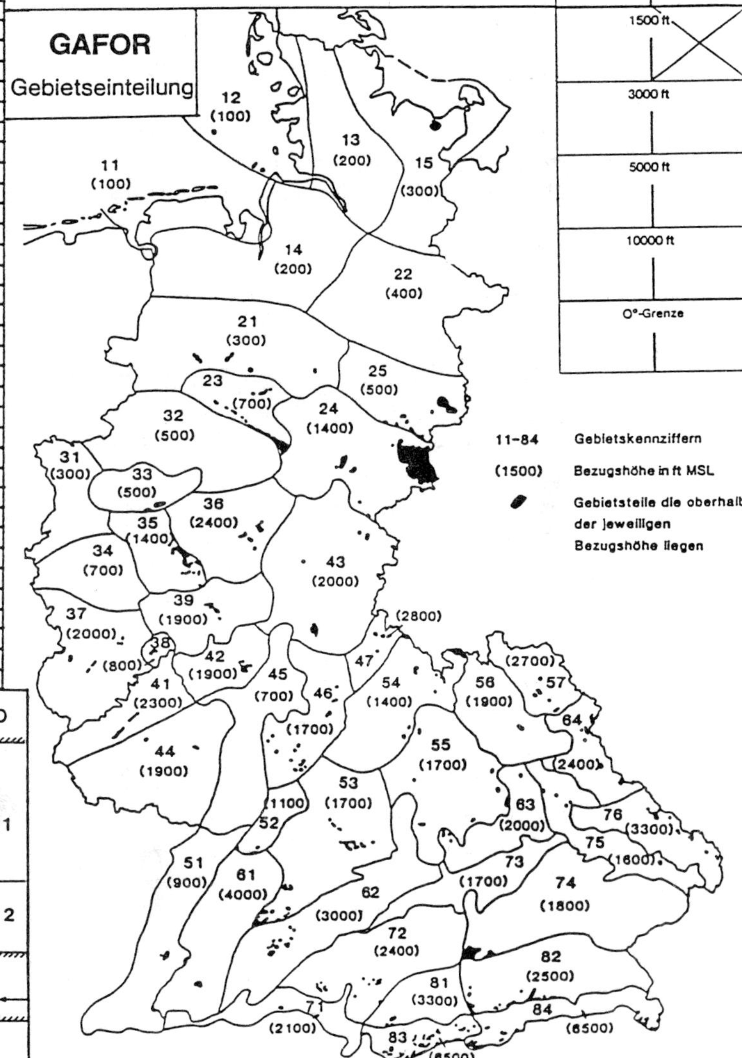

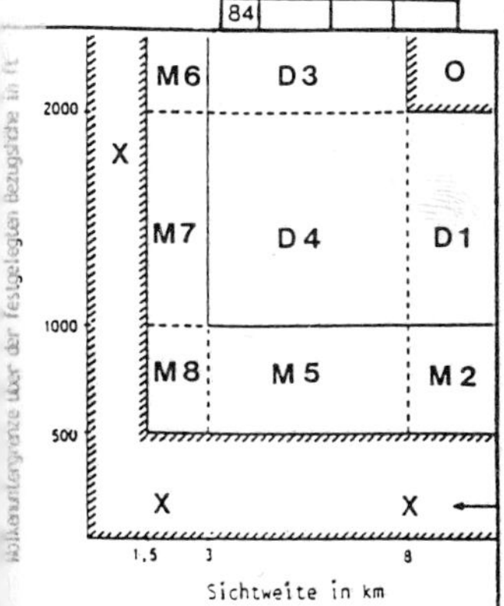

griff) an den Verantwortlichen stellen. Jeder kann sich ausmalen, welche zivilrechtlichen Folgen sich hieraus ergeben können.
Die Flugwettervorhersagen werden für die Bereiche NORD und SÜD der BR-Deutschland ausgegeben. Diese Bereiche überlappen sich etwa zwischen dem Ruhr- und dem Rhein-Main-Gebiet. Die Vorhersagen für den Überlappungsbereich sind in beiden Berichten inhaltlich gleich.
Die Flugwettervorhersagen enthalten folgende Angaben:
a) Einleitender Text und Gültigkeitsdauer der Vorhersage;
b) Charakterisierung der Wetterlage in Kurzform mit Hinweis auf die Thermik für den Segelflug (April bis Oktober) und – sofern erforderlich – im jeweils ersten Bericht die Wetteraussichten nach Ablauf der Gültigkeitsperiode;
c) Höhenwinde für die Höhen 1500 ft MSL (nur Bereich NORD) und 3000 ft MSL sowie für FL 050 und FL 100.
d) Höhe der Nullgradgrenze;
e) Vorhersage in drei aufeinanderfolgenden 2-Stunden-Perioden der in jedem Gebiet vorherrschenden Möglichkeiten für VFR-Flüge, eingestuft nach den 5 Kriterien des GAFOR-Codes;
f) Zeit der nächsten planmäßigen Aufsprache.

Terminplan für Ausgabe und Gültigkeitsdauer von AFWA/GAFOR:

Ausgabe (UTC)	Gültigkeitsdauer der Vorhersage			
(– UTC, Universal Time Coordinated)	gesamt	1. Periode	2. Periode	3. Periode
0230*)	0300–0900	0300–0500	0500–0700	0700–0900
0530	0600–1200	0600–0800	0800–1000	1000–1200
0830	0900–1500	0900–1100	1100–1300	1300–1500
1130	1200–1800	1200–1400	1400–1600	1600–1800
1430	1500–2100	1500–1700	1700–1900	1900–2100
2030	Aussichten für den Folgetag			

Bemerkung:*) nur während der Gültigkeit der gesetzlichen Sommerzeit.

Der GAFOR wird im GAFOR-Code erstellt. Die Vorhersagen beziehen sich ausschließlich auf die Elemente »Sicht« und auf eine Wolkenuntergrenze mit einem Bedeckungsgrad von 4/8 oder mehr.
Zwischenzeitliche Aufsprachen sind bei unvorhergesehenen Wetterveränderungen zwischen den planmäßigen Berichten vorgesehen.
Die Aufsprache erfolgt für alle 3 Vorhersageperioden je Gebiet mit den Anfangsbuchstaben der englischen Stufenbezeichnungen. Die Gebietsnummern werden in aufsteigender Reihenfolge genannt.

Die Länge der Berichte ist auf eine Sprechdauer von maximal drei Minuten abgestimmt.

Die Einstufung der Möglichkeiten für VFR-Flüge erfolgt nach folgenden Kriterien des GAFOR-Codes:

CHARLIE (nur national)	Horizontale Sichtweite am Boden 10 km oder mehr; keine Wolkenuntergrenze unter 5000 ft GND (über Bezugshöhe)
OSCAR = Offen/ open	Horizontale Sichtweite am Boden 8 km und mehr; keine Wolkenuntergrenze* unter 2000 ft GND (über Bezugshöhe)
DELTA = Schwierig/ difficult	Horizontale Sichtweite am Boden weniger als 8 km, mindestens jedoch 3 km und/oder Wolkenuntergrenze* unter 2000 ft, jedoch nicht unter 1000 ft GND (über Bezugshöhe)
MIKE = Kritisch/ marginal	Horizontale Sichtweite am Boden weniger als 3 km, mindestens 1,5 km und/oder Wolkenuntergrenze* unter 1000 ft, jedoch nicht unter 500 ft GND (über Bezugshöhe)
X-RAY = Geschlossen/ closed	Horizontale Sichtweite am Boden weniger als 1,5 km und/oder Wolkenuntergrenze* unter 500 ft GND (über Bezugshöhe)
	*Bedeckungsgrad 4/8 oder mehr

a) Anmerkungen: und/oder – besagt, daß jeweils das weniger günstige der beiden Kriterien Sicht oder Wolkenuntergrenze für die Einstufung ausschlaggebend ist.

b) Bei den Einstufungen »DELTA« und »MIKE« werden noch Ziffern angege-

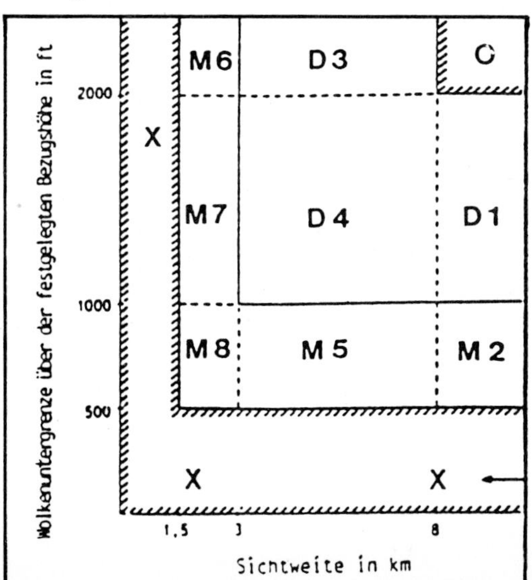

ben, die eine zusätzliche Information vermitteln. Aus ihnen geht hervor, ob die jeweilige Einstufung aufgrund der Sichtweite oder aufgrund der Wolkenuntergrenze erfolgt ist.
Die Bedeutung der einzelnen Buchstaben-Ziffern-Kombinationen ist aus der auf dem GAFOR Eintragungsblatt links unten und vorstehend nochmals wiedergegebenen Graphik zu entnehmen.
Wird z. B. M 7 gegeben, so befindet sich die Wolkenuntergrenze zwar über 1000 FT, die Bodensicht liegt aber nur zwischen 1,5 und 3 km.
Dagegen bedeutet M 5, daß die Sicht zwar zwischen 3 und 8 km beträgt, die Wolkenuntergrenze aber nur zwischen 500 und 1000 FT liegt.

c) MIKE*: Bei einer Einstufung in die Stufe Marginal/Mike (kritisch) wird empfohlen, bei einer Flugwetterwarte eine individuelle Beratung einzuholen! Allgemein ist zu beachten, daß die vorhergesagten Stufen zwar im weitaus größten Teil der jeweiligen Gebiete und für die jeweilige Zeitperiode vorherrschend sein sollen, jedoch kleinräumige oder kurzzeitige Abweichungen möglich sein können!

Die Flugwettervorhersagen gelten für VFR-Flüge innerhalb der Bundesrepublik bis zu einer Höhe von FL 100. Im Sinne der nach § 3a LuftVO erforderlichen Flugvorbereitung sind sie einer individuellen Beratung gleichzusetzen, sofern sie in der letzten Stunde vor dem Start abgerufen werden. (Anm.: bei Untersuchung besonderer Vorkommnisse gilt – bei nicht individueller Beratung – die GAFOR-Vorhersage der letzten Stunde vor dem Start als Grundlage).

Werden im GAFOR-Kartenblatt (wird es durch eine Klarsichtfolie abgedeckt, können die Eintragungen wieder gelöscht und das Blatt immer wieder verwendet werden) die geschlossenen (X), kritischen (M) (griechisch: kritos = entschieden, geschnitten, von krinein = entscheiden, schneiden, heute: entscheidend, bedenklich, gefährlich) und vielleicht auch noch die schwierigen (D) Gebiete schraffiert, so läßt sich leicht erkennen, ob bei einem Überlandflug das Ziel eventuell auf einem Umweg über Gebiete mit weniger schwierigen Wetterbedingungen erreicht werden kann.

Es ist jedoch sehr empfehlenswert, bei zweifelhaften Wetterbedingungen noch eine eingehende Beratung bei der nächsten Flugwetterwarte einzuholen. Aber auch dann bleibt der Pilot während des ganzen Fluges verantwortlich für das, was er tut. Wird das Wetter unterwegs schlechter als vorhergesagt oder kann man die Lage nicht mehr voll übersehen, sollte man unbedingt umkehren, eventuell einen freien Ausweichplatz anfliegen oder, wenn auch das nicht mehr ohne Gefahr möglich ist, eine Sicherheitslandung vornehmen.

Bei wirklich kritischen Wetterlagen ist es allerdings noch viel besser, von vorneherein zu Hause zu bleiben. VFR-Flieger können eben nicht zu jedem Zeitpunkt von A nach B fliegen. Wer bei kritischen Wetterverhältnissen zu Hause bleibt, lebt länger und kann sich so länger an der Schönheit des Fliegens – bei besserem Wetter – erfreuen. Wir sollten nie vergessen:

There are many old pilots and there are many bold pilots, but there are only few old bold pilots!	Es gibt viele alte Flieger und es gibt viele kühne Flieger, aber es gibt nur wenige alte kühne Flieger!

Wer in gefährliche Wetterlagen einfliegt, ist nicht mutig, sondern dumm; er hat sich nicht ausreichend mit Meteorologie beschäftigt.

3. SCHRIFTLICHE WETTERMELDUNGEN DER FLUGWETTERWARTEN ÜBER FERNSCHREIBER

METAR Kennung	sa	Aviation Routine Weather *Report* (für unterwegs, vor der Landung). Änderung alle 1/2 oder 1 Stunde
SPECI	sp	Special Meteorological Report (Kurzfassung von METAR, wenn zwischen METAR-Terminen wichtige Änderungen)
TAF	fc	Terminal Aerodrome (or Alternative) Weather *Forecast* (kurzfristige Vorhersage des Platzwetters). Änderung alle 3 Stunden; gültig für die nächsten 9 Stunden
	ft	Langzeit-TAF für den Interkontinentalen Luftverkehr. Änderung alle 6 Stunden; gültig für die nächsten 18 Stunden. Bis zu 48 Stunden Gültigkeit möglich. Wenn mehr als 24 Stunden G_2G_2 + 50
	–	AMENDED TAF = verbesserter TAF, wenn Vorhersagen zwischen den Ausgabe-Terminen korrigiert werden müssen. Hinter der Uhrzeit wird in diesem Fall die Gruppe »AMD« eingefügt

METAR und SPECI sind also Berichte über das augenblickliche Wetter an einem Flughafen, TAF eine Vorhersage des Platzwetters. In beiden Meldungen wird auch über voraussichtliche Wetteränderungen, den Trend (englisch: trend = sich neigen, eine bestimmte Richtung nehmen) der Wetterentwicklung, berichtet. METAR und TAF werden über ein spezielles Informationssystem des Wetterdienstes, das Europäische Flugwetter-Fernmeldenetz MOTNE = *M*eteorological *O*perational *T*elecommunications *N*etwork *E*urope,

METAR	TAF	
B_RB_R)	—	Bremswirkung (braking action); Code siehe (8)
e_Re_R	—	Niederschlagsdicke; Code siehe (8)
C_R	—	Ausdehnung des Niederschlags; Code siehe (8)
E_R	—	Art des Niederschlags (deposits); Code siehe (8)
(D_RD_R	—	Bezeichnung der Landebahn, für die die Information gegeben wird; Besonderheiten siehe (8)
TTTT	TTTT	Trend (tendency) der Wetterentwicklung; Code siehe (7)
—	t_L)	Höhenerstreckung in 1000er ft; Besonderheiten siehe (6)
—	$h_Bh_Bh_B$	Höhe über Grund der Untergrenze des Turbulenzbereichs in 100er ft; Besonderheiten siehe (6)
—	B	Art der Turbulenz (turbulence); Code siehe (6)
—	(5	Gruppenkennzeichen für Turbulenzvorhersage
—	t_L)	Höhenerstreckung in 1000er ft; Besonderheiten siehe (6)
—	$h_ih_ih_i$	Höhe über GND des untersten Vereisungsniveaus in 100er ft; Besonderheiten siehe (6)
—	I_c	Vereisungsart (icing); Code siehe (6)
—	(6	Gruppenkennzeichen für Vereisungsvorhersage
—	T_FT_F)	Temperaturvorhersage in vollen °C M = minus
—	G_FG_F	Uhrzeit UTC (volle Stunden), zu der T_FT_F eintritt (F = forecast)
—	(0	Gruppenkennzeichen der Temperaturvorhersage
($P_HP_HP_HP_H$)	—	QNH (pressure = Druck) auf ganze HPa abgerundet
T_dT_d)	—	Taupunkt (dewing point) in ganzen °C M = minus eventuell / zwischen TT und T_dT_d
(TT	—	Lufttemperatur (temperature) in ganzen °C M = minus
CAVOK	CAVOK	Ersetzt die Gruppen VVVV, w'w'+Abk und N_sCC$h_sh_sh_s$, wenn die unter (5) angegebenen Bedingungen erfüllt
$h_sh_sh_s$	$h_sh_sh_s$	Wolkenuntergrenze (height) über GND in 100er ft Besonderheiten siehe (4)
CC	CC	Wolkenart (clouds); Code siehe (4)
N_s	N_s	Wolkenmenge (number) der Art CC in Achtel; Besonderheiten siehe (4)
w'w'+Abk	w'w'+Abk	Herrschendes oder vorausgesagtes Wetter (weather). Für Piloten w'w' nicht so wichtig, wichtig Abk! Code siehe (3)
D_RD_R)	—	Landebahnbezeichnung (direction = Richtung), für die RVR gilt. Wird nur angegeben, wenn RVR für mehrere Bahnen; Besonderheiten siehe (2)
$V_RV_RV_RV_R$	—	Landebahn-Höchstsicht RVR (runway visibility range) in m Nur wenn Sicht <1500 m! Besonderheiten siehe (2)
(R	—	Kennzeichen der RVR-Gruppe
VVVV	VVVV	Meteorologische Sicht (visibility) am Boden in m. 9999 = 10 km oder mehr
f_mf_m	f_mf_m	Maximale Windgeschwindigkeit in KT; Besonderheiten siehe (1) evtl. / zwischen ff und f_mf_m
ff	ff	Windgeschwindigkeit (force) in KT; Besonderheiten siehe (1)
ddd	ddd	Windrichtung (direction) auf volle 10er Grade auf- oder abgerundet; Besonderheiten siehe (1)
CCCC	CCCC	ICAO-Kennung (code) der Station
GGgg	$G_1G_1G_2G_2$	GGgg Beobachtungszeit in Stunden und Minuten UTC; meist nicht bei Station, sondern zu Beginn einer Sammelmeldung angegeben. $G_1G_1G_2G_2$ Beginn und Ende der Gültigkeit der Vorhersage in vollen Stunden UTC. Wird meist nach CCC angegeben.
METAR	TAF	

verbreitet. METAR kann aber auch als VOLMET über unsere Flugfunkgeräte oder als ATIS über Funknavigationsempfänger (siehe 5.) im englischen Klartext abgehört werden.
Die in der auf der vorigen Seite wiedergegebenen Übersicht zwischen Klammern gesetzten Gruppen werden nicht immer, bzw. nur bei Bedarf, durchgegeben. Zur besseren Verständlichkeit für Piloten werden gelegentlich auch Zahlengruppen durch Buchstaben-Abkürzungen entsprechender englischer Ausdrücke ersetzt.

Schlüssel für METAR und TAF

(1) zu ddd	000 = Windstille 999 oder VRB = variable = veränderlich = umlaufende Winde nur, wenn ff $<$ 5 KT
zu ff	00 = Windstille
zu $f_m f_m$	In der Bundesrepublik Deutschland werden Böen nur angegeben, wenn sie $>$ 25 KT und $>$ 10 KT über dem Mittelwert von ff sind Böen $>$ 100 KT werden in 3 Ziffern angegeben eventuell Schrägstrich zwischen ff und $f_m f_m$ also ff/$f_m f_m$
(2) zu $RV_RV_RV_RV_R$	RP 1700 bedeutet Landebahnsicht mehr (*p*lus) als 1700 m RMM 0150 bedeutet Landebahnsicht kleiner (*m*inus) als das *M*inimum des Meßbereichs des Sichtmeßgerätes (dieser beträgt im Beispiel also M = 150 m)
zu D_RD_R	D = *d*irection = Richtung, R = *r*unway = Landebahn evtl. Schrägstrich zwischen Sicht und Landebahnrichtung also $RV_RV_RV_RV_R/D_RD_R$
(3)	

Schlüssel-Tabelle für Angaben über w'w' (Gegenw. Wetter/Present Weather)

Zahl/Abkürzung	Meaning	Erläuterung
04FU	Smoke	Rauch
05HZ	Dust/haze	trockener Dunst
06HZ	Dust/haze	Staubdunst
07SA	rising dust or sand	aufgewirbelter Staub/Sand
08PO	Dust devils	Staubwirbel
10BR	Mist	feuchter Dunst
11MIFG	Shallow fog	Flacher Nebel
12MIFG	Shallow fog	Flacher Nebel
17TS	Thunderstorm[1)]	Gewitter[2)]
18SQ	Squall	Markante Böe

19FC	Funnel cloud (tornado or waterspout)	Großtrombe (Tornado oder Wasserhose)
20REDZ	Recent drizzle	nach Sprühregen
21RERA	Recent rain	nach Regen
22RESN	Recent snow	nach Schneefall
23RERASN	Recent rain and snow	nach Schneeregen
24REFZRA	Recent freezing rain	nach Gefrierendem Regen
25RESH	Recent showers	nach Schauer
26RESNSH	Recent snow showers	nach Schneeschauer
27REGR	Recent hail	nach Hagel
29RETS	Recent thunderstorm	nach Gewitter
30SA	Dust- or sandstorm,	Staub- oder Sandsturm,
31SA	Dust- or sandstorm,	Staub- oder Sandsturm,
32SA	Dust- or sandstorm,	Staub- oder Sandsturm,
33XXSA	Heavy dust- or sandstorm	Schwerer Staub-/Sandsturm
34XXSA	Heavy dust- or sandstorm	Schwerer Staub-/Sandsturm
35XXSA	Heavy dust- or sandstorm	Schwerer Staub-/Sandsturm
36DRSN	Low drifting snow	Niedriges Schneefegen
37DRSN	Low drifting snow	Niedriges Schneefegen
38BLSN	Blowing snow	Schneetreiben
39BLSN	Blowing snow	Schneetreiben
40BCFG	Fog patches	Nebelschwaden (-bänke)
41BCFG	Fog patches	Nebelschwaden (-bänke)
42FG	Fog	Nebel
43FG	Fog	Nebel
44FG	Fog	Nebel
45FG	Fog	Nebel
46FG	Fog	Nebel
47FG	Fog	Nebel
48FZFG	Freezing fog	Gefrierender Nebel
49FZFG	Freezing fog	Gefrierender Nebel

[1] but no precipitation at the time of observation

[2] aber kein Niederschlag zur Zeit der Beobachtung

50DZ	Drizzle	Sprühregen
51DZ	Drizzle	Sprühregen
52DZ	Drizzle	Sprühregen
53DZ	Drizzle	Sprühregen
54XXDZ	Heavy drizzle	Starker Sprühregen
55XXDZ	Heavy drizzle	Starker Sprühregen
56FZDZ	Freezing drizzle	Gefrierender Sprühregen
57XXFZDZ	Heavy freezing drizzle	Starker gefrierender Sprühregen

58RA	Rain (and drizzle)	Regen (mit Sprühregen)
59RA	Heavy Rain (and drizzle)	Starker Regen (mit Sprühregen)
60RA	Rain	Regen
61RA	Rain	Regen
62RA	Rain	Regen
63RA	Rain	Regen
64XXRA	Heavy rain	Starker Regen
65XXRA	Heavy rain	Starker Regen
66FZRA	Freezing rain	Gefrierender Regen
67XXFZRA	Heavy freezing rain	Starker gefrierender Regen
68RASN	Rain and snow	Schneeregen
69XXRASN	Heavy rain and snow	Starker Schneeregen
70SN	Snow	Schneefall
71SN	Snow	Schneefall
72SN	Snow	Schneefall
73SN	Snow	Schneefall
74XXSN	Heavy snow	Starker Schneefall
75XXSN	Heavy snow	Starker Schneefall
77SG	Snow grains	Schneegriesel
79PE	Ice pellets	Eiskörner
80RASH	Showers	Schauer
81XXSH	Heavy showers	Starke Schauer
82XXSH	Heavy showers	Starke Schauer
83RASN	Showers of rain and snow	Schneeregenschauer
84XXRASN	Heavy showers of rain and snow	Starke Schneeregenschauer
85SNSH	Snow showers	Schneeschauer
86XXSN SH	Heavy snow showers	Starke Schneeschauer
87GR	Soft hail	Graupel
88GR	Soft hail	Graupel
89GR	Hail	Hagel
90XXGR	Heavy hail / Starker Hagel	Gewitter während
91RA	Rain / Regen	der letzten Stunde
92XXRA	Heavy rain / Starker Regen	aber nicht zur
93GR	Hail / Hagel	Beobachtungszeit
94XXGR	Heavy hail Starker Hagel	
95TS	Thunderstorm	Gewitter
96TSGR	Thunderstorm with hail	Gewitter mit Hagel
97XXTS	Heavy thunderstorm	Starkes Gewitter
98TSSA	Thunderstorm with dust-	Gewitter mit Staub-

	or sandstorm	oder Sandsturm
99XXTSGR	Heavy thunderstorm with hail	Starkes Gewitter mit Hagel

RE-Gruppen (= *re*cent weather = vergangenes Wetter) werden nur gegeben, wenn die Wettererscheinung innerhalb einer Stunde vor der Meldung beobachtet wurde.

(4) Sind Wolken in mehreren Stockwerken vorhanden, wird die gesamte Wolkengruppe entsprechend oft wiederholt.
Bei wolkenlosem Himmel wird die gesamte Wolkengruppe durch SKC = sky clear = Himmel klar ersetzt.

zu N_S — statt »Achtel« wird auch der gleichbedeutende Ausdruck »Okta« (griechisch: okto = acht) verwendet.
9 = sky obscured = Himmel verborgen = Himmel nicht zu erkennen

zu CC — CI Cirrus CC Cirrocumulus CS Cirrostratus
AC Altocumulus AS Altostratus ST Stratus
NS Nimbostratus CU Cumulus SC Stratocumulus
CB Cumulonimbus // cloud obscured = Wolke nicht zu erkennen

zu $h_sh_sh_s$ — Ist die Wolkenuntergrenze nicht zu erkennen (z. B. bei starken Schauern, Schnee etc.), wird also für N_SCC der Code 9 // gegeben, wird statt der Höhe der Wolkenuntergrenze die Vertikalsicht in 100er ft angegeben.

(5) CAVOK — = ceiling (or clouds) and visibility ok = Wolkenuntergrenze (oder Wolken) und Sicht in Ordnung. Dies bedeutet Sichtweite 10 km oder mehr
kein Niederschlag, kein Gewitter, kein flacher Nebel, kein Schneefegen
keine Wolken unterhalb 1500 m (5000 ft) GND oder unterhalb der höchsten Sektormindesthöhe (dabei gilt die größere der beiden Höhenangaben) und keine Cumulonimben

(6) zu B — Art der Turbulenz
0 keine
1 leichte Turbulenz
2 mäßige Turbulenz außerhalb der Wolken (clear air = klare, wolkenfreie Luft), gelegentlich
3 mäßige Turbulenz außerhalb von Wolken, häufig
4 mäßige Turbulenz in Wolken, gelegentlich
5 mäßige Turbulenz in Wolken, häufig
6 starke Turbulenz außerhalb von Wolken, gelegentlich
7 starke Turbulenz außerhalb von Wolken, häufig
8 starke Turbulenz in Wolken, gelegentlich

9 starke Turbulenz in Wolken, häufig

zu I_C — Art der Vereisung (Icing = Vereisung)

0 keine Vereisung
1 leichte Vereisung
2 leichte Vereisung in Wolken
3 leichte Vereisung in Niederschlag
4 mäßige Vereisung
5 mäßige Vereisung in Wolken
6 mäßige Vereisung in Niederschlag
8 starke Vereisung in Wolken
9 starke Vereisung in Niederschlag

zu t_L — Schichtdicke (*t*hickness of *layer* = Dicke der Schicht)

0 bis zu den tops (dem oberen Ende) der Wolken
1 1000 ft = 300 m
2 2000 ft = 600 m
3 3000 ft = 900 m
4 4000 ft = 1200 m
5 5000 ft = 1500 m
6 6000 ft = 1800 m
7 7000 ft = 2100 m
8 8000 ft = 2400 m
9 9000 ft = 2700 m

Ist Vereisung oder Turbulenz in mehreren Schichten zu erwarten, so werden die Gruppen entsprechend oft wiederholt.
Beträgt die Dicke einer Turbulenz- oder Vereisungsschicht mehr als 9000 ft (2700 m), so folgt eine zweite B- oder I_C-Gruppe, für die dann als Untergrenze die Obergrenze der vorhergehenden Gruppe angegeben wird.
(7) Bei METAR werden hier die in den folgenden zwei Stunden zu erwartenden Wetteränderungen angegeben. Nur wenn eine verläßliche Zeitangabe innerhalb der Vorhersagedauer möglich ist, wird eine Uhrzeit GGgg in Stunden und Minuten UTC angegeben, zu der die Änderung eintreten wird bzw. zu der der Zeitraum beginnt, in dem die Änderung voraussichtlich stattfinden wird.
Bei TAF wird angegeben, um welche Uhrzeit GG UTC die Änderung voraussichtlich beginnt bzw. in welchem Zeitraum GGG_eG_e (jeweils volle Stunden) sie stattfindet.
Für beide Meldungen wird die Art der Wetteränderung durch die nachstehend aufgeführten Ausdrücke gekennzeichnet. Hinter diesen Bezeichnungen folgen dann jeweils die sich ändernden Gruppen (Wind, Sicht, Wetter, Bewölkung usw.) mit den zu erwartenden geänderten Werten.

NOSIG = *no sig*nificant change = keine wesentliche Änderung
TEND = *tend*ency = Trend. Hiernach folgen *allgemeine* Angaben über

	eine zu erwartende Änderung
GRADU	= *gradu*al change = gleichmäßige Änderung (allmählich übergehend in...)
RAPID	= *rapid* change = schnelle Änderung, wenn Änderung in weniger als einer halben Stunde zu erwarten ist
TEMPO	= *tempo*rary variation(s) = zeitweilige Änderung(en) von kurzer Dauer (< 1^h)
INTER	= *inter*mittent variation(s) = wiederholte Änderung(en). Erwartung, daß Änderungen gegenüber der Hauptvorhersage häufiger vorkommen, als mit TEMPO angezeigt
PROB	= *prob*ability of forecast = Wahrscheinlichkeit einer Vorhersage in % (jeweils auf volle 10er aufgerundet). PROB 40 = Wahrscheinlichkeit 40 %. Beträgt die Wahrscheinlichkeit über 50 %, so wird PROB nicht verwendet, sondern eine normale Voraussage gegeben

Wenn bedeutsames, mit einer Änderungsgruppe gemeldetes Wetter, sich in nicht mehr bedeutsames ändert, kann unter TTTTT die Gruppe WX NIL (*w*eather = Wetter; *x* = bedeutsam, intensiv, wie z. B. auch bei w'w'; *ni*hi*l* = (lateinisch: nichts) gemeldet werden.

In den Meldungen können noch folgende Klartext-Abkürzungen vorkommen:

VUP	= *v*isibility *up* to = Sicht erhöht sich bis zu
VDO	= *v*isibility *down* to = Sicht geht zurück bis auf
CUP	= *c*eiling *up* to = Untergrenze erhöht sich bis auf
CDO	= *c*eiling *do*wn to = Untergrenze sinkt ab bis auf
BASE	= *base* = Basis, Untergrenze

(8) In dieser Gruppe wird, *falls notwendig*, der Landebahnzustand angegeben.

zu D_RD_R	Bezeichnung der Landebahn, für die die Meldung gilt. Verlaufen zwei Landebahnen in gleicher Richtung, wird zur Bezeichnung der rechten Bahn die Zahl 50 addiert (z. B. 26 R = 76). Gilt die Meldung für alle Landebahnen, wird D_RD_R = 88 gemeldet. In Sonderfällen wird D_RD_R = 99 gegeben, wenn Ablagerungen auf der Bahn vorhanden sind, aber keine neuen Meldungen erhältlich sind. 99 bedeutet dann, daß anschließend die zuletzt übermittelte Meldung wiedergegeben wird.

zu E_R

Art der Ablagerung auf der Landebahn

0 trocken und frei von Ablagerungen

1 feucht

2 naß oder Wasserpfützen

3 Rauhreif oder Reif (Höhe normalerweise weniger als 1 mm)
4 trockener Schnee
5 nasser Schnee
6 Schneematsch
7 Eis
8 zusammengepreßter oder gewalzter Schnee
9 festgefrorene Radspuren
/ Art der Ablagerung nicht gemeldet (weil z. B. die Räumung der Bahn gerade im Gange ist)

zu C_R
Flächenmäßige Ausdehnung der Niederschlagsablagerungen auf der Bahn

1 weniger als 10 %
2 11 % bis 25 %
5 26 % bis 50 %
9 51 % bis 100 %
/ keine Angaben (weil z. B. die Räumung der Bahn gerade im Gange ist)

zu e_Re_R
Höhe der Ablagerungen auf der Bahn

00 bis 90 0–90 mm
91 wird nicht verwendet
92 bis 97 jede Einheit über 90 bedeutet 5 cm Höhe, also z. B. 92 = 10 cm
98 40 cm und mehr
99 Bahn nicht benutzbar wegen Schnee, Schneematsch, Eis oder starken Verwehungen ohne Höhenangaben, keine Aussage über Räumung der Bahnen
// Höhe der Ablagerung ist für den Betrieb nicht bedeutsam oder nicht meßbar

zu B_RB_R Bremswirkung auf der Bahn

91 Bremswirkung schlecht
92 mittelmäßig bis schlecht
93 mittelmäßig
94 mittelmäßig bis gut
95 gut
99 Messung der Bremswirkung mißverständlich bzw. nicht möglich.
Warnhinweis: Möglichkeit von Wasserglätte!
// Bremswirkung nicht festgestellt, da Landebahn nicht in Betrieb.

Ist ein Flughafen wegen Schnee auf der oder den Landebahnen geschlossen, wird an Stelle der gesamten Gruppe die Abkürzung SNOCLO (= *clo*sed due to *snow* = englisch: geschlossen wegen Schnee) gemeldet.
Wird eine Landebahn gerade von Eis, Schnee, Schneematsch usw. geräumt, wird
E_R mit / und C_R mit /, e_Re_R mit 99 und B_RB_R mit // gemeldet
Beispiel: 25//99//
Sind auf den Landebahnen Ablagerungen vorhanden, Meldungen aber nicht verfügbar oder nicht auf dem neuesten Stand oder ist der Flughafen geschlossen, wird
88 ////// gemeldet
Bestehen auf einer oder allen Landebahnen die Behinderungen durch Ablagerungen nicht mehr, wird dies durch die Abkürzung CLRD (= *cleared*, englisch: cleared = geräumt, frei) gemeldet.

Beispiel:	26 CLRD//	Landebahn 26 ist frei
	88 CLRD//	bedeutet, daß alle Bahnen frei sind und daß bis zum Auftreten neuer Ablagerungen keine Informationen über den Landebahnzustand mehr gemeldet werden.

BEISPIELE FÜR METAR UND TAF

Beispiel METAR:
EDDS 2601825 4000 71SN 6ST010 3SC018 01/M01 1024
TEMPO 68RASN 5 ST008 26595091

Stuttgart Wind 260° 18 KT max 25 KT Sicht 4000 m Schneefall 6/8 Stratus mit Untergrenze in 1000 ft 3/8 Stratocumulus in 1800 ft Temperatur 01 °C Taupunkt minus 01 °C QNH 1024 HPa zeitweise Schneeregen 5/8 Stratus in 800 ft Landebahn 26 nasser Schnee auf der ganzen Bahn von 5 cm Höhe Bremswirkung schlecht

Beispiel TAF:
EDDS 0615 VRB02 5000 3SC040 5AC100 01327 680808 590009
TEMPO 0608 3500 10BR 7SC010 GRADU 0810 27010 8000 4CU030
PROB40 TEMPO 1216 1000 96TSGR 4CB030 2CU030 4AC090

Stuttgart gültig von 0600 bis 1500 Uhr Wind aus unterschiedlichen Richtungen mit 2 KT Sicht 5000 m 3/8 Stratocumulus mit Untergrenze in 4000 ft 5/8 Altocumulus in 10000 ft Temperaturvorhersage für 1300 Uhr 27 °C Vereisungsvorhersage schwere Vereisung in Wolken ab 8000 ft GND über einen Höhenbereich von 8000 ft Turbulenzvorhersage schwere und häufige Turbulenz in Wolken bis zu deren Obergrenze (tops) zeitweise zwischen 0600 und

0800 Uhr Sicht 3500 m feuchter Dunst 7/8 Stratocumulus in 1000 ft allmählich übergehend in Wind aus 270° mit 10 KT Sicht 8000 m 4/8 Cumulus in 3000 ft mit 40 % Wahrscheinlichkeit zeitweise zwischen 1200 und 1600 Uhr Sicht 1000 m Gewitter mit Hagel 4/8 Cumulonimbus in 3000 ft 2/8 Cumulus in 3000 ft 4/8 Altocumulus in 9000 ft

Neuerdings wird die am Anfang der Meldungen stehende Wind-Gruppe noch dadurch ergänzt, daß hinter der Windgeschwindigkeit »KT« (= Knoten) gegeben wird. Die betreffende Gruppe lautet dann in den eben wiedergegebenen Beispielen:

EDDS 2601825KT ..... bzw. EDDS 0615 VRB02KT ..... GRADU 0810 27010KT

Die Meldungen sind so noch leichter zu lesen und besonders bei vorhergesagten Änderungen kann die Wind-Gruppe noch leichter als solche erkannt werden.

GEÄNDERTE FORM DER TAF-MELDUNGEN

Seit Juni 1988 werden TAFs in einer geänderten Form ausgegeben. Die Änderungen beziehen sich dabei auf die Vorhersage der Bewölkung, die Wolkengruppen, die jetzt kein vollständiges Bild der zu erwartenden Verhältnisse mehr geben.

Mit Ausnahme von Cbs, deren zu erwartendes Auftreten unabhängig von der voraussichtlichen Höhe ihrer Untergrenze gemeldet werden muß, wird grundsätzlich nur noch Bewölkung vorhergesagt, die unter 1500 m GND oder unterhalb der höchsten Sektormindesthöhe (dabei gilt immer der höhere Wert) erwartet wird. Alle Bewölkungsvorhersagen für den Raum oberhalb dieser Höhe *entfallen*.

Zum Glück für den Sichtflieger wird in der 1. Wolkengruppe nach wie vor die tiefste zu erwartende Wolkenschicht *unabhängig vom zugehörigen Bedekkungsgrad* angegeben.

In einer 2. Wolkengruppe wird in der neuen Form die nächsthöhere (unterhalb 1500 m GND) zu erwartende Wolkenschicht jedoch nur noch dann angegeben, wenn ihr Bedeckungsgrad mindestens 3/8 sein wird.

Eine 3. Wolkengruppe (unter 1500 m GND) wird nur noch dann vorhergesagt, wenn deren Bedeckungsgrad mit mindestens 5/8 erwartet wird.

Es können also außer den im TAF vorhergesagten Wolken auch im Luftraum unter 1500 m GND noch weitere Wolkenschichten, allerdings mit geringerem Bedeckungsgrad, vorhanden sein. Oberhalb 1500 m GND können sogar Wolkenschichten mit Bedeckung 8/8 vorhanden sein, ohne daß dies aus dem TAF zu ersehen ist.

Werden Cbs erwartet und wurden diese noch nicht zusammen mit einer den neuen Regeln entsprechenden Wolkengruppe vorhergesagt, so werden sie mit ihrer Untergrenze in einer 4. Gruppe unabhängig von der Größe ihres voraussichtlichen Bedeckungsgrades angegeben.

Wird wolkenloser Himmel erwartet, so wird nach wie vor die Gruppe SKC (= sky clear) verwendet. Ebenso wird bei den entsprechenden Sicht- und Bewölkungsverhältnissen nach wie vor CAVOK gegeben.
Werden keine Cbs und keine Bewölkung unterhalb 1500 m GND erwartet und reicht die Sicht nicht aus, um CAVOK zu geben (ist die Sicht also geringer als 10 km), so wird die Gruppe NSC (= no significant clouds = keine bemerkenswerte Wolken) verwendet.
Wird in einem TAF als Bewölkung NSC vorausgesagt, so können aber natürlich auch hier trotzdem in Höhen über 1500 m GND Wolkenschichten mit beliebigem Bedeckungsgrad vorhanden sein.
Für den VFR-Piloten ist jedoch am wichtigsten, daß nach wie vor die für seine Flugvorbereitung meist entscheidende unterste Wolkenschicht unabhängig von ihrem Bedeckungsgrad vorhergesagt wird.
Eine, wenn auch nur einen kurzen Vorhersagezeitraum umfassende, vollständigere Information über die an einem Flughafen zu erwartenden Bewölkungsverhältnisse läßt sich im übrigen aus den nach wie vor unveränderten METAR-Meldungen entnehmen, die ja die augenblicklichen Verhältnisse vollständig beschreiben und an ihrem Ende eine für 2 Stunden geltende Trend-Vorhersage enthalten.

ANDERE FORMEN DER CODIERUNG

Die bisher behandelte Form der Codierung der Meldungen entspricht den für unser Land verbindlichen Richtlinien des Deutschen Wetterdienstes.
Glücklicherweise werden die für uns als Sportflieger besonders wichtigen Teile der Meldungen bezüglich Wind, Sicht, Wetter und Bewölkung, von allen Stationen im In- und Ausland in dieser uns jetzt bekannten Form abgegeben.
Bei Meldungen von NATO-Flugplätzen (auch wenn sie in unserem Land liegen) und von manchen ausländischen Flughäfen wird jedoch bei einigen für uns weniger wichtigen Gruppen eine andere Codierung verwendet und es werden auch noch zusätzliche Informationen gegeben.
Auch wenn diese abweichenden Formen der Codierung für Sportflieger nicht so bedeutsam sind, so sollen doch der Vollständigkeit halber im folgenden einige Beispiele angeführt werden.
So wird zum Beispiel das QNH statt in HPa in 1/100 inches of mercury gemeldet. Dies ist sofort aus den Zahlenwerten, dann aber auch aus der nachfolgenden Bezeichnung der Einheit mit »ins« = inches zu erkennen.
Nach dem QNH wird oft noch angegeben, ob und in welcher Höhe eine gut erkennbare tiefste Wolkenuntergrenze vorhanden ist.
Beispiele: cig 020 = c*e*iling 2000 ft = Wolkenuntergrenze in 2000 ft
cig m 020 = ceiling *m*easured 2000 ft = *gemessene* Wolkenuntergrenze in 2000 ft
cigno = keine ausgeprägte tiefste Wolkenuntergrenze vorhanden

Gelegentlich wird auch durch die nachfolgende Abkürzung »cntr« = contrails = Kondensstreifen angegeben, daß Kondensstreifen auftreten.
Auch Landebahnzustand und Bremswirkung auf der Bahn können in anderer Form gemeldet werden. Dabei werden für den Landebahnzustand Abkürzungen des englischen Klartextes oder der Klartext selbst verwendet.
Beispiele: ir = *i*ce on *r*unway = Eis auf der Bahn
wr = *w*et *r*unway = nasse Bahn
dry = trocken, wet = naß usw.
Für die Bremswirkung kann folgender Code verwendet werden:

Bremswirkung	gut	mittel bis gut	mittel	mittel bis schlecht	schlecht
Code	23	19	12	9	5

Dabei sind auch Zwischenwerte möglich.
Bei langen Landebahnen werden unter Umständen drei Werte (z. B. 5/9/5) gemeldet, wobei dann jeder Wert für ein Drittel der Bahn gilt.
Wird zum Beispiel 12p gemeldet, so bedeutet dies, daß nur auf Teilen (= *p*atches) der Bahn die entsprechende Bremswirkung vorhanden ist.
Schließlich können aber auch wieder Abkürzungen des englischen Klartextes oder der Klartext selbst verwendet werden.
Beispiel: ba poor = *b*raking *a*ction poor = Bremswirkung schlecht
Wichtiger für uns ist, daß von den genannten Stationen auch das Aktuelle Wetter und die für die nächsten zwei Stunden geltenden Trend-Vorhersagen in einem besonderen Code, dem »colour code« = einem Farbcode, angegeben werden. Die verschiedenen, in der nachfolgenden Tabelle enthaltenen Farben bedeuten dabei jeweils bestimmte Werte für die tiefste Wolkenuntergrenze (Hauptwolkenuntergrenze mit $\geq 5/8$ Bedeckung) in ft und die geringste Bodensicht in km.

Abkürzung	Farb-Code	Tiefste Wolken-untergrenze $\geq 5/8$ (ft)	Geringste Bodensicht (km)
BLU +	BLUE PLUS	20000	8
BLU	BLUE	2500	8
WHT	WHITE	1500	5
GRN	GREEN	700	3,7
YLO	YELLOW	300	1,6
AMB	AMBER	200	0,8
RED	RED	< 200	< 0,8
BLACK	BLACK	Flugplatz geschlossen	

Dabei ist zu erkennen, daß die Wetterbedingungen umso schlechter werden,

je weiter sich die Farben des Codes von Blau nach Rot verschieben.
Wird für die Landebahn ein anderer Wind gemessen als an der Beobachtungsstation, so wird zusätzlich angegeben »rnwy wnd« = *runway wind* = Wind auf der Bahn. Sind gelegentlich besondere Spitzenwerte zu erwarten, so wird ebenfalls zusätzlich angegeben »pk wnd« = *peak wind* = Spitzenwerte des Windes.
Werden beim Landebahnwind Böen gemeldet, so geschieht dies oft durch den Zusatz »g« = *g*usts = Böen.

Beispiel: rnwy wnd 220/25g36 = Wind auf der Bahn aus 220° mit 25 KT, Böen bis 36 KT

Im übrigen können die Meldungen auch noch weitere Informationen im abgekürzten englischen Klartext enthalten, deren Bedeutung oft zu erraten ist.
So bedeutet zum Beispiel die Meldung: hltps sw-w in clds = hilltops in southwest – west in clouds = die Gipfel der in Südwest bis West befindlichen Hügel bzw. Berge befinden sich in Wolken.
Der Ausdruck »last« am Ende einer Meldung bedeutet schließlich, daß es sich um die letzte Meldung der Station für den betreffenden Tag handelt.
Beispiel für eine komplette Meldung der US AIR BASE Lajes/Azoren:
← normaler METAR (siehe dort!) ————————→
lpla 0900 23018/28 9999 2cu016 1sc037 3ci200 16/13 2967ins/cig 200 cntr rnwy wnd 220/25g36 hltps sw-w in clds pk wnd 21043 wr12p blu+ blu+ gradu blu

Die Gruppen nach dem normalen METAR bedeuten:
QNH 29,67 inches of mercury, tiefste deutlich erkennbare Wolkenuntergrenze 20000 ft, Auftreten von Kondensstreifen, Wind auf der Bahn aus 220° mit 25 KT und Böen bis 36 KT, Berggipfel in Südwest-West in Wolken, Windspitzen aus 210° mit 43 KT, Landebahn naß, Bremswirkung stellenweise mittel, Aktuelles Wetter mit Hauptwolkenuntergrenze ≥ 20000 ft und geringste Bodensicht ≥ 8 km. In den nächsten beiden Stunden allmählicher Übergang zu Wetter mit Hauptwolkenuntergrenze ≥ 2500 ft und geringster Bodensicht ≥ 8 km.
Nochmals: Die Kenntnis dieser Sonder-Codes ist für uns als Sportflieger nicht unbedingt notwendig. Sie wurden hier nur der Vollständigkeit halber behandelt und um zu verhindern, daß ein Sportflieger beim Lesen einer solchen Meldung zu sehr verwirrt wird. In Notfällen ist es aber sicher vorteilhaft, auch sie zu kennen. Es schadet daher nichts, wenn jeder Flugzeugführer bei größeren Überlandflügen auch Unterlagen über diese Codes mit sich führt, um für alle Fälle gerüstet zu sein und so, wenn nötig, alle verfügbaren Informationen entschlüsseln zu können.

ENTSCHLÜSSELUNG DER ICAO-FLUGPLATZ-KENNUNGEN

Um feststellen zu können, von welcher Station eine Wettermeldung abgegeben wurde, muß man natürlich wissen, welcher Station welche Kennung zugeordnet ist.
In Europa läßt sich aus den ersten beiden Buchstaben eines solchen Codes sofort erkennen, in welchem Land sich die meldende Station befindet.

Land		Beispiel		Land		Beispiel	
E*B*	*B*elgien	EBBR	Brüssel	E*H*	Niederlande	EHAM	Amsterdam
E*K*	Dänemar*k*	EKCH	Kopenhagen		(*H*olland)	ENFB	Oslo
E*D*	*D*eutschland	EDDK	Köln – Bonn	E*N*	Norwegen	LOWW	Wien
E*F*	*F*innland	EFHF	Helsinki	L*O*	*Ö*sterreich	LPPT	Lissabon
L*F*	*F*rankreich	LFPG	Paris	L*P*	*P*ortugal	ESSA	Stockholm
L*G*	*G*riechenland	LGGG	Athen	E*S*	*S*chweden	LSZH	Zürich
E*G*	*G*roßbritannien	EGIL	London	L*S*	*S*chweiz		
E*I*	*I*rland	EIDW	Dublin	L*E*	Spanien	LECM	Madrid
L*I*	*I*talien	LIRF	Rom		(*E*spaña)	LTAA	Ankara
E*L*	*L*uxemburg	ELLX	Luxemburg	L*T*	*T*ürkei	LYBE	Belgrad
				L*Y*	*Y*ugoslawien		

Die Kennungen aller übrigen Stationen können aus einem Verzeichnis entnommen werden, das zum Beispiel bei Jeppesen, Frankfurt, erhältlich ist.

4. Q-GRUPPEN

Im Wetterdienst werden auch heute noch gelegentlich gewisse Q-Gruppen verwendet, die früher zur Vereinfachung des Morse-Funkverkehrs dienten.

QAM Neueste Wetterbeobachtung
QAN Bodenwind
QAO Höhenwind
QBA Horizontalsicht
QBB *Vorherrschende* Bewölkung und deren Untergrenze über einem bestimmten Gebiet
QBJ Wolken und deren Obergrenze
QBT Landebahnsicht
QFA Streckenwettervorhersage
QFC Bewölkung und deren Untergrenze über einem bestimmten Gebiet
QFE Luftdruck in Flugplatzhöhe
QFF Berechneter wahrer Luftdruck in Meereshöhe
QFT Flugzeugvereisung mit Höhenangabe
QFZ Flugplatzwettervorhersage
QMU Temperatur und Taupunkt an der Erdoberfläche

QMW Höhe der Nullgradgrenze
QMX Lufttemperatur in einer bestimmten Höhe
QNE Höhenmesseranzeige auf der Landebahn bei Einstellung der Unterskala auf 1013,2 HPa
QNH Einstellung der Unterskala am Höhenmesser zur Anzeige der Flugplatzhöhe auf der Landebahn
QNI Turbulenzen mit Höhen- und Stärke-Angaben
QNT Böen an der Erdoberfläche
QNY Aktuelle Wettererscheinungen und deren Stärke

5. ÜBER FUNKGERÄTE ZU EMPFANGENDE WETTERINFORMATIONEN

Diese nennt man Meteorological Broadcasts (englisch: broadcast = breitwürfig säen, weit verbreiten, senden). Die Frequenzen, auf denen die verschiedenen Meldungen zu empfangen sind und die Zeiten, zu denen die nicht dauernd ausgestrahlten Sendungen beginnen, können aus den entsprechenden Unterlagen wie AIP (= *A*eronautical *I*nformation *P*ublication = Luftfahrthandbuch) etc. entnommen werden.

VOLMET

VOLMET-Sendungen (französisch: *vol* = Flug), die *Met*eorological Informations For Aircraft In Flight, also Meteorologische Informationen für Luftfahrzeuge im Flug, werden auf verschiedenen Frequenzen ständig (24 Stunden pro Tag) im englischen Klartext ausgestrahlt. Sie enthalten das Platzwetter für die Flughäfen in der Bundesrepublik Deutschland und für einige wichtige Flughäfen der angrenzenden Länder. Außerdem wird der für die folgenden beiden Stunden geltende Trend der Wetterentwicklung als Landewettervorhersage angegeben.
VOLMET ist also die Klartextausstrahlung eines METAR.
Beispiel:
METAR 1213
EDDS 2001020 8000 R800026 58RA 8ST005 1008/1010
GRADU 9999 26250893
VOLMET zu METAR 1213
report 1213 Stuttgart
wind two zero zero ten knots maximum 20 knots visibility eight kilometers runway two six runway visual range eight thousend meters rain eight octas stratus in five hundred feets temperature ten dewpoint eight QNH one zero one zero gradu visibility more than ten kilometers runway two six fiftys percent wet thickness eight millimeters brake efficiency average

METAR 2627
EDDS 00000 0000 R0350(26) 46FG 00M01 1035 GRADU 0500
VOLMET zu METAR 2627
report 2627 Stuttgart
calm visibility less than one zero zero meters (runway two six) runway visual range three five zero meters fog temperature zero dewpoint minus one QNH one zero three five gradu visibility five zero zero meters

ATIS

ATIS bedeutet *A*utomatic *T*erminal *I*nformation *S*ervice, also Automatischer Flughafen-Informationsdienst. ATIS-Sendungen werden über (in der Bundesrepublik Deutschland zur Zeit zwanzig) UKW-Drehfunkfeuer VOR (= *V*ery High Frequency *O*mnidirectional Radio *R*ange = in alle Richtungen umlaufender Ultrakurzwellensender = IKW-Drehfunkfeuer) ausgestrahlt. Sie können also *nicht* mit unseren Funksprechgeräten, sondern nur mit Hilfe eines die VOR-Frequenzen enthaltenden Navigationsempfängers abgehört werden.
Auch die ATIS-Sendungen, die in der Bundesrepublik Deutschland von 0500 Bis 2400 Uhr UTC laufend automatisch ausgestrahlt werden, enthalten im englischen Klartext das aktuelle METAR (wenn nötig, auch mit Angabe des Landebahnzustands) mit einer für zwei Stunden gültigen Trend-Angabe. Beispiele siehe VOLMET!
Die Sendungen beginnen mit dem Namen des Flughafens, für den die Information gegeben wird und einem die jeweils aktuelle Sendung kennzeichnenden Buchstaben des ICAO-Alphabets (griechisch: alpha, beta = a, b = die ersten beiden griechischen Buchstaben), also zum Beispiel: Stuttgart DELTA...
Kann ein Flugzeugführer die ATIS-Sendung empfangen, soll er dies rechtzeitig vor dem Start oder der Landung tun und dann bei der Aufnahme des Funksprechverkehrs mit dem Flughafen bestätigen, daß er die zur Zeit gültige Sendung abgehört hat (»information Stuttgart DELTA received« oder »Information Stuttgart DELTA abgehört«). Da der Pilot damit schon eine ganze Menge von Informationen (Wind, QNH etc.) erhalten hat, kann der anschließende Funksprechverkehr wesentlich abgekürzt werden, was im Interesse einer raschen Abwicklung der Start- und Landevorgänge sehr vorteilhaft ist.

SIGMET

SIGMETs sind von den Flugwetterüberwachungsstellen für die einzelnen Fluginformationsgebiete herausgegebene Meldungen über besonders wichtige bzw. gefährliche (*sig*nificant = bedeutsam) *met*eorologische Erscheinun-

gen. Auch sie werden im Klartext in englischer Sprache auf verschiedenen Frequenzen gesendet und können mit unseren Funkgeräten empfangen werden.
SIGMETs werden nur bei Bedarf ausgegeben und dann täglich neu mit 0001 beginnend laufend durchnumeriert. Ihre Gültigkeit beträgt im allgemeinen nicht mehr als vier Stunden. Die Ausstrahlungen beginnen bei den verschiedenen Stationen zu unterschiedlichen Uhrzeiten, so daß die Sendungen benachbarter Stationen nacheinander abgehört werden können. Die nächste Sendung erfolgt dann in einem ebenfalls für jede Station festgelegten Abstand von 20 bzw. 30 Minuten. Gesendet wird von 0800 bis 2200 Uhr UTC. Nachts werden von den selben Stationen eventuell Informationen auf Anfrage (on request) durchgegeben.
Da die SIGMETs jedoch auch über MOTNE verbreitet werden, sind sie auch bei den Flugwetterwarten erhältlich, wo sie oft auch in schriftlicher Form ausgelegt werden. Siehe auch: »Informationen über Bildschirmtext.«

Anlässe für die Herausgabe eines SIGMET sind:

active thunderstorm areas	= aktive Gewitterherde, also mehr als vereinzelt auftretende Gewitter
severe squall lines	= starke Böenlinien
heavy hail	= starker Hagel
severe turbulence	= starke Böigkeit
severe icing	= starke Vereisung
marked mountain waves	= ausgeprägte Wellenbildung an Gebirgen
wide-spread dust- or sandstorm	= großräumiger Staub- oder Sandsturm

Zusätzlich werden Bewegungsrichtung und Entwicklungstendenz der Wettererscheinung und der Höhenbereich angegeben, in dem sie voraussichtlich auftritt.
Beispiel:
EDDF SIGMET 0001 valid between one three zero zero and one six zero zero ice cb forecast Mannheim area between flight level one seven zero and flight level two three zero moving southeast weakening

6. GENERAL AVIATION ADVICE (GenAvAdvice)

Die ebenfalls von den Flugwetterüberwachungsstellen für die jeweiligen Fluginformationsgebiete herausgegebenen General Aviation Advices (englisch: advice: Meldung, Ratschlag) sind nur auf den unteren Luftraum bezogene Warn-Mitteilungen, die zur Sicherung der Allgemeinen Luftfahrt dienen. Sie werden ausgegeben, wenn mäßige Vereisung oder leichter bzw. mäßiger Hagel vorhanden sind oder erwartet werden. Sie ähneln also den SIGMETs,

enthalten aber nicht die für den IFR-Verkehr wichtigen Informationen bezüglich des oberen Luftraums.
Im Gegensatz zu den SIGMETs werden die GenAvAdvices *nicht* über Funk ausgestrahlt. Da sie aber auch über MOTNE verbreitet werden, sind sie auch bei den Flugwetterwarten erhältlich, wo sie oft in schriftlicher Form ausgelegt werden. Siehe auch unter: »Informationen über Bildschirmtext.«
Auch sie sind in leicht verständlichem englischen Klartext abgefaßt, wie das nachfolgende Beispiel zeigt:
17.07.1987 advice for gen.av. fir edff
valid 170500/171400 – mod ice fcst in sw-part of edff fir btn f1100 and f1180 spread ne
Dabei bedeuten

			Weitere Abkürzungen:		
mod	= moderate	= mäßig			
fcst	= forecast	= Vorhersage	assw	= associated with	= verbunden mit
btw	= between	= zwischen	cns	= contains	= enthält

17.07.87 GenAvAdvice für Fluginformationsgebiet Frankfurt/Main, gültig für den 17.07.1987 von 0500 bis 1400 UTC – Vorhersage mäßiger Vereisung im südwestlichen Teil des Fluginformationsgebietes (englisch: flight information region = fir) Frankfurt/Main zwischen Flugfläche 100 und Flugfläche 180, sich nach Nordosten hin ausbreitend.

7. Der SYNOP-Schlüssel und die Bodenwetterkarte

Mit dem SYNOP-Schlüssel (griechisch: syn = zusammen, opsis = das Sehen, synopsis = die Zusammenschau) melden die Wetterstationen alle die Daten, die die Meteorologen benötigen, um einen Gesamtüberblick über das Wetter zu erhalten, eine »Zusammenschau« aller Bestimmungs- und Einflußgrößen vornehmen und so auch Prognosen erarbeiten zu können.
Auf der Nordhalbkugel der Erde melden etwa 8000 Wetterstationen alle drei Stunden zu bestimmten Zeiten, den »synoptischen Terminen« 0000, 0300, 0600, 0900 UTC usw., die jeweils beobachteten Daten an ihre Zentralen. Die Zentralen werten die Meldungen aus und geben sie gesammelt an die Zentralen aller anderen Gebiete weiter.
Der Vollständigkeit wegen wird auch dieser Schlüssel nachstehend wiedergegeben und zwar so, wie er im Flieger-Taschenkalender des Schiffmann-Verlages zu finden ist. Die als Beispiel eingetragenen Zahlenwerte werden später erklärt.
Für Privatpiloten ist allerdings die Kenntnis dieses Schlüssels nicht unbedingt notwendig, wenn sie sich nicht gerade in fernen Landen bei Verständigungsschwierigkeiten selbst genau über Wetterlagen informieren müssen. Über die

»zeichnerische« Darstellung des Inhalts einer SYNOP-Meldung in Form der Eintragungen in und um einen Stationskreis der Bodenwetterkarte sollten aber auch sie informiert sein.

Die verwendeten Schlüsselzahlen sind in der SYNOP-Meldung und beim Stationsmodell der Wetterkarte dieselben. Sie werden bei der Erklärung der Bodenkarten-Eintragungen wiedergegeben.

In der auf dieser Seite dargestellten SYNOP-Meldung bezeichnen die Kennziffern 1–9 die einzelnen Gruppen des Schlüssels. Dabei kann die Gruppe 9 nur gemeldet werden, wenn die Möglichkeit einer genauen Messung der Untergrenze der tiefsten Wolken vorhanden ist. Kann nur geschätzt werden, ist nur eine Eintragung in Spalte 3 (= h) möglich. Der Code für h umfaßt ja nur die Höhen*bereiche*, die geschätzt werden können. S_n vor den Temperaturangaben bedeutet sign = Vorzeichen.

Die ersten beiden Zahlen der Meldung, i_R und i_X, sind »Indikatoren« (lateinisch: indicare = ansagen, ankündigen), das heißt, sie geben an, ob gewisse Gruppen in der nachfolgenden Meldung enthalten sind oder nicht. Bei iX wird dabei unterschieden, ob diese Ankündigung sich auf die Meldung einer bemannten oder einer mit automatischen Registriergeräten ausgestatteten Station bezieht.

i_R	i_X	h	VV	N	dd	ff	1	S_n	TTT	2	S_n	$T_dT_dT_d$	3	$P_oP_oP_oP_o$	4	PPPP	5	a	PPP	6	RRR	t_R	7	ww	W_1	W_2	8	N_h	C_L	C_M	C_H	9	hh
1	1	4	50	6	22	25	1	0	144	2	0	123	3	9888	4	0007	5	6	003	6	002	1*	7	60	6	6	8	5	8	4	2	9	12
Indikator für die Schlüsselgruppe $6RRRt_R$	Indikator für die Betriebsart der Station und die Gruppe $7wwW_1W_2$	Höhe der tiefsten Wolken über der Station	Sicht in Kilometer	Gesamtbedeckung in Achteln	Windrichtung (geogr.) in Zehnergrad, aus der der Wind kommt	Windgeschwindigkeit in Knoten (letztes 10-Minuten-Mittel)	Meldung nur, wenn Meßdaten vorliegen	Vorzeichen der Temperatur: 0 = +; 1 = –	Lufttemperatur in Zehntelgrad Celsius		Vorzeichen der Temperatur: 0 = +; 1 = –	Taupunktstemperatur in Zehntelgrad Celsius	Vom DWD nicht benutzt	**Luftdruck in Stationshöhe in Zehntel Hektopascal unter Weglassung der Tausenderziffer**	Meldung nur, wenn Meßdaten vorliegen	Luftdruck in Zehntel **hPa**, reduziert auf Meereshöhe, unter Weglassung der Tausenderziffer (QFF)		Art der Luftdruckänderung in den letzten 3 Stunden	Betrag der 3stündigen Luftdruckänderung in **Zehntel hPa**		Niederschlagsmenge in mm, die im Zeitraum, der durch t_R bestimmt wird, gefallen ist	Zeitraum vor dem Beobachtungstermin (6Stunden-Intervalle), auf den sich die unter RRR gemeldete Niederschlagsmenge bezieht	Meldung nur, wenn signifikante Daten vorliegen	gegenwärtiges Wetter	Wetterverlauf (HT: 6Std, ZT: 3Std, StT: 1Std): höchste Zahl	Wetterverlauf (HT: 6Std, ZT: 3Std, StT: 1Std): zweithöchste Zahl	Keine Meldung, wenn wolkenlos	Bedeckungsgrad der tiefen (C_L) Wolken oder, falls keine vorhanden, der mittelhohen (C_M) Wolken	Tiefe Wolken (Sc, St, Cu, Cb)	Mittelhohe Wolken (Ac, As, Ns)	Hohe Wolken (Ci, Cc, Cs)		Höhe der Untergrenze der tiefsten gemessenen Wolken über der Station in Hektofuß

*** 6-stündiger Niederschlag (1 × 6)**

Indikator i_R:

1: Schlüsselgruppe $6RRRt_R$ wird gemeldet

3: Schlüsselgruppe $6RRRt_R$ wird nicht gemeldet, weil kein Niederschlag gefallen ist

4: Schlüsselgruppe $6RRRt_R$ wird nicht gemeldet, weil die Niederschlagsmenge nicht festgestellt werden kann

Indikator i_X:

Meldung	bemannte Station	autom. Station
ww-Meldung erfolgt	1	4
keine ww-Meldung, da kein signifikantes Wetter	2	5
keine ww-Meldung, da ww nicht bestimmbar	3	6

Signifikant (lateinisch: significare = anzeigen, bedeuten, von signum facere = ein Zeichen machen, setzen) bedeutet bemerkenswert, bedeutsam, erwähnenswert.
Da die Gruppe unter Kennziffer 6 nicht in die Stationseintragungen der Boden-Wetterkarte übernommen wird, wird der Code für t_R schon hier wiedergegeben.
* Schlüsselbuchstabe t_R:
t_R = 1: 6stündige Niederschlagsmenge (1 x 6 Std)
t_R = 2: 12stündige Niederschlagsmenge (2 x 6 Std)
t_R = 9: 54stündige Niederschlagsmenge (9 x 6 Std)
Analysierte Bodenwetterkarten enthalten neben den auf den SYNOP-Meldungen beruhenden Stationseintragungen auch noch Isobaren, die Druckgebilde (Hoch- und Tiefdruckgebiete), Fronten, Niederschlagsgebiete usw. Es gibt aber auch nicht analysierte Karten, die nur die Stationseintragungen enthalten. Diese sind besonders geeignet, wenn man selbst Feinanalysen für ein bestimmtes Gebiet vornehmen will.
Aus den Stationsmeldungen können nicht nur die Meteorologen, sondern auch wir eine ganze Menge von Informationen über das Wetter an den verschiedenen Beobachtungsorten und seine voraussichtliche Entwicklung entnehmen.
Wichtig für die Abschätzung der Wetterentwicklung sind u.a. Windrichtung und Windgeschwindigkeit, die Verlagerung von Fronten, Wolken- und Niederschlagsgebieten sowie ganz besonders auch die nach Art und Größe angegebenen Luftdruckänderungen.

Eintragungen in der Bodenwetterkarte
a) Stationsmodell

1 = Stationskreis mit Gesamtbedeckungsgrad in Achtel
Siehe Tabelle 1!

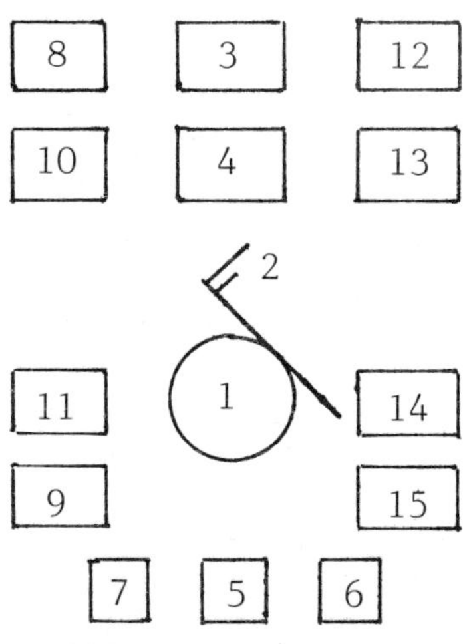

2 = Windrichtung und Windgeschwindigkeit in Knoten
Geschwindigkeiten siehe Tabelle 2!
Wind kommt aus der Richtung, in die die mit den Geschwindigkeitsmarken besetzte Seite des Windpfeils zeigt
3 = Art der hohen Wolken
Siehe Tabelle 3!
4 = Art der mittelhohen Wolken
Siehe Tabelle 4!
5 = Art der tiefen Wolken
Siehe Tabelle 5!
6 = Bedeckungsgrad der tiefen Wolken in Achtel
7 = Höhe der tiefen Wolken in Achtel
Siehe Tabelle 7!
8 = Temperatur in°C
9 = Taupunkt in°C
10 = Bodensicht
Siehe Tabelle 10!
11 = Aktuelles Wetter
Siehe Tabelle 11!
12 = Luftdruck in 1/10 HPa, z.B. 1013,2 = 132, 998,8 = 988
13 = Luftdruckänderung in 1/10 Hpa während der letzten drei Stunden
14 = Verlauf der Luftdruckänderung in graphischer Darstellung
Siehe Tabelle 14!
15 = Vergangenes Wetter in den letzten drei bis sechs Stunden
Siehe Tabelle 15!

b) Erklärung des Code für die Eintragungen

1 **Bedeckung** (N und N_h)

N	N_h	Bedeckungsgrad
	0	keine Wolken
	1	ein Achtel
	2	zwei Achtel
	3	drei Achtel
	4	vier Achtel
	5	fünf Achtel
	6	sechs Achtel
	7	sieben Achtel
	8	acht Achtel totale Bedeckung
	9	Himmel nicht erkennbar (Sky obscured)

2 Windgeschwindigkeit in Knoten (ff)

ff	kt	ff	kt	ff	kt
	calm		25		55
	1 - 2		30		60
	5		35		65
	10		40		70
	15		45		75
	20		50		105

Art der hohen Wolken

Code	C_H	Beschreibung
1		Cirrus (Ci), zerstreut (scattered)
2	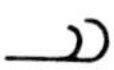	Dichte Cirren (Ci), in Fetzen
3		Cirren (Ci) von Amboßwolken
4		Cirrus (Ci) in Hakenform (Hakencirren)

Code	C_H	Beschreibung
5	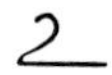	Cirrostratus (Cs), nicht über 45° (Höhe)
6	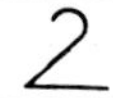	Cirrostratus (Cs), über 45° (Höhe)
7	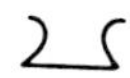	Cirrostratus-Schleier (Cs), der den ganzen Himmel bedeckt
8	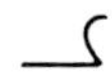	Cirrostratus (Cs), der nicht den ganzen Himmel bedeckt
9		Cirrocumulus (Cc), vorherrschend

Art der mittelhohen Wolken (C_M)

Code	C_M	Beschreibung
1		Dünner Altostratus (As)
2		Dicker Altostratus (As) oder Nimbostratus (Ns)
3		Dünner Altocumulus (Ac)
4		Dünner Altocumulus (Ac) in Fetzen
5		Dünner Altocumulus (Ac) in Streifen
6		Altocumulus (Ac), aus Cu entstanden
7		Doppelte oder dicke Altocumulusschicht; oder Ac mit As und/oder Nimbostratus
8	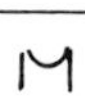	Altocumulus castellanus (Ac cas)
9		Altocumulus (Ac) in verschiedenen Höhen, chaotischer Himmel, oft mit dichten Cirren (Ci)

5 Art der tiefen Wolken (C_L)

Code	C_L	Beschreibung
1		Schönwetter-Cumulus (Cu)
2		Sich hochauftürmender Cumulus (Cu)
3		Cumulonimbus (Cb) ohne Amboßkopf
4	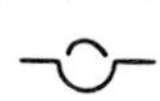	Stratocumulus, der sich aus Cu gebildet hat
5		Stratocumulus (Sc)
6		Stratus (St)
7		Fractostratus (Fs) oder Fractocumulus (Fc) mit Schlechtwetter
8	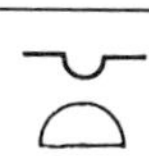	Cumulus (Cu) und Stratocumulus (Sc) mit verschiedenen Untergrenzen
9		Cumulonimbus mit Amboßkopf

Höhe (h)
von niedrigen Wolken

h	Höhe in ft über Grund
0	0 - 150
1	150 - 300
2	300 - 600
3	600 - 1000
4	1000 - 2000
5	2000 - 3500
6	3500 - 5000
7	5000 - 6500
8	6500 - 8000
9	8000 oder darüber, oder keine Wolken.

10 Sicht (VV)

VV	Sicht
01	100 m
:	:
:	:
09	900 m
10	1000 m
:	:
:	:
50	5000 m
56	6 km
57	7 km
60	10 km
70	20 km
	usw.

11 Aktuelles Wetter

Code		
05	∞	Dunst, Haze
60	●	Regen, Rain
70	✳	Schnee, Snow
79	△	Hagel, Hail
45	≡	Nebel, Fog
ab 80	▽	Schauer, Showers

Code		
ab 91	⚡	Gewitter, Thunderstorm
31		Staub- / Sandsturm Dust or Sandstorm
04		Rauch, Smoke
50	❟	Sprühregen, Drizzle

Für die Eintragung des aktuellen (lateinisch: actualis = im Augenblick wirksam, tätig) Wetters gibt es noch sehr viel mehr Symbole (insgesamt 100) als die hier wiedergegebenen Grundsymbole. Der SYNOP-Code für ww reicht von 00 bis 99, wobei ab 20 höhere zweite Ziffern meist stärkere Intensität einer Wettererscheinung bedeuten. Meist werden jedoch in der Praxis zur Eintragung am Stationskreis nur die Grundsymbole verwendet, sodaß deren Kenntnis für uns ausreicht.

14 Luftdruck-Tendenz (a)

Code	a	Tendenz
0 *	/\	steigend, dann fallend
1 *	/‾	steigend, dann gleichbleibend
2 *	/	steigend
3 *	√	erst fallend, stark steigend
4	—	gleichbleibend, wie vor 3 Stunden
** 5	\/	fallend, dann steigend
**6	_	fallend, dann gleichbleibend
** 7	\\	fallend
** 8	/\\	steigend, dann stark fallend

* Druck jetzt höher als vor 3 Std.
** Druck jetzt niedriger als vor 3 Std.

15 Vergangenes Wetter (w)

Code	W	Vergangenes Wetter
0	Kein Symbol	Heiter oder wenig Wolken
1	Kein Symbol	teilweise bedeckt (scattered)
2	Kein Symbol	Bedeckt (overcast)
3	/ +	Sandsturm oder Staubsturm, Schneesturm
4	≡	Nebel oder Dunst
5	❟	Sprühregen
6	●	Regen
7	✳	Schnee oder –Regen
8	▽	Schauer
9	⚡	Gewitter mit oder ohne Niederschlag

Frontensymbole

	schwarz	farbig
Kaltfront		blau
Höhenkaltfront		blau
Warmfront		rot
Höhenwarmfront		rot
Okklusion (Warmfrontcharakt.)		purpur + rot im Wechsel (WF)
(Kaltfrontcharakt.)		purpur + blau im Wechsel (KF)
Höhenokklusion (Warmfrontcharakt.)		purpur + rot im Wechsel (WF)
(Kaltfrontcharakt.)		purpur + blau im Wechsel (KF)
Stationäre Front am Boden		rot und blau im Wechsel
Stationäre Front in der Höhe	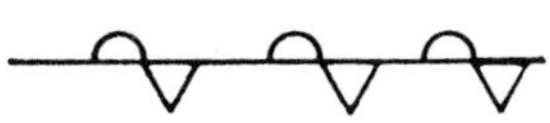	rot und blau im Wechsel
Konvergenzlinie	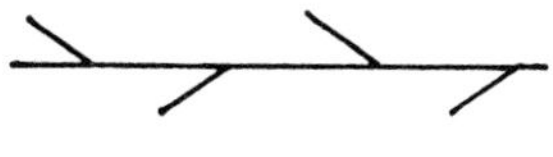	orange
Instabilitätslinie		schwarz
Taupunktsgrenze		braun
Intertropische Konvergenzzone +)	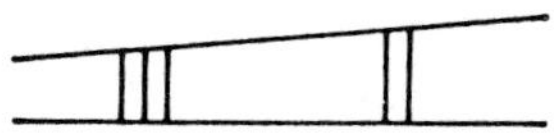	 orange

+) Die zwei Begrenzungslinien stehen qualitativ für die Breite der Konvergenzzone. Aktivitätsgebiete können durch senkrechte Striche schraffiert werden.

Troglinien - schwarze, gestrichelte Linien

Isobaren - schwarze Linien

(H) Hochdruckgebiet (Antizyklone)

(T) Tiefdruckgebiet (Zyklone)

Niederschlagsgebiete (auf Arbeitskarten)

Regengebiete	-	hellgrün schraffiert
Sprühregengebiete	-	,,, (hellgrün)
Regenschauer		▽▽▽ (hellgrün)
Schneefallgebiete	-	dunkelgrün schraffiert
Schneeschauer	-	▽*▽ (dunkelgrün)
Gewitter	-	⌈ʓ (rot oder blau)
Nebelgebiete	-	gelb schraffiert

c) Beispiele für Eintragungen in der Boden-Wetterkarte

Nachstehend wird das Stationsmodell wiedergegeben, das sich aus den bei der Darstellung der SYNOP-Meldung als Beispiel eingetragenen Schlüsselzahlen ergibt.

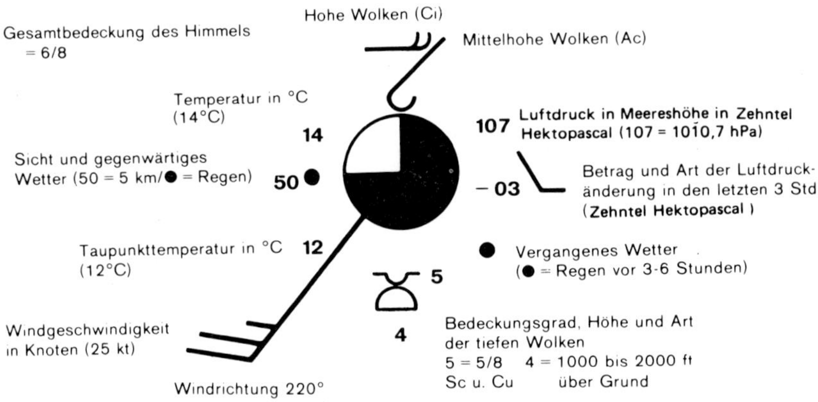

Die auf der Seite 303 wiedergegebenen Beispiele sind Stationskreise aus über einen Faksimile- oder Fax-Schreiber (lateinisch: fac simile = mache es ähnlich, von facere = tun und similis = ähnlich) empfangenen Bodenkarten.
Die Wetterdienstzentralen strahlen über Langwellen-Frequenzen nach einem bestimmten Sendeplan laufend Wetterkarten, Temps, Satellitenbilder und weitere Informationen aus, die mit einem entsprechenden Empfänger und einem angeschlossenen Schreiber empfangen werden können. Für uns sind dabei die Sendungen wichtig, die der Deutsche Wetterdienst in seinem 1. Fax-Programm aussendet.
Auf den Seiten 304 und 305 werden ebenfalls im 1. Fax-Programm des Deutschen Wetterdienstes gesendete vollständige Boden-Wetterkarten wiedergegeben und zwar einmal eine Karte, die nur Stationseintragungen enthält und zum anderen eine bereits analysierte Boden-Wetterkarte.

BEISPIELE FÜR EINTRAGUNGEN IN DER BODENWETTERKARTE

	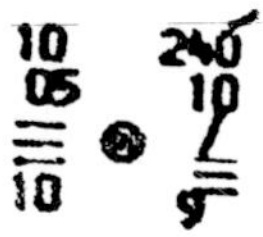	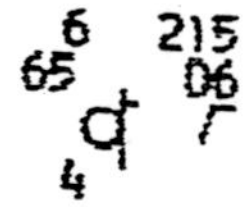	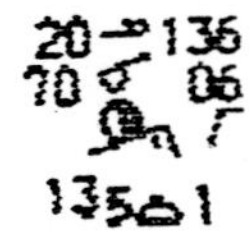
Gesamtbedeckung	7/8	0/8	4/8
Windrichtung	–	0°	080°
Windgeschwindigkeit (KT)	–	5	15
Art der hohen Wolken	nicht	keine	dichte Cirren
Art der mittleren Wolken	feststellbar,	keine	Altocumulus
Art der tiefen Wolken	da Nebel,	keine	hochauftürmender Cumulus
Bedeckungsgrad der tiefen Wolken	siehe unten	0/8	1/8
Höhe der tiefen Wolken	9 = Himmel nicht erkennbar	–	2000–3500 m
Temperatur (°C)	10	6	20
Taupunkt (°C)	10	4	13
Bodensicht	500 m	15 km	20 km
Aktuelles Wetter	Nebel	keine Besonderheiten	keine Besonderheiten
Luftdruck (HPa)	1024,0	1021,5	1013,6
Luftdruckänderung (1/10 HPa)	+ 10	+ 6	+ 6
Verlauf der Druckänderung	steigend	steigend, dann konstant	steigend, dann konstant
Vergangenes Wetter	Nebel	keine Besonderheiten	keine Besonderheiten

BEISPIELE FÜR EINTRAGUNGEN IN DER BODENWETTERKARTE

	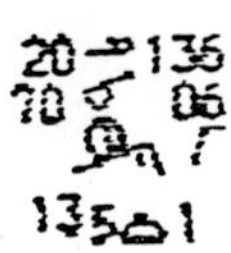	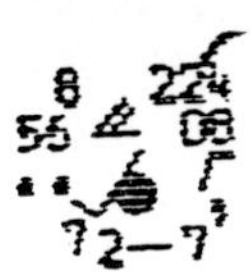	
Gesamtbedeckung	4/8	8/8	8/8
Windrichtung	070°	210°	210°
Windgeschwindigkeit (KT)	15	10	25
Art der hohen Wolken	dichte Cirren	–	–
Art der mittleren Wolken	Altocumulus	Altostratus	dicker Altocumulus
Art der tiefen Wolken	hochauftürmender Cumulus	Stratus	Cumulonimbus mit Amboß
Bedeckungsgrad der tiefen Wolken	1/8	7/8	4/8
Höhe der tiefen Wolken	2000–3500 m	300–600 m	1000–2000 m
Temperatur (°C)	20	8	9
Taupunkt (°C)	13	7	8
Bodensicht	20 km	6 km	15 km
Aktuelles Wetter	keine Besonderheiten	starker Regen	Regenschauer
Luftdruck (HPa)	1013,6	1022,4	1021,7
Luftdruckänderung (1/10 HPa)	+ 6	+ 8	+ 5
Verlauf der Druckänderung	steigend, dann konstant	steigend, dann konstant	fallend, dann steigend
Vergangenes Wetter	keine Besonderheiten	Sprühregen	Schauer

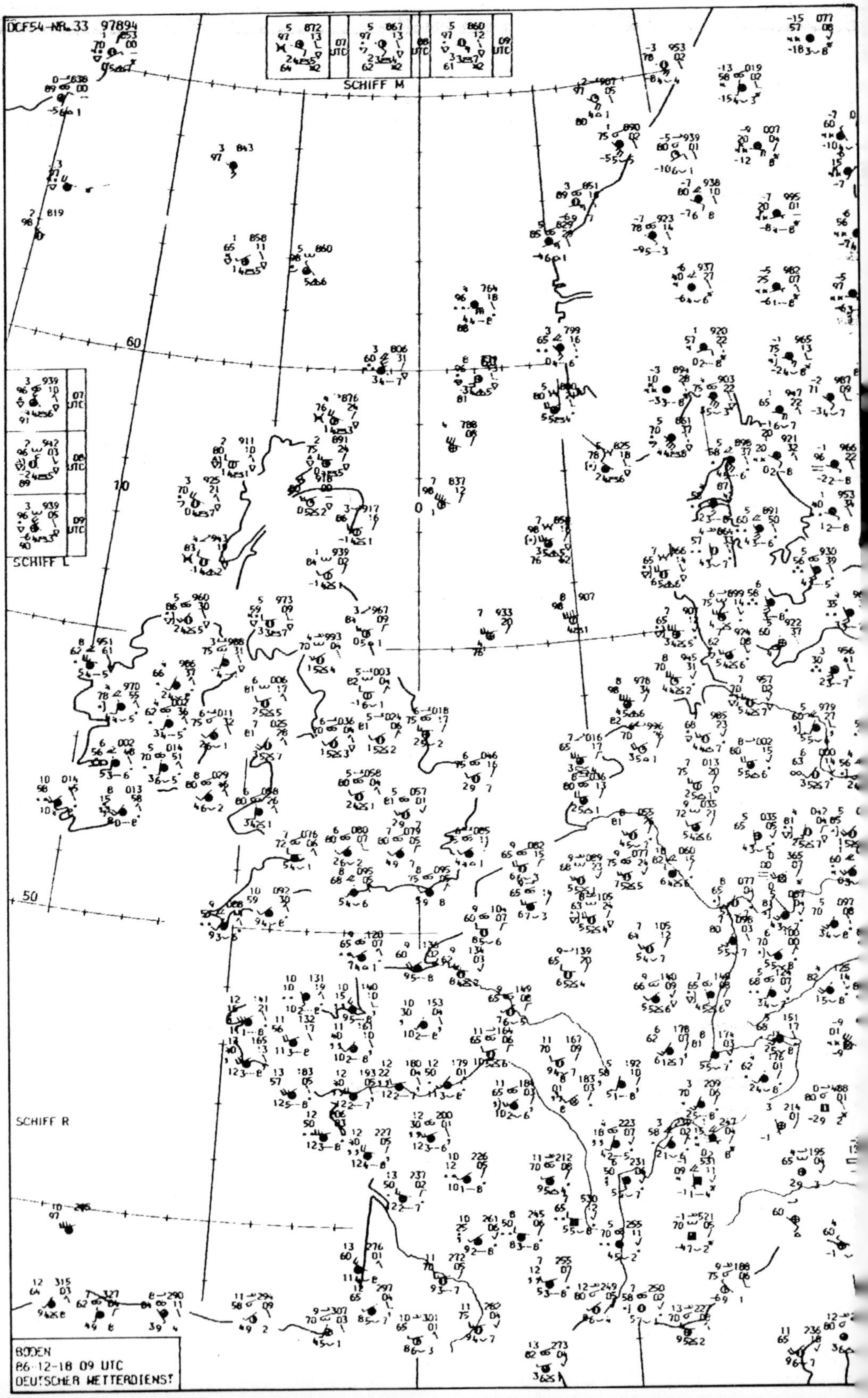

DCF54 NR. 33 97894
SCHIFF M
SCHIFF L
SCHIFF R
BODEN
86-12-18 09 UTC
DEUTSCHER WETTERDIENST

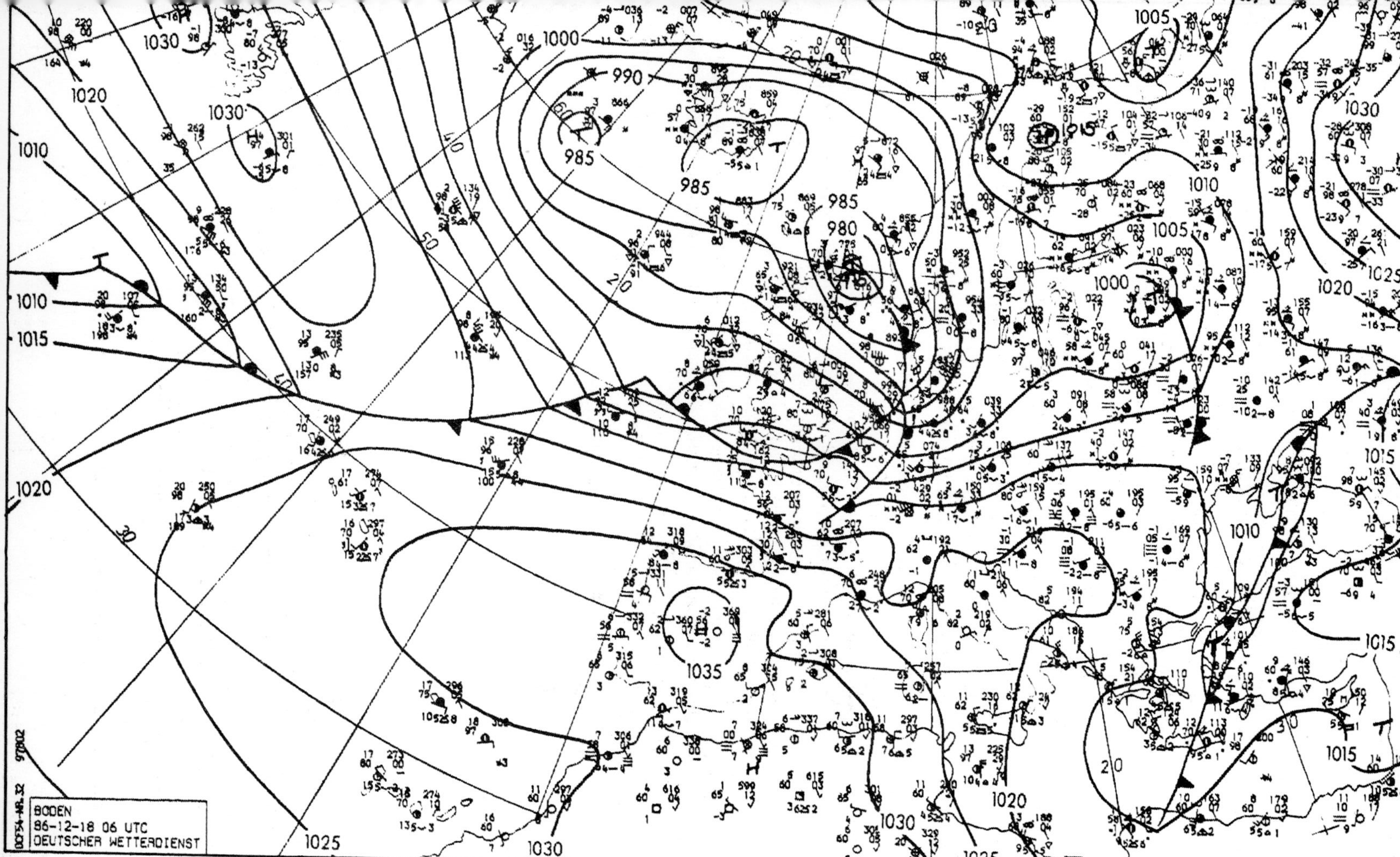
BODEN
86-12-18 06 UTC
DEUTSCHER WETTERDIENST

8. HÖHENWETTERKARTEN

Wir haben in einigen Kapiteln gesehen, daß das Wettergeschehen ganz wesentlich von den Vorgängen in größerer Höhe bestimmt wird. Die Verhältnisse in der Höhe werden durch die für die nachstehend aufgeführten Standard-Druckflächen gezeichneten Höhenkarten dargestellt. Neben den Druckflächenbezeichnungen ist auch noch angegeben, welchen Flugflächen FL (= flight level) sie entsprechen. Bekanntlich fliegt man auf einer der in 100er ft bezeichneten Flugflächen, wenn der Höhenmesser auf Standard-Einstellung (= QNE) 1013,2 HPa eingestellt ist und wenn man dann die der Flugfläche entsprechende Höhenmesseranzeige (bei FL 50 also 5000 ft) einhält.

850 HPa = FL 50 = ca. 1500 m NN	300 HPa = FL 300 = ca. 9000 m NN
700 HPa = FL 100 = ca. 3000 m NN	200 HPa = FL 385 = ca. 12000 m NN
500 HPa = FL 180 = ca. 5500 m NN	100 HPa = FL 530 = ca. 16000 m NN

Bei Höhenwetterkarten, den Absoluten Topographien (siehe Kapitel »Isobaren und Isohypsen«), gibt es verschiedene Darstellungsarten. In allen im bereits erwähnten 1. Fax-Programm des Deutschen Wetterdienstes gesendeten Karten sind Isohypsen in der im Kapitel »Isobaren und Isohypsen« dargestellten Weise eingezeichnet. Dabei ist die Isohypse, die einer in geopotentiellen Dekametern (gpdm) angegebenen Standardhöhe der jeweils dargestellten Druckfläche entspricht, besonders hervorgehoben (siehe Beispiele!). Wie schon im Kapitel »Isobaren und Isohypsen« erwähnt, entsprechen die geopotentiellen Meter in unseren Breiten in etwa unseren »normalen« Metern.
Naheliegend wäre es nun, als Standardhöhen die Höhen zu verwenden, die der jeweils dargestellten Druckfläche nach der ICAO-Standard-Atmosphäre entsprechen. Diese sind für die verschiedenen Druckflächen:

Druckfläche (HPa)	ICAO-Standard-Isohypse gpm	gpdm
850	1457	146
700	3012	301
500	5574	557
300	9164	916
200	11784	1178

Nun wissen wir aber aus dem Kapitel »Die ICAO-Normalatmosphäre«, daß die Werte dieser Standardatmosphäre *Mittelwerte* sind, die den Druck- und Temperaturverlauf im Jahresmittel und außerdem für eine mittlere geographische Breite von 45°, für Europa also etwa für den Bereich Riviera – Oberitalien, darstellen. Die Standardatmosphäre gibt also sicher nicht den mittleren Temperaturverlauf wieder, der für Mittel-Europa, für unsere Breiten, gilt und der meist durch kältere Polarluft bestimmt wird.

Aus dem Kapitel »Die Druckverhältnisse in kalter und warmer Luft...« wissen wir bereits, daß der Druckverlauf in kälteren oder wärmeren Luftmassen anders ist als ihn die Standardatmosphäre darstellt. Gebiete höheren und niedrigeren Luftdruckes, also Hoch- und Tiefdruckgebiete, können aber in Höhenkarten nur dann vernünftig dargestellt werden, wenn sie auf den über dem jeweiligen Gebiet in der jeweiligen Höhe *wirklich* vorhandenen Mittelwert des Luftdruckes bezogen werden. Diese wirklichen Mittelwerte sind bei uns einmal schon im Jahresmittel anders als in der Standardatmosphäre. Sie ändern sich aber infolge der durch die Jahreszeiten in unseren Breiten verursachten starken Änderungen des mittleren Temperaturverlaufes in der Atmosphäre auch noch über das Jahr hinweg.
Als Standardhöhen für die einzelnen vom Deutschen Wetterdienst für unser Gebiet herausgegebenen Höhenkarten, die Absoluten Topographien, werden deshalb je nach Jahreszeit verschiedene Werte verwendet, die neben den Eigenschaften der bei uns vorherrschenden Luftmassen auch noch diese jahreszeitlichen Änderungen berücksichtigen. Sie stellen so *wirkliche* Mittelwerte für jede Druckfläche dar. Aus dem Vergleich mit ihnen ergibt sich dann sofort die Lage von Hoch- und Tiefdruckgebieten, also der Gebiete, in denen der Druck höher oder tiefer ist als normal.
Aus dem Kapitel »Die Druckverhältnisse in kalter und warmer Luft...« wissen wir auch bereits, daß die mittlere Temperatur einer Luftmasse durch ihre »Relative Topographie« bestimmt wird. Dabei ist der über einem bestimmten Punkt der Erdoberfläche in gpdm gemessene Abstand zwischen der 1000 HPa-Fläche und der 500 HPa-Fläche ein Maß für die mittlere Temperatur der über dieser Stellen liegenden Luft.
Natürlich wird auch hier wieder die *wirkliche*, die gemessene Schichtdicke mit einem Standardwert verglichen. Aus den vorher bei der Behandlung der wechselnden Standard-Isohypsen für die Darstellung der Absoluten Topographien genannten Gründen wird so auch für die Relative Topographie 500/1000 HPa nicht ein einheitlicher, sich aus der ICAO-Standardatmosphäre ergebender Standardwert verwendet. Um wirklich feststellen zu können, wo wärmere und wo kältere Luftmassen vorhanden sind, werden für die Schichtdicke 500/1000 HPa nicht der ICAO-Standardwert von 546 gpdm, sondern wieder für unsere Breiten zutreffendere und mit den Jahreszeiten wechselnde Werte benutzt. Diese Werte berücksichtigen also die Eigenschaften der unser Wetter bestimmenden Luftmassen und deren Änderungen mit den Jahreszeiten. Vergleiche der gemessenen Werte mit diesen Mittelwerten zeigen dann sofort, wo wärmere und wo kältere Luftmassen vorhanden sind:

Gemessene Werte > Standard = Luftmasse wärmer als Standard, »Warmluft«
Gemessene Werte < Standard = Luftmasse kälter als Standard, »Kaltluft«
Die folgenden Tabellen zeigen die mit den Jahreszeiten wechselnden Standardwerte.

Absolute Topographie (Druckfläche)	Standard-Isohypse (gpdm)			
	15.3.–30.06.	1.7.–14.10	15.10–14.12.	15.12.–14.3.
850	144	148	144	144
700	300	304	300	296
500	560	568	560	552
300	920	928	920	912
200	1192	1208	1192	1176

	Standard-Schichtdicke 500/1000 HPa (gpdm)			
Relative Topographie	15.3–30.6.	1.7.–14.10.	15.10.–14.12.	15.12.–14.3.
500/1000 HPa	544	552	544	536

In allen Karten sind die Druckgebilde (Hochs und Tiefs) eingezeichnet. Die Karten bis 500 HPa enthalten außerdem noch Stationseintragungen, aus denen, entsprechend den nachfolgenden Erklärungen und Beispielen, die Höhe der entsprechenden Druckfläche über der Station, sowie Wind, Temperatur und Taupunkt für diese Höhen, entnommen werden können. Die Höhenangaben erfolgen auch hier in gpdm, wobei allerdings nur die beiden letzten Ziffern angegeben werden. Die erste Ziffer geht aus einem Vergleich mit der hervorgehobenen, voll beschrifteten Standard-Isohypse hervor (siehe Beispiele!).

Eintragungen in den Karten bis 500 HPa

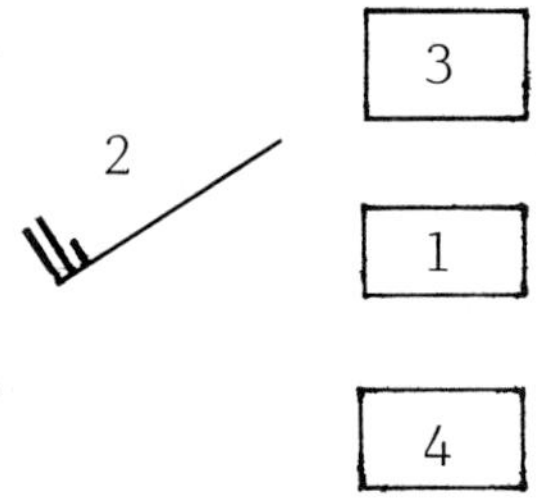

1 = Höhe der dargestellten Druckfläche in (geopotentiellen) Dekametern, zum Beispiel 552 = 5520 gpm. Eventuell werden nur die beiden letzten Ziffern angegeben, im Beispiel also 52.

2 = Wind nach Richtung und Geschwindigkeit. Siehe Erklärung zu 2. bei Bodenkarten!

3 = Temperatur in °C.

4 = Taupunkt in °C.

Beispiele:

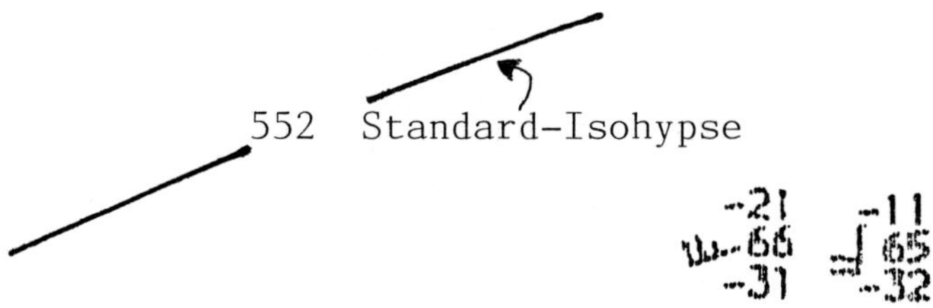

Stationseintragungen in der 500 HPa-Fläche	5660 m	5650 m
Windrichtung	260°	180°
Windgeschwindigkeit	25 KT	20 KT
Temperatur	– 21 °C	– 11 °C
Taupunkt	– 31 °C	– 32 °C

Beispiele für Absolute Topographien der 850 HPa-, 700 HPa- und 500 HPa-Flächen

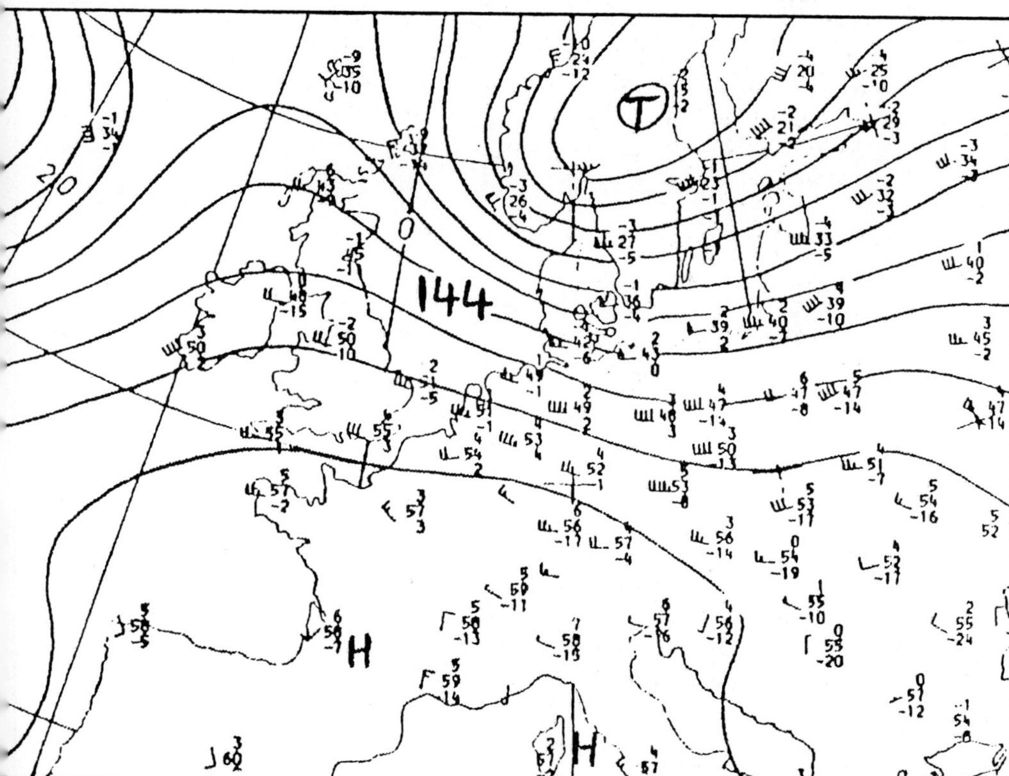

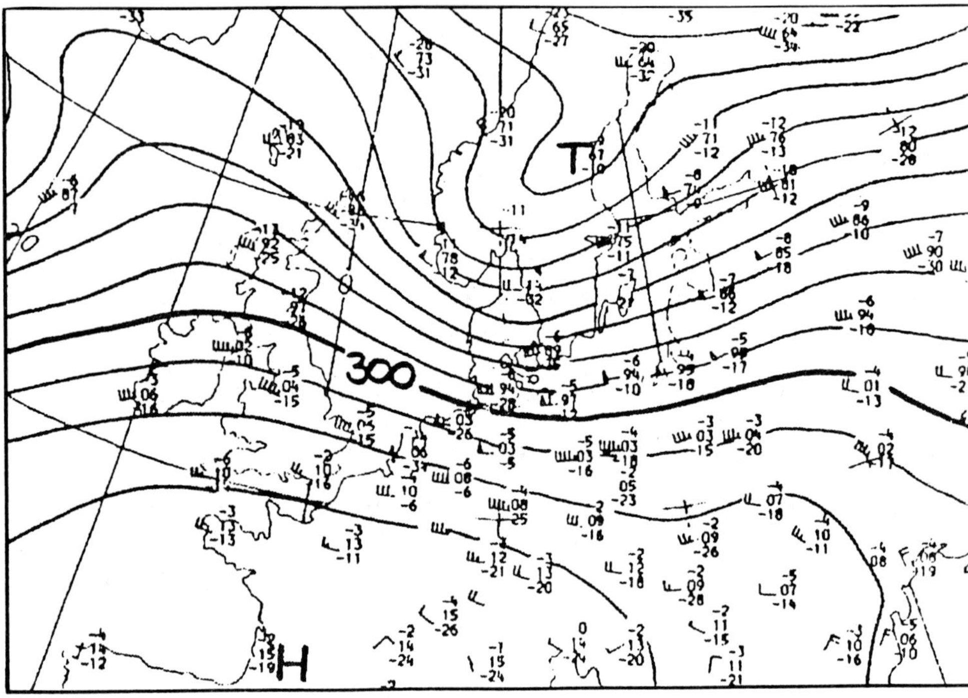
300
T
H

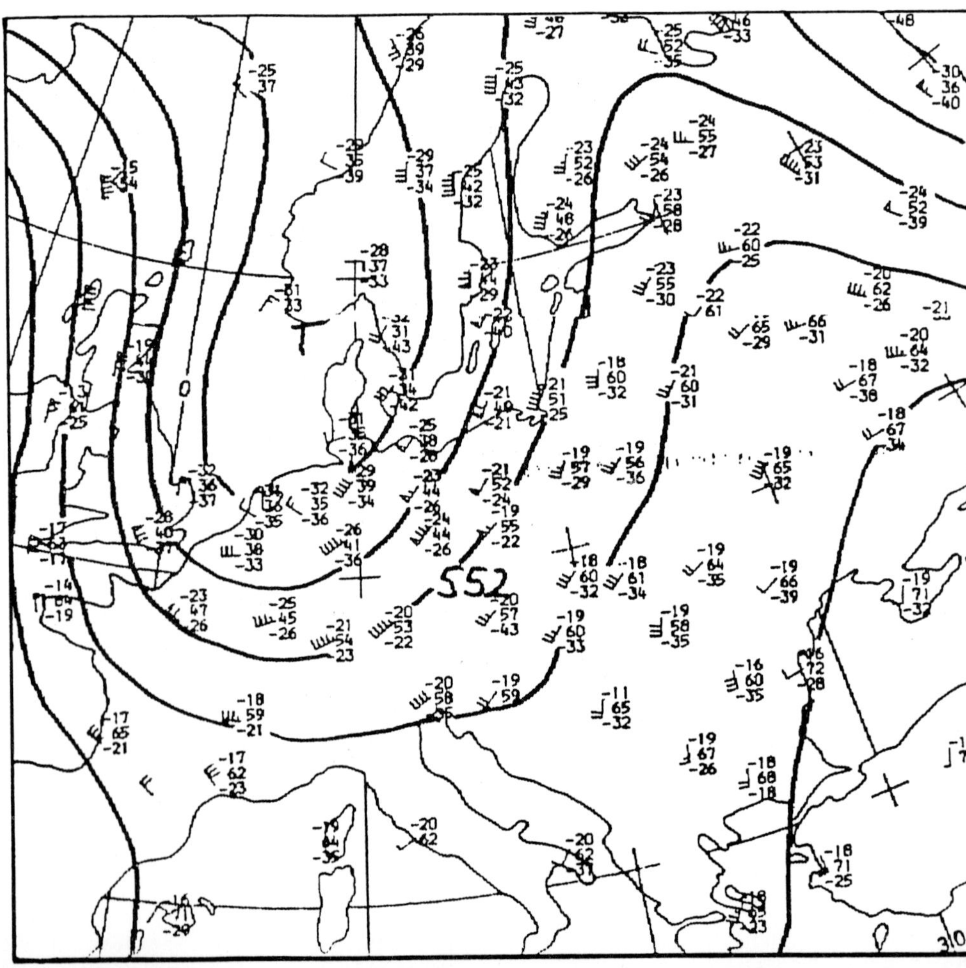
T
552

Die Karten für die höheren Druckflächen enthalten neben den Isohypsen, aus deren Verlauf und Abstand ja auf den Wind nach Stärke und Richtung geschlossen werden kann, und den Druckgebilden lediglich noch Temperaturangaben. Die Temperaturen in°C werden an verschiedenen Stellen der Karte jeweils durch eine in einen Kreis eingetragene Zahl angegeben. Die Punkte auf den durch Zahlen unterbrochenen gestrichelten Linien besitzen den durch die Zahl angegebenen gleichen Taupunkt in°C; in unserem Beispiel für die 300 HPa-Fläche also T_d = -40 °C

Bei den Flugwetterwarten stehen aber auch noch andere, über das bereits erwähnte MOTNE-Netz verbreitete Höhenwetterkarten zur Verfügung. Bei ihnen gibt es noch mehr verschiedene Ausführungsformen.

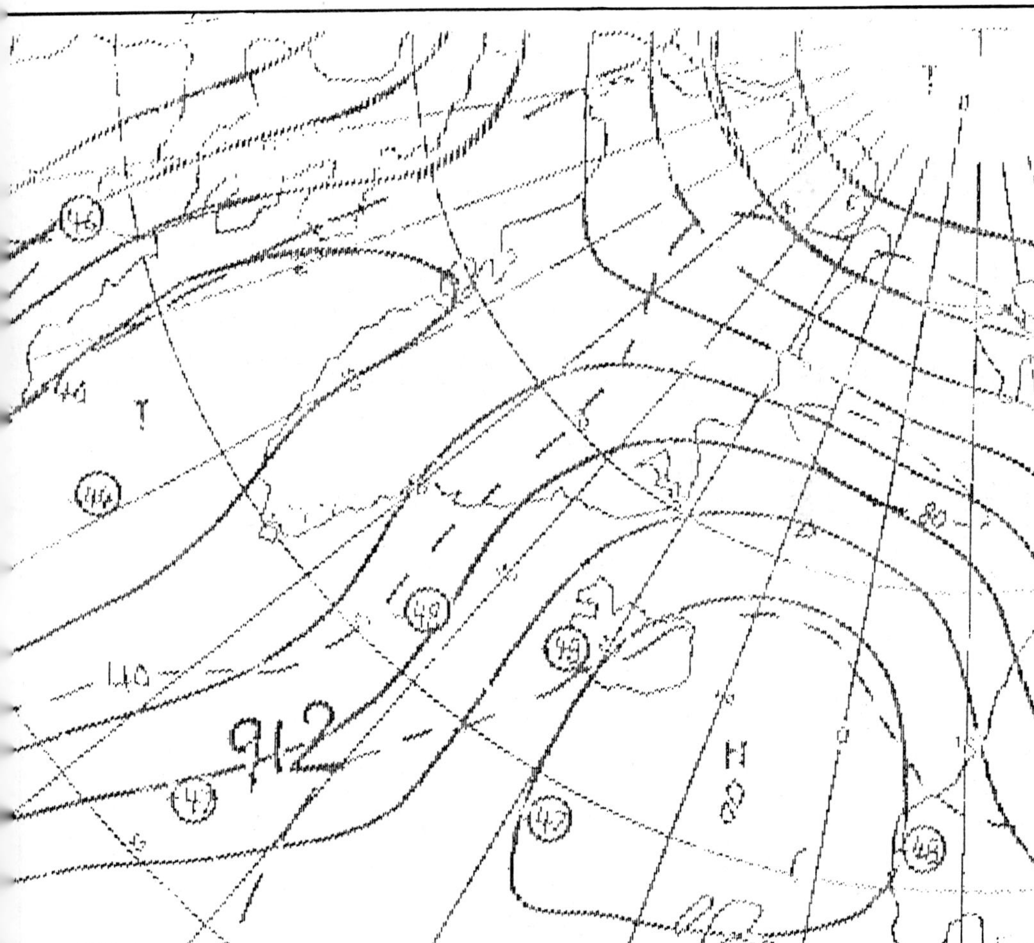

Die nachstehenden Vorhersagekarten für das 850 HPa- und 700 HPa-Niveau enthalten ebenfalls noch Isohypsen und die üblichen Windpfeile. Die Temperaturen sind jedoch in großen, *nicht* in Kreise gesetzte Zahlen angegeben. Die als nächste abgebildeten Karten zeigen zwar auch wieder die Druckgebilde, statt der gewohnten Isohypsen aber Strömungslinien, wobei durch einen Pfeil die Strömungsrichtung angegeben wird.

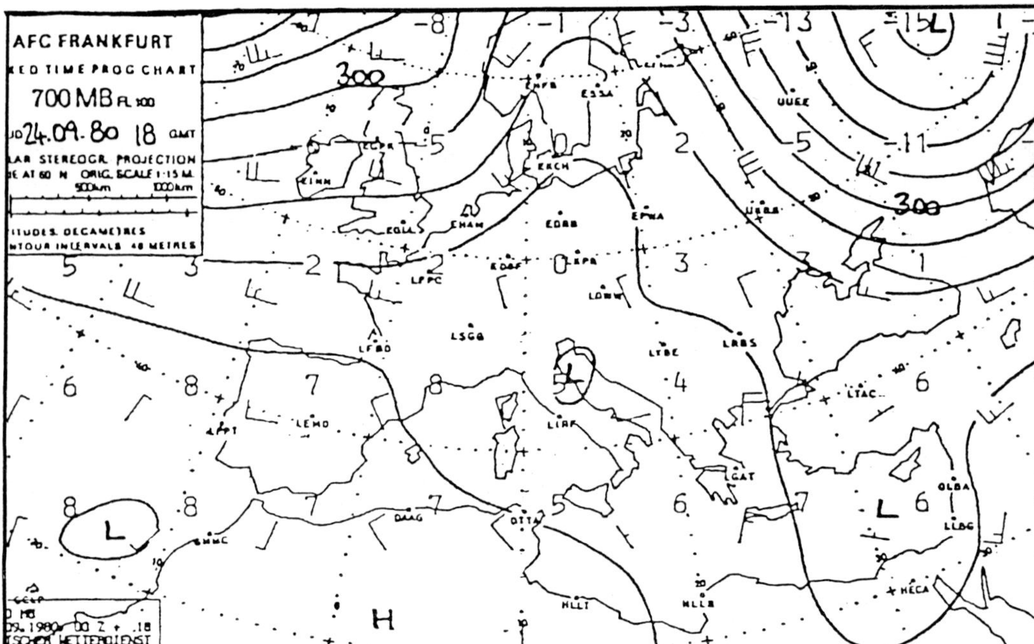

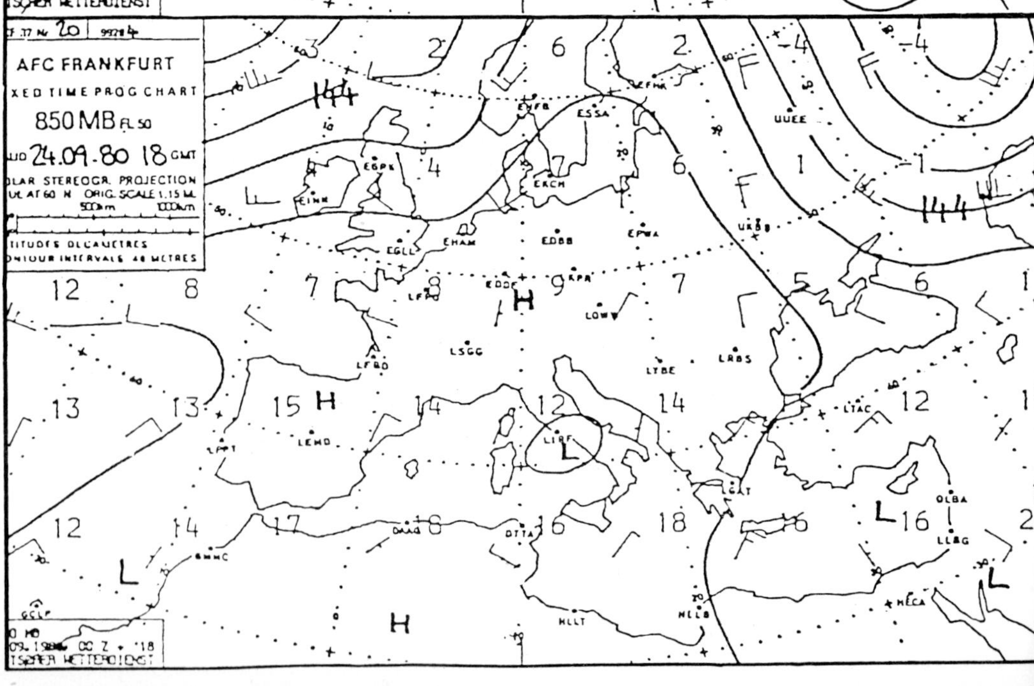

Da der Wind ja in der Höhe, wie wir wissen, weitgehend parallel zu den Isohypsen weht, zeigen die Strömungslinien im Grunde natürlich auch den Verlauf der Isohypsen.

In der 700 HPa-Karte sind noch die uns bekannten Windpfeile eingetragen. Dagegen zeigt die 500 HPa-Karte keine Windpfeile mehr, sondern sogenannte »Isotachen« (griechisch: isos = gleich, tachos = Geschwindigkeit), also Linien gleicher Windgeschwindigkeit. Die Linien werden gestrichelt gezeichnet und sind durch Eintragungen der Windgeschwindigkeit in KT unterbrochen. In beiden Karten werden die Höhen-Temperaturen in°C wieder durch in Kreise gesetzte Zahlen angegeben.

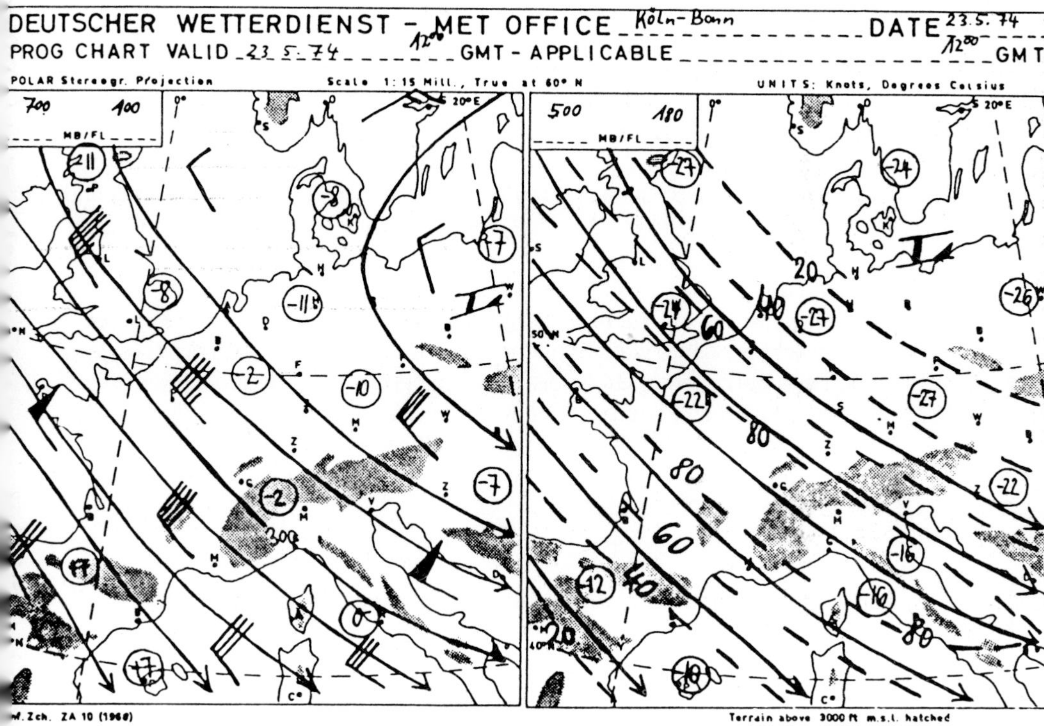

9. SIGNIFICANT WEATHER CHART (SIGN. WX CHART)

Diese Karten werden von den Regionalen Gebietsvorhersage-Zentren RAFC (= *R*egional *A*rea *F*orecast *C*entre) als Vorhersagen für einen bestimmten Zeitpunkt (= Fixed Time Prog Chart) herausgegeben und liegen in den meteorologischen Beratungsstellen der Flughäfen aus. Ebenso können sie über Telefax empfangen werden. Significant Weather Chart bedeutet Karte

bemerkenswerter, wichtiger (in der Abkürzung »X« von lateinisch: extra = außergewöhnlich, besonders) Wettererscheinungen.
Neben METAR und TAF sind diese Karten weitere wichtige Unterlagen für die Planung größerer Überlandflüge mit einem Motorflugzeug.

a) *Significant Weather Chart FL 100 – FL 450*
Diese Karte wird viermal täglich (für die Vorhersagetermine 0000, 0600, 1200 und 1900 UTC) ausgegeben und zeigt in anschaulicher Form eine Vorhersage der für die Luftfahrt wichtigen und unter Umständen auch gefährlichen Wettererscheinungen. Für welchen Zeitpunkt die Vorhersage gilt, wird im Kopf der Karte mit »valid... UTC« (valid = gültig) angegeben. Früher galten die Angaben der Karte für den Höhenbereich zwischen 850 und 150 HPa, also zwischen ca. 1500 und ca. 14000 m MSL, und umfaßten so auch noch einen Teil des von uns als Sportflieger benutzten Luftraumes. Außerdem wurden bei Bewölkung jeweils die wirklichen Wolkenuntergrenzen angegeben, auch wenn diese unter 1500 m MSL lagen. Heute bezieht sich die Karte nur noch auf den Bereich zwischen FL 100 und FL 450, also 700 bis 150 HPa bzw. ca. 3000 bis ca. 14000 m MSL und ist so für die Planung von VFR-Flügen nur noch von geringer Bedeutung.

Kartenbild
Früher waren in die Karte wichtige Flughäfen mit ihren ICAO-Kennungen eingezeichnet. Heute werden nur noch die Anfangsbuchstaben der zu diesen Flughäfen gehörenden Großstädte angegeben, sodaß durchaus Buchstaben auch mehrfach vorkommen können. so ist zum Beispiel M sowohl für München als auch für Madrid, Mailand und Moskau eingetragen. Was jeweils gemeint ist, muß der Benutzer aufgrund seiner geographischen Kenntnisse feststellen (Karte Seite 315).

Fronten
Art und Verlauf von Fronten werden mit den selben Symbolen dargestellt, wie wir sie von den übrigen Wetterkarten her kennen. Wertvoll für uns ist, daß jetzt auch durch Pfeile die Bewegungsrichtung der Fronten und durch englische Klartextausdrücke (z.B. slow = langsam) oder durch Angabe der Bewegungsgeschwindigkeit in KT die Art ihrer Bewegungen angezeigt werden.

Beispiele:

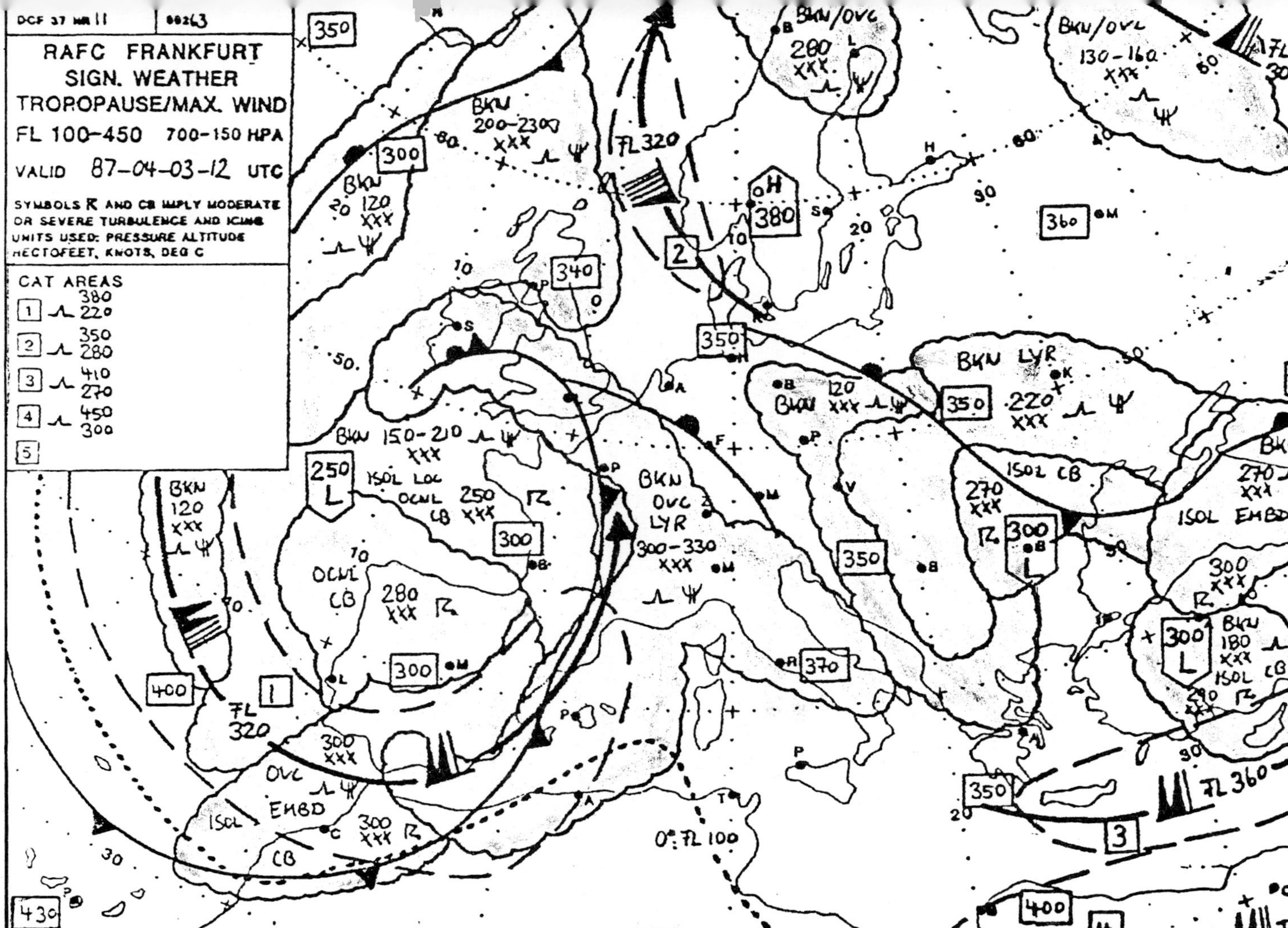
DCF 37 MR 11
00263
RAFC FRANKFURT
SIGN. WEATHER
TROPOPAUSE/MAX. WIND
FL 100–450 700–150 HPA
VALID 87-04-03-12 UTC
SYMBOLS R AND CB IMPLY MODERATE OR SEVERE TURBULENCE AND ICING
UNITS USED: PRESSURE ALTITUDE HECTOFEET, KNOTS, DEG C
CAT AREAS
1 380 220
2 350 280
3 410 270
4 450 300
5
BKN/OVC 280 XXX
BKN/OVC 130-160 XXX
BKN 200-2300 XXX
BKN 20 120 XXX
FL 320
H 380
BKN LYR 220 XXX
BKN 120 XXX
BKN 150-210 XXX
ISOL LOC OCNL CB 250 XXX
BKN OVC LYR 300-330 XXX
OCNL CB 280 XXX
ISOL CB
270 XXX
ISOL EMBD
BKN 180 XXX ISOL CB
BKN 120 XXX
FL 320
OVC EMBD ISOL CB
300 XXX
FL 360
0°: FL 100

Zentren der Druckgebilde in Tropopausenhöhe
Die Zentren von Druckgebilden in dieser Höhe, also geringste Tropopausenhöhe für ein Tiefdruckgebiet und größte Höhe für ein Hochdruckgebiet (siehe Kapitel »Isobaren und Isohypsen«), werden zusammen mit der jeweiligen Tropopausenhöhe in einem pfeilartigen Kästchen angegeben.

z. B. 

bedeutet L = LOW = Tiefzentrum mit Tropopausenhöhe FL 330

Tropopausenhöhe
In rechteckigen Kästchen wird an verschiedenen Stellen der Karte angegeben, in welcher Höhe sich über dem jeweiligen Ort die Tropopause befindet,

z. B. 

= Tropopause in FL 330 = 33 000 ft = ca. 10 000 m MSL

Bewölkung
Als nächstes zeigt die Karte eine Nephanalyse (griechisch: nephele = Wolke), also eine Analyse der vorhandenen bzw. zu erwartenden Bewölkung. Besonders wertvoll für uns ist dabei die sehr übersichtliche Darstellung der in unserem Beispiel außerdem noch dunkel hervorgehobenen Bewölkungsgebiete.

Wolken, die an Fronten auftreten:

Wolken, die unabhängig von Fronten auftreten:

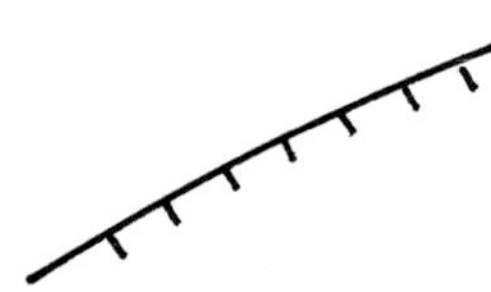

Diese werden allerdings meist auch mit dem Symbol der frontgebundenen Wolken dargestellt.

Wolkenarten: werden mit den von den Wettermeldungen und Wetterkarten her bekannten Abkürzungen (CS, AC, CU, ST usw.) angegeben.

Wolkenmenge: Hier gelten die Abkürzungen

SCT = *scattered* (= verstreut) =1/8 bis 4/8
BKN = *broken* (= unterbrochen) = 5/8 bis 7/8
OVC = *overcast* (= bewölkt, verdunkelt) = 8/8

Es kann auch angegeben werden

O = *open* (= offen, wolkenfrei)
C = *covered* (= bedeckt)

MOP = *mostly open* (= meistens offen)
MOC = *mostly covered* (meistens bedeckt

Wolkenanordnung: Neben oder unter der Wolkenart wird angegeben

LYR = *layered* (= geschichtet, in verschiedenen Höhen)
ISOL = *isolated* (= vereinzelt, allein stehend)
EMBD = *embedded* (= eingebettet, eingelagert)

Wolken-Unter- und -Obergrenzen werden neben oder unter der Wolkenart, bzw. der Bezeichnung für die Anordnung der Wolken in 100er ft oder FL angegeben. Liegt eine Wolkenuntergrenze unter FL 100, wird nur noch xxx eingetragen.

Beispiel: 330 = Wolkenobergrenze 33000 ft MSL
xxx = Wolkenuntergrenze unter 10000 ft MSL

Nullgradgrenze
Früher wurde an verschiedenen Stellen der Karte die jeweilige Höhe der 0 °C-Grenze angegeben. Heute wird nur noch durch eine kurz-gestrichelte Linie der Verlauf der 0 °C-Grenze für eine bestimmte Flugfläche dargestellt.

Beispiel:

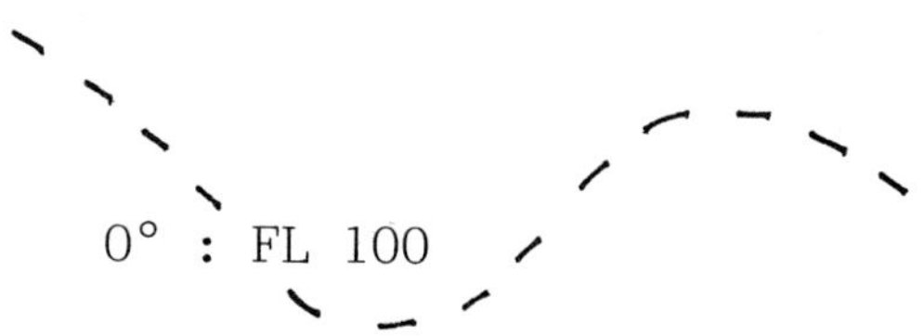

Bei sehr tiefliegender 0 °C-Grenze wird ihr Verlauf hier natürlich eventuell auch für eine unter FL 100 liegende Druckfläche dargestellt.
0°: SFC bedeutet 0 °C-Grenze am Boden (SFC = *surface* = Oberfläche, Boden).
Ausführlichere Angaben darüber, welche Temperaturen in den uns interessierenden Höhen herrschen und in welcher Höhe wir die 0 °C-Grenze zu erwarten haben, sind aus den später behandelten Wind/Temperatur-Karten zu entnehmen.

Maximale Windgeschwindigkeiten
Kräftig ausgezogene und mit den uns von den übrigen Wetterkarten her bekannten Windfähnchen besetzte Linien zeigen den Verlauf der maximalen Windgeschwindigkeiten in dem dargestellten Höhenbereich an. Aus dem Kapitel »Die globale Zirkulation in der Erdatmosphäre« wissen wir, daß somit der Verlauf der jet streams, der Strahlströme, dargestellt wird. Durch an den Linien angebrachte Pfeile wird die Richtung des Strahlstroms angezeigt und in Unterbrechungen der Linien wird angegeben, in welcher Flugfläche die angegebene maximale Windgeschwindigkeit vorhanden bzw. zu erwarten ist.

Beispiel:

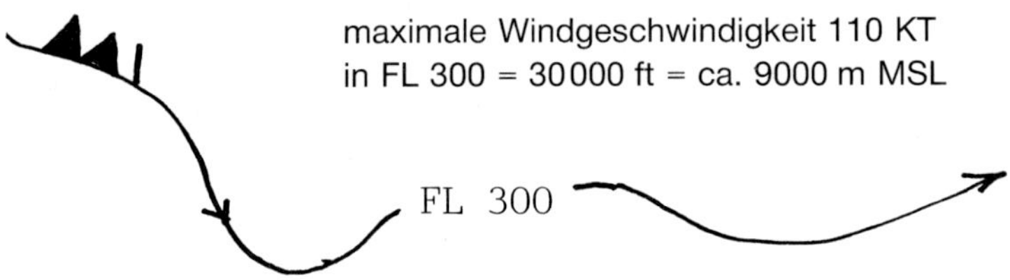

Wie aus der als Beispiel auf Seite 315 wiedergegebenen Karte zu ersehen ist, sind kräftige Strahlströme immer mit CAT-Gebieten, mit clear air turbulence, mit starker Turbulenz außerhalb von Wolken, verbunden.

Besondere Wettererscheinungen:
Gefahr von Gewittern, Turbulenz und Vereisung werden durch folgende Symbole dargestellt:

 thunderstorm = Gewitter

 moderate turbulence= mäßige Turbulenz

 severe turbulence = starke Turbulenz

 moderate icing = mäßige Vereisung

 severe icing = starke Vereisung

CAT clear air turbulence = Turbulenz außerhalb von Wolken. Gebiete, in denen diese Erscheinung auftritt, werden durch lang-ge-

strichelte Linien eingerahmt und mit CAT 1, CAT 2 usw. bezeichnet. In einem besonderen Feld der Karte mit der Bezeichnung CAT AREAS (= CAT-Gebiete) wird dann für die verschiedenen Gebiete erklärt, welche Art von Turbulenz in welchem Höhenbereich auftreten wird.

Beispiel:

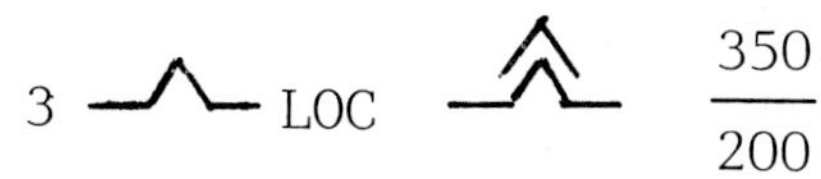

Im Gebiet CAT 3 mäßige, örtlich starke Turbulenz zwischen FL 200 und FL 350 bzw. 20000 ft und 35000 ft MSL.

Weitere Abkürzungen

LOC = *loc*al (= örtlich), wenn z. B. Turbulenzen örtlich stärker sind
FRQ = *freq*ently (= häufig), wenn z. B. Turbulenzen häufig stärker sind
OCNL = *oc*casio*nal* (= gelegentlich), wenn z. B. Cbs nur gelegentlich auftreten

Soll darauf hingewiesen werden, daß bestimmte Erscheinungen über bestimmten geographischen Orten auftreten, sind folgende Abkürzungen möglich:

LAN = *lan*d (=Land)	MON = *mon*tain (= Berg) oder
COT = *coast* (= Küste)	MTN = *mountain* (= Berg)
MAR = *mar*itime (= See, Meer)	VAL = *val*ley (= Tal)

b) Low Level Significant Weather Chart SFC – FL 100

Diese auf der nächsten Seite wiedergegebene Karte zeigt die Verhältnisse im unteren Luftraum (low level = untere Stufe, untere Ebene), vom Boden (= surface) bis zur Flugfläche 100, also bis etwa 3000 m MSL, und ist so für den VFR-Flieger besonders wichtig und wertvoll. Sie wird für die Vorhersagetermine 0000 und 12000 UTC herausgegeben.
Aus dem Kopf der Karte ist zu entnehmen, für welchen Zeitpunkt UTC die Vorhersage gilt. Alle Beschriftungen, Angaben und Abkürzungen erfolgen auch hier wieder in englischer Sprache.

Die Vorhersage ist in zwei Teile gegliedert, einen Kartenteil und einen Textteil.

DCF 37 MH 14a | 83 | RAFC FRANKFURT SIGN. WEATHER SFC-FL100 FIXED TIME PROG CHART VALID 88-01-05

VARIANT	VIS	WEATHER	CLOUDS, TURBULENCE, ICING
AREA A	8	RA	OVC ST SC AS 010/xxx LYR Ѱ ⅄
OCNL	3	XX RA	OVC NS 005/xxx Ѱ ⅄
ISOL	2	TS	EMBD CB 010/xxx
AREA B	5	HZ	BKN/OVC SC AC LYR 035/xxx Ѱ ⅄
ISOL	1.5	BR	BKN/OVC ST SC AC LYR 015/xxx Ѱ ⅄
LOC	200	FG	OBSC
AREA C	8	NIL	BKN/OVC SC AC 030/xxx Ѱ ⅄
ISOL	3	DZ	OVC ST SC AS 015/xxx Ѱ ⅄
AREA D	10+	NIL	BKN SC AC 040/xxx LYR Ѱ
LOC	8	RASH	BKN/OVC CU SC AC 020/xxx Ѱ ⅄
AREA E	10+	NIL	BKN/OVC ST SC 015/070 LYR Ѱ
ISOL	8	RA/SH	BKN/OVC CU SC 015/xxx Ѱ ⅄
KOT/MAR	5	TS	ISOL EMBD CB 010/xxx
AREA F	10+	NIL	BKN CU SC 020/050
LOC VAL	4	HZ	
AREA G	10+	NIL	SCT/BKN SC AC LYR 020/xxx Ѱ ⅄
LOC	6	RASH	BKN CU SC AC 015/xxx Ѱ ⅄

WARNINGS AND/OR REMARKS

AREA A MOD TO SEV TURB NEAR SFC
AREA A, B, C, D LOC HILL FOG
AREA A MTN SN AND SNSH ABV FL040

SYMBOLS TS AND CB IMPLY MODERATE OR SEVERE TURBULENCE AND ICING
UNITS USED: PRESSURE ALTITUDE HECTOFEET, KNOTS
VIS. LESS THAN OR EQUAL 1000M IN M
MORE THAN 1000M IN KM

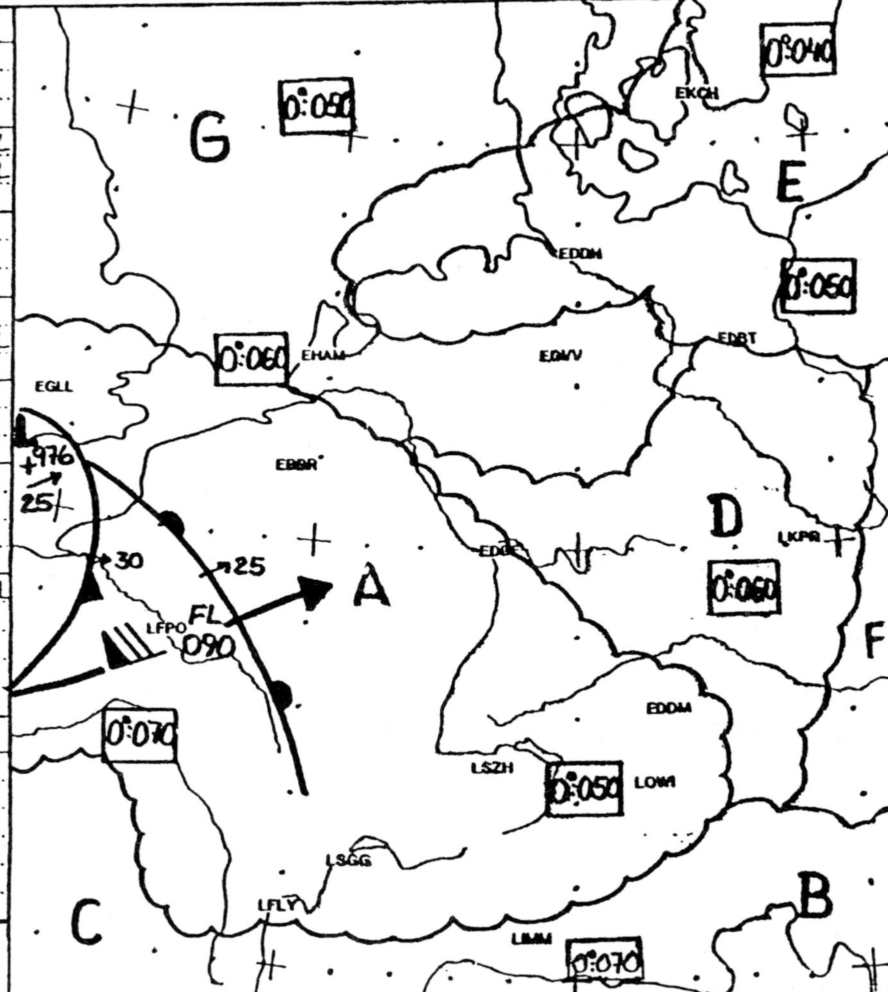

Kartenteil:

Kartenbild

Die Karte umfaßt das Gebiet von Mitteleuropa und ist im Maßstab von 1:5 Millionen gehalten. Dargestellt werden die Umrisse des Kontinents bzw. großer Inseln, der Verlauf großer Flüsse und die Lage einiger großer Seen. Die Lage einiger großer Verkehrsflughäfen ist durch Eintragung ihrer ICAO-Kennungen angegeben.

Ein durch (große) Kreuze und Punkte angedeutetes Gradnetz erleichtert das Auffinden interessierender Gebiete bzw. die Eintragung von Kursen, für die Wetterinformationen gewünscht werden. Die Kreuze bezeichnen dabei die Schnittpunkte der Längengrade 0°E, 5°E und 15°E mit den Breitengraden 45°N, 50°N und 55°N. Die entlang dieser Längen- und Breitengrade eingezeichneten Punkte haben jeweils einen Abstand von 1°.

Fronten

Diese werden mit den bereits unter a) beschriebenen Symbolen eingetragen. Dasselbe gilt für die Verlagerungsrichtungen und -geschwindigkeiten. Die in KT angegebenen Geschwindigkeiten sind Mittelwerte über einen Zeitraum von 3 Stunden vor bis 3 Stunden nach dem im Kopf der Karte angegebenen Gültigkeitszeitpunkt.

Zentren der Druckgebilde

Die Zentren von Boden-Hochs (H = High = Hoch) und Boden-Tiefs (L = Low = Tief) werden meist durch kleine Kreuze bezeichnet. Mit einem entweder durch ein solches Kreuz gelegten oder daneben angebrachten Pfeil wird die Bewegungsrichtung des Druckzentrums, durch eine Zahl seine Bewegungsgeschwindigkeit in KT angegeben. Ebenso kann das zugehörige QFF in ganzen HPa eingetragen sein.

Wettergebiete

Für die Planung von VFR-Flügen werden detaillierte Informationen benötigt. Die Vorhersage wird daher in maximal sieben, sich bezüglich der zu erwartenden Bewölkungsverhältnisse, Sichtweiten, Nullgradgrenzen und signifikanten Wettererscheinungen deutlich unterscheidende Wettergebiete unterteilt. Die verschiedenen Gebiete werden durch große Buchstaben (von A bis maximal G) gekennzeichnet und gegeneinander durch Wellenlinien abgegrenzt.

Bewölkung

Die durch Wellenlinien eingeschlossenen Gebiete zeigen also hier nicht mehr in allen Fällen Gebiete mit weitgehend geschlossener Bewölkung an. Lediglich im Bereich von Fronten mit ihren typischen Bewölkungssystemen, die sich ja deutlich von der Bewölkung außerhalb eines solchen Bereichs unterscheiden, ergibt sich ein anschauliches Bild der Bewölkungsverhältnisse.

Die in den einzelnen Wettergebieten zu erwartende Bewölkung und das zu erwartende Wetter werden im später behandelten Textteil durch entsprechende Eintragungen ausführlich beschrieben.

Nullgradgrenze
Angaben über die voraussichtliche Lage der Nullgradgrenze erfolgen an ausgewählten, für die Verhältnisse in einem bestimmten Wettergebiet besonders typischen Punkten. In ein Rechteck ist in 100er ft eingetragen, in welcher Höhe sich die Nullgradgrenze befindet.

Beispiel: | 0° : 050 | = 0 °C-Grenze in 5000 ft MSL

Wird beim Vorhandensein von Inversionen erwartet, daß sich über einem bestimmten Ort Nullgradgrenzen in verschiedenen Höhen befinden, so werden die verschiedenen zu erwartenden Höhen durch Schrägstriche getrennt.

Beispiel: | 0° : 060/090 | = 0 °C-Grenzen in 6000 und 9000 ft MSL

Liegt die Nullgradgrenze voraussichtlich über dem Gültigkeitsbereich der Karte, also über FL 100, so wird

eingetragen. | 0° : xxx |

Maximale Windgeschwindigkeiten
Diese werden wie in der unter a) beschriebenen Karte durch kräftig ausgezogene, mit Windpfeilen besetzte Linien dargestellt. Daneben wird die Flugfläche bzw. die Höhe in 100er ft MSL angegeben, in der diese maximale Windgeschwindigkeit auftritt.

Gebiete mit Clear Air Turbulence CAT
Auch diese werden in derselben Weise wie unter a) beschrieben dargestellt und bezeichnet. Die zugehörigen Angaben erfolgen im Textteil.

Textteil:
Hier werden in verschiedenen Spalten die für die einzelnen Wettergebiete zu erwartenden Wettererscheinungen aufgeführt.

VARIANT
Unter dieser Spalte (*variant* = abweichend) steht in der ersten Zeile eines Abschnittes zunächst die Bezeichnung des Wettergebietes (area = Gebiet), für das die folgenden Angaben gemacht werden. In den übrigen Spalten erfolgen in dieser ersten Zeile Angaben über das »mittlere« Wetter, das für

das Gebiet erwartet wird. In den folgenden Zeilen wird angegeben, ob zeitlich oder örtlich davon abweichende Wetterbedingungen zu erwarten sind. Die zur Kennzeichnung von Zeiten und Orten verwendeten englischen Abkürzungen wurden bereits unter a) erklärt. Zusätzlich sind auch noch Richtungsangaben in den üblichen Abkürzungen (N, NE, SW usw.) möglich.

VIS
In dieser Spalte (*vis*ibility = Sicht) werden die zu erwartenden Sichtweiten angegeben. Die Angaben erfolgen bei Sichten unter 1 km dreistellig in Metern (z. B. 070 = 70 m), bei solchen über 1 km in ganzen Kilometern (z. B. 6 = 6 km) und bei Sichten von mehr als 10 km durch die Eintragung 10+.

WEATHER
Diese Spalte (*weather* = Wetter) enthält mit ihren englischen Code-Bezeichnungen die zu erwartenden Wettererscheinungen, also Angaben über voraussichtlich auftretende Niederschläge, Dunst, Nebel usw. Die Bedeutung der Codebezeichnungen (z. B. RA = rain = Regen, SNSH = snow shower = Schneeschauer usw.) wurde bereits bei der Besprechung der Wettermeldungen behandelt.
Die Eintragung »NIL« (lateinisch: *n*ihi*l* = nichts) bedeutet, daß keine mit dem Code zu beschreibende Wettererscheinungen zu erwarten sind.

CLOUDS, TURBULENCE, ICING
Diese Spalte (*clouds* = Wolken, *turbulence* = Turbulenz, *icing* = Vereisung) enthält unter Verwendung der unter a) erklärten Abkürzungen bzw. Bezeichnungen für Bedeckungsgrad, Wolkenart und Höhenbegrenzungen der Wolken Angaben über die zu erwartende Bewölkung.
Liegen Wolkenobergrenzen voraussichtlich über FL 100, kann statt der wirklichen Obergrenze xxx eingetragen werden.
Sind verschiedene Wolkenstockwerke zu erwarten, so wird versucht, jedes einzelne Stockwerk mit Unter- und Obergrenze anzugeben. Ist dies nicht möglich, wird die Bezeichnung »LYR« (*l*a*y*e*r*ed = geschichtet) verwendet.
Unter Umständen wird auch noch angegeben, ob vorhergesagte Wolkendekken höher gelegene Gebiete voraussichtlich einhüllen werden. Hinter den Angaben über die Bewölkung wird dann »HILLS OBSC« (*hills obsc*ured = Berge verdeckt) eingetragen.
SC 030/090 HILLS OBSC bedeutet, also, daß sich bei einer Stratocumulusbewölkung mit Untergrenze in 3000 ft und Obergrenze in 9000 ft MSL das Gelände oberhalb 3000 ft MSL in den Wolken befindet.
Hinter diesen Angaben über die zu erwartende Bewölkung folgen mit den ebenfalls schon unter a) besprochenen Symbolen eventuell Hinweise auf zu erwartende Turbulenz bzw. Vereisung und deren Stärke.
Sind vorhergesagte Wolken oder Turbulenzgebiete durch Leewellen an Gebir-

gen bedingt, so kann der Zusatz »MIW« (*m*ountain *w*aves = Wellen an Gebirgen) erfolgen.
Schließlich können mit Hilfe der bereits bei der Besprechung der Bodenwetterkarte beschriebenen Symbole auch noch weitere besondere Wettererscheinungen vorausgesagt werden.
Für Regen wird dabei allerdings statt des Bodenkartensymbols ● das Symbol
/// ///
/// /// verwendet.
Außer den bei der Behandlung der Bodenwetterkarte bereits erklärten Symbolen gibt es aber auch noch weitere Zeichen für signifikante Wettererscheinungen, von denen die wichtigsten nachstehend aufgeführt sind.

Tropical cyclone = Tropischer Wirbelsturm

Severe line squall = Heftige Böenlinie

Freezing precipitation = Gefrierender Regen

Das zuletzt genannte Symbol wird jedoch *nicht* benutzt, wenn zu erwarten ist, daß Niederschlag bei sehr tiefen Temperaturen infolge der Berührung mit einem Flugzeug in Eis umgewandelt wird.

WARNINGS AND/OR REMARKS
In diese letzte Spalte (*warnings and/or remarks* = Warnungen und/oder Bemerkungen) erfolgen Eintragungen, wenn für einzelne Gebiete besonders gefährliche Wettererscheinungen (Nebel, starke Niederschläge, starke Turbulenzen in Bodennähe usw). erwartet werden.
Ebenso kann angegeben werden, zu welchem Zeitpunkt oder in welchen Zeiträumen sich bestimmte Wettererscheinungen voraussichtlich ändern werden. So kann hier zum Beispiel der Zeitpunkt angegeben werden, zu dem sich vorhergesagter Nebel voraussichtlich auflöst.
Sind im Kartenteil CAT-Gebiete vorhergesagt, werden die zugehörigen Angaben ebenfalls in diesem Feld eingetragen. Die Angaben über Unter- und Obergrenze eines solchen Gebietes werden dabei hier durch einen Schrägstrich getrennt.
Beispiel: CAT 2 , LOC 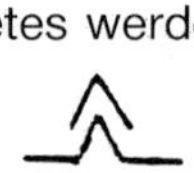 030/070
Das CAT-Gebiet 2 besitzt eine Untergrenze von 3000 ft und eine Obergrenze von 7000 ft MSL. In ihm ist mäßige, örtlich aber auch starke Turbulenz zu erwarten.

Am Fuß des Textteils ist noch angegeben, welche Maßeinheiten für die verschiedenen Eintragungen verwendet werden.
Außerdem wird darauf hingewiesen, daß bei Verwendung des Symbols  und der Abkürzung CB immer auch die Vorhersage mäßiger oder schwerer Turbulenz und Vereisung eingeschlossen ist. Zusätzliche Angaben über Turbulenz und Vereisung sind also in diesen Fällen nicht mehr notwendig.

10. Wind/Temperatur-Karten

Diese Karten werden auch von den RAFC herausgegeben und liegen ebenfalls in den meteorologischen Beratungsstellen der Flughäfen aus. Sie können auch über Telefax empfangen werden.
Sie werden in gleicher Form für alle Standard-Druckflächen bzw. -Flugflächen gezeichnet. Glücklicherweise gibt es sie auch für eine Flugfläche unter FL 100, nämlich für FL 050 oder 850 HPa, also für eine Höhe von 1500 m MSL. Die Gültigkeitsdauer der Vorhersage wird jeweils im Kopf der Karte angegeben. So bedeutet zum Beispiel »valid... 1200 UTC (H+24)«, daß die Vorhersage von der Ausgabezeit 1200 UTC ab 24 Stunden lang gilt. H bedeutet hours = Stunden.

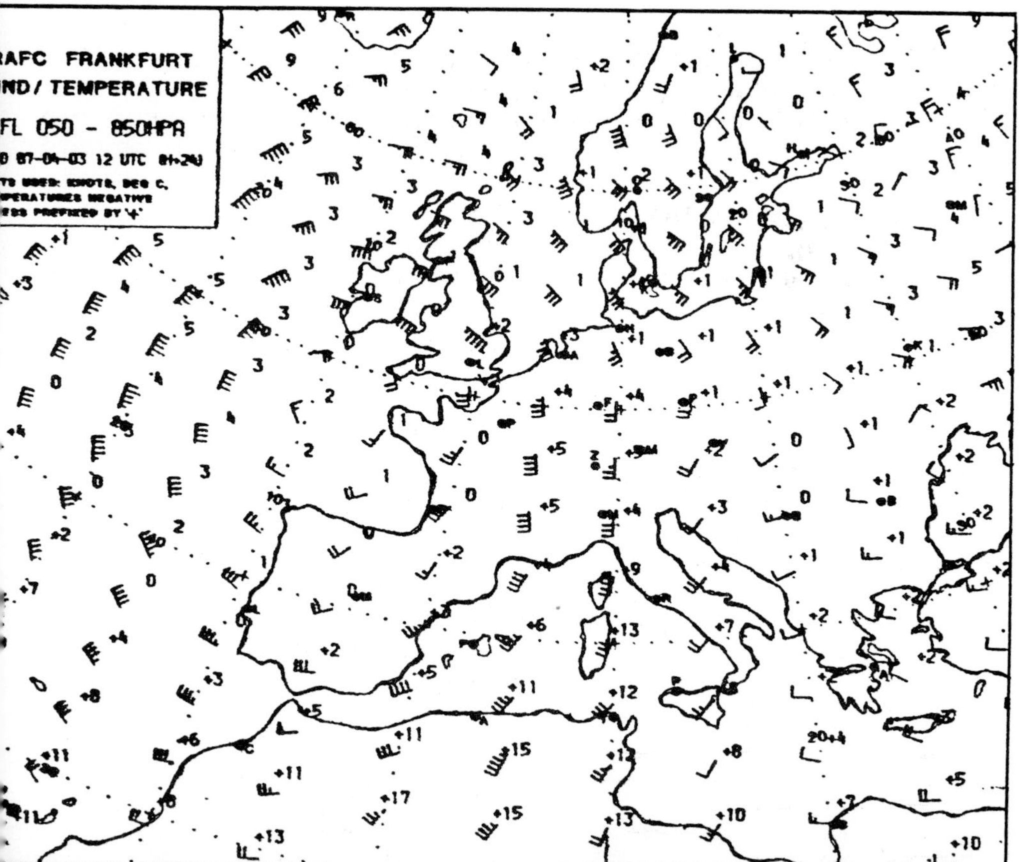

Das Kartenbild ist dasselbe wie bei der Significant Weather Chart FL 100 – Fl 450. Auch hier sind einige über einen Flughafen verfügende Großstädte mit ihren Anfangsbuchstaben eingezeichnet.
Entlang der Längen- und Breitengrade sind dann die in der jeweils dargestellten Druck- bzw. Flugfläche herrschenden Winde und Temperaturen angegeben. Die Winde werden durch die bekannten Windpfeile dargestellt. Ohne Vorzeichen angegebene Temperaturen bedeuten immer *negative* Werte. Sind positive Temperaturen vorhanden, werden die Werte mit einem +Zeichen versehen.
Der uns als Sportflieger interessierende Höhenbereich wird durch die Karten FL 050 – 850 HPa und FL 100 – 700 HPa abgedeckt. Durch Vergleich der Werte aus den Karten der aufeinanderfolgenden Flugflächen lassen sich einmal die für die Flugvorbereitung wichtigen, in der beabsichtigen Flughöhe auf der vorgesehenen Flugstrecke herrschenden Winde abschätzen. Zum anderen kann festgestellt werden, in welcher Höhe sich die 0 °C-Grenze befindet, bzw. wie sie sich auf der Strecke eventuell ändert.

11. Informationen über Bildschirmtext (Btx)-Geräte

Bekanntlich können über das Fernsprechnetz der Deutschen Bundespost mit bestimmten Zusatzgeräten Bildschirmtext (abgekürzt Btx)-Informationen abgerufen werden. Als Bildschirm kann ein vorhandenes, mit den notwendigen Zusatzgeräten betriebenes Fernsehgerät verwendet werden. Es sind auch Fernsehgeräte erhältlich, in die diese Zusatzgeräte bereits eingebaut sind. Die Post selbst bietet Geräte an, bei denen Bildschirm und Bedienungsgerät zu einer Einheit zusammengefaßt sind. Diese Geräte können gekauft oder gemietet werden. Schließlich können aber auch Heim-Computer zum Empfang verwendet werden. Es wird dazu bei langsamen Geräten eine zusätzliche Steckkarte, bei modernen schnellen Geräten nur noch ein entsprechendes Programm benötigt. Ist ein Drucker vorhanden, lassen sich die auf dem Bildschirm wiedergegebenen Informationen schriftlich festhalten, was die weitere Auswertung sehr erleichtert.
Neben vielen anderen sind mit einer solchen Einrichtung eine ganze Reihe von Informationen des Deutschen Wetterdienstes (abgekürzt DWD) abzurufen. Das nachfolgend wiedergegebene Menu (englisch von französisch menu = Speisenfolge, also = Inhaltsverzeichnis) zeigt eine Zusammenfassung aller zur Zeit verfügbaren Mitteilungen des DWD.

Das »Impressum« (lateinisch: impressum = das Eingedruckte von imprimere = eindrücken), auf das am Ende des Ausdrucks verwiesen wird, ist die für Druckschriften gesetzlich vorgeschriebene Nennung des verantwortlichen Herausgebers.

Deutscher Wetterdienst 0,00 DM

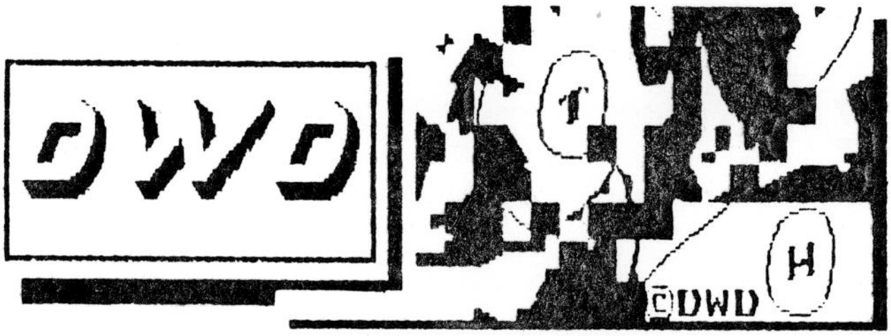

- →1 Allgem. Vorhersagen, Reisewetter
- →2 Flugwettervorhersagen
- →3 Aktuelle Beobachtungen (D,Europa, Außereuropa,Rund um das Mittelmeer)
- →4 Wetter für die Landwirtschaft
- →5 Monatliche Klimawerte
- →6 Seewetterbericht, Bodenseewetter

- →7 Medizinmeteorologie
- →8 Informationen über den DWD
- →9 Ihre Mitteilung an den DWD

Impressum →#

444406

Die in dieser Zusammenstellung wiedergegebene Wetterkarte zeigt keine aktuelle Wetterlage, sondern ist ein immer gleichbleibendes Erkennungszeichen für die Sendungen des DWD.

Besonders interessant für Piloten ist natürlich, daß das Programm unter den Abruf-Nummern 444401 heute schon eine ganze Reihe spezieller Flugwetter-Informationen enthält, die sonst nur über die Flugwetterwarten oder automatische Anrufbeantworter zu erhalten sind.

Deutscher Wetterdienst 0,00 DM

Wetter für die Allgemeine Luftfahrt ©

→1 GAFOR Ausgabe 0645, 0945, (1245)
Zeitraum 06/12,09/15,(12/18)

→2 TAF/METAR BR Deutschland
(neu) TEST autom.Update

→3 SIGMET, Ausgabe täglich 06-14
ADVICE

→4 Wettervorhersage f. d. Segelflug 1989

→5 MET Flugwetterwarten

0←

444401a

DWD

Sichtflugwettervorhersage (GAFOR) ©

→1 Einstufungen Nordbereich
→2 Einstufungen Südbereich

→3 Bereichseinteilung BR Deutschland
→4 Legende zur Einstufung

Lage der GAFOR-Gebiete:
→5 Nord (11-25)
→6 Mitte (31-47)
→7 Süd (51-84)

Die Aktualisierung erfolgt wochentags, an Wochenenden und Feiertagen von 0600-1500 MEZ. Ab 17 MEZ sind die Vorhersagen ungültig!

0← SIGMET/GenAvAdvice →9

4444010a

DWD

Automatischer Flugwetterdienst ©

Testbetrieb

→1 Flugwettervorhersage (TAF)

→2 Flugwettermeldungen (METAR)

0←

444408a

Deutscher Wetterdienst 0,00 DM

DWD

Flughafenvorhersagen (TAF) ©

→1 BRD - NORD

→2 BRD - MITTE

→3 BRD - SÜD

Achtung! Die Meldungen werden laufend aktualisiert. Falls "Keine Seite vorhanden", nach 5 Sek. neu aufrufen.

→6 Allgemeine Info zu TAF
→7 Verschlüsselungsschema
→8 Bedeutung der Schlüsselgruppen

→9 SIGMET/ADVICE

0←

4444081a

Deutscher Wetterdienst 0,00 DM

DWD

Wetterbeobachtungen (METAR) ©

→1 BRD - NORD

→2 BRD - MITTE

→3 BRD - SÜD

Achtung! Die Meldungen werden laufend aktualisiert. Falls "Keine Seite vorhanden", nach 5 Sek. neu aufrufen.

→■ Allgemeine Info zum METAR
→■ Verschlüsselungsschema
→■ Bedeutung der Schlüsselgruppen

→9 SIGMET/ADVICE

0←

4444082a

Die folgenden Ausdrucke zeigen Beispiele für die über Btx übermittelten Informationen.

```
Deutscher Wetterdienst                  0,00 DM
 Sichtflugvorhersage BR Deutschland
 Vorhersagezeitraum: 29.11.89 12-18 UTC

 Nullgradgrenze:

 Norden: Im Norden 1.000 ft NN, im
         Süden bei 3.000 ft NN.

 Süden : Auf 3.000 ft NN ansteigend.

 Vorhersage der Sichtflugbedingungen:

 11ooo-13ooo 14doo-25doo 31ooo-34ooo
 35ccc-37ccc 38ooo 39ccc 41ccc 42ccc
 43ddd 44ccc-47ccc 51xmm 52ccc-76ccc
 81mdc 82mdc 83ccc 84ccc


 0←   SIGMET/GenAvAdvice →9
                                      44440100b
Deutscher Wetterdienst                  0,00 DM
 Sichtflugvorhersage Bereich Süd
 Vorhersagezeitraum  29.11.89 12-18 UTC©

 Ein Hochdruckgebiet bleibt für Süd-
 deutschland wetterbestimmend.
 In einzelnen Gebieten noch Nebel,
 Starkdunst und Hochnebel, sonst
 gute Sichtflugbedingungen.


 Höhenwinde in Grad und kt, Höhe in ft:
                  3.000  5.000  10.000
                  110/25 110/25 030/20


  Am 30.11.89       SR      SS
  in Kassel:        07.03   15.18 UTC

 0←    SIGMET/GenAvAdvice →9          →#
                                      44440101a
```

```
Deutscher Wetterdienst                   0,00 DM
Wettervorhersage TAF Bereich SÜD
herausgegeben:                29.11. 13:00 UTC
                 Letzte Änderung: 12:31 UTC
EDDM 1322 10010KT CAVOK GRADU 1618
     VRB05KT=
EDDN 1322 07008KT CAVOK TEMPO 1316
     09015KT=
EDDS 1322 10008KT CAVOK=
EDRS 1322 04012KT CAVOK=
EDQD 1322 03006KT CAVOK TEMPO 1316
     09015KT=
EDQM 1322 15008KT CAVOK TEMPO 09015KT=
EDMA 1322 10010KT CAVOK GRADU 1618
     VRB05KT=
EDTY 1322 VRB05KT 8000 5CU030 TEMPO
     1622 5000 10BR 8SC015=
```

```
0 < zurück      SIGMET > 9        NORD > #
                                  44440813a
```

```
Deutscher Wetterdienst                   0,00 DM
Wetterbeobachtungen METAR Bereich SÜD
Beobachtungstermin            29.11. 12:20 UTC
                 Letzte Änderung: 12:35 UTC
EDDM 08009KT CAVOK 01/M04 1026 NOSIG
     0719//52=
EDDN 07004KT CAVOK 02/M07 1029 NOSIG=
EDDS 06005KT CAVOK 03/M05 1026 NOSIG=
EDRS 06009KT CAVOK 02/M04 1026 NOSIG=
```

```
0 < zurück      SIGMET > 9        NORD > #
                                  44440823a
```

```
Deutscher Wetterdienst                    0.00 DM
 Flugwetterwarnungen für die Luftfahrt
 SIGMETs und General Aviation Advices   C
 Vom: 17.07.87

-advice for general aviation fir edff
 valid 170500/171400 - mod ice fcst in
 sw-part of edff fir btn fl100 and fl180
 spread ne, n.c.
-edww sigmet 2 valid 171010/171410 eddh-
 line of ts obs and fcst ovr n-part of
 edww fir, nmov n slwly=

-edww sigmet 3 valid 171200/171600
 skc embd cb/ts ovr western-parts of
 edvv uir, tops up to fl300, move ne
 nc=

-Hinweis: Diese Daten können nur im fol-
 genden Zeitraum aktualisiert werden:
 MO-FR:                    06-16 UTC
 Wochenende, Feiertag: 06-14 UTC
 O< oder *#          weitere Warnungen >#
                                  4444012a
```

Die zuletzt wiedergegebenen Flugwetterwarnungen enthalten einige bisher noch nicht erklärte Abkürzungen englischer Klartextausdrücke, deren Bedeutung aber meist wieder zu erraten ist. Es bedeuten

n.c.	= notice closed	= Ende der Meldung
obs	= observed	= beobachtet
ovr	= over	= über
mov	= moving	= sich bewegend
slwly	= slowly	= langsam
uir	= upper information region	= Oberes Informationsgebiet

Die TAFs werden bereits heute alle 3 Stunden, die METARs alle 1/2 Stunde automatisch rund um die Uhr aktualisiert. Eine solche automatische Aktualisierung ist auch bei GAFOR für 1990 eingeplant. Bis dahin erfolgt die Aktualisierung nur von Montag bis Donnerstag auch um 1245 UTC für den Vorhersagezeitraum 1200–1800 UTC. Von Freitag bis Sonntag entfällt diese letzte Aktualisierung, sodaß an diesen Tagen Vorhersagen nur bis 1500 UTC

zur Verfügung stehen. Bei Flügen, die später enden, müssen daher die Beratungen zunächst noch bei den bisherigen Informationsquellen eingeholt werden.
Dasselbe gilt für die SIGMETs und GENERAL AVIATION ADVICES, die zur Zeit noch nur bis 1400 UTC aktualisiert werden.
Sehr erfreulich ist, daß der DWD beabsichtigt, die über Btx zu empfangenden Flugwetter-Informationen noch wesentlich zu erweitern.
Während zur Zeit nur mitgeteilt wird, über welche Fernsprech-Nummern und über welche Rundfunksender die Segelflugwetterberichte verbreitet werden, sollen schon 1990 die vollen Texte der Berichte über Btx erhältlich sein.
GAFOR, TAF und METAR sollen nicht nur für die Bundesrepublik Deutschland, sondern auch für die angrenzenden Länder Belgien/Luxemburg, Dänemark, Frankreich, Italien, Niederlande und Österreich abzurufen sein.
SYNOP-Meldungen deutscher Wetterstationen (also nicht nur der Flugwetterwarten) sollen in das Programm aufgenommen werden. Diese Wettermeldungen werden im gegenüber dem vollen SYNOP-Code vereinfachten METAR-Code gesendet werden.
Da die Einholung von Streckenberatungen beim DWD wegen Personalmangels oft Schwierigkeiten bereitet, ist auch geplant, sogenannte GAROFORS (= GENERAL AVIATION ROUTE FORECASTS), also im GAFOR-Code abgefaßte Streckenwetter-Vorhersagen für bestimmte, in der Bundesrepublik Deutschland häufig beflogene Standard-Strecken in das Btx-Programm aufzunehmen.

Für die Segelflieger ist besonders interessant, daß in Kürze TEMPs der Radiosonden-Stationen München, Stuttgart, Hannover, Essen und Schleswig abgerufen werden können. Diese TEMPs werden im sogenannten Code B gesendet, d. h. es werden die markanten (französisch: marquant = bezeichnet von marquer = bezeichnen) Punkte angegeben, zwischen denen der Temp jeweils geradlinig verläuft. Mit diesen Angaben ist es dann sehr einfach, den TEMP auf vorhandenem Adiabatenpapier oder einem sonstigen Diagramm-Papier selbst aufzuzeichnen oder auszuwerten.

Schließlich ist noch geplant, auf bestimmte Karten-Gitterpunkte bezogene Zahlenwerte zur Verfügung zu stellen, mit deren Hilfe es dann möglich sein wird, auf einfache Weise Wind-Temperatur-Karten für die wichtigsten Druckflächen selbst zu zeichnen.

Aber auch schon jetzt können wir aus den übrigen Btx-Mitteilungen des DWD eine ganze Reihe zusätzlicher, für uns sehr wertvoller Informationen entnehmen.
Zunächst zu den unter der Nummer 444400 abzurufenden Allgemeinen Wettervorhersagen.

Deutscher Wetterdienst 0,00 DM

DWD

Allgemeine Wettervorhersagen ©

Hinweis: Der DWD aktualisiert
i.d.R. wie folgt:

→1	Medizinmeteorologie	bis 1200
→2	Vorhersage für Deutschland	1100
→3	Regionalvorhersagen	0930 1430
→4	Reisewetter Europa	Mo,Mi,Fr bis 1030
→x	Wintersportberichte	
→7	Wochenvorhersage	bis 1300
→8	Temperaturvorhersage	bis 1300
→9	Unwetterwarnung 0,00 DM	

() = nicht Sa,So,Feiertag

0← Querverweise →#

444400a

Aus der Vorhersage für Deutschland und besonders aus den zusätzlichen Regionalen Wettervorhersagen erhält man brauchbare Hinweise auf die zu erwartende Wetterentwicklung in den uns jeweils interessierenden Gebieten. Die Wochenvorhersage liefert zumindest einen Anhalt für die voraussichtliche längerfristige Entwicklung des Wettergeschehens.

Durch die Aktuellen Beobachtungen bestimmter Werte, die unter der Nummer 444405 abgerufen werden können, ergibt sich ein grober Überblick über die Bewölkungsverhältnisse und die Temperaturentwicklung an verschiedenen Orten Mitteleuropas.

Deutscher Wetterdienst 0,00 DM

DWD

Aktuelle Beobachtungen ©

Aktualisierung
bis ca.
() = nur Mo-Fr

→1	Deutschland 26 Orte	0900, 1300, 1500
→2	Europa 28 Orte	1100, 1300,
→3	Außereuropa 15 Orte	1000,
→4	Luftdruckwerte deutscher Orte	1200
→5	Rund um das Mittelmeer 41 Orte (Spez. für Wassersportler)	1530

0← Unwetterwarn. →9 Querverweise →#

444405a

Die hier erhältlichen Angaben reichen sicher nicht aus, um einen Überlandflug mit einem Motorflugzeug vernünftig vorzubereiten. Für den Segelflieger dagegen ist unter Umständen die Temperaturentwicklung an bestimmten Orten und deren Änderungstendenz interessant, da er daraus (bei bekanntem TEMP) zum Beispiel abschätzen kann, ob bzw. wann bei gleichbleibender Wetterlage am nächsten Tag in dem fraglichen Gebiet die Auslösetemperatur erreicht wird, sowie mit welchen Maximaltemperaturen und damit Basishöhen er dort rechnen kann.

Aus demselben Grund sind für den Segelflieger auch einige Angaben interessant, die im Wetter für die Landwirtschaft (abzurufen unter der Nummer 444402) enthalten sind. Diese Daten werden allerdings aus naheliegenden Gründen im Winterhalbjahr nicht gesendet.

Deutscher Wetterdienst 0,00 DM

DWD

Wetter für die Landwirtschaft ©

Bitte wählen Sie mit 2 Ziffern:

Die erste für den Bereich:	und die zweite für die Art der Daten:
→1 Schl.-Holst.	→1 Regionalvorhersage
→2 Nieders.-Ost	→2 Hinw. für Landwirte
→3 Nieders.-West	→3 Niederschlag, Verd.
→4 NRW	→4 Bodentemperaturen
→5 Hessen	→5 Lufttemperaturen
→6 RLP, Saarland	→x Phänologische Phasen
→7 Baden-W'berg	→x Bodenfeuchte,Beregn.
→8 Bayern-Nord	
→9 Bayern-Süd	→# Hinweise für den Pflpnzenschutzdienst

nur aktuelle Seiten sind angebunden!

0← Querverweise →99

444402a

Interessant sind hier zunächst die Voraussagen der in den nächsten Tagen zu erwartenden Höchsttemperaturen. Weitere Hilfsmittel zur Abschätzung der Stärke der zu erwartenden Thermik und deren Beginn an verschiedenen Orten sind außerdem die Bodentemperaturmessungen, der Vergleich zwischen dem Verlauf der Temperaturen am Boden und denen in 2 m Höhe, sowie auch die Angaben über Niederschläge und Bodenfeuchte.

Insgesamt erhalten wir also über Btx eine ganze Reihe brauchbarer und sehr wertvoller Informationen.

Die Telefonnummern der Flugwetterwarten sind oft so überlastet, daß, wenn überhaupt, eine Verbindung erst nach vielen Versuchen und somit langen Wartezeiten zu erhalten ist. Für größere Fluggelände oder Flugschulen ist es schon aus diesem Grund sehr vorteilhaft, über eine Btx-Anlage, möglichst mit Drucker, zu verfügen. Seit bei den Flugwetterwarten neue Ansagegeräte vorhanden sind, die gleichzeitig fünf Anrufer bedienen können, entstehen zwar beim telefonischen Abrufen der GAFOR-Informationen meist keine langen Wartezeiten mehr. Wie für alle übrigen Informationen ist es aber auch für GAFORs sehr vorteilhaft, wenn sie in gedruckter Form vorliegen. Es können so Fehler, wie sie beim Niederschreiben telefonisch durchgegebener Werte oft eintreten, vermieden werden. Ist auch noch ein Kopiergerät vorhanden, so können jedem Flugzeugführer, der einen Überlandflug plant, die Beratungsunterlagen in schriftlicher Form zur Verfügung gestellt werden. Es ist so sichergestellt, daß vor dem Flug auch wirklich eine Wetterberatung erfolgt ist und der Pilot braucht sich nicht mehr selbst um das oft langwierige Einholen der Informationen kümmern. Er kann so seine Flugvorbereitung unter wesentlich geringerem Zeitdruck durchführen.
Schließlich ist auch eine Btx-Anlage wieder ein gutes Hilfsmittel für den Unterricht. Die Schüler können sich zum Beispiel im Lesen verschlüsselter Wettermeldungen üben oder können aufgrund aktueller GAFOR-Meldungen überlegen, ob, bzw. auf welchem Weg sie bei der dadurch gegebenen Wetterlage ein vorgegebenes Ziel erreichen könnten. Segelflieger besitzen, wenn die die Thermik beeinflußenden Werte ausgewertet wurden, ein Hilfsmittel, um nach einem Flug herauszufinden, warum die Verhältnisse über einem bestimmten Gebiet besonders gut oder besonders schlecht waren und können daraus Hinweise gewinnen, wie die Btx-Informationen bei der Planung künftiger Flüge zu berücksichtigen sind.
Jeder hat also die Möglichkeit, sich im Gebrauch der zur Verfügung stehenden Hilfsmittel zu üben, damit er dann, wenn er sie in der Praxis wirklich benötigt, sie auch richtig anzuwenden versteht.

12. Informationen über Telefax-Geräte

Telefax-Geräte, mit denen Dokumente und so auch Diagramme und Zeichnungen originalgetreu übermittelt werden können, gewinnen besonders im geschäftlichen Bereich eine immer größere Verbreitung. Es ist so meist auch dann nicht schwierig, ein solches Gerät benutzen zu können, wenn kein eigenes zur Verfügung steht.
Zur Zeit können bei den Flugwetterwarten Hamburg, Düsseldorf, Frankfurt/Main und München jeweils dieselben Informationen abgerufen werden. Dabei ist es nicht notwendig, zuerst anzufragen. Nach Anwählen der Telefax-Rufnummer der gewünschten (am besten natürlich der nächstgelegenen)

Flugwetterwarte erfolgt automatisch die Übermittlung der nachstehend aufgeführten Informationen.

1. TAFs für die Bundesrepublik Deutschland und die umliegenden Länder. Die Aktualisierung erfolgt alle drei Stunden, so daß jeweils neueste Informationen zur Verfügung stehen. AMENDED TAFs werden allerdings nicht gesendet.
2. Significant Weather Charts (SWC) für FL 100–450 (umfassen Europa)
3. Low Level SWC für SFC– FL 100 (umfassen Mitteleuropa)
4. Wind-Temperatur-Vorhersagekarten für FL 050, 100, 180, 240, 300, 340 und 390
5. Liste mit den ICAO-Bezeichnungen der wichtigsten europäischen Verkehrs-Flughäfen.

Eine Verbreitung von METARs über Telefax ist zunächst nicht vorgesehen. Dagegen soll später GAFOR, u. U. sogar in Kartenform, in das Programm aufgenommen werden.

13. Informationen über Fernsehempfänger mit Videotext-Teil

Heutige Fernsehempfänger besitzen zum Teil eine Einrichtung zum Empfang von »Videotext«-Informationen. Auch in diesen Informationen sind Wettervorhersagen enthalten, die allerdings in der Bundesrepublik Deutschland nur sehr allgemeiner Art sind. Es sind lediglich ein Bericht über die jeweilige Wetterlage und eine 5-Tage-Prognose zu erhalten.
Ähnliche ausländische Programme enthalten dagegen auch spezielle Informationen für die Allgemeine Luftfahrt. So kann zum Beispiel in Süddeutschland mit einem für Video-Empfang ausgerüsteten Fernsehgerät auch das österreichische »Teletext«-Programm abgerufen werden. In ihm sind eine Flugwetter-Prognose, Angaben über den Höhenwind, die Lage der 0 °C-Grenze und auch etwaige Gefahrenwarnungen enthalten.
Ist das schweizerische Videotext-Programm zu empfangen, so stehen sogar noch mehr Informationen zur Verfügung. Neben einem Flugwetterbericht und einer Flugwettervorhersage können für den Bereich der Schweiz auch noch GAFOR, TAF und der Segelflug-Wetterbericht abgerufen werden.
Diese Art von Informationen kann allerdings nicht direkt ausgedruckt werden. Ein Ausdrucken ist mit entsprechenden Zusatzgeräten nur möglich, wenn das Bild vorher mit Hilfe eines Video-Recorders gespeichert wurde.

14. INFORMATIONEN ÜBER WETTERSATELLITEN-EMPFÄNGER

Satelliten-Aufnahmen
Wie schon im letzten Kapitel erwähnt, sind Satelliten-Aufnahmen eine große

Hilfe bei der Beurteilung von Wetterlagen und zu erwartender Änderungen. Besonders wichtig ist dabei, daß die Bilder sofort oder spätestens eine halbe Stunde nach ihrer Aufnahme zur Verfügung stehen, also das aktuelle Wetter zeigen. Dagegen zeigen Wetterkarten eben »nur« einen Zeitpunkt, der bis zu vier Stunden in der Vergangenheit liegt und auch Wettermeldungen stehen nicht sofort nach den ihnen zugrunde liegenden Beobachtungen zur Verfügung.

Wie wir aus dem bisher behandelten Stoff und auch aus den uns aus anderen Lehrbüchern bekannten Beschreibungen verschiedener Wetterlagen wissen, sind bestimmte Wettererscheinungen mit typischen Wolkensystemen oder mit wolkenfreien Gebieten verbunden, die meist beide auf Satelliten-Aufnahmen zu erkennen sind. Da die Wolkensysteme mit der Luftströmung in ihrer Höhe weitertransportiert werden, kann dann, wenn ein Empfänger die Möglichkeit bietet, Bilder zu speichern und sie später im Zeitraffer wiederzugeben, leicht auf Richtung und Geschwindigkeit dieser Strömung geschlossen werden. Bei einfachen Geräten genügt auch schon die bei jedem neuen Bild erneut vorgenommene Markierung zum Beispiel der Grenze eines Wolkensystems auf dem Bildschirm, um die selben Informationen zu gewinnen.

Meist werden Satelliten-Aufnahmen im Bereich der Sportfliegerei auch nur zu solchen Zwecken benutzt. Wir können feststellen, wo sich Wolkensysteme bzw. Abschirmungen befinden, mit welcher Geschwindigkeit sich diese auf uns zu oder von uns weg bewegen, und wo wir (in der warmen Jahreszeit) mit weitgehend ungehinderter Einstrahlung rechnen können. Besonders im zuletzt genannten Fall ist es aber, wie wir aus dem Kapitel »Der Temp« wissen, sehr wichtig, auch Informationen über den Temperatur- und Feuchteverlauf in der Atmosphäre zu besitzen, um eine solche Wetterlage wirklich bestmöglich beurteilen und ausnutzen zu können.

Eines ist auf alle Fälle möglich, nämlich der laufende Vergleich von wirklich beobachtetem Wetter und von Wetterkarten mit den zur selben Zeit aufgenommenen Satellitenbildern. Man erhält auf diese Weise im Laufe der Zeit eine immer besser werdende Vorstellung davon, wie die verschiedenen Darstellungen miteinander zusammenhängen und sich ergänzen.

Aber auch schon dann, wenn wir aus den Bildern nur die anfangs erwähnten Informationen entnehmen wollen, sollten wir über den Unterschied zwischen Bildern, die im sichtbaren Bereich des elektromagnetischen Spektrums (siehe Kapitel »Die Lufttemperatur«) und solchen, die im infraroten Wellenlängenbereich aufgenommen wurden, informiert sein.

VIS-Bilder (englisch: *vis*ual = sichtbar) werden mit Sensoren (lateinisch: sensor = Fühler, von sentire = fühlen, empfinden) aufgenommen, die für die Wellenlängen des sichtbaren Lichtes empfindlich sind, IR-Bilder (englisch: *i*nfra*r*ed = infrarot) dagegen mit solchen, deren Empfindlichkeit im Infrarotbereich, also im Gebiet der Wärmestrahlung liegt.

Naturgemäß können Bilder im sichtbaren Licht nur von den Gebieten der Erde

erhalten werden, in denen gerade Tag ist. Dabei scheinen die Objekte, die am meisten Licht reflektieren, die also eine hohe Albedo (siehe Kapitel »Der Wärmehaushalt der Erde«) besitzen, am hellsten, diejenigen, die am meisten Licht absorbieren, also die geringste Albedo haben, am dunkelsten. VIS-Bilder werden deshalb auch Albedo-Bilder genannt.
IR-Bilder können dagegen sowohl am Tage als auch bei Nacht aufgenommen werden. So ist es auch allein mit ihrer Hilfe möglich, die laufende Wetterentwicklung nicht nur am Tag, sondern auch in der Nacht zu verfolgen.
Wie wir im Kapitel »Der Wärmehaushalt der Erde« gelernt haben, strahlt jeder Körper aufgrund seiner Temperatur elektromagnetische Strahlung aus und zwar umso mehr (und umso kurzwelligere), je wärmer er ist. Die von der Erdoberfläche und von Wolken abgegebene Strahlung liegt bei den an und in ihnen vorkommenden Temperaturen im Bereich der infraroten Strahlung, also in dem der Wärmestrahlung. Sensoren, die diese Strahlung messen können, registrieren also die unterschiedlichen Temperaturen der Erdoberfläche und die unterschiedlichen Temperaturen der sich in verschiedenen Höhen befindlichen (die Temperaturen der aufsteigenden Wolkenluft nehmen ja mit zunehmender Höhe immer weiter ab) Wolkenoberflächen.
Um das Aussehen von IR-Bildern den VIS-Bildern in etwa anzunähern, werden – was ja mit elektronischen Mitteln leicht möglich ist – starker Strahlung, also warmen Oberflächen, im Bild dunkle Grautöne, kälteren Oberflächen dagegen hellere Grautöne zugeordnet. Der Erdboden erscheint so (außer im Winter, wenn der Boden sehr kalt ist) dunkel, die höher befindlichen und damit kälteren Wolken dagegen hell. Mit modernen Geräten läßt sich sogar eine Eichung der Grauskala des Bildes in Temperaturgraden vornehmen, sodaß bei punktförmiger Abtastung der Aufnahme Temperaturanalysen möglich sind.
Die Kenntnis dieser Zusammenhänge ist wichtig, da es so zum Beispiel möglich ist, kälteste, also höchste Wolkenteile, im IR-Bild zu erkennen und so das Auftreten und den Standort von Cumulonimbus-Wolken, also von Gewittern, festzustellen. Deren oberste Teile (tops) können ja, wie wir wissen, bis in die Tropopause mit ihren sehr niedrigen Temperaturen hinaufreichen.
Noch eindrucksvoller lassen sich die in den Aufnahmen enthaltenen Informationen mit farbtauglichen Geräten darstellen. Mit ihnen können den Graustufen des Schwarz-Weiß-Bildes (weitgehend beliebige) Farben zugeordnet werden, wodurch die einzelnen Abstufungen wesentlich deutlicher zu erkennen sind. So lassen sich zum Beispiel die Tops von Cbs rot einfärben, um so besonders eindringlich vor ihnen zu warnen und auch Nebelgebiete können mit Hilfe dieser Methode wesentlich besser erkennbar gemacht werden.
IR-Bilder sind also wesentlich aussagekräftiger als VIS-Bilder.
Die nachfolgende, aus Informationen des Deutschen Wetterdienstes stammende Zusammenstellung zeigt die unterschiedliche Wiedergabe bestimmter Details in VIS- und IR-Bildern. Dabei ist unter anderem zu erkennen, daß im

IR-Bild im Winter dichte Wolkenformationen über sehr kalten Untergrund nur sehr schwer oder gar nicht zu erkennen sind. Dasselbe gilt beim VIS-Bild für dichtere Wolkenformationen über Schnee- oder Eisflächen.

	VIS-Bilder	IR-Bilder
schwarz	Ozeane, Seen	warme Ozeane warme Landgebiete
dunkel- grau	Land mit großflächiger Waldbedeckung, Basalt-flächen	kalte Ozeane Landflächen über = °C warmer St und Sc
grau	Wiesen- und Acker-land und schwach bewal-dete Gebiete	St- und Sc-Decken
hellgrau	helle Sand- und Wüsten-gebiete, schneebedeckte Waldgebiete, dünne und locker angeordnete kleine Wolken	dichte mittelhohe Wolken winterliche Schnee- und Eisgebiete Hochgebirge
weiß	eis- und schneebedeckte (waldfreie) Gebiete dichte Wolkendecken besonders Cb-Komplexe	dichter Ci und Cs, hoch-reichende Cb-Komplexe arktische Schnee- und Eis-gebiete mit extrem tiefen Temperaturen

Als Beispiel zeigt die ebenfalls aus Unterlagen des Deutschen Wetterdienstes stammende Darstellung noch, wie eine einheitliche dünne Cirrenschicht durch in verschiedenen Höhen darunter befindliche Wolkenformationen bzw. Land- oder Wasserflächen im IR-Bild unterschiedliche Grauwerte ergeben kann.
Die eingezeichneten verschieden langen Wellenlinien zeigen durch ihre Länge die von den verschieden warmen Oberflächen ausgehenden unterschiedlichen Intensitäten der Wärmestrahlung, die dann nach Durchdringen der dünnen Cirrenschicht im Bild unterschiedliche Grautöne hervorrufen. Je geringer die Höhe ist, in der sich eine Wolkenschicht befindet, um so wärmer ist sie, um so größer ist also auch die Intensität der von ihr ausgehenden Wärmestrahlung. Da die Cirrenschicht dünn ist, kann diese Strahlung sie durchdringen. Kennt man diesen Effekt nicht, zieht man aus dem Bild (zum Beispiel bei der Beurteilung von Abschirmungen!) falsche Schlüsse. Da ja bestimmte Grautöne normalerweise bestimmten Höhen von Wolkenoberflächen mit nach oben abnehmenden Temperaturen zugeordnet sind, erscheinen die Grautöne den im Bild durch waagrechte, gestrichelte Linien H_1 bis H_4

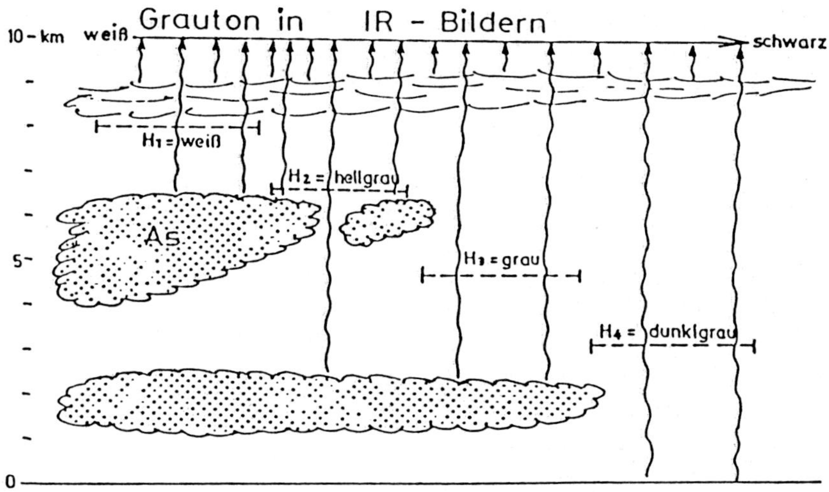

dargestellten Höhen verschiedener Wolkenschichten zu entsprechen, die aber in Wirklichkeit in diesen Höhen gar nicht vorhanden sind. Auf alle Fälle wird keine einheitliche Cirrenschicht dargestellt. Der Grauton von Cirren in IR-Bildern ist so von einer ganzen Reihe von Faktoren abhängig, wie zum Beispiel der Temperatur (also der Höhe) der Cirren, von der Durchsichtigkeit der Cirrenschicht und der Temperatur der unter ihnen liegenden Wolken-, Land- oder Wasseroberflächen.

Um bestimmte Wettererscheinungen richtig erkennen zu können, ist es oft auch notwendig, VIS-Bilder und IR-Bilder miteinander zu vergleichen. So erscheint z.B. bodennaher Nebel im VIS-Bild weiß, während er im IR-Bild dunkel oder gar nicht sichtbar ist. Seine Temperatur unterscheidet sich ja wegen seiner Bodennähe kaum von der des Erdbodens. Ebenso erscheinen mittelhohe Wolken im VIS-Bild weiß, im IR-Bild wegen ihrer noch nicht allzu tiefen Temperatur aber grau. Hohe dünne Cirrenfelder werden dagegen im IR-Bild wegen ihrer tiefen Temperatur weiß wiedergegeben, während im VIS-Bild der Erdboden durchscheint.

Diese Beispiele und der in der Tabelle dargestellte Vergleich zwischen VIS- und IR-Bildern zeigen, daß eine genaue Deutung von Satellitenbildern doch eine eingehendere Beschäftigung mit der ihnen zugrunde liegenden Technik erfordert. Bestimmte in den Bildern zu erkennende Einzelheiten können verschiedene Ursachen haben. Um die wirkliche Ursache erkennen zu können, ist es oft auch sehr hilfreich, den Bewegungsablauf der Wolkenformationen zu verfolgen. Dies ist mit allen Geräten möglich, die in der Lage sind, eine Reihe der letzten Bilder zu speichern. So bewegt sich ja z.B. eine Nebelschicht zwischen zwei Aufnahmen kaum, während höhere Bewölkung z.B. im Bereich einer Zyklone deutliche Bewegungen zeigt. Sehr wichtig ist auch der

Vergleich der Bildinhalte mit den aktuellen Wetterkarten, aus denen ebenfalls viel über die wahrscheinlichen Ursachen und die wahrscheinliche Struktur (lateinisch: structura = Bauart) der dargestellten Bewölkung zu ersehen ist.

Wetterkarten

Mit Hilfe eines modernen Satelliten-Empfängers können auf einem zweiten Kanal des METEOSAT-Satelliten aber auch noch Wetterkarten empfangen werden.

Für uns besonders wichtig sind dabei eine Bodenvorhersagekarte für die nächsten 24 Stunden, sowie Vorhersagekarten für das 500 HPa-Niveau für die nächsten 24 Stunden und die nächsten 48 Stunden. Die Karten, die in Aufbau und Inhalt den mit Faksimile-Geräten zu empfangenden entsprechen, werden jeweils morgens und abends aktualisiert (lateinisch: actualis = tätig, wirksam), das heißt, auf den neuesten Stand gebracht.

Die übrigen über diesen Kanal verbreiteten Karten beziehen sich auf den oberen Luftraum.

Die Anschaffung eines Satelliten-Empfängers (und nach dem früher Gesagten natürlich auch eines Faksimile-Empfängers, einer Telefax- und einer Btx-Anlage) stellt so für jeden Landeplatz und jeden größeren Verein sicher eine sehr sinnvolle und im Vergleich mit den Preisen für Flugzeuge auch relativ preiswerte Geldanlage dar. Besonders wertvoll wird eine Anlage, wenn auch noch ein Drucker vorhanden ist, mit dem sowohl die Satelliten-Bilder als auch die Karten ausgedruckt und so anschließend in aller Ruhe ausgewertet werden können.

Mit Hilfe von Zusatzgeräten können auch bereits vorhandene Heim-Computer für den Empfang von Satellitenbildern verwendet werden. Besitzer solcher Geräte verfügen ja meist auch bereits über einen Drucker. Wer schließlich im Eigenbau elektronischer Geräte geübt ist, kann sowohl einen Satelliten-Empfänger als auch einen Faksimile-Wetterkarten-Empfänger zu noch viel geringeren Kosten auch selbst herstellen. Entsprechende Baupläne sind z. B. in den Fachzeitschriften für Amateur-Funker zu finden. Solche Geräte wären dann sogar für den am Wettergeschehen interessierten Durchschnitts-Privatmann erschwinglich.

Alle in diesem Kapitel behandelten Informationen sind nicht nur wichtig, um feststellen zu können, ob die augenblickliche Wetterlage für die Durchführung eines bestimmten Vorhabens geeignet ist. Sie sind darüberhinaus auch hervorragende Lehr- und Lernmittel. Verfolgt man sie laufend oder wenigstens immer wieder über gewisse Zeiträume hinweg und vergleicht sie dabei mit dem tatsächlichen Ablauf des Wetters, so wird man immer mehr mit dem Wettergeschehen vertraut, versteht es schließlich und kann sich dann auch bei Bedarf jederzeit auf seine Gegebenheiten einstellen.

Schlußbemerkung

Dieses Buch sollte das Interesse für das weite und wichtige Gebiet der Vorgänge in unserer Atmosphäre wecken oder verstärken. Es sollte außerdem dem Leser die Grundlagen verständlich machen, deren Kenntnis notwendig ist, um weiterführende Bücher verstehen und das darin vermittelte Wissen richtig anwenden zu können.
Vielleicht wird dem Leser, der nicht selbst Pilot ist, der Inhalt einiger Kapitel für ihn nicht so wichtig erscheinen. Da aber flugmeteorologische Informationen in zunehmendem Maße durch moderne, jedem zugängliche Kommunikationsmittel, wie Bildschirmtext, Telefax und vielleicht auch einmal Videotext, verbreitet werden, wird in absehbarer Zeit auch er die hierzu gegebenen Erläuterungen benutzen und sich so noch besser über die zu erwartende Wetterentwicklung informieren können.

Dr. Dietrich Knapp

Fremdwörter-Katalog

Es bedeuten	G	= Griechisch
	L	= Lateinisch
	A	= Arabisch
	E	= Englisch
	F	= Französisch
	I	= Italienisch
	NL	= Niederländisch
	S	= Spanisch
	T	= Tschechisch

A

a-	G	a- = un-
abrupt	L	abruptus = schroff, jäh, abgerissen
absolut	L	absolutus = uneingeschränkt
absorbieren	L	absorbere = aufsaugen
addieren	L	addere = hinzufügen
adiabatisch	G	adiabatos = nicht passierbar
Advektion	L	advehi = heranführen
Äquator	L	aequator = Gleicher. Er teilt die Erde in zwei gleiche Hälften
Äquinoktien	L	aequus = gleich, nox oder noctus = Nacht
Aerodynamik	G	aer = Luft, dynamis = Kraft, die Bewegung hervorruft
Aerosol	G	aero = Luft, L solidus = fest (nicht gasförmig)
ageostrophisch	G	a- = un-, ge = Erde, strophas = sich drehend; *nicht* parallel zu den Isohypsen wehender Wind
Aggregatzustand	L	aggregare = beigesellen, anschließen
aktiv	L	activus = tätig
aktuell, Aktualisierung	L	actualis = im Augenblick tätig, wirksam = gegenwärtig
Albedo	L	albedo = weiße Farbe
Alphabet	G	alpha, beta = die beiden ersten griechischen Buchstaben

Ammoniak NH_3	G	ammoniake = in der Oase des ägyptischen Widdergottes Ammon entdecktes farbloses Gas
Amplitude	L	amplitudo = Weite
Analyse	G	analysis = Zergliederung
Anode	G	anodos = Hinaufgehen. Zur Anode gehen negativ geladene Teilchen »hinauf«
Antarktis	G	anti = entgegengesetzt, arktos = Bär. (Siehe Arktis!)
anti-	G	anti = gegen, entgegengesetzt
Antizyklone	G	anti = entgegengesetzt, kyklos = Kreis
Aphel	G	aph = weg, helios = Sonne
Argon Ar	G	argos = träge. Reagiert »träge«, d.h. gar nicht mit anderen Elementen, da Edelgas
arid	L	aridus = trocken
Arktis	G	arktos = Bär. Die Gegend, in der das Sternbild des Bären im Zenit steht
assoziieren	L	assocere = verbinden
Asteroid	G	astron = Stern, eides = ähnlich
Astronautik	G	astron = Stern, nautike = Schiffahrtskunst
Astronomie	G	astron = Stern, nomos = Ordnung, Gesetz
Atmosphäre	G	atmos = Dampf, Dunst, Rauch, sphaira = Kugel, Kugelschale
Atom	G	atomos = unteilbar
automatisch	G	automatos = selbsttätig, von selbst handelnd

B

baroklin	G	baros = Schwere, Gewicht, Druck klinein = sich neigen
Barometer	G	baros = Gewicht, Druck, metrein = messen
barotrop	G	baros = Gewicht, Druck, tropos = Wendung, Richtung, Also: gleiche Richtung von Isobaren und Isothermen
Basis	L	basis = Grundlinie
Big Bang	E	big bang = großer Knall
Bilanz	L	bilanx = doppelte Waagschale

C

Calmen	E	calm = still, ruhig
centi-	L	centum = 100
Chaos	G	chaos = wüstes Durcheinander
Charakter	G	charakter = das Eingegrabene, Typische, Merkmal
Cirrus	L	cirrus = Haarlocke, Franse

Code	E	code = Schlüssel zur Übersetzung einer verschlüsselten Schrift in den Klartext von
	L	codex = Buch
Computer	E	compute von L computare = berechnen
Cumulonimbus	L	cumulus = Haufen, nimbus = Sturmwolke, Regen
Cumulus	L	cumulus = Haufen

D

Daten	L	datum = das Gegebene, also: vorgegebene Tatsachen
definieren	L	definire = umgrenzen, genau bestimmen
Definition	L	definitio = Begriffsbestimmung
deformieren	L	deformare = verunstalten
Dekameter	G	deka = 10, metros = Maß
Depression	L	depressio = das Niederdrücken
Detail	F	detail = Einzelheit
Dewing Point	E	dew = Tau, point = Punkt
di-	G	di- = zwei, doppelt
Diagramm	G	diagramma = Zeichnung, Figur
Differenz	L	differentia = Unterschied, Verschiedenheit
diffundieren, diffus	L	diffundere = nach allen Richtungen zerstreuen
direkt	L	directus = unmittelbar, ohne Umwege
dissoziieren	L	dissocere = trennen
Divergenz	L	divergere = auseinandergehen
Drift	E	drift = Dahintreiben, Lauf
dynamisch	G	dynamis = Bewegung erzeugende Kraft

E

easterlies	E	easterly = östlich
easterly waves	E	easterly = östlich, wave = Welle
Effekt	L	effectio = wirkende Kraft
Ekliptik	G	ekleipsis = Ausbleiben, Verschwinden. Wenn der Mond die Ekliptik schneidet, ist eine »Eklipse«, ein Verschwinden von Sonne oder Mond, eine Sonnen- oder Mondfinsternis möglich
Elektrode	G	elektron = Bernstein, der sich beim Reiben elektrisch auflädt, odos = Weg
elektromagnetisch	G	elektron = Bernstein, magnetis lithos = Stein aus der Landschaft Magnesia, der magnetisches Eisen enthält
Element	L	elementum = Grundstoff

Ellipse	G	elleipsis = das Zurückbleiben, nämlich der Ellipsenfläche gegenüber der Fläche eines Kreises mit einem Durchmesser, der dem größten Durchmesser der Ellipse entspricht
Emulsion, emulgieren	L	ex = aus, mulgere = melken, »abstreifen«. Wegen der Ähnlichkeit mit Milch: Emulsion = Gemenge von Tröpfchen nicht mischbarer Flüssigkeiten
Energie	G	energia = Wirksamkeit
exakt	L	exactus = genau
Exemplar	L	exemplum = Beispiel
Existenz	L	existentia = das Vorhandensein
Exosphäre	G	exo = außen, sphaira = Kugel, Kugelschale
explosiv	L	expolodere = klatschend forttreiben, wörtlich: klatschend hinausschlagen von plodere = klatschend schlagen
extrem	L	extremus = äußerst, das Äußerste

F

Faksimile-Schreiber	L	facere = tun, similis = ähnlich fac simile! = mache es ähnlich
Faktor	L	factor = der etwas Machende
Fax-Schreiber		Abkürzung! Siehe Faksimile-Schreiber
Fixstern	L	fixus = angeheftet. Fixsterne scheinen ihre Stellung zueinander nicht zu verändern
Flares	E	flare = flackern, aufflammen
Folie	L	folium = Blatt
Formel	L	formula = Regel, Vorschrift, Gestalt, Form
Frequenz	L	frequentia = Häufigkeit
Front	L	frons, frontis = Stirn, Vorderseite

G

Galaxis	G	galaktos = Milch. Also: Galaxis = Milchstraße
geo-	G	ge = Erde
geographisch	G	ge = Erde, graphein = schreiben, bildlich darstellen
geostrophisch	G	ge = Erde, strophas = sich drehend
Globus, global	L	globus = Kugel, Erdkugel
GMT	E	Greenwich mean time = mittlere Greenwichzeit = die für den durch die englische Sternwarte Greenwich verlaufenden 0°-Meridian geltende mittlere Zeit
GND	E	ground = Boden
Grad	L	gradus = Schritt
Gradient	L	gradiens = schreitend, gehend
Graphik	G	graphe = Zeichnung

Gravitation	L	gravitas = Schwere

H

Halo	G	halo = Tenne, Hof
Hg	L	Hydragyrum = Quecksilber. Aus G hydor = Wasser, argyron = Silber, also eigentlich »Wassersilber«, »flüssiges Silber«
hekto-	G	hekaton = 100
Hektometer	G	hekaton = 100, metros = Maß
Helium He	G	nach helios = Sonne
heterogen	G	heteros = anders beschaffen, genos = Art
homogen	G	homos = gleich, genos = Art
Homopause	G	homos = gleich, pausole = Ende
Homosphäre	G	homos = gleich, sphaira = Kugel, Kugelschale
Horizont	G	horizein = begrenzen. Der Horizont begrenzt den Gesichtskreis
hydrodynamisch	G	hydor = Wasser, dynamis = Bewegung hervorrufende Kraft
hydrostatisch	G	hydor = Wasser, statos = stehend
Hygrometer	G	hygros = feucht, metrein = messen
hygroskopisch	G	hygros = feucht, skopein = schauen, beobachten, aber auch sich nach etwas umschauen. Daher hier: = Wasser anziehend

I

identifizieren	L	idem = derselbe, facere = machen, somit = etwas als dasselbe feststellen
identisch	L	idem = derselbe, identidem = mehrfach, mehrmals
Impressum	L	Impressum = das Eingedruckte von imprimere = eindrücken
in-		in- = un-
indifferent	L	indifferens = nicht unterscheidend
indirekt	L	in- = un-, directus = gerade, ohne Umweg
Information	L	informatio = Darlegung, Belehrung
infra	L	infra = unterhalb, tiefer
infrarot	L	infra = unterhalb, tiefer
inkompressibel	L	incompressibilis = nicht zusammendrückbar
instabil	L	instabilis = nicht fest, schwankend
instruktiv	L	instruere = unterrichten
Instrument	L	instrumentum = Werkzeug von instruere = erbauen, errichten
Intensität	L	intentio = Anstrengung, intensus = heftig, stark

inter-	L	inter = zwischen
international	L	inter = zwischen, natio = Geburt, Volksstamm von natus = geboren
Inversion	L	inversio = Umkehr
Ion	G	ion = das Gehende, Wandernde
Ionosphäre	G	ion = das Wandernde, sphaira = Kugel, Kugelschale
Isobaren	G	isos = gleich, baros = Gewicht, Druck Linien gleichen Drucks
Isohypsen	G	isos = gleich, hypsos = Höhe Linien gleicher Höhe
Isotachen	G	isos = gleich, tachos = Geschwindigkeit Linien gleicher (Wind-)Geschwindigkeit
Isothermen	G	isos = gleich, thermos = warm Linien gleicher Temperatur
K		
Kalender	L	calendae = der 1. Tag des Monats
Kalorie	L	calor = Wärme
Kapillare	L	capillus = Haupthaar
Katalog	G	katalegein = aufzählen
Kathode	G	kathodos = das Hinabgehen. Positiv geladene Teilchen gehen zur Kathode »hinab«
Kilo-	G	kilioi = 1000
Klima	G	klima = Neigung, nämlich des Einfallwinkels der Sonnenstrahlung
Koagulation	L	coagulare = gerinnen
Koma	G	koma = Haupthaar
Komet	G	kometes = langhaarig, befiedert
kommunizieren	L	communicare = vereinigen, gemeinsam machen
kompliziert	L	complicatus = unklar, verworren, von complicere = zusammenfalten, zusammenwikkeln
Komponente	L	componere = zusammensetzen
Kompression, kompressibel	L	comprimere = zusammendrücken compressio = das Zusammendrücken compressibilis = zusammendrückbar
Kondensation	L	condensere = dicht zusammendrängen
konstant	L	constans = beständig
Kontinent	L	terra continens = zusammenhängendes Land
Kontinuität	L	continuatio = ununterbrochene Fortdauer
Kontur	F	contour = Umriß, Umrißlinie
Konvektion	L	convectio = das Zusammenbringen, Zusammenführen

Konvergenz	L	convergere = sich zueinander hinneigen
Konzentration	L	com, con = gemeinsam, centrum = Mitte
konzentrisch	L	com, con = gemeinsam, centrum = Mittelpunkt
Koordinaten-	L	coordinare = zuordnen
system	G	systema = aus Gliedern bestehendes Ganzes
Korpuskel	L	corpusculum = Körperchen
korrekt	L	correctus = verbessert, richtig
Kosmos	G	kosmos = Ordnung, Weltall
Kosmonautik	G	kosmos = Weltall, nautike = Schiffahrtskunst
Kristall	G	krystallos = Eis
Kriterium	G	kriterion = Kennzeichzen
kritisch	G	kritos = entschieden, geschnitten von krinein = entscheiden, schneiden heute: entscheidend, bedenklich, gefährlich
Krypton	G	von kryptos = verborgen, da nur in kleinsten Mengen in der Luft enthalten

L

labil	L	labilis = schwankend
laminar	L	lamina = ebene Platte
latent	L	latentus = verborgen
linear	L	linea = gerade Linie
Literatur	L	litera oder littera = Buchstabe, litterae = Geschriebenes
Logarithmus	G	logos = Darstellung, arithmos = Zahl
-logie	G	logos = Darstellung, Lehre
logisch	G	logikos = vernünftig
lokalisieren	L	locus = Ort, Stelle

M

magnetisch	G	magnetis lithos = Stein aus der Landschaft Magnesia, der magnetisches Eisen enthält
maritim	L	maritimus = zum Meer gehörig
markant	F	marquant = bezeichnet von marquer = bezeichnen
Materie	L	materia = Stoff
Mathematik	G	mathematike aus mathema = Erkenntnis, Wissenschaft. Die Mathematik, die Wissenschaft der Zahlen und Raumgrößen, wurde also als *die* Wissenschaft betrachtet
Maximum	L	maximum = das Größte
Membran	L	membrana = Häutchen

mercury	E	mercury = Quecksilber
Meridian	L	circulus meridianus = Mittagskreis. Alle auf ihm liegenden Punkte haben zur selben Zeit Mittag
Mesosphäre	G	mesos = in der Mitte spaira = Kugel, Kugelschale
Metaspähre	G	meta = inmitten, dazwischen spaira = Kugel, Kugelschale
Meteor	G	meteoros = in der Luft schwebend
Meteorologie	G	meteoros = in der Luft schwebend logos = Beschreibung, Lehre
Meter	G	metros = Maß
Methan CH_4		Sumpfgas. Kunstwort
	G	nach Methyl CH_2, einem Bestandteil des einfachsten Alkohols, des Methylalkohols CH_3OH, von methy = Wein, hyle = Holz
Methode	G	methodos = Weg zu einem Ziel
Minimum	L	minimum = das Kleinste
Modell	L	modulus = kleines Maß, Maßstab
Molekül	L	molecula = kleine Masse von moles = Masse
Moment	L	momentum = bewegende Kraft
mono-	G	monos = allein, einzig
Monsun	A	von mausim = Jahreszeit. Jahreszeitlich bedingter Wind
MSL	E	*m*ean *s*ea *l*evel = mittleres Meeres-Niveau

N

N	L	nitrogenium = Stickstoff von
	G	nitron = Salpeter, genetes = Erzeuger
Nadir	A	nadir = gegenüberliegend. Der Gegenpunkt zum Zenit, also der Punkt am Himmel, der senkrecht *unter* dem Beobachter liegt
Natur	L	natura = Geburt, Welt, Weltall
negativ	L	negare = nein sagen
Neon Ne	G	von neos = neu
Neph-Analyse	G	nephele = Wolke
neutral	L	neuter = keiner von beiden
Neutrosphäre	L	neuter = keiner von beiden sphaira = Kugelschale
Niveau	F	niveau = waagerechte Ebene
Norm, normal	L	norma = Regel
Null	L	nullus = wertlos, keiner
Nutation	L	nutation = Schwankung

O

O	L	Oxygenium = Sauerstoff von
	G	oxys = sauer, genetes = Erzeuger
Objekt	L	obiectum = das Entgegengeworfene
Okklusion	L	occlusio = Abschnürung
Optik	G	optike techne = die Lehre vom Sehen; vom Wortstamm op- = sehen, Auge
orographisch	G	oros = Berg, graphe = Zeichnung
Oxyd	G	oxys = sauer Verbindung eines Elementes mit Sauerstoff
Ozean	G	okeanus = Weltmeer
Ozon	G	ozein = riechen. Ozon stinkt!

P

Parallele	G	parallelos = nebeneinander laufend
Parallelogramm	G	parallelos = nebeneinander laufend gramma = Strich, Linie
Passat	NL	passaat = Wind in der Tropenzone, von
	S	pasaje = Überfahrt. Die Passatwinde ermöglichten den Segelschiffen, im Gegensatz zu der Windstille in den Calmen, eine gute »Überfahrt«
Peplosphäre	G	peplos = Schleier, anliegende Hülle sphaira = Kugelschale
Perihel	G	peri = an etwas hin, helios = Sonne
Periode	G	periodos = Umlauf
Phase	G	phasis = Erscheinungsform, Entwicklungsstufe
Physik	G	physike = Naturlehre
Pilot	I	piloto, früher pedoto von
	G	pedotes = Steuermann, Lotse
Pilotballon		siehe Pilot
	I	pallone = großer Ball
	F	ballon = Ball
Planet	G	planetes = umherirrnd, wandernd, Planeten verändern ihre Stellung am Himmel
Planetoid	G	planetes = wandernd, eides = ähnlich Sie sind den Planeten ähnlich
Pol	G	polos = Wirbel, Achse
Position	L	positio = Stellung, Lage
positiv	L	positivus = festgesetzt, feststehend, tatsächlich, im Gegensatz zu negativen Dingen
potentiell	L	potentia = Kraft, Vermögen
Präzession, präzedieren	L	praecedere = vorangehen

praktisch	G	praktikos = tätig, tauglich
Praxis	G	praxis = Tat, Handlung
Prinzip	L	principium = Ursprung, Grundlage
Prisma	G	prisma = eigentlich »das Zersägte«. Hier: ein Körper, dessen Form aus der Optik bekannt ist und der dort zur Lichtbrechung verwendet wird
Prognose	G	prognosis = das Vorhersehen
Projektion, projizieren	L	proicere = hinwerfen
Proton	G	proton = das Erste. Der Kern des *ersten*, leichtesten Elements ist ein Proton
Protosphäre	G	proton = das Erste (siehe oben), sphaira = Kugelschale
Prozeß	L	processus = Fortgang, Ablauf
Psychrometer	G	psychros = kalt, metrein = messen

Q

qualitativ	L	qualitas = Beschaffenheit
Quant	L	quantum = wieviel?
quantitativ	L	quantitas = Menge, Anzahl
Quasar		*Qua*sistellare *R*adioquelle, von
	L	quasi = gleichsam, wie, stella = Stern
quasi	L	quasi = gleich wie, fast

R

Radio-Astronomie	L	radius = Strahl
	G	astron = Stern, nomos = Ordnung
Radius, radial	L	radius = Radspeiche, Halbmesser
Radon, Rn oder RaEm		Radon oder Radium Emanation = radioaktives Edelgas
	L	radium = das Strahlende, emanatio = Ausfluß
Reaktion	L	reactio = Gegenwirkung
real	L	realis = sachlich, von res = Sache
Reflexion, reflektieren	L	reflectere = zurückbiegen
regenerieren	L	regenerare = wieder erzeugen
Regreß	L	regressus = Rückzug, Rückgriff
rekombinieren	L	re = zurück, combinare = vereinigen
relativ	L	relatio = Beziehung, Verhältnis
repräsentieren	L	repraesentare = vertreten
Reservoir	F	reservoir = Vorratsbehälter, von
	L	reservare = aufbewahren
Resultierende	L	resultare = sich aus etwas ergeben

retrograd	L	retro = zurück, rückwärts, gradus = Schritt
rotieren	L	rotare = sich drehen

S

Satellit	L	satelles = Leibwächter, Begleiter
schraffiert		niederländisch-italienisch, aus
	G	graphein = einritzen, zeichnen
Sensor	L	sensor = Fühler, von sensus = Empfindung, Wahrnehmung
signifikant	L	significans = bedeutend, von signum facere = ein Zeichen machen, setzen
Singularität	L	singularis = vereinzelt. Also = Einzelfall
Skala	L	scalae = Stufen, Treppe
solar	L	sol = sonne, solaris = zur Sonne gehörend
Sonde, sondieren	F	sonder = loten, ergründen, aushorchen. Evtl. von subundare = untertauchen, aus sub = unter, unda = Welle. Das zum Ausloten unter Wassertiefe verwendete Lot »taucht unter«
Spektrum	L	spectrum = Bild, Erscheinung
speziell	L	species = Art, Eigenart
spezifisch	L	species = Art, Eigenart
Sphäre	G	sphaira = Kugel, Kugelschale
spontan	L	sponte = von selbst, ohne Hilfe
Spread	E	spread = Spreizung, Ausdehnung
Stabilität, stabil	L	stabilis = feststehend
Stadium	L	stadium von G stadion = bestimmte Länge einer Rennbahn = Abschnitt (einer Entwicklung)
Standard	E	standard = Norm, Regel
Station	L	statio = das Stillstehen, der (Aufenthalts)Ort, der Standort
stationär	L	statio = das Stillstehen
statisch	G	statos = stehend
Statistik	L	status = Zustand, Beschaffenheit. Also: Erfassung der jeweiligen Zustände
Stratopause	L	stratus = Schicht, pausa = Ende
Stratosphäre	L	stratus = Schicht
	G	sphaira = Kugelschale
Struktur	L	structura = Aufbau, Anordnung, von struere = bauen
sub-	L	sub = unter
sublimieren	L	sublimatio = Verfeinerung
Subsidenz	L	subsidere = sich niederlassen, sich senken
subtrahieren	L	subtrahere = abziehen

subtropisch	L	sub = unter
	G	trope = Wendung (siehe Tropen!)
super	L	super = darüber, oberhalb
Supernova	L	super = darüber, über stella nova = der neue Stern
Symbol	G	symbolon = Merkmal, Zeichen
symmetrisch	G	symmetros = übereinstimmend
Synopsis	G	synopsis = die Zusammenschau von syn = zusammen, opsis = das Sehen
System	G	systema = aus Gliedern bestehendes Ganzes

T

Tabelle	L	tabella = Täfelchen
Teleskop	G	tele = in der Ferne, skopein = sehen
Temperatur	L	temperatura = richtige Mischung – aus kaltem und warmem Wasser für ein Bad
Tendenz	L	tendere = zu etwas hinneigen
Termin	G	terma = Ziel
	L	terminus = Schluß, Ende, Ziel
Text	L	textus = das Gewebe, Geflecht, also das Verflechten von Worten zu einer sinnvollen Gesamtheit
Theorie, theoretisch	G	theoria = das Anschauen, Betrachten
Thermik	G	von therme = Wärme
Thermodynamik	G	thermos = warm dynamis = Bewegung erzeugende Kraft
Thermometer	G	thermos = warm, metrein = messen
Thermosphäre	G	thermos = warm, sphaira = Kugelschale
Top	E	top = Gipfel, Spitze
Topographie	G	topos = Ort, graphe = Zeichnung
Trabant	T	drabant = Fußsoldat, Leibwächter, Begleiter
transportieren	L	transportare = hinübertragen
Trend	E	trend = sich neigen, eine bestimmte Richtung nehmen
Tropen	G	trope = Wendung. Früher = Wendekreis. Heute Gebiet zwischen Wendekreis und Äquator
Tropopause	G	trope = Wechsel, Veränderung pausole = Ende
Troposphäre	G	trope = Wechsel, Veränderung, sphaira = Kugelschale
Turbosphäre	L	turbo = Wirbel, sphaira = Kugelschale
Turbulenz, turbulent	L	turbulentus = wirbelnd, stürmend
Typ	G	typos = Schlag, Stoß; Gestalt, Vorbild, Muster

U

ultra-	L	ultra = jenseits, über
ultraviolett	L	ultra = jenseits, über
	F	violet = veilchenfarben von
	L	viola = Veilchen
Universum	L	universum = das Gesamte, Ganze
UTC	E	Universal Time Coordinated = für die ganze Erde allgemeingültig abgestimmte Zeit = koordinierte Weltzeit

V

Vakuum	L	vacuum = Leere
ventilieren	L	ventilare = in der Luft schwingen
vertikal	L	von vertex = Haupt, Scheitel, Gipfel also: nach oben, in der Senkrechten verlaufend
virtuelle Temperatur	L	virtus = Tauglichkeit
Temperatur		also: tauglich, etwas zu tun
Volumen	L	volumen = Krümmung. Heute = Rauminhalt
vorticity	E	vorticity = Kreiselhaftigkeit, Kreiseleigenschaft, von
	L	vortex = Wirbel

X

Xenon	G	von xenos = Gast, da nur in kleinsten Mengen in der Luft enthalten

Z

Zenit	A	zenit = Scheitelpunkt. Der höchste Punkt am Himmel über dem Beobachter
Zentrifugalkraft	G	kentros = Mitte
	L	centrum = Mitte, fugere = fliehen
Zentripetalkraft	G	kentros = Mitte
	L	centrum = Mitte, petere = nach etwas streben
Zirkulation	L	von circulus = Kreis
zirkumpolar	L	circum = um, herum
	G	polos = Wirbel, Achse
Zone, zonal	G	zone = Gürtel
Zyklone	G	kyklos = Kreis

Sachregister

A

S

T

Literatur-Verzeichnis

Asimov I.	Die exakten Geheimnisse unserer Welt Droemer Knaur München 1985
Baur F.	Einführung in die Großwetterkunde Dieterich'sche Verlagsbuchhandlung Wiesbaden 1948
Börnstein R.	Leitfaden der Wetterkunde Vieweg und Sohn Braunschweig 1913
Bruch H., Malkowski G.	Leitfaden der Flugmeteorologie für Linienpiloten Meteo-Verlag Delmenhorst 1973
Calder N.	Die Wettermaschine Hallwag Verlag Bern und Stuttgart 1975
Defant A. und F.	Physikalische Dynamik der Atmosphäre Akademische Verlagsgesellschaft mbH Frankfurt/Main 1958
Deutsche Bundeswehr	ZDv 99/1
Deutscher Wetterdienst	Die Interpretation von IR-Daten Btx-Informationen Forecasters Handbook Neustadt/Weinstraße 1976 Wetterschlüssel-Handbuch Offenbach/Main 1982
Flieger-Taschenkalender	Friedrich Schiffmann Luftfahrtverlag Rösrath 1988
Fortak H.	Meteorologie Deutsche Buchgemeinschaft Berlin Darmstadt Wien 1971
Georgii W.	Flugmeteorologie Akademische Verlagsgesellschaft mbH Frankfurt/Main 1956
Peter Göbel u. a.	Alle Länder unserer Erde Verlag Das Beste GmbH, Stuttgart, 1989
Häckel H.	Meteorologie Verlag Eugen Ulmer Stuttgart 1985
Hann J. – Süring R.	Lehrbuch der Meteorologie

	Band 1 Verlag von Willibald Keller Leipzig 1939 Band 2 S. Hirzel Leipzig 1951
Heyer E.	Witterung und Klima BSB BG Teubner Verlagsgesellschaft Leipzig 1977
Jander G. und H. Spandau	Kurzes Lehrbuch der Anorganischen Chemie Springer-Verlag Berlin 1943
Kaiser A. K.	Planeten und Monde Kosmos Franckh'sche Verlagshandlung Stuttgart
Karlson P.	Der Mensch fliegt Deutscher Verlag Berlin 1939
Kippenhahn R.	100 Milliarden Sonnen Piper München Zürich 1985 Licht vom Rande der Welt Deutsche Verlags-Anstalt Stuttgart 1985
Liljequist G. H.	Allgemeine Meteorologie Vieweg Braunschweig 1979
Raethjen P.	Kurzer Abriß der Meteorologie Wolfenbütteler Verlagsanstalt Wolfenbüttel Hannover 1947
Regula H., Zimmerschied W.	Luftfahrt – Meteorologie Akademische Verlagsges.mbH Frankfurt/Main 1959
Reuter H.	Die Wettervorhersage Springer Verlag Wien New York 1976 Die Wissenschaft vom Wetter Springer Verlag Berlin Heidelberg New York
Sanson MM. et Buffault	Cours de Climatologie Office National Mètèorologique de France Paris 1938
Scherhag R.	Wetteranalyse und Wetterprognose Springer Verlag Berlin Göttingen Heidelberg 1948
Schmauss A.	Das Problem der Wettervorhersage Becker und Erler Kom.Ges. Leipzig 1945
Tanck H. J.	Meteorologie Rowohlt Taschenbuch Verlag Reinbek 1985
Wallington C. E.	Meteorologie für Segelflieger Wilhelm Limpert Verlag Frankfurt/Main 1967
Westphal W. H.	Physik Springer-Verlag Berlin und Heidelberg 1947
Whipple A. B. C.	Stürme Time-Life Bücher Amsterdam 1987